U0275679

中国城市科学研究系列报告

中国城市规划发展报告
2014—2015

中国城市科学研究会　编

中国建筑工业出版社

审图号：GS（2015）1522号

图书在版编目（CIP）数据

中国城市规划发展报告 2014—2015 / 中国城市科学研究
会编. —北京：中国建筑工业出版社，2015.6
（中国城市科学研究系列报告）
ISBN 978-7-112-18187-2

Ⅰ.①中… Ⅱ.①中… Ⅲ.①城市规划–研究报告–中国–
2014—2015 Ⅳ.①TU984.2

中国版本图书馆CIP数据核字（2015）第122405号

责任编辑：王　梅　刘婷婷
责任校对：李美娜　刘梦然

中国城市科学研究系列报告

中国城市规划发展报告
2014—2015

中国城市科学研究会　编
*
中国建筑工业出版社出版、发行（北京西郊百万庄）
各地新华书店、建筑书店经销
北京嘉泰利德公司制版
北京建筑工业印刷厂印刷
*
开本：787×1092毫米 1/16　印张：$26\frac{1}{4}$　字数：511千字
2015年7月第一版　2015年7月第一次印刷
定价：88.00元
ISBN 978-7-112-18187-2
　　　（27416）

编委会成员名单

序 言

深度城镇化——"十三五"期间增强我国经济活力和可持续发展能力的重要策略

经历了三十多年快速城镇化，我国已经正式进入了前所未有的"城市时代"，不仅80%以上的国民收入、财政税收、就业岗位和科技创新成果产生于城市，而且空气和水体污染、交通拥堵、贫富分化、地震飓风灾害等也发端于城市。"深度城镇化"的立意不仅是为缓解"城市病"、开拓有效投资的新领域、补偿前三十年"速度、广度城镇化"所带来的"欠账"，更为重要的是着眼于城镇化内在的规律，使我国城镇转向"内涵式"发展道路，顺利进入绿色发展新阶段，避免先行国家城市化的各种刚性缺陷，最终为实现"中国梦"增添动力。

一、"十三五"期间城镇化的若干"新常态"

1. 城镇化速度将明显放缓

由于我国历史上属于典型的传统农业大国，与主要依靠移民来推进城市化的"新大陆"国家相比，其城市化速度的拐点肯定要提早许多（有研究指出我国城镇化峰值可能发生在65%左右，而不是新大陆国家的85%以上）。另外，诺赛母（Ray.M.Northam）大国模型也支持我国在"十三五"期间，城镇化速度可能会进入拐点期。由此可以简单推测："十三五"期间，我国年均城镇化平均速度可能在0.7%～0.8%之间，比"十一五"、"十二五"期间年均城镇化速度1.3%将低0.5个百分点左右。这意味着与前几个五年计划期间相比，"十三五"期间从农村进城人口将每年减少700～800万。

2. 机动化将强化郊区化趋势

截至2014年底，全国共有机动车数量2.64亿辆，每百人机动车拥有数为19.3辆。据初步测算，"十三五"期间我国每百人平均拥有车辆将从20.6辆提高到26.0辆。与此同时，高速铁路里程将从2.2万公里增加到3.4万公里。高速公路总里程数也将从12.0万公里增加到16.2万公里。再加上城市空气污染、高房价等问题在短期内难以缓解。这些因素都将增强城市居民沿着高铁、高速公路、地铁延伸线逐步迁居到城市郊区的意愿。这种趋势一方面会助推郊区化现象，使耕地保护的难度加大，另一方面会由于城市人口密度下降，而使交通能耗和建筑能耗快速上升并呈现刚性增加的态势。

3. 城市人口老龄化快速来临

由于长期坚持"一对夫妻一个孩子"的政策，我国人口老龄化速度比西方大国来得更快。据有关部门统计，2013 年全国 60 周岁以上的老年人口已达 2 亿多人，预计到 2035 年将达 4.5 亿老年人口。与此同时劳动力价格逐年上升，以建筑业为例，每年劳工工资上升幅度都在 30% 左右。值得指出的是，随着全球化和经济转型的深入，绝大多数转型国家都出现了劳动力外流和人口减少的明显趋势，东欧整体人口在近二十年转型期间减少了 23%，远超西欧各国的人口减少速度（联合国数据）。主要原因不外乎是：适合的就业岗位减少、贫富分化、青年人不愿生育、企业家和知识分子移居海外谋发展等。除此之外，我国外流人口加剧的原因还多了逃避空气污染、食品安全、资产保值、子女教育等其他原因。这引发了少数专家发出"警惕中国人口断崖式下跌"的呼声。除此之外，基于我国大多数地区"家族村落聚居"特点和"乡村记忆"的恢复，"十三五"期间，"回家养老"将会推动城乡人口双向流动，这与人多地少、农耕文明历史悠久的国家（如日本、法国、荷兰等国）城市化中后期趋势有相似之处。

4. 住房需求将持续减少

我国目前人均住房面积约为 35 平方米，已接近日本、法国等高人口密度国家的水平。更为重要的是，随着近二十年快速城镇化的进程，我国每年新建的住宅和建筑面积高达全球的 40% 以上。但随着城镇化速率进入拐点期和全国城市住宅空置率的持续上升（截至 2014 年底，我国一线城市住房平均去库存化周期已超过 10 个月，三线城市则在 30 个月左右，个别城市高达 50 多个月），住房刚性需求将呈明显下降趋势。这一方面会引发房地产及其相关行业的衰退，另一方面也不可避免地会加剧房地产泡沫风险和经济长期通缩的压力。

5. 碳排放国际压力空前加大

前几个五年计划期间，我国消耗了全球约 40% 的水泥和 35% 的钢铁，近二年我国排出的温室气体总量已接近美国和欧盟的总和，人均排放也早已跨越世界平均线。经验表明，任一国碳排放强度总是与城镇化和工业化进程密切相关的，我国已宣布碳排放峰值约在 2030 年才可能"封顶"。"十三五"期间是国际社会要求我国降低碳排放压力最大的时期。据联合国提供的数据，上世纪末全球平均建筑能耗高达全社会能耗的 32%、交通能耗达 28%，并呈现持续上升的态势。

从国际经验来看，实施产业的低碳化、绿色化战略的主角一般是企业家，政府只负责提供外部激励与碳交易市场。而交通与建筑低碳措施却需要政府有预见性规划和有力的组织实施方能奏效。

6. 能源和水资源结构性短缺将持续加剧

从能源结构来看，我国人均拥有的煤、石油和天然气储量仅为世界平均水平的60%、7.7%、7.1%。以煤代气代油将是"十三五"期间乃至将来都必须坚持的基本策略。而且由于治理空气污染的迫切需要，各地区在进行能源结构的调整，即需要大量的天然气来取代传统的生活、工业、取暖的燃煤，这无疑会大大加剧原本就短缺的天然气供求关系。由于"十三五"期间机动车数量仍处于上升期，我国石油进口依存度还将从2014年底的56%持续攀升。

从水资源来看，我国人均占有量约为1700立方米（据2011年数据），低于世界平均水平，空间分布也十分不均。从用水量来看，农业用水约占61%，工业用水约占24%，城市居民用水约占13%。本世纪以来，我国城镇化率提高了十多个百分点，城市用水人口增长53.8%；而城市用水量仅增加了11.5%，而且近五年来，城市的年供水量基本稳定在500亿立方米左右。从国际城市化经验来看，我国城市用水量已趋于稳定，不可能大幅上升。但由于我国正处于水污染的高发期，再加上水生态修复周期漫长，水污染"局部好转、整体恶化"的基本态势在"十三五"期间也难以根本扭转。长期以来兴修水库等水利工程所造成的水蒸发量显著增加对水生态系统积累性损害正在呈现。再加上气候变化引发的极端干旱、极端降雨也将会持续加剧。突发性污染引发的水安全事件、水质性缺水和极端气候引发的短期结构性缺水将会成为影响我国城市运行的大概率事件。

二、"十三五"期间城镇化要解决的主要问题

1. 城市空气、水和土壤污染

从国际经验来看，先行国家在经历城市化中后期时，都不约而同地出现了空前严重的空气、水和土壤污染，这些污染的成因复杂、成份多变、治理成本高昂、周期很长，不少先行国家民众至今仍然饱受这三大污染之痛。由于我国长期坚持城市人口的紧凑式发展和工业化引领城镇化，这三种污染再加上日益严重的"垃圾围城"现象，对城市人居条件、投资环境和民众健康负面的影响会更大。除此之外，由于"十一五"、"十二五"期间对农村建设用地控制政策摇摆不定、法制观念薄弱，造成了不少城郊"小产权房"盛行，"以租代征"占用了城郊大量耕地。以北京市周边为例，通过遥感监测，近几年来北京周边（包括河北、天津部分地区）未批已建的开发用地高达上千平方公里，形成了小产权房和工业项目的"包围圈"，一定程度上阻塞了城市风道，加剧了首都的雾霾。

2. 小城镇人居环境退化、人口流失

从最近一次人口普查结果分析，我国居住在小城镇的人口比率比十年前下降了10个百分点，约有1亿人口从小城镇迁往大城市。调查表明，人口流动的主要原因按次序有以下几种：让子女接受良好教育、工作机会与收入、资产（主要是房产）保值、医疗水平等。发达国家人居环境最优的往往是小城镇，而我国小城镇则普遍存在环境污染、管理不善、人居环境退化、就业不足等方面的问题。如果这些问题不能在"十三五"期间有所缓解，可能会引发更严重的大城市人口膨胀问题，而作为农业社会化服务基地的小城镇的衰退也会影响我国农业现代化进程。

3. 城市交通拥堵严重

由于人均拥有小轿车的快速增加（已从"十一五"期末5938万辆增加到"十二五"期末15000万辆），我国城市交通拥堵正在全面爆发。严重拥堵已从沿海城市向中西部城市蔓延，从早晚高峰转向全天候，从超大城市向中等城市扩散。全国城市平均车速已从"十一五"期末30～35km/h下降到"十二五"期末20～25km/h。随着车辆保有量持续增加，城市道路面积又由于空间结构的限制难以同步增加，"十三五"期间预计会出现更为严重的城市交通拥堵问题，低车速还将进一步加剧城市空气污染并影响城市的正常运行和应急通行能力。

4. 城镇特色和历史风貌丧失

作为全球四大文明古国，我国绝大多数城市都有长达二千年的悠久历史。但与发达国家历史遗存和传统风貌保存良好的情况相比，我国多数历史文化名城、名镇正在丧失自己特有的建筑风格和整体风貌。城市空间肌理趋向平庸和"千城一面"，一部分城市已成为国外"后现代建筑师们"的试验场。大批"大、洋、怪"的公共建筑以高能耗、高投入、低使用效率浪费了宝贵的公共资源，并侵蚀了这些城市昔日独特的传统形象，割断了历史文脉的传承。决策者"崇洋媚外、崇高尚大"等不良风气并未得到有效遏制。

除此之外，"城乡一律化"的新农村建设模式与错误的"建设用地增减挂钩"政策，正在快速毁坏承担乡土文化传承的传统村落，这不仅会明显损害我国的文化软实力，也会毁坏发展乡村旅游的不可再生的宝贵资源。

5. 保障性住房积压与住房投机过盛并存

"十二五"期间我国每年投入大量的财政资金建设各类保障房和推行棚户区改造（每年平均约700万套左右），解决了大量低收入群体的住房问题，也消除了积累多年的城市"脏乱差"问题。但随着这种"从上到下布置任务式"的建设模式积累运行，其弊端也日益显现：一方面部分基层政府为了完成任务或增加投资，将保障房项目安排在缺乏配套设施的远郊区；另一方面由于随着地方政府配套资金的日益短缺，本该同步建设的配套设施迟迟上不了马。更为重要的是由于低收入者往往缺乏"空间自由移动的能力"，必须紧靠工作岗位安置居住。这样一来，保障房空置现象就越来越严重了。据地方统计，青岛市白沙湾社区已建公租房 3800 套、限价商品房 6253 套，只收到不到 350 套的申请。河南省已建成的保障房有 2.66 万套空置超过一年，陕西省计划建 210 万套保障房，但已建成 91 万套中空置超 10 万套，云南 2.3 万套保障房被闲置……。与此同时，由于缺失财产税、空置税、多套住房消费税等工具，我国城市住房占有悬殊和投机、投资比重一直居高不下。其结果是一方面不少低收入家庭住不起房，另一方面却有大量房屋空置积压。更为重要的是，由于一些地方政府错误的政绩观和投资模式，部分地区大规模的"空城"、"鬼城"正在呈现，而且有越演越烈之势。

6.城市防灾减灾能力明显不足

随着人口向城镇集中，大城市（特别是城市群）所面临的风险也在同步增加。哥伦比亚大学国际地球科学信息网络中心（CIESIN）研究表明，在全球 633 个大城市中，有 450 个城市约 9 亿人口暴露在至少一种灾害风险之中。实践证明，城市难以有效规避各种不确定性因素，而且风险发生时，城市所遭受的社会经济损失往往也随着城市规模等级的扩大而增大。我国更是如此，随着前几个五年规划的实施，我国城市普遍长了"块头"，但防灾、减灾能力却减弱了。例如，近百毫米甚至几十毫米的中等暴雨就出现长时间的街道积水；煤气和地下管网油气爆炸屡见不鲜；地震、泥石流、飓风等造成的损失也越来越惨重。这一方面与我国城市主要领导干部任职过短、考核机制不科学导致只注重地面不注重地下工程有关，另一方面也与城市"摊大饼式扩大"造成空间集中度过高和防灾减灾投资体制过散、条块分割有关。尽管国家有关部委今年启动了"海绵城市"、"综合管廊防灾减灾和地下空间综合"示范城市等财政补贴项目，但城市防灾减灾仍然需要整体规划与建设，否则只能是"按下葫芦浮起瓢"。

三、"十三五"期间城镇化基本对策建议

1.稳妥进行农村土地改革试点，防止助推郊区化

由于"十三五"期间是我国大城市郊区化活力最高的时期，为保证城市的紧凑式发展和节约耕地，首先必须正视和有效克服农村建设用地入市式改革可能存在的负面效应，并使其服从于、服务于健康城镇化。建议总结推广浙江、上海等地的经验，对农村建设用地入市进行"总量控制"（一般在当地农地征用过程中，留给农村集体组织的农村建设用地约占被征用地总量的 7%～10%）。此举也可防止未被征用土地的远郊乡村以"农村建设用地入市"而可能出现遍地城镇化的

恶果。其次，要依据城市总体规划，将城郊永久性农地和生态用地划定为"绿线"控制范围，并作为拟订的城市发展永久边界线，严格进行管理。再次，要及时修编《村镇规划建设管理条例》，加强农房规划管理，及时依法清理"小产权房"和"以租代征"滥占耕地的违法建筑，切实防止我国城市低密度发展危及未来粮食和能源安全。

2. 以"韧性城市"为抓手整合资源，提高城市防灾减灾水平

国际韧性联盟（Resilience Alliance）将"韧性城市"定义为"城市或城市系统能够消化并吸收外界干扰（灾害），并保持原有主要特征、结构和关键功能的能力"。并依次形成了城市的技术韧性、组织韧性、社会韧性和经济韧性四个基本要素。其中"技术韧性"又称为"工程韧性"，是指城市基础设施对灾难的应对和恢复能力，如建筑物的庇护能力，交通、通讯、供水、排水、供电和医疗卫生等基础设施和生命线的保障能力。而后几种"韧性"则指的是城市政府、市民组织、企业面对灾难时的应对能力。由此可见，提高我国城市防灾减灾水平首先要科学编制增强城市韧性的防减灾规划，依次从建筑、社区、基础设施、城市、区域全面进行防减灾设计与建设。其次要整合现有的海绵城市（LID）、生态城市、共同沟示范城市、城市防洪、城市新能源、城市抗震和智慧城市等工程，一方面可防止相互冲突抵消"韧性"，另一方面，尽可能利用现代科学技术和通信设施，以"非工程措施"结合必要的工程性修建来增强城市防减灾能力。再次，及时颁布《城市地下空间利用管理法》，这不仅可有效增强城市"韧性"和节约土地，而且也能扩大有效投资、改善城市人居环境。

3. 大力发展绿色交通、树立正确的"机动化"观念

长期以来，我国各地曾经片面地推行诸如：大力建设城市立交桥、高架桥、倡导汽车消费、拓宽城市街道、压缩和取消自行车道、禁止电动自行车通行等错误的政策，以致造成了当前各大城市交通拥堵、空气严重污染的局面。"十三五"期间，应不失时机地纠正以前各种错误，首先要树立城市交通需求侧管理的理念，全面提高停车费、开征拥堵费、拍卖或限制小轿车车牌等措施；其次是扩大城市步行区、全面推行步行日、党政领导干部带头倡导自行车（包括小排量电动自行车）出行、推行"可步行"城市、普及公共租用自行车等；与此同时，要加快公共交通建设步伐，放宽城市地铁和轨道交通建设的限制条件，全面加速城际间轨道交通规划建设速度，推广各种公共交通的"无缝对接"和"双零换乘"，取消节假日高速公路免费通行等。

欧洲人口密度与我国相似的城市如巴黎和伦敦，城市轨道密度分别为 1.91 和 1.28km/km²。而我国轨道交通运营里程最长的上海市路网密度也仅为 0.56km/km²，仅为巴黎的 30%。由此可见这方面的投资潜力巨大，预计仅

"十三五"期间就可达 3 万亿的投资额。

从"大交通"的角度看，据国外 20 世纪的一项研究显示：从能效来说，火车每吨公里的能耗为 118kcal，大货车为 696kcal，中小汽车（家用）是 2298kcal；从用地效率来看，单线铁路（每公里）比二车道二级公路少占地 0.15 ~ 0.56hm²；复线铁路（每公里）比四车道高速公路少占地 1.02 ~ 1.22hm²；复线高速铁路（每公里）比六车道高速公路少占地 1.22hm²。这说明普通铁路和高铁运输比高速公路要节地、节能得多，比航空运输节能量更大。由此可见，人多地少资源相对稀少的我国应大力发展高铁来替代高速公路或航空运输运力，此举应作为长期坚持的战略方针。

4. 改革保障房建设运营体制，降低房地产泡沫风险

自古以来，城市居民的幸福程度是由生活在城市底层的民众的居住状况来决定的。近些年党中央、国务院大力推行棚户区改造和保障房建设的确是抓住了我国城市的本质问题。但传统"从上而下"的建造模式也积累了众多的问题，已经到了必须让市场机制发挥配置此类资源更大作用的时候了，这就首先需要改革保障房建设运行体制，学习欧盟各国动员低收入群体自发开展合作建房的经验；出台相关法规和扶持政策，变政府建、政府管为民众自己合作建、政府监管扶持的新模式。其次，在过渡期间可以成本价收购积压的商品房作为保障房源，并逐步转"补砖头"式修建保障房为"补人头"式补贴低收入者租房款。再次，是扩大"棚户区改造"的范围为至城市危旧小区、城中村等，对这些旧房进行抗震加固、改善配套的同时，应兼顾节能减排、雨水收集利用、中水回用等方面的改造。这方面改造既能起到扩大投资、节能减污、改善人居的多重效益的作用，也有利于从城市细胞——建筑层面增强"韧性"。

除此之外，还要综合运用信贷和税收等工具逐步压缩部分城市的房地产泡沫。建议先出台空置税和多套住宅消费税以精准扼制投机、投资性住房需求。对城市居民购买第三套住房必须全额交付购房款，降低房地产的金融杠杆率。对空置率较高的城市组团要严格监督、逐步消化。对那些继续"寅吃卯粮"新形成的空城要果断追究地方党政负责人的责任。

5. 全面保护城镇历史街区、修复城镇历史文脉

城市历来被称之为"文化容器"，而作为城镇文化之根的历史街区更是"文化容器"的基色。修复城镇的历史街区，不仅能恢复城市特色、树立民族文化自信心，而且还有助于民众借鉴节能减排的传统智慧、扩大城市投资机会、助推旅游业发展等的复合效用，但也要防止"建设性破坏"。首先需要严格划定城市历史街区、重点文物保护单位的"紫线"范围，并设置界石接受民众监督，与此同时还要扩大"虚紫线"即建筑风貌协同区管制范围。其次是全面推行城市总规划

师制度，形成行政首长与技术负责人的相互制约关系。并以专门法规的形式健全城市规划管理委员会制度，以少数服从多数的方式减少决策失误。再次，学习欧洲各国在快速城市化过程中的有益经验，全面强化现有的国家城市规划督察员制度。赋予下派驻城的督察员有权列席各类规划决策会议、举行听证会、上报并中止错误的"一书两证"等方面的权限。总之，这些制度的健全是防止行政官员"有权任性"自由处置不可再生的历史文化遗产所必须的制约措施。全国现有 100 多个历史文化名城，500 多个历史文化名镇，如以每条历史街区财政"以奖代补"投入 1 亿元，至少可启动上万亿的有效社会投资。

6. 推行"美丽宜居乡村"建设，保护和修复农村传统村落

作为一个传统的农业大国，保护好传统村落具有发展乡村旅游业、开发名优农副产品（一村一品）、降低全社会养老负担、保护历史文化遗产、增强民族文化软实力和优化国民经济整体韧性等不可替代的作用。首先，必须改革"城乡建设用地增减挂钩试点办法"，代之以城镇空间人口密度管制为主的耕地保护监控新模式。其次，要明确规定撤销合并村庄必须经由省级人民政府批准，除城镇近郊和草原、沙漠地区之外，其余地区严格禁止合并村庄，或推行所谓的"城市社区"强迫农民并村上楼。再次，除了完善传统村落保护规划之外，还必须由专门的学术委员会对传统村落的文化遗产、传统民居、自然景观、特色农村产品、风俗节庆等方面的资源价值进行定期评估，对排名位次显著上升的村庄给予一定的奖励。更为重要的是，要在此基础上以"以奖代拨"为手段，促进地方政府广泛推行以保护和修复传统村落为重点的"美丽宜居乡村建设"活动，走出一条以乡村旅游结合"一村一品"培育的农村农业现代化新路子。仅以全国 75 万个自然村落中十分之一的村落在"十三五"期间进行改造，中央政府投入 2000 亿就可以启动至少 2 万亿的总量投资。

7. 研究编制城镇群协同发展规划，完善高密度城镇化地区的空间管治

经过三十多年快速城镇化，我国已经形成了大约几十个高密度城镇化地区，但由于缺乏相应的城镇群协同发展规划编制办法，分属于不同行政主管的城镇政府"各自为政"、"搭便车"的行为普遍存在，造成了生态资源破坏、垃圾围城、水污染加剧、空气质量恶化、"断头路"、产业结构雷同等问题普遍存在。"十三五"期间要研究出台城镇群协同发展规划编制与管理办法，主要解决：人力与物质资本共享、环境污染共治、基础设施共建、支撑产业共树、不可再生资源共保等协同发展课题。尤其值得指出的是，要尽快将"四线管制办法"扩大到整个高密度城镇化地区，切实有效地开展文化和自然遗产等不可再生的资源保护利用，以及空气、水、土壤污染的共同治理等紧迫性的任务。今后所有以城市为对象的各类表彰命名都必须以空气、水、土壤污染治理的实际成效作为评奖表彰的基础条件，

促使基层政府加快治污工程和产业结构调整计划的实施。

8. 对既有建筑进行节能、适老改造，加快推广绿色建筑

住宅商品化改革以来，我国人均住房面积快速增加，仅城镇住宅与公共建筑面积就高达 200 亿平方米，除了"十二五"期间在大中城市强制推广建筑节能之外，之前建成的建筑单位能耗都相当高（约为发达国家 2 ～ 3 倍）。更为重要的是，随着人民群众对居住面积的追求逐步转向居住品质，建筑能耗将稳步上升。据城镇化先行国家的经验，最终的建筑运行能耗将占全社会能耗的 35% 左右。而住宅节能改造之后，节能率可普遍提高至 65%，据粗略统计，每年可减少约 5 亿吨标煤以上的建筑能耗。

从应对老年化的角度来看，我国城区大部分的老年人生活将来还必须通过居家养老加社区服务来解决。但前阶段所建的多层住宅绝大多数缺乏电梯和按老年生活所需的特殊卫生间等必备设施。与美国 80% 住宅为独栋别墅不同的是，我国城镇化住宅绝大多数为多层或高层公寓，个人无法进行节能和养老方面的改造，必须由地方政府牵头组织实施。我国尚有约 5 千亿左右的住房公共维修基金沉淀在各级财政和房管局账户中，应积极发挥作用。

从扩大投资的角度来看，若以每平方米节能、适老改造费用为 200 元计（地震烈度高的地区还必须增加抗震加固改造），投资总额可高达 4 万亿元，如改造期为 8 年，每年可新增投资约 5000 亿元以上。与此同时还可以学习新加坡的成功经验，即对居住场所离年迈父母较近的子女（一般为 200 米）给予一定额度的个人所得税优惠，再加上以我国传统中医针、灸、砭、汤、药和现代精准网络医疗诊断相结合的社区养老养生服务体系的建设，就可以大大降低全社会的养老负担。

值得指出的是，加快发展绿色建筑对我国健康城镇化有着特殊意义。据欧盟建筑师协会统计，从建筑的全生命周期来看，绿色建筑（据国标《绿色建筑评价标准》GB/T 50378 定义：绿色建筑是全寿命期内，最大限度地节约资源"节能、节地、节水、节材"、保护环境、减少污染，为人们提供健康、适用和高效的使用空间，与自然和谐共生的建筑），能够比一般的节能建筑额外贡献高达 50% 节能率和 30% 节水率。

"十三五"期间是我国绿色建筑全面推广的关键时期，必须明确要求各级财政补贴的建筑必须全面达到国标二星级以上绿建标准，这就需要绿色建筑知识在民众中的大普及和列入党政干部必备培训项目。除此之外，利用网络、大数据等现代科技手段助推绿色建筑的设计、建造和营运就成为当务之急了。

9. 对小城镇进行人居环境提升改造

我国共有 2 万余个小城镇，3 亿多进城人口生活和就业在小城镇。从农业现

代化的角度看，小城镇是为周边农村、农民、农业服务不可替代的总基地。未来五年可选择4000个重点镇进行节能减排和人居环境的改造。中央和省财政对每个镇"以奖代拨"形式补贴1千万，共400亿投入就可带动至少4万亿的总投资规模。更为重要的是，许多在大城市难以推广的新能源汽车（农用车）、"三网合一"新网络技术；风电、太阳能与小水电结合的新能源供电模式；大城市名牌医院、名校下乡将卫生院和中小学校改造成为高质量的分院、分校等新举措都可以在试点镇先行推广，从而形成"农村包围、融合城市"的新态势。发挥此类"绿色小城镇"示范作用，既能减少区域空气污染，又能在体制障碍较小的城镇中率先推广新技术和新模式。

10. 全面推进智慧城市建设

经过近十年的探索和实践，我国初步形成200个左右以格网式管理为基础的智慧城市建设模式。这一模式采取了互联网＋绿色建筑、互联网＋绿色社区、互联网＋城市基础设施等形式，从搭建公共信息平台入手，运用云计算、大数据和物联网等新技术来有效治理现有的各类城市病、提升政府社会管理效能、为"大众创业、万众创新"提供便利，并使各类"互联网＋"模式融入城市经济社会组织，从而起到有效治理"城市病"、创新社会治理模式、增强城市活力和可持续发展动力等成效。推行智慧城市建设，是一场城市间相互学习、友好竞赛并逐步升级的活动。"十三五"期间，智慧城市建设将覆盖大部分城市和部分重点镇，至少可形成约5万亿的投资规模，并将对经济结构转型产生巨大的推动作用。

总之，未来5～10年是我国城镇化能否避开先行国家城市化弯路、超越"中等收入陷阱"、落实新型城镇化规划的关键阶段，也是治理前一阶段"广度、速度城镇化"所带来的各种"城市病"最有效的时期。除此之外，以上十个方面的策略如能贯彻实施，至少可以产生30万亿的新增投资。与传统"铁、公、基"投资不同的是，这些新增投资具有良好的经济、生态和社会效益，将对增强国民经济活力、韧性和实现可持续发展起到不可替代的促进作用。

仇保兴

2015年4月2日

作者简介：

仇保兴，男，国务院参事，住房和城乡建设部原副部长，中国城市科学研究会理事长，中国城市规划学会理事长，经济学、工学博士，中国社会科学院、同济大学、中国人民大学、天津大学博士生导师。

前　言

　　2014 年是我国推进新型城镇化、开创城市规划工作新局面具有里程碑意义的一年：2013 年 11 月，十八届三中全会通过了《中共中央关于全面深化改革若干重大问题的决定》，提出以深化经济体制改革为重点，深化政治、文化、社会、生态文明体制和党的建设制度改革。2013 年 12 月，中央城镇化工作会议召开，明确了未来城镇化的发展路径、主要目标和战略任务，并就城市规划建设工作提出了专门的任务和要求，强调"依托现有山水脉络等独特风光，让城市融入大自然，让居民望得见山、看得见水、记得住乡愁"；明确提出"要建立空间规划体系，推进规划体制改革，加快规划立法工作"。2014 年 3 月中共中央、国务院印发了《国家新型城镇化规划（2014—2020 年）》，对全面建成小康社会、推进我国城镇化健康发展具有重大现实意义和深远历史意义。2014 年 10 月，十八届四中全会召开，提出全面推进依法治国，对强化规划立法和执法工作具有重要推进作用。2014 年 12 月 16 日，国务院又在杭州召开全国城市规划建设工作座谈会，张高丽副总理主持会议并作了重要讲话，要求努力把城市规划建设提高到新的水平。上述大事件构成了城市规划工作 2014 年以及未来一定时期的主思路、主纲领，城市规划工作受到的重视程度之高前所未有，获得的发展机遇之多前所未有，面临的改革压力之大也前所未有。

　　本期报告按照党的十八届三中和四中全会、中央城镇化工作会议精神，紧密联系现阶段我国城市规划工作的重点领域和焦点、热点问题，以综合篇、技术篇和管理篇三个部分，汇总了一年来国内有关新型城镇化、城市规划技术和城市规划管理等方面的优秀理论与实践研究成果，分层次、多维度分析了推进新型城镇化健康发展的模式与政策、区域协同发展（如京津冀协同发展规划、城市群规划）与城市规划改革策略，当前中国城市总体规划编制的改革创新思路；探讨了"三规合一"与多规融合的政策，城市发展边界与用地规划条件管控、存量与减量规划、弹性城市规划、大数据在城市规划中的应用、控制性详细规划制度建设，以及应对农地制度改革的城市规划响应策略等热点问题及其应用探索；介绍了公共服务设施建设体系、精细化交通规划技术体系与城市水系统综合规划等专项规划技术创新。通过上述内容的汇总，以期对各地城市规划管理制度建设和城市规划技术创新及应用有积极的参考价值。报告还介绍了一年来国家行政主管部门在城乡规划管理与督察工作、风景名胜区与世界自然遗产管理、海绵城市建设与城市地下管线工作推进情况。

本报告的素材来源包括：2014年在《城市规划》、《城市规划学刊》、《城市发展研究》、《国际城市规划》、《规划师》等规划领域有影响的核心刊物上发表的内容符合本报告特点，具有前瞻性、创新性的部分较高水平学术论文；相关部门对城市规划相关领域2014年工作开展情况的总结与评述；2014年度城市规划学会年会、城市发展与规划大会部分大会交流论文；还有部分向专业院所和权威专家特约的专题研究成果。

新常态下新作为，作为国家重大战略的新型城镇化工作已经全面推开，国家新型城镇化规划和相关政策已经出台，其中对于城市规划工作寄予厚望、赋予重任，中国城市规划事业迎来更上一层楼的发展新机遇，同时也面临巨大的压力和重重挑战，对此，唯有在实践中积极应对，勇于变革、勇于创新、迎难而上，城市规划作为城市发展建设的龙头才会名副其实，名至实归，百花盛开的城市规划事业的春天就会到来。

本期报告的编制过程中，得到了诸多单位和专家领导的支持，在此要特别感谢住房和城乡建设部城乡规划司、城市建设司、稽查办，中国城市规划设计研究院、住房和城乡建设部城乡规划管理中心、中国城市规划学会、中国城市规划协会，北京市城市规划设计研究院，《城市规划》编辑部、《城市规划学刊》编辑部、《城市发展研究》编辑部、《国际城市规划》编辑部、《规划师》编辑部、《地理学报》编辑部、《小城镇建设》编辑部、《北京规划建设》编辑部等单位的大力支持。

目　录

综合篇

坚守健康城镇化五类底线

城镇化是一个无比复杂的大系统，涉及社会、经济、生态，涉及当前和长远，涉及这一代以及下一代，每个人都可以对城镇化发表独到的见解。2013年初以来，由国家某部委牵头编制中国城镇化中长期发展规划，虽经几轮讨论，许多内容仍然很难统一。原因是城镇化内容庞大复杂、涉及面广、因素众多，几乎任何东西都可以放到城镇化的"箩筐"中去，每位学者都可以从本行业的角度对城镇化讲出一番道理来。

实际上，依据学术界长期积累的经验，凡对庞大、复杂而又长远的问题，常常采取两种研究方法。第一，化复杂为简单。找到最关键的问题，用底线思维来寻求答案。第二，进行多维度剖析。防止遗漏最主要的问题和对策。

习近平总书记在近期讲话中谈到，我国要在红线和底线的基础上来推进城镇化。红线是清楚的——18亿亩耕地，但底线是什么？需要作深入的分析。

所谓"规划"就是要前瞻性地看到可能面临的问题，然后提出有效的政策措施来应对。这样一来，我们自然可得出：实现健康城镇化要抓住关键的底线，而这些底线是由具有两类特征的决策错误所决定的。

特征一：刚性错误。如果在城镇化过程中犯刚性错误，其所造成的结果后人难以纠正。

特征二：恶性循环。这类错误犯了会严重地妨碍可持续发展，甚至会带来社会、经济乃至政局的动荡，即一个错误会引发一连串的错误。

只要不犯符合这两类特征的"底线错误"，城镇化的健康发展就基本可以保证，即在不触碰红线和底线的基础上实现健康城镇化。用这两类特征来衡量城镇化远期发展的底线，归纳起来一共有以下几项供大家讨论。

一、第一类底线：必须坚持大中小城市和小城镇协调发展

中央领导都非常担忧我国的特大型城市过分膨胀，因为特大型城市的过分膨胀是一个全球通病。城市规模越大，商品生产的效益就越高，创造的就业岗位就越多，公共服务的品种也越多，人们就越趋向于到这样的城市里来生活工作。我国流动人口近3亿人，但是在省外的流动人口只有8600万人，这8600万人主要集中在大城市和特大城市，其中近3000万人集中在省外流动人口数量居前4位

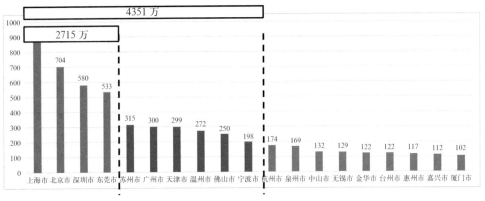

图 1　全国省外人口流动规模分布

的上海、北京、深圳、东莞，4351 万人集中在省外流动人口数量居前 10 位的城市。外来人口 100 万以上的城市 19 个，总流入人口为 5532 万人。可见特大城市能够自动吸收人口，并引发规模膨胀的恶性循环，这样的情形在世界城市化历史上屡见不鲜（图 1）。

（一）芬兰规划学家沙里宁的有机疏散论和英国、法国的规划建设实践

第二次世界大战后期，欧洲国家的注意力开始从战争转向经济发展时，芬兰规划学家沙里宁（Eliel Saarinen）就敏感地察觉到这个问题，他认为所有的世界级大城市都必须走一条有机疏散的道路。根据他的理论，时任英国首相丘吉尔在二战还没结束的时候就提出要通过建新城来疏散老城人口。英国当时只有 3600 万人口，但是却集中了 500 万的精英跟德国法西斯作战，战争一结束这 500 万人就要结婚、生孩子、找工作，要到哪里去？如果全部涌到伦敦来，伦敦将不堪重负。

时任英国首相的丘吉尔根据沙里宁的思路，请了一批规划学家推出"新城计划"，即在伦敦之外布局 30 多个卫星城市。具体实施方式是由政府组建新城开发公司，由国家财政借款一次性把农地征过来做新城规划和基础设施建设，然后再把土地卖出去把钱收回来实现滚动发展。英国的新城规划发展成全球性的新城运动，影响了整整一代人。有了大伦敦的新城规划以后，大巴黎的新城规划也紧随其后，这些规划无一不遵循沙里宁的有机疏散理论。

在我国，这一类大城市的疏散早该开始，但是我们不仅认识得晚，而且对新城的成长机制始终心存疑虑。

英国在这个问题上也经历过许多探索的痛苦，实践方面也经历了第一代、第二代和第三代新城。

第一代新城。2 万～ 5 万人口的新城区里很少有就业岗位，造成巨大的钟摆式城市交通，实践以失败告终。

第二代新城。人口规模在 20 万人以上，就业岗位 50% 当地解决，因此这种新城能够至少减少 50% 的通勤交通。

第三代新城。继二代新城实践后，又迅速推出第三代新城，人口规模为 30 万左右，就业岗位基本上能够在新城内自己创造，实现职住平衡，既保证了新城的经济活力，又大大减少了对老城的交通压力。

这样，英国规划学家才逐步探索到新城规划和建设的正确路径。这些新城理论和有机疏散理论为我国指出一个方向，凡主城区人口在 300 万以上的大城市，都必须及时实施有机疏散，不要等形成摊大饼结构后造成不可挽回的损失。

（二）坚持大中小城市和小城镇协调发展是我国城镇化的基本方针

中小城市具有大城市不可替代的功能。因为经济活力的存在以及交易的品种，是根据大中小城市不同功能来划分的。大城市侧重国际贸易；中等城市是区域增长的发动机；小城市主要为周边服务，是为周边三农服务的总基地，这是大中城市所不可替代的。

从历史上看，凡是中小城市发育良好的国家，其社会经济发展协调性、可持续性都比较好。人口统计数据表明：在我国城镇化的进程中，小城镇和中小城市特别是县城已经成为人口流向大城市的有效的拦水坝。全国 2000 多个县城基本把城镇化转移人口的一半留下来了。如果没有这些小城市和小城镇，可以想象我国的城镇化会出现怎样的景象。

从更广的角度来看，我国小城镇或者小城市的基础设施投资、人居环境改善一直未受各级政府财政的青睐。近 20 年来我国小城镇的人口占城镇总人口的比重减少了 6 个百分点，这是一个危险的趋向。我国小城镇的人居环境与先行城镇化国家的小城镇相比差距越来越大。有人戏称：我国是过了一镇又一镇，镇镇像非洲；过了一城又一城，城城像欧洲。这么大的差别是如何造成的呢？

原因一：政府的注意力和公共财力没有投向小城镇，几乎所有的支农补贴和扶植政策都是绕过小城镇直奔田头的。

原因二：小城镇本身，一缺乏土地出让金，二没有城市维护费，三税收体系不能支撑公共项目投资，四缺乏人才。这"四无"是造成我国小城镇与先行国家小城镇的巨大差别的主要原因。

原因三：城乡之间基础设施投入和公共服务差距较大。2010 年城市和村庄的人均基础设施维护资金投入比达 25：1。现状城乡医疗设施差距明显，各级城市医疗服务差距持续扩大。2011 年，全国各级城市市辖区千人医疗卫生机构床位数平均为 6.24 张（近 5 年增长 1.34 张），县城和县级市仅 2.80 张（近 5 年增长 0.80 张）。

我国新型城镇化规划编制过程中，各方几乎是同时认识到：小城镇是我国健康城镇化的命脉，如果没有小城镇的健康发展，健康的城镇化是无法保证的。拉美、非洲等国城市化的历史教训也佐证了这一观点：没有小城镇作为"拦水坝"，人口的洪流就会涌到大城市，一个国家 70% 的人口集中在一两个大城市里面，造成了城市首位度奇高，城市 40%～50% 的土地被贫民窟占据，人居环境恶化，这被称为刚性错误；同时由于小城镇萎缩，对农村农业服务弱化，结果是农产品产量持续下降。这些状况警醒我们，决不能陷入新自由主义的误导：城市越大，效益越高，发展若干个超大城市就可加快经济发展。拉美等国已经用实践给出了答案，此路不通，是死路（图 2）。

图 2 拉美、非洲等国家城镇化过程中出现的贫民窟

（三）小城镇重点建设方向

由于小城镇是适合人与自然充分交流的人居聚集点，今后城镇化相当一部分财政投资要投向小城镇，因此小城镇必须要在下面四个方面先做到：一，要有较健全的城镇规划管理机构；二，有必要的基础设施，如供水、污水和垃圾处理设施等；三，有地方化的绿色建筑建设和管理体系；四，按照城镇常住人口规模，统筹配置学校、幼儿园、医院、文化和体育等公共服务设施。这四点是小城镇人居环境最基本的要求。

二、第二类底线：城市和农村互补协调发展

"三农"问题与健康城镇化密不可分。某些经济学家总是简单地认为把农村的人口搬到城市里来就完成了城镇化，生产效率会自动提高、社会分工会自动推进、科技水平会自动发展，这其实是有问题的。正确的农业现代化道路往往是健

康城镇化和生态安全的底板。

这一底板还会呈现出另外一种作用。随着城镇化率超过 50%，传统农村的乡土文化、一村一品、农业景观、田园风光会变成稀缺资源，就会萌发农村旅游的热潮，从而带动农村超越工业化的阶段，走出一条绿色、可持续发展的现代农业发展道路。这已经被西欧、东亚等地一些成功经验所证明。

有哪些事或错误的决策可能会触犯这条底线呢？危险的是许多人的思维中至今仍存在这么一些错觉。

（一）错觉一：过高的城镇化率预期

回顾历史，再看看现状，世界上的国家可分为两类。第一类："新大陆国家"。外来移民为主，土地非常辽阔、地势平坦的国家，如美国、澳大利亚等，最终城镇化率可以达到 85% 甚至 90% 以上；第二类：具有传统农耕历史，原住民为主的国家。这些国家一般地形崎岖不平、人多地少，如法国、意大利、德国和日本，城镇化率峰值往往只能达到 65% 左右，由于这些国家的市民的祖先都来自于农村，一般易发"逆城市化"现象，进入老年社会之后，到农村养老、在农村生活成为城市老年居民的向往。所以这一种留恋田园生活的原住民国家，与第一类国家城镇化率的高峰值是不一样的。中国无疑是属于后一类，所以不能盲目地照搬移民国家，如果选错了城镇化路径，就愧对祖先，愧对人类历史上最悠久的农耕文明的熏陶和传承。

通过实际调查，如把农村的劳动力按年龄分段，40 岁是分界线，大部分 40 岁以上的劳动力（包括到城市打工的），都会考虑将来在农村养老。中国传统的农耕文明会对我国城镇化发生一种潜在的影响。因此，基本国情决定今后城镇化速率会降低并在 2030 年形成我国城镇化率 65% 左右的峰值。调查结果还显示：人口向大城市和小城市两端聚集，县级单元成为城镇化的重要层级。所有过高的城镇化率预期或者盲从新大陆国家城镇化的发展道路，对我国都将是灾难性的（表 1 -- 表 3）。

全国 20 个县的农村劳动力就业地选择抽样调查统计（%） 表 1

年龄	务农	农业兼业	本地务工	常年外出务工	就学、参军及其他
16 ～ 19 岁	3	2	5	15	75
20 ～ 29 岁	9	9	23	46	12
30 ～ 39 岁	13	25	26	34	3
40 ～ 49 岁	22	37	20	20	1
50 ～ 59 岁	30	43	15	9	2
60 ～ 64 岁	37	46	8	4	5

2012 年我国农民工年龄构成　　　　　　　　　　　表 2

年龄	比例（%）	规模（万人）
16 ~ 20 岁	4.90	1274
21 ~ 30 岁	31.90	8294
31 ~ 40 岁	22.50	5850
41 ~ 50 岁	25.60	6656
50 岁以上	15.10	3926
合计	100.00	26000

第六次全国人口普查城镇人口增量在行政层级上的分布　　　表 3

		地级及以上城市的市辖区		县级单元	
		城镇人口增量（万人）	占比（%）	城镇人口增量（万人）	占比（%）
全国		9600.7	45.70	11391.3	54.30
其中	东部	5493.0	55.70	4372.0	44.30
	中部	1617.5	29.60	3838.5	70.40
	西部	1945.0	40.10	2904.9	59.90
	东北	545.2	66.40	275.9	33.60

　　全国第六次人口普查显示，跨省流动人口多转向地域文化特征相近的经济发达省份。安徽省流出人口的 78% 流入江浙沪地区，广西和湖南流出人口的 85% 和 64% 流入广东，河北流出人口的 66% 流入京津地区，湖北流出人口的 40% 流入广东、29% 流入江浙沪，江西省流出人口中的 39% 流向江浙沪、32% 流向广东。这种态势反映出空间距离与地域文化是影响人口流动的重要因素。

　　对 20 县调研中"农民进城购房的主要原因"的统计显示：首要原因是"子女教育"，其次是"进城就业"，第三是"结婚准备"，第四是"就医方便"。从这四大因素可以看到，如果小城镇提高教育和医疗水平，便可以缓解大中城市进城人口压力，整个人口的分布就可能会趋于合理（图 3）。

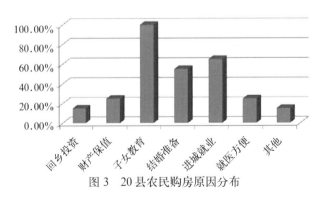

图 3　20 县农民购房原因分布

我国部分省已进入高城镇化率阶段，如浙江，该省城镇化指标中有两个60%：第一，住在城市的人口是60%，农村是40%；第二，住在农村那40%人口中的60%从事非农产业，只有40%是真正务农的人口。

在发达国家，特别是旧大陆国家，农村人口数量往往会超过城镇人口，我国在空间布局上如果不注意这个趋势就会造成巨大浪费。所以国务院决定要以浙江的经验作为样板，在全国实施农村人居环境整治，使美丽乡村活动能够扎实开展。

未来农村将成为老龄人口的重要养老地。乡村常住人口中40岁以上的人口在农村居住、养老意愿强烈。受生命周期规律影响，城镇中规模庞大的农民工将出现返乡态势，这将降低城镇化发展的速度。全国20县调查显示，农村地区20～29岁人口中46%常年外出务工；30～49岁常年外出务工比重下降；50岁以上在县域就近就业、农业兼业的比重快速增加。当前我国农民工中40岁以上的人口已经超过40%，可以预见在未来一定时期内将出现较大规模的农民工返乡潮。

2033年我国乡村地区人口预计为5.20亿～6.00亿人。其中，未成年人口约为1440万～2160万人；60岁以上老年人口约为2.05亿～2.10亿人（其中返乡农民工0.90亿～0.95亿人）；农业劳动力1.36亿～1.42亿人；农村地区兼业、本地非农务工以及其他情况人口1.69亿～2.23亿人。

（二）错觉二：私有化的土地政策

许多经济学家热衷土地私有化，认为所有资源问题均可通过土地私有化解决。但发展中国家的经验告诉我们，只要土地私有化，农民将把土地一卖了之，举家迁到城市将会造成巨大的贫民窟。

从经济稳定的角度来看，健康的城镇化应当建立在城乡居民双向自由流动的基础之上。我国独特的土地制度条件使城乡人口互通流动成为应对全球金融危机的稳定器。如2008年的金融危机曾导致我国沿海城市数千万的农民工失业，因还可回乡种地，副作用就云消雾散了。如果让农民裸身进城，有去无回，国家整体经济结构就会失去弹性。国际城市化史也证实，将土地交给资本从未造就成功的案例，整部城市规划学的历史就是均衡和约束资本掠夺土地的历史。

（三）错觉三：盲目的"生态移民"

首先是重塑乡村面貌的政绩冲动。丘吉尔说过，任何一个政治家都希望在历史上留下自己的烙印。这种冲动在城市由于城市拆迁条例的实行已经被遏止，一些官员转而把精力集中在农村创造自己的政绩。

第二是忽视市场机制的引导作用。只有劳动力在合理流动而且弹性流动的情况下，我国整个人口流动才有可能平稳健康分布。

第三是无视进入老年社会部分人会返乡养老的事实。

第四是造成农民进城后就业困难，生活成本上升。调查表明，一些被强制性移民至新城的农民，其生活水平实际是下降的。一些农民原本住在山区，吃的蛋、鸡、蔬菜和粮食都是自己种养的，不需要花钱，但他们进城后不但找不到工作，而且所有的东西都要掏钱，经济负担沉重。

第五是原有村庄国家投资的浪费。60年来国家为这些村庄在公路、电力、通信、医院、学校等方面均投入了大量资金，移民后这些投资都浪费了。

第六是忽视村庄人口已大部分进城、"生态负荷"已大为缓解的事实。迷恋于这种决策的人忽视了一个基本的事实，这些村庄原来居住1000人，现在只有100个甚至几十个村民居住，人口造成的生态负荷已经大大减轻了，却仍然说还要生态移民，这无疑有"挂羊头卖狗肉"之嫌。

（四）错觉四：将城乡一体化理解为城乡"一样化"

把新农村简单理解为建新村，将城镇化简单理解为造城；将城乡一体化理解为城乡"一样化"。城乡一体化追求的是城乡同等的生活品质和均等公共财政投向，而不是要消灭农村和农民。现在建设用地增减挂钩，强迫农民上楼，建所谓的农村"城市社会"，这种"城市社会"实际使农民远离了耕地，导致农村大量的村落被合并、迁移，造成的结果不是城乡互补发展，而是城乡"一样化"，不仅丧失了宝贵的乡土旅游资源，也不利于现代化农业的建立（图4）。

图4　国外城乡差别化协调发展案例

（五）错觉五：农业现代化必然要土地规模经营

从世界范围来看，有两种农业现代化的经济模式。第一种是那些新大陆国家、地域广的移民国家，耕地资源充沛。土地规模化的农业现代化在这些国家非常流行，追求每一户种几百亩甚至几千亩耕地。这种农业的发展方式，按照习近平总书记的话来说是"大国大农业模式"。第二种是人多地少的原住民国，虽然农户种植规模不大，但是通过生产环节分包给社会化服务，也带来丰厚的经济效益，被称为"小国小农业模式"。这种模式在一些原住民国家非常成功，如欧洲和日本每户经营土地只有几十亩甚至几亩，照样因为发达的社会化服务，实现了高价值或兼职化农业，发展非常健康。我国农业的现代化应该因地制宜、因文化制宜、因生产力发展阶段制宜，走出适合我国的现代化农业发展道路，这种道路无疑是"大国小农业加上少数省份大农业"的有机组合。习总书记早在20年前就在探索我国农业市场化发展，分成大国大农业、小国小农业以及大国小农业。中国怎么走农业现代化的道路，是非常值得深思的。

（六）错觉六：土地财政是万恶之源

改革开放30多年来，土地财政确实成为我国城市建设投资的重要来源。如果没有土地财政，我国的城市基础设施不可能这么完善。现有的征地制度实际上是防止滥占耕地的拦水坝。我国保持紧凑型城镇发展成果不是依靠市场机制充分发挥，而是依靠我国特有的征地制度，只有把土地征为国家所有后在上面盖的房子才有完整产权。这就是一条防止城市空间蔓延的拦水坝。

城郊农地升值的主因是基础设施投入，升值部分应收归全民所有。北京朝阳区CBD的黄土地居然一个平方米能够值几十万元，而黑龙江肥沃的黑土地，浙江人承包20年每亩只要3000元。为什么有这么大的差距？因为后者缺少基础设施。所以说农地升值由基础设施投资带来，它的升值部分应该收归全民所有。

当然，现有的土地财政也存在着巨大的问题，它驱使地方政府官员在任期间大量卖地，可能会给我国的土地可持续利用带来危害。有没有解决办法？其实很简单，将土地财政收入存入地方的"土地基金"账户中，实行比一般预算更为严格的支出管制，就可把短期冲动的投资变为长期可持续发展的良性投资。

三、第三类底线：紧凑式的城镇空间密度

城镇空间密度主要有三种模式：第一，紧凑模式：欧洲、日本大力发展公共交通，形成集中紧凑的城镇化模式。第二，蔓延模式：美国城市化与机动化同期发生，形成车轮上的城镇化，造成土地浪费、基础设施和公用设施的建设费用成倍提高，导致城市破产。我国是第三种模式。我国的国情是人多地少、资源稀缺、耕地与城市发展用地高度重合、城镇化发展和机动化同步，所以必须坚持集约节约的紧凑式城镇空间布局模式。紧凑城市是生态文明之基。

我国18亿亩耕地的红线不能突破，法宝就是城市空间密度要紧凑，达到

1 万人 /km²，采取混合布局，工业、商业、居住、公用服务和绿化、道路和基础设施等用地都要包括在其中，这样的城市人口密度在全世界也是比较高的。新中国成立 60 多年的实践证明，这样的土地利用强度是较为合理的，相当于现在新加坡全境的平均用地强度，实际上，新加坡的人居环境要比香港好。

这就要求我们要坚持现有的国家标准，不必再做无谓的调整。也就是说，所有的城市，包括新的卫星城建设，都要符合城镇空间人口密度标准，同时再考虑新增建设用地最好是非耕地或者少用耕地。如果这两条做到了，耕地保护、紧凑发展等目标就实现了，不应把土地集约利用搞成一件很复杂的事情。

如果说像有些专家提出来的，中国可能还要走郊区化和土地私有化的道路，那就不可避免地会出现美国式的城市蔓延，一旦出现城市蔓延几代人都纠正不了。在美国，很多地方已经到了买一瓶醋、买一包烟都要开车的境地，由此导致 1 个美国人所消耗的汽油相当于 5 个欧盟人。如果一旦出现城市蔓延，那对耕地少、油气资源贫乏的我国无疑是灭顶之灾。

为什么要在城镇化中期提出城镇空间密度的问题？城镇化跟机动化高度重合的超级大国例子，一个是美国，另一个就是中国。人们在欧洲旅游会看到，出了城市一步就是美丽的田园风光，而在美国却是过了城市还是城市，连绵不断的低密度城市。美国、欧盟文化同种同源，但城市化的形态为什么不一样呢？因为欧盟是城镇化的时期在先、汽车进入家庭在后，城市基本保持了紧凑的空间格局；而美国是城镇化和机动化同步发生，再加上错误的高速公路投资和郊区购房优惠信贷计划导致了城市蔓延。对我国来说，非常危险的是城镇化和机动化也是同步发生的，因此绝不能走美国式的所谓车轮上的城市化道路。

这样一来，必须坚持紧凑城镇发展布局模式，必须坚决坚持耕地红线不能破坏的原则，并注意以下几个方面的因素：

第一，严格控制单一功能区。国务院近期要出台文件，要求从现在起所有的各种"区"都要从严审批，不能出现单一的功能区，要走向功能复合、交通引导的新城，实现职住平衡。强调紧凑型、集约式的空间布局，提高土地的利用效率，利用 TOD 导向模式可进一步提高土地混合使用比例，形成紧凑混合用地模式（图 5）。

第二，防止工矿建设用地粗放。前几年，各级政府热衷于各类开发区的扩建，工矿建设用地粗放造成的建设用地浪费占建设用地浪费总量的 60% 以上，已成为滥占耕地、粗放用地的主要推手（图 6）。

第三，纠正小产权房问题。小产权房其实就是占用农地盖房，换句话说就是农民不种粮食而改"种房子"争取收入了，这是一种郊区蔓延最危险的倾向。小产权房诱惑力很大，尤其是在地价高的一些城市，大多数小产权房建设背后都有

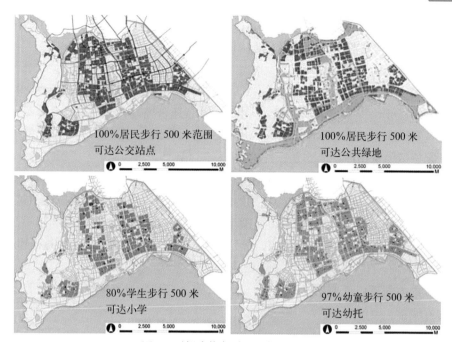

图 5　无锡太湖新城紧凑混合用地

图 6　土地利用低效的工业开发区

违法官员为推手。这种小产权房建设根本不按照城市规划,建筑质量也无法保证,城市就在一片片的小产权房建设中一步步向前蔓延,完全成为一种失控的摊大饼,城市低密度蔓延就会产生。

第四,防止私家车引导式基础设施过度建设。20 世纪美国由于盲目发展免费高速路 (freeway),结果引发了私家车使用量的剧增和城市蔓延。我国应尽可能以铁路交通替代高速路交通。据日本 20 世纪中期的研究，运输同样数量的货物和人员，铁路每吨公里的能耗只有 118kcal，大货车是 696kcal，中小卡车（家用）是 2298kcal。就是说用铁路运输来代替大货车、中小卡车（家用）的话，效率可提高 5 ～ 20 倍；从用地比较看，每公里单线铁路比二车道二级公路少占地 0.15 ～ 0.56hm^2；每公里复线铁路比四车道高速公路少占地 1.02 ～ 1.22hm^2；每公里复线高速铁路比六车道高速公路少占地 1.22hm^2。据我国有关部门的统计，单位客货运输量用地，公路是铁路的 37 ～ 38 倍。

有人算过一笔账，如果中国走美国式的城市蔓延发展道路，所有的耕地都拿来做停车场、交通道路都不够，耗用的汽油将是 3 个地球的石油供应量，这样的错误一旦形成，后人就没法纠正。美国现在的城市蔓延问题是奥巴马纠正不了的，他要推"绿色革命"号召美国人回到城里来住，但没有人响应，因为这是刚性的错误。

城市内部不应过度修建高架桥、高速环路，应该加密路网，建设步行和自行车友好城市。

四、第四类底线：防止出现空城

世界上有两种空城：一种是因产业转移而没落的空城，即原来曾经辉煌过，现在人走楼空，像资源枯竭城市等，美国底特律就是这样的典型城市之一（图 7）。

另一种是人造空城。中国式新的空城是世界建城史上没有过的，是空前的空城模式，只有在中国特色的土地财政体制、干部任用体系下才会出现，是我国特有的一种资源严重浪费的现象。比如，鄂尔多斯市城镇人口一共 46 万人，但是现在盖好的房屋可以住 120 万人，如何去找另外的 80 万人口来住呢？最近在一些气候非常恶劣、离大城市非常遥远的地方，许多新城拔地而起，如何去找那么多人来住将会是个无解的方程（图 8）。

图 7　美国底特律

图 8 内蒙古某城市

　　为什么会造成这种中国特有的新的空城现象呢？主要有以下几方面因素。

　　因素一：领导盲目的政绩冲动，大建政绩工程和形象工程。从唐朝以来我国中央政府就规定地方县令以上官员就职地要离开自己家乡 300 里，这样做有利于政治上的稳定和减少因亲朋好友的包围而腐败丛生，但是也会导致官员的短期行为，力求把公共财政资源用光，城市旧貌变新颜搏政绩以后就不管了，前人举债后面的人来还。世界上没有完美无缺的制度，这些微小的制度缺陷如不注意防范，也会滋生出很多大问题。表现在城市规划上，书记、市长一上任就改规划，一任长官一版规划，而且主要领导都有三年期的政绩冲动。如果有人跟书记市长讲城市要改造，他就问几年能搞好？如果说三年，他马上表态上马大干，但如果说五年以上，那就靠边。异地为官制度助推了官员的短期行为，这也是人的本性所在。如不加以有效制止，难以避免会有一批新城成为资源浪费的大地伤疤。

　　因素二：我国独特的财政制度下，政府不能破产。西方国家的城市实质上可看作是一个股份公司，是可以破产的，但是我国的城市无论是出于经济还是政治上的考虑都不能破产，一破产就会有严重的连锁反应。正因为我国的城市理论上不能破产，大部分城市都是主政者举债由后任及市民归还，形成了无限举债冲动来进行城市改造、新城建设的模式。

　　因素三：50% 甚至 60% 城镇化率以后城市发展模式的路径依赖。错误的城镇化率预期，误判城镇化的终点，即沿用城镇化早期的经验，以为只要任何新城建起来就会有人来住，没有想到可能城镇化率在达到 65% 之前城镇化过程就终结了。处于城镇化后期的今天，一些地方还在大举建设新城、盲目沿用过去成功经验的话，就可能变成错误了。

　　城市史告诉人们，只要新城建设不出现空城现象，就会形成有效的资产，就可以持续拿来抵押负债经营，地方财政就会是稳定的。我国要出台硬措施规范盲目建新城、新区的行为，从根本上杜绝空城出现。

五、第五类底线：保护文化遗产和自然遗产

悠久的农耕文明传承造就了我国古代城市规划建设与周边自然环境和谐相处的"风水"理论。这种天、地、人"三才"和谐共存的学说是现代西方规划学家梦寐以求的，我们现代规划师迫切需要尊重祖先的智慧，保护自然与文化遗产，使现代城市能传承地域文化与特色风貌（图9）。

图 9　城市与环境和谐相处的规划

首先要加大历史文化名城、名镇和名村保护的投入，确保这些不可再生的宝贵资源能被世世代代所享用。其次，整合现有风景名胜区、自然保护区、森林公园、国家地质公园、湿地公园等资源，强化各类自然型保护区的统一保护和建设。启动《风景名胜区法》立法工作，编制全国风景名胜区体系规划。第三，提升城市文化品位，保护城乡特色风貌。改变大规模旧城改造模式，推进有机更新方式。结合水系环境、水生态修复、绿地系统建设，优化城乡空间形态和环境，传承人文风貌特色，鼓励城乡文化多样性发展。建设大城市环城绿化带和区域性绿道网，鼓励各城市制定地方法规，保障"绿线"的实施。第四，加强城乡规划管理。划定城镇建设用地增长边界，完善"三区""四线"等强制性内容管理制度，将各类开发区、新城纳入城市总体规划统一管理，强化城乡空间开发管制。健全国家城乡规划督察制度，继续加强对规划实施的事前、事中监督。探索建立城市总规划师和乡村规划师制度。

通过以上几方面的分析，可以得出，健康和谐的城镇化是由市场无形的手和政府有形的手共同合理作用的结果。而政府聪明的手很大部分是操作在规划师知识和理性的基础上。如果错误的城镇化决策触动了上述几类底线，其后果将难以纠正。以人为本的城镇化决策是长久之计，要关心不会发声的下一代的生活发展空间和资源的需要。

总之，如果把城镇化看成是火车头的话，城乡规划就是轨道，这个轨道要修得比较精密、适度刚性，方向要正确，这样城镇化才能够健康发展，不至于发生上面所讲的几类底线式严重错误。

（撰稿人：仇保兴，个人简介参见序言部分）

注：摘自《城市规划》，2014（1）：9-15，参考文献见原文。

《中国城镇化道路、模式与政策》
研究报告综述

导语：基于经济、产业、人口、就业数据系统而广泛的分析，基于全国不同地区、不同发展水平的 20 个县级单元的深入调研，对国家城镇化趋势做出重要判断。到 2033 年中国人口达到峰值时，城镇化水平将保持在 65% 左右，未来城镇人口增长速度将明显放缓。在空间上，城镇化的重点将从沿海地区转向中西部地区，从长距离迁移转向本区域和省内的流动；在层级上，城镇人口同时向特大城市和县级单元两端聚集。因此，提出多层级、多方式推进城镇化的总体思路；针对县级单元本地城镇化、人口在省内和跨省流动的城镇化采取不同的对策；提出把县级单元作为重点，推进低成本、兼顾就业与安家的本地城镇化，促进城乡协调发展。报告剖析了城镇化进程中存在的过度依赖投资与土地，资源过度向大城市集中，转移人口就业与家庭分离等突出问题。对城镇化模式、道路与政策提出了完善市场机制，缩小区域差距，构建弹性城乡关系，重视自然与文化遗产保护等政策建议。对推进县级单元城镇化提出了综合配套改革，促进与产业结构调整相协调的土地流转，以及灵活就业等政策建议。

本报告是中国城市规划设计研究院承担的重大政策研究课题成果。课题由住房和城乡建设部城乡规划司、城市建设司组织协调并指导。

课题组❶系统梳理了中规院近年相关研究与规划实践成果，对城镇化的突出问题、发展态势、总体思路、路径与政策开展了深入翔实的数据分析和案例研究。课题研究中，住房和城乡建设部规划司、城建司与中规院对山东、安徽、河南、湖北、甘肃等省的 7 个县进行实地调研。在城乡规划司的支持下，中规院组织 20 个调研组，90 多人对全国不同地区 20 个县（市）进行了深入调研。课题形成研究总报告、多个专题报告和 20 县（市）调研报告。

本文基本保留了政策咨询报告的体例，将部分重要的分析、预测与佐证内容补入报告。

---

❶ 中规院参加本课题研究工作和县域调研的单位有城建所、水务院、城乡所、研究一室、环境所、交通院、西部分院、上海分院、深圳分院、区域所、信息中心、名城所、风景所、住房所等。

一、突出问题

（一）过度依赖投资与土地扩张，投资与需求失衡

2001 年以来我国投资增速维持在 20% 左右，远超过 GDP 的增速，而万元固定资产投资创造的就业岗位数则由 2000 年的 0.14 下降至 2010 年的 0.02。建设用地快速扩张，国有建设用地出让规模由 2001 年的 1787 平方公里升至 2010 年的 4326 平方公里❶，增加 1.42 倍。在地方政府负债率高企、出口下降和国家严格土地保护政策下，高投资、大规模土地开发的发展模式难以为继。

投资与需求的失衡抑制了有效需求的释放，制约经济可持续发展。制造业与房地产领域投资比例由 2003 年的 50.1% 快速上升至 2011 年的 59.2%，而符合居民生活需求的民生类、环境类投资明显滞后。环境类基础设施、公用事业的投资占比由 13% 下降至 11.3%。靠住宅与商业土地出让补贴工业用地开发成本的做法较为普遍，造成城市住房价格成本快速增长，一定程度抑制了居民的消费需求。

（二）资源过度向大城市集聚，中小城市和小城镇发展受限

大城市过度占有发展资源，高行政层级城市通过行政手段对项目资金、土地指标等资源层层截留，甚至从下级市县攫取资源。省会城市固定资产投资占全省比重超过 30% 的省区有 11 个，房地产投资占比超过 30% 的省区有 18 个。大城市人口过度集聚，资源能源紧张，交通拥堵严重，环境污染加剧，基础设施供给滞后，内涝、火灾等灾害频发，"城市病"问题突出。

中小城市和小城镇在项目、投资和用地指标等方面受到限制。基层政府往往通过投融资平台、农地租用、小产权房等政策"擦边球"，甚至用违规方式获取资金与土地等指标。

城市之间盲目竞争局面依然显著，城镇密集地区的发展缺少统筹协调。大城市不惜以牺牲环境和居民利益为代价与中小城市盲目争投资、争项目，既加重了大城市的人口与环境压力，又导致中小城市被迫发展高耗能、高污染的产业，从而造成区域内发展差距持续扩大和生态环境危机。城镇群内部缺乏区域协调和公平的生态环境保护与补偿机制，使得区域性污染控制与区域大气、水环境治理难以实现。

---

❶ 资料来源：2011 中国国土资源统计年鉴。

（三）大量流动人口就业地与家庭长期分离，影响社会稳定

城乡二元体制使进城务工人员难以实现以家庭为单位的永久性迁移。2012年全国外出农民工数量达 1.6 亿人 ❶，但仅有 0.6% 的外出农民工能够在务工地购房。农民工不同年龄阶段的就业与安家需求被忽视，就业地与安家地分离，严重影响社会稳定。

大量外来务工人员与城市本地居民之间在社会保障方面的巨大差距，城市形成新的二元结构。大城市落户门槛高、生活成本大，农民工、新毕业大学生等人员难以真正落脚，出现了大量在城中村和棚户区的"蚁族"和"蜗居"等居住现象。这不仅加深了外来务工人员与城市的疏离，还产生了社会矛盾。

（四）区域与城乡发展不平衡，制约全面小康实现

区域发展水平存在巨大差距。2010 年我国东部地区人均 GDP 达 4.6 万元，而中西部地区仅为 2.4 万元和 2.2 万元，远低于 2020 年人均 5.7 万元的全面小康社会标准 ❷。占全国总面积 40.8% 的 14 个集中连片特困地区，农民人均纯收入仅为 2675 元，不足全国平均水平的一半。少数民族地区和边疆地区经济发展落后，基本公共服务和城镇基础设施供给严重不足。

城乡居民收入、服务设施和居住环境等方面差距很大。2010 年城镇居民家庭人均可支配收入为 19109 元，农村居民家庭人均纯收入仅为 5919 元，200 多个县农村人均纯收入不足全国平均水平一半。这些地区要在 2020 年达到人均 1.2 万元的全面小康标准，任务艰巨。乡村地区公共服务和基础设施发展滞后，2010 年城市和村庄的人均基础设施维护资金投入比达 25 : 1，部分农村地区基本供水尚未解决，北方农村冬季集中供暖普及率仍然较低。

（五）能源资源过度消耗，生态环境持续恶化

城镇化快速发展加剧了资源过度开发和污染物的无序排放，生态环境状况不容乐观。我国人均国内生产总值仅为世界平均水平的一半，但人均能源消费已达到世界平均水平。资源密集型产业低水平过度发展、比重偏大，高耗能产业约占能源消费总量一半。我国十大流域的国控断面中 10.2% 属于劣 V 类水

---

❶ 按照国家统计局解释，外出农民工是指调查年度内，在本乡镇以外从事非农活动（包括外出的非农务工和非农自营活动）6 个月及以上的农村劳动力。

❷ 按照国家统计局方案，至 2020 年我国 GDP 需达到 80.3 万亿元，人均 GDP 需达到 5.7 万元，城镇居民人均可支配收入需达到 3.8 万元，农村居民人均纯收入需达到 1.2 万元（2010 年不变价）。

质，25%湖泊水库处于富营养化状态，地下水水质评价较差～极差的监测点达57.3%。

京津冀、长三角及珠三角地区的水质普遍较差；京津冀地区大气污染加剧，严重威胁居民身体健康；珠三角地区土壤重金属严重超标。近年来，中西部地区承接东部高耗能、高污染产业转移，导致生态脆弱地区环境恶化。

（六）基础设施建设滞后，制约居民生活水平提高

基础设施建设总体水平不高，欠账较多，严重影响居民生活质量。2010 年全国县城和乡镇区供水普及率不及 80%。县城的燃气普及率不及 70% ❶。城市排水设施标准偏低，排水管网密度不及发达国家的二分之一；2008 ~ 2010 年间我国受调查的 351 个城市中 62% 发生过内涝灾害 ❷。城市垃圾无害化处理率不到80%，县城仅为 40%。农村地区电网供电可靠性低。

基础设施建设的投融资渠道单一，市场化程度低，价格机制不健全，过度依赖财政资金和土地出让金。2006—2011 年全国市政基础设施投资中地方财政拨款近 50%，城市基础设施维护建设资金中 40% 来自于地方政府的土地出让金。

（七）地方政府推进城镇化方式出现偏差，影响城镇化质量

许多城市盲目追求城镇化发展速度，将城镇化率作为政绩和考核任务层层分解。一些城市为提高城镇化率，脱离实际调整行政区划或"村改居"，通过统计口径变化扩大城镇人口规模。

推动城镇化发展的路径单一。将城镇化简单理解为大规模的城镇建设，盲目设立各类产业园区，出现了"圈地"、"造城"运动，制造出各种"债城"、"空城"。一些地区借城乡建设用地增减挂钩政策，在农村新社区建设中强征强拆，与农民争利，引发了群体性事件。

城镇化推进过度追逐经济利益，城乡自然和文化遗产遭受破坏。大量历史文化名城、历史文化街区和风景名胜区过度商业化运作，开发强度超出历史文化保护要求和环境承受能力。一些城市不注重挖掘和传承历史和地域文化特色，把宽马路、大广场、超高层建筑当作城镇化的标志，贪大求新、"千城一面"现象严重。

---

❶ 王玮，陈仁泽，刘毅，魏薇 . 大城市为何频频内涝 [N] . 人民日报，2011-07-24 (04) .
❷ 中华人民共和国住房和城乡建设部 . 城乡建设统计年鉴 2010 [M] . 北京：中国计划出版社，2010：46-78.

二、我国城镇化若干重大趋势判断

（一）基本国情决定 2030 年 ❶ 前后我国城镇化率将保持在 65% 左右

1. 影响城镇化率的主要因素

长期坚持不以牺牲农业为前提的发展理念决定了我国城镇化发展将不同于人口小国和移民国家的高度城镇化模式。多民族人口大国，传统农业文化和人地关系，国家粮食安全与农业现代化，独有的集体所有制土地制度以及土地作为农民基本保障等因素决定了我国特有的城镇化模式，未来我国农村将会长期保有相当数量的人口。

保持一定数量的农村人口和乡村生产生活方式，有利于减少资源消耗，稳定生态环境品质。当前我国人均能耗和单位产值能耗水平较高，其中城市人均能耗远远大于农村，城市人均建筑能耗为农村的 2.93 倍 ❷。

我国已进入人口老龄化阶段 ❸，农村将成为老龄人口的重要养老地。未来乡村老龄人口将持续增长，目前乡村常住人口中 40 岁以上的为 2.96 亿，占乡村总人口的 44.6%，占全国总人口的 21.9%。根据农村迁居意愿调查 ❹，这些人在农村居住、养老意愿强烈。

城乡居民收入差距的缩小正在降低农民向城镇转移的意愿。我国城乡收入差距由 2007 年 3.33 下降到 2012 年的 3.10，东部多数省份降至 2.5 ~ 2.8。受此影响，从一产析出的劳动力数逐年减少，由 2006 年 1501 万人下降到 2012 年 821 万人。分析表明，1990 年代以来，三次产业就业规模与城乡收入差距之间存在较大的相关性，当收入差距缩小时，一产就业规模下降趋缓。

未来我国劳动年龄人口供给减少，将影响城镇化推进速度。2012 年全国劳动年龄人口较 2011 年减少 345 万人，20 多年来首次出现绝对量下降。根据推算，2013 年乡村地区 16 ~ 60 岁年龄人口将首次出现下降，约为 25 万，标志着我国劳动年龄人口不再延续一直以来的净增长态势，进入下行通道。乡村地区劳动力资源的"无限供给"的情况已经改变。

受生命周期规律影响，不同年龄层的农村劳动力就业地选择差异明显，随着

---

❶ 《国家人口发展战略研究报告》指出中国人口发展在 2033 年达到峰值 15 亿左右。

❷ 中国农村人均建筑能耗为 1.5tce/（ca·a），城市人均建筑能耗为 4.4 tce/（ca·a）。数据来源：中国工程院城镇化报告，中国 CBEM 模型计算结果。

❸ 六普数据显示，我国 60 岁及以上人口占我国总人口的 13.32%。乡村常住人口 6.63 亿人，其中 60 岁以上 0.99 亿人，占 14.98%；65 岁以上 0.67 亿人，占 10.06%。城镇常住人口 6.70 亿人，其中 60 岁以上 0.78 亿人，占 11.69%；65 岁以上 0.52 亿人，占 7.80%。

❹ 20 县调研结果。

年龄增长，进城农民工出现返乡态势，这将降低城镇化发展的速度。全国 20 县调查显示（表 1），年轻的农村劳动力倾向于外出务工，随着年龄增大，外出务工比重下降，务农与本地兼业比重上升。当前我国农民工中 40 岁以上比重已经超过 40%，可以预见在未来一定时期内将出现较大规模的返乡浪潮。

综合前述因素，通过对现有农民工转化数量分析，对全国新出生人口和新进入劳动年龄的农村人口数量分析，对农业劳动力继续向非农产业转移数量分析，测算出 2020 年我国城镇化率将达到 60%，相当于城镇化率平均每年提升 0.9 个百分点；2033 年 ❶ 城镇化率将保持在 65% 左右，相当于城镇化率平均每年提升 0.4 个百分点左右。

全国 20 县的农村劳动力就业地选择抽样调查统计情况 表 1

	务农	农业兼业	本地务工	常年外出务工	就学、参军及其他
16 ~ 19 岁	3%	2%	5%	15%	75%
20 ~ 29 岁	9%	9%	23%	46%	12%
30 ~ 39 岁	13%	25%	26%	34%	2%
40 ~ 49 岁	22%	37%	20%	20%	1%
50 ~ 69 岁	30%	43%	15%	9%	3%
60 ~ 64 岁	37%	46%	8%	4%	5%

2. 2020 年、2033 年城镇化率与城镇人口预测

城镇人口的增长的主要来源包括，现有 2.6 亿农民工和家庭人口在城镇定居或返乡，全国新出生人口和新进入劳动年龄阶段的农村人口去向，以及现有农业劳动力继续向非农产业转移的速度和规模（图 1）。

第一，现状 2.6 亿农民工转化数量分析。这部分农民工 2020 年后基本进入 40 岁以上年龄，就近就业、照顾家庭、养老等的意愿增强。经测算到 2020 年现有农民工仍留在城镇的规模为 1.13 ~ 1.53 亿人，到 2033 年为 0.72 ~ 1.31 亿人。

第二，全国新出生人口和新进入劳动年龄农村人口的去向分析。将未来逐步进入劳动年龄的农村人口按照 95% ~ 100% 进入城镇学习工作估算；未来在城镇接受抚养和教育的农村未成年人口按照新出生农村人口的 70% ~ 80% 进行估算；同时考虑城镇新生人口增量；预计到 2020 年新增城镇人口规模为 1.52 亿 ~ 1.65 亿人，到 2033 年为 2.29 亿 ~ 2.43 亿人。

第三，农业劳动力继续向非农产业转移的分析。根据第五、六次人口普查统

❶ 国家人口发展战略研究课题组《国家人口发展战略研究》提出我国人口将在 2033 年前后达到峰值 15 亿人左右。

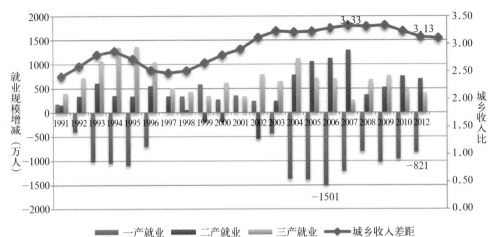

图1　全国三次产业就业规模变化与城乡收入差距的关系示意图
（数据来源：中国统计年鉴 2013）

计，全国农业从业规模 10 年期间减少 22.5%，其中 40 岁以下占全部减少量的 93%。2008 年以来农业劳动力以每年 3% 的速度在减少，但减少速率趋缓。分别按照农业就业规模每 10 年减少约 25% 和减少速度维持在年均 3% 测算，2020 年农业转移的劳动力规模为 0.56 亿~ 0.65 亿人；2033 年农业转移的劳动力规模为 1.16 亿~ 1.22 亿人。

《国家人口发展战略研究报告》指出到 2020 年全国人口规模将达到 14.5 亿人，到 2033 年将达到峰值 15 亿人。以 2012 年全国 4.84 亿户籍非农人口为基础，结合上述分析采用各项预测的上限，可得 2020 年全国城镇人口规模将达到 8.7 亿人，城镇化水平将达到 60%；到 2033 年全国城镇人口规模将达到 9.8 亿人，城镇化水平将达到 65%。2012 年我国城镇化率为 52.6%，这意味未来城镇化发展速度到 2020 年之前将维持在年均 0.9 个百分点左右，2021~2033 年将维持在年均 0.4 个百分点左右 ❶。

（二）中西部地区发展加快，经济与人口聚集的区域化格局逐步强化

经济发展对内需的依赖日益加强，中西部消费潜力显现。2008 年以来出口对全国经济增长的拉动能力明显不足，但消费保持了相对稳定的拉动水平。2008—2012 年中西部社会消费品零售总额增速达到 17% 以上，超过东部。据测

❶　上述三部分预测方法，从 80、90 后农民工的留居可行性（100% 留在城市）、新增劳动力的进城意愿、农村未成年子女进城抚养和接受教育以及农业未来可能转移的劳动力规模等方面进行了偏大的预测估算，因此预测规模是一种相对乐观的估计。

算 2010 年中西部人均边际消费率分别达到 0.64、0.69，超过东部的 0.61，中西部人口规模大 ❶，成为我国释放内需的重要潜力地区。

中西部发展加速，就业吸引力不断提高，东部地区人口增长趋缓。随着西部大开发、中部崛起政策相继实施，中西部经济产业加快发展，2008～2011 年 GDP 年均增速保持在 17% 以上，总体超过东部，呈现较快的工业化态势。农民工工资水平与东部差距缩小，就业吸纳能力明显增强，2012 年农民工在中西部务工的比重较上年分别提高 0.3 和 0.4 个百分点，连续两年保持上升态势 ❷。国家统计局农民工监测报告显示，2012 年中部、西部农民工外出到东部就业的收入结余分别是 1518 元和 1344 元，低于在本地区内务工的收入结余。中部农民工在中部、西部务工比到东部务工多得 64 元和 130 元；西部农民工在中部、西部务工比到东部地区务工多得 228 元和 90 元。东部地区发展成本快速上升，对农民工的吸引力进一步降低，在长三角和珠三角就业的农民工占全国的比重已经连续 4 年呈下降状态。

人口近域流动态势增强，区域化聚集的全国格局显现。第六次人口普查显示农民工跨省流动多转向地域文化相近的经济相对发达省份。江浙沪皖、粤湘桂跨省流动人口的 70% 在本区域内；京津冀跨省市流动人口的 63% 在本区域内，人口流动的区域化趋势明显。农民工近域就业的态势显著增强，2011 年以来本地农民工 ❸ 增速超过外出，省内农民工增速超过省外，农民工流动更趋向于本省以内。受交通运输成本提升、内需市场扩大、传统地域文化认同等因素影响，以沿海城镇群、成渝地区、中部各省会城市所在的城镇密集地区为主体的经济与人口区域化聚集格局正在形成（图 2，表 2）。

未来一个时期全国层面人口红利趋向缩小，但中西部部分省份将保持较为年轻的人口结构。0～14 岁人口是未来新增劳动力主力。0～14 岁人口占比 20% 及以上的地区已经从五普全国性分布缩减为六普以中西部为主的格局，特别是江淮、江西、成渝及其周边将成为我国主要的人口红利区。

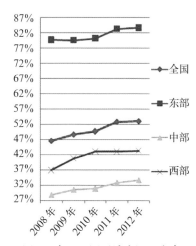

图 2　全国不同区域农民工省内
流动比重变化

---

❶　中西部地区现状常住人口 7.2 亿，占全国 53%。

❷　2012 年在东部务工的中西部农民工收入结余开始低于其在本省内务工的收入结余。

❸　按照国家统计局的解释，本地农民工是指调查年度内，在本乡镇内从事非农活动（包括本地非农务工和非农自营活动）6 个月及以上的农村劳动力。

外出农民工在不同地区务工的月收入水平以及与东部的差距（元／人）　　表2

地区	2008 年		2009 年		2010 年		2011 年		2012 年	
	收入	差距	收入	差距	收入	差距	收入	差距	收入	差距
东部	1352	0	1422	0	1696	0	2053	0	2286	0
中部	1275	−77	1350	−72	1632	−64	2006	−47	2257	−29
西部	1273	−79	1378	−44	1643	−53	1990	−63	2226	−60

注：资料来源：历年国家统计局公布的农民工调查报告。

（三）人口向大城市和小城市两端聚集，县级单元❶成为城镇化的重要层级

我国城镇人口发展整体上呈现向大城市与小城市（镇）两端集聚的态势。2010 年我国 57 座城区人口百万以上的城市集中了 1.66 亿人，占全国城镇人口的 27%。20 万人口以下的小城市与小城镇，集聚了全部城镇人口的 51%；其中县级单元自 2000 年以来聚集了全国新增城镇人口的 54.3%，成为城镇化发展的重要层级。30 万以下人口规模的城镇常住人口总量保持增长，其他大中城市人口总量均有不同程度的增减（表 3，图 3）。

县级单元与地级市及以上市辖区人口增量情况（五普、六普）　　表3

		地级市及以上的市辖区		县级单元	
		城镇人口增量	占比	城镇人口增量	占比
全国		9600.7	45.70%	11391	54.30%
其中	东部	5493	55.70%	4372	44.30%
	中部	1617.5	29.60%	3838.5	70.40%
	西部	1945	40.10%	2904.9	59.90%
	东北	545.2	66.40%	275.9	33.60%

大城市人口增长速度放缓。北京和上海的常住人口年均增量由 2010 年分别增长 102 万和 92 万，下降为 2012 年分别增长 51 万和 33 万。深圳常住人口增量由 2010 年增长 42 万下降为 2011 年增长 10 万。中西部中心城市人口集聚水平也出现下降，合肥、武汉、太原、西安等城市市区人口增长速度自 2005 年以来明显放缓。❷

县级单元经济活力显现。2008～2010 年全国县级单元经济增速达到 16.1%，高于同期地级及以上城市市辖区的 11.8%。六普显示二产就业中县级单元占全

---

❶　这里的县级单元，具体包括县级市、县、自治县、旗、自治旗、特区、林区 7 种，不包括地级市的市辖区。以下皆同。

❷　以上数据均引用自各城市历年统计年鉴。

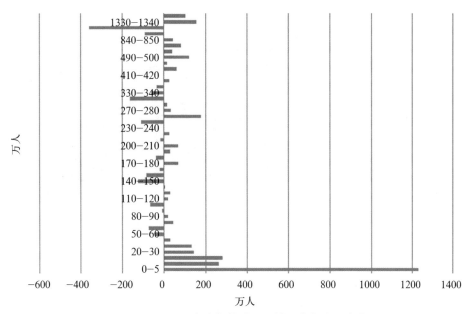

图3　2006～2010年各规模城区、镇区常住人口变化图
（数据来源：历年中国城市统计年鉴，中国建制镇统计资料）

国的比重达到49%。"工农兼业"、"城乡双栖"等灵活的就业与居住形式和相对较低的综合成本成为县级单元产业发展的优势。县级单元的消费潜力正在显现，2007年以来，县的社会消费品零售总额增速超过城市。城乡居民消费比由2004年的3.8下降到了2012年的3.2。国家计生委调查显示，2010年全国流动人口人均收入增幅为14%，而人均支出增幅仅1.8%，外出农民工打工期间仅支出基本生活消费，将更多的消费放在了家乡。2004年以来全国农村居民的消费水平加快提升，城乡居民消费水平差距逐年递减。县级单元人口总量占全国半数以上，消费能力还有较大提升空间（图4，图5）。

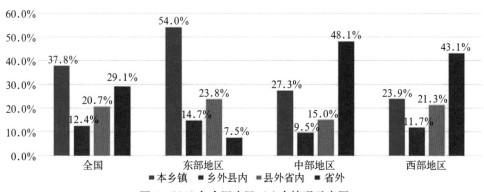

图4　2012年全国农民工分布情况示意图

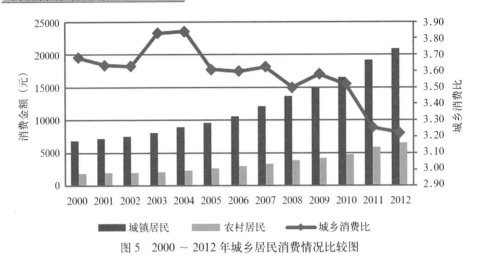

图 5　2000 ～ 2012 年城乡居民消费情况比较图

　　六普显示跨省流动人口为 8600 万，其中农民工 7717 万。跨省流动人口主要集中在沿海大城市，上海、北京、深圳、东莞 4 个城市集聚的跨省流动人口占全国的 32%，其他 15 个吸引跨省流动人口近 100 万以上的城市也集聚 32% 的跨省流动人口❶，受住房与生活成本高的影响，大城市难以成为农民工安家立业的首选场所。大城市的环境与财政能力也难以解决大量农民工的"市民化"。

　　当前 2.6 亿农民工中的 50% 以上集聚在县级单元❷，农民工选择就近打工、安家定居的意愿越来越强。外出农民工呈现出年轻外出务工，中年以后回乡照顾家庭、养老的生命周期规律。2012 年我国农民工群体内部年龄结构明显"大龄化"，30 岁以下占比由 46% 下降到 39%，40 岁以上占比已由 2008 年的 30% 上升到 41%❸。2011 年全国农民工调查报告显示，本地农民工平均年龄高出外出农民工 12 岁，本地农民工中 40 岁以上的占 60.4%，而外出农民工 40 岁以上仅占 18.2%。这反映了已婚大龄农民工不仅外出缺少竞争力，而且需要照顾家庭，更倾向于就近就地转移，这使得他们的外出积极性减弱。县级单元应对作为农村劳动力老龄化，容纳大龄农民工落脚定居与养老福利地的功能日趋重要。

（四）资源环境约束趋紧，倒逼发展模式转型

　　资源能源短缺制约产业和城镇发展。我国每年因为城镇化减少的耕地数量就接近 2000 万亩，水土资源短缺进一步加剧。2000 ～ 2009 年，我国城镇化率年

---

❶　这些城市包括苏州、广州、天津、温州、佛山、宁波、杭州、泉州、中山、无锡、金华、台州、惠州、嘉兴、厦门。

❷　数据来源：2012 年全国农民工监测调查报告。

❸　数据来源：2012 年全国农民工监测调查报告。

均增长 1.35 个百分点，而人均能源消费量年增长 7.99%，按此估算城镇化率达到 65% 时，我国年能源消费总量将达到 64 亿吨标煤，突破我国 40 亿吨标煤的能源消费上限[❶]。而我国石油对外依存度已经从本世纪初的 26% 上升至 2011 年的 57%。快速城镇化伴随的资源能源消费增长，已经影响资源能源供给安全。

环境约束凸显，倒逼产业与城镇发展模式转型。2012 年我国二氧化硫排放总量 2117.6 万吨、氮氧化物排放总量 2337.8 万吨，主要污染物和温室气体排放总量居世界前列。2013 年上半年京津冀、长三角、珠三角的 74 个城市空气质量超标天数比例为 35.6%，城市环境急剧恶化，环境污染对人体健康造成的威胁不断提高。传统发展模式难以为继，产业与城镇发展模式亟待转型。

三、新型城镇化总体思路

（一）坚持实现小康社会和现代化目标，以人为本，四化同步

推进新型城镇化要以全面建设小康社会、实现现代化为总体目标，坚持以人为本，工业化、信息化、城镇化和农业现代化同步，走区域协调、城乡互动、低成本、低风险的城镇化之路，形成经济高效、社会和谐、文化繁荣、资源集约、绿色低碳、人民安居乐业的城乡健康发展新格局。

（二）坚持立足解决近期发展的主要矛盾，远近结合，积极稳妥

推进新型城镇化既要突出长期性和前瞻性，更应有利于解决当前社会经济发展的主要矛盾，重点解决现阶段经济增长乏力、就业形势严峻、城乡差距过大、生态环境持续恶化等突出问题，不盲目追求城镇化速度，不简单下达城镇化指标。

（三）坚持转变城镇化发展路径，体制创新，政策配套

改革体制机制，加强配套政策的综合设计。重点协调国家经济产业、财税金融、土地管理、户籍制度、社会保障、行政区划、城乡建设、交通能源等相关政策的制定和衔接。设置国家层级政策试验区，将具有典型性、代表性的城市和县级单元作为改革试点，进行综合配套实验。

探索路径转变，实现新型城镇化，要积极推进四个转变。一是转变发展模式，从强调发展速度转变为注重发展质量，将提高城乡居民生活质量，缩小城乡差距，

---

❶ 国家统计局能源统计司．中国能源统计年鉴 2010 [M]．北京：中国统计出版社，2011：186－201

实现农村转移人口就业与居住地统一，生态环境改善作为衡量城镇化发展质量的重要标准。二是调整发展动力，从扩张型投资和出口拉动转向以消费需求、民生型与环保型投资拉动。通过新型城镇化扩大城乡就业，提高城乡居民收入，从而引导有效投资需求，释放消费需求。三是均衡发展权力，改变当前由城市行政层级主导的大中小城市发展资源不均衡现状，既要发挥城镇群和大城市的引领作用，更应以县级单元为着力点，大力提升中小城市发展水平，促进本地城镇化。四是更新发展理念，从重视物质建设转变为以人为本，加快消除农村转移人口在就业、居住、子女教育以及社会福利保障方面与城市居民待遇上的差别，2020 年在大中小城市实现就业期间待遇与保障的统一。

（四）坚持实事求是，多层级、多方式推进城镇化

当前 2.6 亿农民工分布在不同区域。在本乡镇占 37.8%，乡外县内占 12.4%，合计 50.2%，该群体的城镇化应当通过发展县域经济，加快推进县域内城乡居民身份待遇一致，实现本地城镇化。在县外省内的占 20.7%，该群体的城镇化，应由各省根据条件和能力，创新推进省域城镇化。跨省流动的占 29.1%，约 3850 万集中在 10 个特大城市❶，该群体不可能短期内实现完全的"市民化"，应当通过体制创新，提高社会保障和福利，公平享受基本公共服务，改善居住条件，逐步缩小身份待遇差距。

农村转移人口是新型城镇化的主体，应以公平享有发展机会和权益为原则，创造条件为农村转移人口提供可自主选择的多种城镇化路径。建立大中小城市和小城镇在就业、居住、公共服务等方面不同优势的梯度供给结构，以"大中城市就业＋定居"、"大中城市就业＋周边小城镇定居"、"大中城市就业与居住＋回乡养老"、"县域就业＋定居"等多种方式解决农村转移人口身份待遇统一和安家诉求，实现以人为核心的新型城镇化。

四、新型城镇化路径与策略

（一）推进体制改革，建立市场主导的城镇化调控机制

简政放权，依据事权划分，改革中央、省级、地级和县级城镇化推进机制，转变各级政府职能，减少行政权力对资源配置的过度干预，保证各级城市依据自身资源禀赋发展的自主权。

---

❶ 上海、北京、深圳、东莞、苏州、广州、天津、温州、佛山、宁波。

加快改革人口管理政策，推进农村转移人口在居住、子女教育、社会保障等方面享有城市基本公共服务。立足扩大内需、产业升级，创新促进产业和空间发展相协调的政策机制。在确保农民集体土地产权基础上，创造符合地方特点，灵活多样的集体土地使用制度。探索建立区域生态环境保护补偿和处罚机制。促进相关配套政策跟进，加快综合配套改革的先行先试。

充分发挥市场配置资源的基础性作用，改革投融资体制。加快建立风险可控的地方政府融资机制，把地方政府债务收支纳入预算管理，探索符合条件的城市发行市政债券。完善财税体制，将土地出让金收入全部纳入土地储备基金，实行比一般预算资金更加严格的支出审查。提高城市基础设施融资比重，通过政府与社会资本合作，吸引社会资本参与基础设施和公共服务设施的建设和运营。将政府投资重点转向公共服务、民生与环境保护等基础性公益性领域。

（二）实施差异化政策，加快缩小区域差距

实施差异化的区域发展政策。根据经济产业联系、人口流动空间特征、自然地理条件、地域文化类型等多种因素，将全国划分为若干个城镇化发展分区，建立因地制宜、分类引导、分区优化的政策体系，引导各地走差异化、特色化的城镇化道路（图6）。

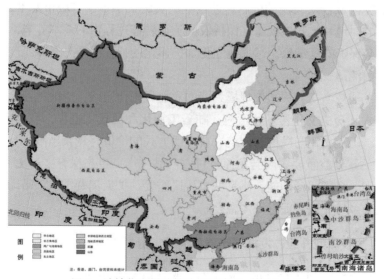

图6　城镇化发展政策分区示意图（10大分区）

（资料来源：邹德慈、李晓江、吴志强编著，城镇化发展空间规划与合理布局研究 // 徐匡迪主编，中国特色新型城镇化发展战略研究（第一卷）（M），审图号 GS（2014）286号）

推动东部地区的发展转型，促进产业升级和城镇格局优化，保持与生态环境承载力相适应的人口与经济规模适度增长。以内需发展和内陆开放为导向，顺应当前产业与人口在中西部聚集的区域化趋势，利用区域资源禀赋、发展空间和人口红利优势，承接东部地区产业和技术转移，创新发展中西部特色工业化、城镇化道路。加快推进中西部人口密集地区城镇化进程，合理引导地广人稀地区产业与人口集聚。

制定多渠道、多方式的区域振兴扶贫政策，扶持老少边穷地区发展。重点提高集中连片特困地区县城和小城镇的地区服务供给能力，走集中发展、就近聚集的城镇化路径。提高边境地区小城镇与居民点的公共服务水平，重点建设内陆门户和口岸城镇，实现富民兴边的国家战略目标。尊重民族地区社会文化特征，走特色化的经济与城镇化发展道路。加快资源型城市和老工业基地城市的产业转型和城市功能提升。推进新疆建设兵团城镇化进程和兵团城市建设。

（三）构建弹性城乡关系，保障城镇化进程中的人口双向流动

充分尊重城乡发展的不同规律与合理差别，充分利用城乡发展的互补优势，实现城乡人口和要素自由流动，建立弹性互动的新型城乡关系，抵御经济社会发展风险，促进城镇化健康发展。

逐步完善城乡双向流动机制。近期推进农民工平等享有城市基本公共服务，稳定农民的耕地和宅基地权益，保持农民工在转移过程中的基本养老、基本医疗卫生等社会保障的延续性。远期建立更加一体化的社会服务与保障制度，实现城乡居民自由流动。

农村发展应当与我国适度规模经营的农业现代化道路、老龄化社会需求、绿色低碳模式和历史文化传承相适应。随着工业化和现代化进程，乡村生态环境、田园风光、历史文化与民俗、传统农耕生活方式的价值将越来越高，乡村与城市相互服务关系日益重要。应当发挥乡村农产品生产、生态保育、历史文化保护、养老和休闲等多重服务功能，满足城乡居民需要，扩大消费需求，带动农民收入提高，提升乡村文明，促进城乡融合。

（四）加快转型升级，发挥城镇群和大城市引领作用

优化提升珠三角、长三角、京津冀、成渝、长江中游 5 大核心城镇群，积极发展海峡西岸、海南（南海）、天山北坡、哈长、滇中、藏中南 6 个战略支点地区，培育 11 个城镇化重点地区，构建"5611"空间结构，促进区域均衡发展，引领我国城镇化空间合理布局（图 7）。

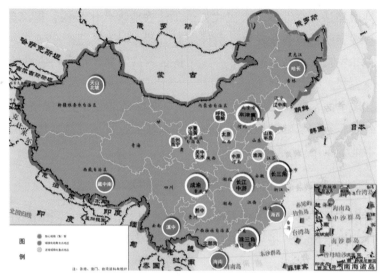

图 7　城镇化重要地区空间格局图
（资料来源：邹德慈、李晓江、吴志强编著，城镇化发展空间规划与合理布
局研究 // 徐匡迪主编，中国特色新型城镇化发展战略研究（第一卷）（M），
审图号 GS（2014）286 号）

加强城镇群协调发展。加强区域交通、重大基础设施、生态环境保护、水资源综合利用、海岸线资源保护与利用等协同规划和建设，统筹安排区域重大项目，切实提高区域环境协同治理能力。推进区域基础设施和公共服务设施共建共享，划定区域基础设施廊道，引导电力、输气输油、通信管道区域化布局。加快发展集约化运输方式，发展多方式联运，优化各类运输设施布局。完善城镇群内部的城际轨道交通网络，形成以都市区为核心，城镇之间多通道、网络化交通格局。

加快大城市转型发展。提升北京、上海、广州、天津、重庆、武汉等重要中心城市的创新与综合服务水平，增强国际竞争力。以省域中心城市为核心，构建中心城市和周边地区一体化发展的都市区格局，带动各省区工业化、城镇化发展。推动省域的水体、大气和垃圾的综合整治，建立省域污染控制与生态安全格局，倒逼大城市转型发展。

（五）激发县级单元发展活力，促进全面实现小康

赋予县级单元更多发展机会，激发自下而上的创造和探索。改变高行政层级城市优先获得财政、土地、项目、园区设立等发展资源的状况，保障县级单元和重点小城镇获取更多发展权利。鼓励县级单元发掘自身优势特色，探索农民自主选择的城镇化机制。

繁荣县域经济，全面提高农民收入。加快农业现代化步伐，提高务农收入；积极推进县域工业和服务业发展，引导农业劳动力向二、三产业转移，促进就近就业，提高非农收入。多渠道、多方式帮扶贫困县发展，提升特困地区城乡居民收入、加快脱贫。

促进县域全面发展，实现本地城镇化。全面振兴县域社会、经济和文化发展，提升城乡公共服务和基础设施水平，保护生态环境，传承地域文化，实现就近安居乐业的本地城镇化。

（六）推进农村转移人口住有所居，平等享用基本公共服务

加快解决农村转移人口住房困难。建立市场配置和政府保障相结合的分层次、多样化的住房供给模式，将符合条件的农村转移人口纳入住房保障范围，实现住有所居的目标。

鼓励农村转移人口在城镇租赁和购买各类商品住房，给予与城镇居民同等的信贷、金融、税收等政策优惠待遇。鼓励用工企业采取廉价租赁等方式向农村转移人口提供居住场所。

创新大中城市农村集体建设用地管理模式，在符合城乡规划和土地利用规划前提下，对城中村、城边村宅基地上的住房进行更新改造，划定范围，控制规模，不变土地性质，形成城乡互动、低成本、农民自主经营的"公租房"、"廉租房"，为农村转移人口提供居住服务。

按照城镇常住人口规模，统筹配置学校、幼儿园、医院、文化和体育等公共服务设施。鼓励多种方式办学，合理布局中小学校，均衡教育资源，全面解决进城农民工随迁子女平等接受义务教育的问题。

（七）建设低碳生态智慧城市，提高民生环境基础设施建设水平

制定生态城市建设发展目标和战略，加强技术集成应用，广泛推进生态城市（城区）建设，实现土地集约紧凑和混合布局。大力发展绿色交通和绿色市政基础设施，加大可再生能源推广规模，加强水资源循环利用和垃圾无害化处理设施建设。大力发展绿色建筑，提高新建筑节能标准水平，加快对既有老旧建筑的节能改造，增加城乡绿地空间，保护和恢复湿地，完善提升城市绿地的生态功能。

推动智慧城市建设。开展城市基础设施智能化改造，实现城市精细化管理。推动政府公共管理和公共服务信息化，开放信息资源，拓展城市服务能力。推动物联网、云计算、大数据等新一代信息技术创新利用，发挥信息化对城镇化的支撑作用。

提高基础设施建设水平，促进城乡现代化建设。城市供水设施以提标改造为主，保障城市用水安全。优化能源供给类基础设施，解决能源供给与区域发展需求的矛盾。填补排水和环卫基础设施缺口，提高配置运行水平。

完善城市生命线工程建设，应对各类突发公共安全事件。加强城市新区科学选址，避让自然灾害高发区。加强备用水源建设，提高供水保障能力。加强排水设施建设与管理，减小城市内涝的危害。完善城市避难场所建设，制定各类灾害应急预案。

推进投融资体制改革，在加强政府对民生、环保公益性基础设施建设投入的基础上，建立多层次、多渠道的基础设施建设投融资模式，完善价格机制，发挥市场作用，利用市政债券、基础设施建设产业基金、特许经营、政府购买公共服务等方式吸引民间资本参与经营性项目建设与运营。加大对基础设施投资、建设、运行维护的监管，完善行业服务质量评价考核标准，保障公共服务质量。

对中央和地方在基础设施建设投资上的事权进行划分，地方政府承担提供基础设施和保障公共服务的基本职责；中央政府对贫困落后地区、公益性基础设施建设实行财政转移支付。

投资作为经济增长主要动力的状况难以在短期内改变。把政府的公共投资转向民生与环境领域，既可保持一定的投资总量，又可降低能源消耗、污染排放和城乡生活成本。北方地区有超过 20 亿平方米的既有建筑急需改造。按照每平方米 200 元标准，则投资需求为 4000 亿元。若将北方 100 亿平方米采暖建筑全部进行改造，则投资需求更大。降低 20% 公共建筑单位面积能耗，将降低商品能耗 3400 万吨标准煤，相当于全国建筑总能耗的 4%，全国总能耗 1%。

（八）保护自然与文化遗产，体现地域文化与特色风貌

加强历史文化名城、名镇、名村和历史文化街区保护。加大国家财政专项保护资金支持力度，引导社会资金进入，加大保护投入。禁止在保护区内大拆大建，将历史文化保护与改善民生紧密结合。建立历史文化名城保护规划体系，编制全国历史文化名城（镇村）保护体系规划，严格制定和实施历史文化名城、名镇、名村和历史文化街区的保护规划。将历史文化保护作为各级相关政府的考核内容，开展保护专项检查，加强对保护效果的动态监督。

整合现有风景名胜区、自然保护区、森林公园、国家地质公园、湿地公园等资源，强化各类自然遗产保护区域的统一保护和建设。启动《风景名胜区法》立法工作，编制全国风景名胜区体系规划。将风景名胜区纳入国家生态补偿范围，落实生态补偿和生态转移支付政策和资金；加大中央财政对国家级风景名胜区保护补助资金额度，力争每年达到 20 亿元；地方各级财政安排风景名胜区专项保

护管理资金；建立"国家级风景名胜区保护基金"，吸引社会捐赠。

保护城乡特色风貌，建设美好城乡。转变大规模旧城改造模式，推进城市建成区有机更新。加强重点地区规划设计和管理，构建具有地方特色的城市公共空间。结合水系统、绿地系统建设，优化城乡空间形态和环境，传承人文风貌特色，鼓励城乡文化多样性发展。建设大城市永久性生态保护区，区域性绿地、绿带和绿道网，通过地方立法保障实施。

（九）坚持规划调控和交通引导，促进城镇合理布局

城乡规划是引导城镇化健康发展的重要依据和手段。强化城乡规划综合调控作用，建立健全各级部门之间的协调机制，加强城乡、土地利用和社会经济等各类规划之间的协调和衔接，避免土地指标分配肢解城乡整体布局，避免以单一经济目标评价城乡发展。

优化城镇体系布局和形态。组织开展全国城镇体系规划和跨区域的京津冀、长三角、珠三角、成渝和长江中游城镇群的规划编制。加强省域城镇体系规划制定和实施。推动城乡规划全覆盖，开展县（市）域城乡总体规划。

加强城乡规划管理。划定城镇建设用地增长边界，完善"三区"、"四线"❶等强制性内容管理制度，将各类开发区、新城纳入城市总体规划统一管理，强化城乡空间开发管制。健全国家城乡规划督察制度，继续加强对规划实施的事前、事中监督。探索建立城市总规划师和乡村规划师制度。

确立以轨道交通为骨干，公共交通为主导的绿色综合交通体系，通过规划控制与绿色交通引导，维护我国城市的紧凑、可持续发展。加快发展城市大运量快速公交系统，大力提倡绿色交通出行，加强自行车和步行交通系统建设，公平分配道路空间资源。加强交通需求管理，合理引导小汽车有序发展和适度消费。建立城市之间以轨道交通为骨干的网络化交通格局，促进城镇沿主要交通线集聚发展，引导城镇合理布局。

（十）纠正城镇化工作偏差，推动发展模式转型

坚持城市发展的科学性，遵循城镇发展客观规律，实事求是确立城市发展目标。反对盲目追求城镇化指标、盲目追求城市规模和制定不切实际的城市定位。坚持现有国家建设用地标准，严控城市建成区低水平蔓延，确保城市空间紧凑集约，推动城乡开发建设向环境友好、资源节约的内涵式、效益型模式转变。

---

❶ 在区域层面确定禁止建设区、限制建设区、适宜建设区（简称"三区"），在城市层面划定蓝线（水体控制线）、绿线（绿地控制线）、紫线（历史文化保护控制线）、黄线（基础设施建设控制线）。

规范各级城市盲目建新城、新区的行为，杜绝各类"空城""鬼城""债城"。新区建设应依托老城，加强产城融合，防止新区功能和产业过于单一，严控远距离、飞地型的新城开发。清理整顿各类开发区、工业园区和低效使用的工业用地，建立工业用地集约利用指标体系，制止以工业发展名义大规模圈地占地。

重视建成区和旧城功能提升与有机更新，挖掘存量土地价值，提高人居环境品质。发挥城市非正规空间、非正规就业 ❶ 在提供低收入人群住房、就业、收入与服务等方面的作用，缓解城市内部二元结构压力，实现包容性增长。

控制政府债务风险，建立政府任期举债责任制。合理控制居住用地容积率，防止过度以住宅用地出让收益补贴工业用地。加快财税体制改革，转变以土地财政为主的投融资机制。扩大房地产税试点范围，建立保障城市可持续运行的长效财政金融体制。

五、以县级单元为近中期重点，推进新型城镇化

新型城镇化的重要内涵是以人为本，提供给农村转移人口多种就业和居住选择。县级单元不仅是统筹城乡一体化发展的重要空间，更是推进本地城镇化的合理单元，其优势在于：一是可有效降低全社会城镇化成本，促进产业空间布局与劳动力分布合理契合，二是可以使农民工兼顾就业与安家。当前农村转移人口大规模长期流动、城乡发展差距过大、农民工市民化等一系列问题单靠大城市难以解决。因此，迫切需要将县级单元作为近中期推进新型城镇化的主要突破口，积极稳妥，优先发展。

推进新型城镇化，应从全国选取不同地区的县级单元进行综合性制度与政策试验。县一直是我国最基本、最稳定的行政治理单元，县域改革包含政治、社会、经济和文化的综合试验，且政策试验风险较低，可为推动顶层体制机制改革和社会经济全面发展提供有益探索。

全国20县(市)调研样本数量约为全国县级单元总量的1%,样本涵盖我国东、中、西部9个省份和1个直辖市。县（市）样本具有一定代表性和典型性，多是人口数量在中等以上的县（市），经济发展水平则涵盖了富裕的、中等的和落后的县（市）。通过20县（市）城镇化专门调研，项目组获得大量一手信息和数据，成为本研究中县级单元政策建议的直接依据（图8，图9）。

---

❶ 非正规就业是指在广大发展中国家的城镇地区，那些发生在小规模经营的生产和服务单位内的以及自雇佣型就业的经济活动。非正规空间泛指从事非正规就业的群体工作和居住聚集的空间，"城中村"是当前我国城市中规模最大的非正规空间类型。

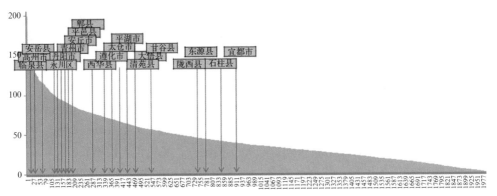

图 8　1985 个县和县级市常住人口排序

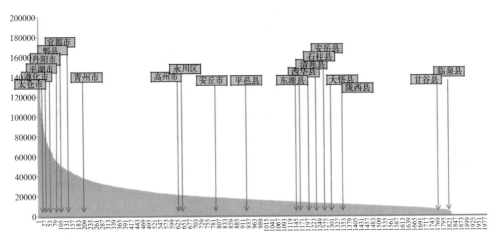

图 9　1985 个县和县级市人均 GDP 排序

（一）发挥资源整合优势，推进县级单元综合改革试验

合理划分市、县两级政府事权，调整市代管县管理体制，全面推进省直管县。慎重对待撤县改市，严格控制撤县改区；扩大人口产业大镇的政府权限，提高社会治理和公共服务能力。实施省直接给县级单元下达土地指标、审批县级单元城乡总体规划等多项改革。

选择不同类型的县级单元进行综合改革试验。探索户籍制度、土地制度、财税体制、投融资体制等系统改革，促进城乡资源统一配置，土地、住房等要素平等交换，城乡居民享有统一的就业机会、公共服务、福利与保障，打破城乡二元结构，真正实现城乡一元化社会。积极探索上级转移支付专项资金打包统筹使用。

县级单元应根据城乡总体规划，统筹城乡建设用地在县域内平衡使用，合理布局三次产业；统筹各级城镇和农村居民点建设，实现适度集聚和品质提升；统筹城乡各项公共服务设施和基础设施，实现设施和资源平等共享。统筹使用资金，同步推进城乡建设，加快形成"以工促农、以城带乡"的良性互动。

（二）鼓励土地流转，提升生产效率，合理利用宅基地激发农村活力

保持土地制度连续性，稳定农村土地承包关系。不搞强迫命令，采用多种方式鼓励耕地向专业大户、家庭农场、农业合作社流转，促进适度规模的农业生产。

加快农村集体土地确权。在符合城乡规划、保证居住功能不变的情况下，鼓励以租赁方式促进宅基地有效利用，探索市场化机制。

提升县域配置资源的效率，在县域内探索宅基地统筹分配、交易、腾退补偿机制，允许农民宅基地在县域内自主流动。土地流转率超过80%的村庄，在村民集体同意的情况下，允许在县城、镇区或乡集镇集中宅基地建设新居或选择保障房。政府负责规划管理和基础设施建设，省级政府在土地置换政策和基础设施建设投资上予以支持。

（三）促进三次产业协调发展，重点支持涉农产业

大力支持农业及涉农产业。重点支持安全农产品生产基地建设，全面加强农产品安全生产管理与监控。明晰涉农企业门类，制定支持涉农产业的专门政策，降低涉农企业设立门槛，对涉农产业设立专项土地指标，并给予金融和税收等支持。发展农业科技、管理、营销等农业服务业，建立农资市场体系和综合型、专业型互补的农产品市场体系。

加快工业发展，引导产业合理布局。创新县域工业生产组织模式，以产业集中区引导工业企业在县城和重点镇布局。整合分散的劳动力资源，集聚人口和消费，促进形成集中紧凑的小城镇。中央和省级财政对中西部县城和重点镇的产业集中区基础设施建设给予重点支持。

促进生产性服务业发展，构建三产融合发展的平台。建设专业市场和流通网络，促进本地农业、工业和服务业融入区域市场。繁荣生活性服务业，释放消费潜力。完善覆盖县域的便民商业体系，加强休闲娱乐、体育文化等服务设施建设。鼓励具有区位和资源优势的县级单元，发展区域性商贸流通、休闲旅游等服务业。

20县（市）调研表明，工业是带动就业、促进人口集聚的重要动力，对县域经济贡献率高。2012年人均GDP超过1万美元的县级单元，第二产业占比均在50%～60%之间。县级单元暂住人口数量与工业发展水平密切相关，暂住人口较多的丹阳、太仓、平湖2012年全部规模以上工业总产值平均值达到1420亿

元。人口大量流出的临泉、高州、安岳、西华、大悟2012年全部规模以上工业总产值平均值仅为142亿元。

农业的稳定发展是本地城镇化的重要支撑。20县人口稳定或呈现净流入，本地城镇化特征较为明显的县级单元不仅城镇居民人均可支配收入较高，农村人均收入水平也明显高于其他县（图10）。

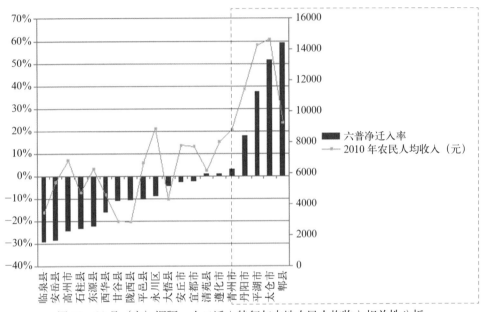

图10　20县（市）调研：人口迁入特征与本地农民人均收入相关性分析

（四）鼓励灵活多样就业，促进农村转移人口就近安居乐业

加快中西部县级单元二、三产业发展，引导农业转移劳动力就近就业。发挥资源丰富、劳动力充沛等优势，吸引沿海资源型和劳动密集型产业向中西部转移。将每年新增就业岗位数作为衡量城镇化推进工作的重要考核指标。

依托县城及重点镇提供多产业、多门类、多形式的劳动岗位，形成灵活互补的就业体系。在小额贷款、税收减免、土地利用等领域提供优惠，鼓励外出劳动力回乡创业，重点发展农业、休闲旅游、生活性服务业。加强县域内劳务市场建设，鼓励短期劳务和非正规就业、兼业、自雇等多种就业方式。

引导县域房地产市场提供价格合理、经济舒适的普通商品房。通过规划、土地供应、税收和金融等调节手段，增加中小户型、中低价位商品住房供应，满足农村转移人口进城购房需求。采用货币补贴，利用城中村提供"公租房"、"廉租房"等方式为低收入人群提供住房保障。

县级单元私营和个体从业人员规模快速增长，是非正规就业的重要载体。2001 年，全国县域城镇从业人员数 6045 万人，其中私营企业和个体从业人员为 1427 万，占比为 23.6%。到 2011 年，县域城镇从业人员数增长到 10884 万人，其中私营企业和个体从业人员为 5746 万人，相比 2001 年增长了 3 倍，52.8%。而同期单位就业人员仅增长了 11.2%。

20 县调查显示，大部分县的农民主要选择在县城购房（图 11）。20 县的县城房价、农民家庭收入、可承受房价等调查显示，县城房价和购房农民家庭收入比全部在 6 ～ 13 之间，表明目前县城房价尚在合理价格区间；对县城房价具有较强支付能力（房价收入比为 6 ～ 10）的农民占全县农民的比例较高，表明农民到县城购房的潜力较大（图 12）。

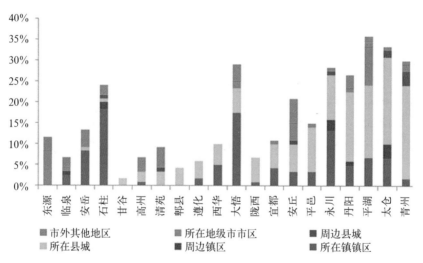

图 11　20 县（市）调研：农民在外购房地及占全部农民家庭百分比情况

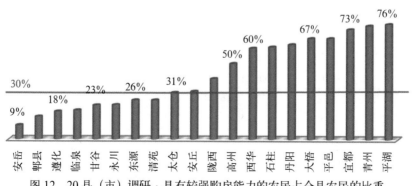

图 12　20 县（市）调研：具有较强购房能力的农民占全县农民的比重

（五）分级分类，因地制宜推进县级单元城镇化

20 个县（市）的城镇化率差距较大（表 4），最高的永川县为 73.3%，而甘谷县仅为 17.5%。同时，县域内城镇居民点的人口聚集能力存在较大差异。郫县人口净流入率高达 59.2%，临泉县人口净流出率达到 29.5%。县域内部城镇人口聚集的能力出现分化：20 个样本中 7 个县（市）的县城人口快速增长，4 个县（市）出现镇区人口比县城增长更快的现象，还有少量县（市）的村庄地区人口较快增长。因此，针对不同地区、处于不同发展阶段的县级单元，应当因地制宜推进城镇化，同时，对于县域内不同层级的城镇、乡村居民点提出差异化的发展政策。

20 县主要社会经济指标   表 4

所在省（直辖市）	县（市）名称	2010 年县域常住人口（万人）	2010 年全县外出务工人员总数（万人）	2012 年农村居民人均总收入（元）	2012 年全县 GDP 总量（亿元）	2012 年全县人均 GDP（元）	2012 年县本级财政总收入（亿元）	2012 年县本级一般预算内收入（亿元）
四川省	郫县	89.61	N/A	11107	325.6	62773	64.4	30.4
浙江省	平湖市	67.22	0.110	18547	423.2	86646	55.2	38.0
山东省	青州市	94.03	4.076	16920	449.1	48919	27.1	27.1
江苏省	丹阳市	80.8757	0.327	15171	830.5	102239	86.0	50.1
广东省	东源县	44.11	N/A	8307	74.7	12742	5.9	4.7
四川省	安岳县	114.13	48.100	10741	218.1	19192	15.3	7.9
湖北省	宜都市	38.46	4.332	12492	344.7	89186	28.3	20.3
河北省	遵化市	73.75	3.045	14686	519.8	70624	14.4	14.4
广东省	高州市	129.08	35.800	9608	372.8	99999	9.5	9.3
重庆市	石柱县	41.51	15.933	8862	93.1	22612	14.1	7.1
重庆市	永川区	102.47	10.370	10002	402.7	38442	76.0	30.6
甘肃省	甘谷县	56.03	10.350	8560	42.3	7631	2.3	2.0
山东省	平邑县	101.02	14.840	11600	209.7	22865	7.3	7.3
河南省	西华县	78.70	23.200	5811	130.9	13770	7.8	3.4
山东省	安丘市	92.69	5.730	14619	221.2	23340	19.5	10.0
湖北省	大悟县	61.49	16.620	6708	92.0	14938	7.8	5.4
河北省	清苑县	62.84	1.340	9315	104.3	16287	2.7	2.7
江苏省	太仓市	71.21	0.510	21977	955.1	134439	150.6	90.2
安徽省	临泉县	154.00	65.900	5005	113.7	5049	6.8	4.5
甘肃省	陇西县	45.33	13.700	5879	50.3	11048	2.9	2.6

突出县城公共服务和产业带动的双重职能。发挥县城在带动经济发展、组织三次产业联动，吸纳就业方面的重要作用，促进县城优质公共服务向城乡全域延伸，提升农村居民生活水平。地广人稀和生态环境敏感脆弱地区，着重强化县城的公共服务职能。

发挥镇联系乡的重要服务职能。将重点镇的公共服务设施配套标准提高到城市配套水平。支持人口规模较大的镇区积极发展产业，成为农村劳动力转移的首选地区。对人口聚集能力弱、公共服务不足的平原区乡镇，实施行政区划调整，简化管理层级，提高服务能力。

适度规模的农业生产方式决定了农村分散的居住形态，村庄建设要防止照搬城市模式盲目集中建设。农村建设应尊重长期形成的人与自然和谐的乡村环境，坚持延续文脉、节约土地和保护生态的原则，提倡生态园林化、村庄特色化、生活现代化；严禁破坏乡村传统风貌、村落格局、生态景观和历史文化价值的行为。近期重点加强农民最急需、最基本的住房、交通、给排水、电力、通讯、环卫等基础设施建设，推进环境综合整治。

加强对不同地区的县级单元分类指导。城镇群核心地区及大城市周边地区重点发展都市农业，工业与区域协同发展，加强区域型和专业化服务功能，基础设施和综合交通设施建设实现区域一体化。城镇群边缘地区重点发展高效农业，积极承接核心区扩散的产业和功能，服务业注重特色和错位发展。特色产业地区根据资源、环境、历史文化等条件，积极发展特色农业、旅游业、采矿及加工业等。人口众多的粮食主产地区，采用直接补贴等方式鼓励土地流转，释放农业剩余劳动力；重点发展劳动密集型产业，扩大就业。地广人稀地区和贫困地区，重点建设公共服务完善的城乡居民点，引导集中居住，加大教育扶贫投入，稳妥推进农牧区、扶贫开发区、地方病重病区、灾害频发区和生态自然保护区等地区的生态移民和安居工程。

（六）缩小县城、重点镇与城市公共服务差距，提高人口集聚能力

重点提高县城和重点镇公共服务设施质量，以优质的公共服务吸引农村转移人口向县城和重点镇集聚。创新机制，引进优秀师资和优秀医疗人才，鼓励大中城市学校、医院在县级单元设置分校（院），大力提升县城教育和医疗服务标准和水平；将城镇优质公共服务向乡村地区延伸，促进公共服务城乡共享（图13）。

加强对县域各级教育设施的投入，尽快填补县域教育设施缺口。以标准化中小学建设标准的低值计算，县镇的小学、初中现状分别有3250万平方米和5590万平方米的建筑面积缺口。以新建校舍建设成本3500元／平方米计，投资需求为3080亿元。目前全国小学、普通初高中校舍中危房建筑面积达1.5亿平方米，

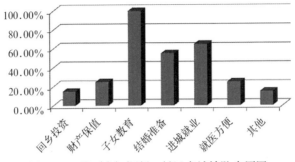

图 13　20县（市）调研：村民在城镇购房原因

占校舍总建筑面积的 10.6%。危房校舍建筑主要集中在欠发达地区的县镇和农村地区。以危房校舍改造成本 3000 元／平方米计，投资将达到 4500 亿元。

大力发展中等职业教育，提升农村年轻劳动力的就业能力。加强以农业新技术应用为主的农村劳动力技能培训，促进农村劳动力向城镇技术性岗位转移和农业生产率提升。

加强对县域各级医疗设施的投资，重点加大落后地区乡镇和村级医疗卫生设施建设。现状城乡医疗设施差距明显，各级城市医疗服务差距持续扩大。2011 年，全国各级城市市辖区千人医疗卫生机构平均床位数为 6.24 张（近 5 年增长 1.34 张），县和县级市仅 2.80 张（近 5 年增长 0.80 张）。建立村级医务人员培训制度和县乡医务人员交流制度，缩小城－镇－村医疗服务水平差距。逐步提升农村合作医疗国家补贴额度，建立县域城乡一体的医疗保险制度。

加快推进一体化的城乡公交服务。建立公交化的客运系统，构建服务城－镇－村三级的城乡公交网络。将城乡公交和农村客运服务一并纳入政府公共服务范围，按照政府主导、因地制宜、利益兼顾的原则制定服务标准，创新运营模式。

（七）统筹城乡基础设施建设，提升县域现代化水平

构建城乡一体化的新型基础设施体系。将城市交通、给排水、能源、通讯以及环卫等设施延伸到农村地区，实现农村居民生活现代化，促进城乡融合；完善镇、村基础设施建设标准体系，因地制宜开展村镇基础设施建设，实现城乡基础设施统一布局和建设。

加大供水设施投资力度。"十二五"末县城公共供水普及率达 85%，重点镇达 75%；远期实现城镇公共供水全面普及，供水水质稳定达标❶。适度超前安排

❶ 中华人民共和国住房和城乡建设部 . 全国城镇供水设施改造与建设"十二五"规划及 2020 年远景目标 [EB/OL] . http：//www.mohurd.gov.cn/zcfg/jsbwj_0/jsbwjcsjs/201206/t20120612_210246.html. 2012−05−25/2013−08−15.

水和环卫基础设施建设。"十二五"末县城污水处理率达 70%，垃圾无害化处理率达 70%，县城新增污水处理和垃圾处理能力分别为 1006 万吨／日 ❶和 18.2 万吨／日 ❷。提高县域能源基础设施水平，提高供热、燃气的普及率，将城市宽带网络延伸至乡村地区。

加大县域环境保护力度，依托自然山体、水岸、湿地等自然资源开展生态环境建设，提升县城园林绿化建设水平。加强农业污染和工业污染的监管与治理力度。完善生态补偿机制，防止污染向生态脆弱地区转移，保障县域生态安全。

县域基础设施需分地区、分行业设定差别化的建设目标和投资主体，加大县城基础设施的政府投资力度，各地区因地制宜地选择市政债券、特许经营、政企合营等基础设施投融资模式，建立投资利益分配协调机制，完善价格体系，保障公益性和营利性基础设施的协调发展。

20 县（市）调研显示，县城集中供水普及率较高，水厂工艺以传统工艺为主。各县均设有污水处理厂，40%进行污水再生利用，15%对污泥进行处置与资源化利用。县城垃圾处理以填埋为主，但填埋场运行水平较低，存在二次污染的危险。虽然一半以上的县实施了城乡环卫一体化，但实际操作效果不佳。供暖是县城基础设施建设的短板，北方部分县城没有集中供暖。集中供暖以燃煤为主要能源，自采暖以电、分散式锅炉房、燃气壁挂炉为主要采暖方式，少数县城有热电联产发电厂进行供暖。

20 县（市）调研表明，农村地区污染治理设施几近空白，化肥农药、畜禽养殖、农田固废、农村生活等造成的污染日益严重。不少县城及乡镇的经济发展以牺牲环境为代价，发展方式粗放，对污染企业监管不力。部分地区污染问题长期积累，老债新账叠加并存。

（八）完善政策，防范风险

完善土地增减挂钩政策。充分尊重农民意愿，结合农业产业化和农村现代化，同步推进土地增减挂钩，防止以获取土地指标为目的，盲目进行迁村并点和农村新社区建设。土地增减挂钩中新增的土地指标在县域内使用。

实施区域环境监管，防止重污染企业向生态敏感地区和优质农产品产区转移。建立对承担区域生态环境保护责任的县级单元的合理补偿机制，尝试碳汇交易制度。

---

❶ 国务院办公厅 ."十二五"全国城镇污水处理及再生利用设施建设规划 [EB/OL]．http：//www.gov.cn/zwgk/2012-05/04/content_2129670.htm. 2012-04-19/2013-08-15.
❷ 国务院办公厅 ."十二五"全国城镇生活垃圾无害化处理设施建设规划 [EB/OL]．http：//www.gov.cn/zwgk/2012-05/04/content_2129302.htm. 2012-04-19/2013-08-15.

避免县级单元生活成本过快上涨，提前制定相关政策，严控住房投机，谨防房地产泡沫向县级单元转移。

强化省级政府对县级政府的监管力度，加强县级政府行政管理能力与公务员队伍建设，提升县级政府在推进新型城镇化中的综合治理水平。

坚持村民自治的民主管理方式，鼓励农民自主自立建设新农村。吸引社会精英回乡，提升治理水平。在小城镇和新农村社区引入市场化、专业化管理，控制财政供养人口，降低财政负担，提高管理效能。

县级财政对土地出让存在一定依赖。20 县（市）调研显示，本级县财政收入共 651.5 亿元，其中土地出让收入共 188.5 亿元，占比为 28.9%。土地出让收入最高的是丹阳市，为 31.5 亿元，最低的是遵化市，为 0.4 亿元。各县本级财政对土地出让收入的依赖度差距较大，土地出让收入占本级财政收入最高的是安岳县，比重达 64.2%，最低的是遵化市，比重为 2.9%。

20 县新增城镇建设用地来源及建设用地增长量调查（表 5）显示，随着国家对城乡建设用地增长控制趋于严格，县级单元从上级获得的土地指标逐步减少。但是县级实际新增的建设用地并未减少，原因是利用城乡建设用地增减挂钩政策已成为当前获得土地指标的重要手段。

20 县城镇建设用地指标来源与增长情况 表 5

各项土地指标来源	2010 年	2011 年	2012 年
上级下达计划指标（亩）	2581.79	1749.05	1469.26
单个项目独立指标（亩）	849.51	845.34	936.51
低丘缓坡政策（亩）	214.13	209.69	513.75
城乡建设用地增减挂钩（亩）	780.96	422.15	1066.01
未利用地转建设用地（亩）	62.51	96.78	64.10
其他政策新增建设用地（亩）	120.94	132.45	46.20
合计（亩）	4609.84	3307.49	4014.48

注：表中数据为 20 县各项指标的平均值。

（撰稿人：李晓江，中国城市规划设计研究院院长，教授级高级规划师；尹强，中国城市规划设计研究院城建所所长，教授级高级规划师；张娟，中国城市规划设计研究院城建所主任工，高级规划师；张永波，中国城市规划设计研究院城建所主任工，高级规划师；桂萍，中国城市规划设计研究院城镇水务与工程专业研究院水质安全研究所所长，教授级高工；张峰，中国城市规划设计研究院城建所规划师）

注：摘自《城市规划》，2014（2）：1-14，参考文献见原文。

新形势与新任务——新型城镇化背景下城乡规划工作改革的思考

2013 年 11 月，十八届三中全会通过了《中共中央关于全面深化改革若干重大问题的决定》（以下简称《决定》），提出以深化经济体制改革为重点，深化政治体制、文化体制、社会体制、生态文明体制和党的建设制度改革。2013 年 12 月，中央城镇化工作会议召开，提出了走中国特色新型城镇化道路、全面提高城镇化质量的新要求，明确了未来城镇化的发展路径、主要目标和战略任务，统筹相关领域制度和政策创新。这两件大事构成了城乡规划工作未来的主思路、主纲领。

一、《决定》和中央城镇化工作会议提出的相关任务

（一）《决定》提出的相关任务

任务之一，在符合规划和用途管制前提下，允许农村集体经营性建设用地出让、租赁、入股，实行与国有土地同等入市、同权同价。任务之二，加快户籍制度改革，全面放开建制镇和小城市落户限制，有序放开中等城市落户限制，合理确定大城市落户条件，严格控制特大城市人口规模。任务之三，从严合理供给城市建设用地，提高城市土地利用率。任务之四，建立空间规划体系，规定生产、生活、生态空间开发管制界线，落实用途管制。任务之五，坚定不移实施主体功能区制度，建立国土空间开发保护制度，严格按照主体功能区定位推动发展，建立国家公园体制。任务之六，建立有效调节工业用地和居住用地合理比价机制，提高工业用地价格。

（二）中央城镇化工作会议提出的相关任务

任务之一，提高城镇建设水平。实事求是确定城市定位、尊重自然做好规划建设、改善城市生态环境、延续城市历史文脉、城乡一体化发展、棚户区和城中村改造等。任务之二，提高城镇建设用地利用效率。严控增量盘活存量、提高低效土地利用水平、统筹地上地下空间、调整城市空间结构等。任务之三，继续深入实施区域发展总体战略。重视跨区域、次区域规划等。任务之四，坚

定不移实施主体功能区制度。划定生态保护红线、引导生产力空间布局、对四区的引导与控制等。任务之五，推进农业转移人口市民化。常住人口市民化、放开镇和小城市落户限制、确定城市规模划分标准、提高就业不落户人的公共服务水平等。任务之六，优化城镇化布局和形态。发展城市群、解决大城市城市病、划定城市开发边界。任务之七，加强对城镇化的管理。各地的推进意见、专家型城市管理干部、建立空间规划体系、城市规划由扩张转向限定边界优化结构、探索"三规合一"等。任务之八，开展新型城镇化试点。转移人口市民化、多元化投融资机制、设市模式、宅基地制度等。任务之九，努力解决好住房问题。房地产发展长效机制、保障性住房建设和棚户区改造、提高住宅用地比例、提高容积率等。

二、城乡规划方面的落实举措

以上提出的任务，其落实部分有的由住房和城乡建设部牵头，有的则由其他部委牵头。根据这些任务，必须要提出切实有效的落实举措。新一届中央领导人在中央城镇化工作会议上的讲话，对于新型城镇化的要求非常明确，不是一般性、原则性的规定。这就要求我们以更加务实的态度，把这些要求具体分解落实。

（一）针对《决定》提出任务的落实举措示例

针对任务之一，就目前规划管理的制度来说，在法律法规上有很多不匹配之处，因此需要研究如何进行农村集体经营建设用地的规划和用途管制。其中涉及的规划许可问题，目前已有的法律法规并未涵盖，因此要对各地农村集体经营性建设用地入市试点情况进行调研；研究有关农村集体经营性建设用地项目入市的规划许可问题，为城乡规划法规修改进行基础研究储备。

针对任务之二，制定《省域城镇体系规划编制技术导则》，明确依据资源禀赋和经济社会发展条件，合理确定城市规模的要求。修订《城市公共设施规划规范》等标准，指导各地按照城市实有人口，完善城市公共服务设施的规模、体系和布局。按照户籍制度改革的要求，将符合条件的进城落户农民完全纳入当地城镇住房保障范围，研究将符合条件的进落户农民纳入城镇住房保障的总体思路。

针对任务之三，应将地上、地下空间结合开发。开展城市地下空间规划建设管理试点，开展城市地下空间开发利用立法研究工作。明确城市有机更新的规划指引，引导城市盘活存量建设用地，提高土地利用效率。加强对控制性详细规划编制的指导，合理确定建设用地容积率，明确节地要求。

（二）城镇化会议提出任务的落实举措示例

针对任务之一，加强对省域城镇体系规划和报国务院审批城市总体规划的审查，指导各地科学、务实编制规划，合理确定城市定位。加强对城市控制性详细规划和城市设计的指导，注重城市特色、传统格局风貌的保护、延续。完善历史文化名城名镇名村、历史文化街区、历史建筑保护等相关法规，强化保护。

针对任务之二，适时启动《全国城镇体系规划》编制工作。加强对三大城市群地区省域城镇体系规划制定和实施的指导，修订京津冀城镇群协调发展规划，制定行动计划。开展划定城市开发边界的研究，选择500万人口以上特大城市开展划定城市开发边界的试点。

针对任务之三，加强对城镇化的管理，加强领导干部规划知识培训，研究建立规划建设考核指标体系；开展城市总规划师制度试点工作；制定《城市总体规划编制审批办法》，改变总体规划编制理念，开展《城市用地分类和规划建设标准》等复审；开展县（市）城乡总体规划暨"多规合一"试点。

三、城乡规划工作改革思考

在新形势、新任务下，城乡规划工作面临着迫切需要改革的压力。实际上，规划行业现在正处在"冬天"，若不适应当前的新形势、新任务、新要求，就会被社会淘汰。

（一）深入理解、明确责任

针对新形势、新任务，在认识上要注意避免合意则取、不合意则舍的倾向，破除妨碍规划改革的思维定式。因为大部分规划工作者经历了较长的规划"春天"，形成一种思维定式，改革时往往会影响到这些定式。因此，在理解上，要弄清楚整体政策安排与某一具体政策的关系、系统政策链条与某一政策环节的关系、顶层设计与分层对接的关系、统一性与差异性、长期性与阶段性的关系。落实上，必须有紧迫的责任意识抓实、再抓实。

（二）把握重点、主动推进

主要把握好三个方面重点：第一，推进规划改革。如改进规划制定，健全规划实施监督等。第二，开展重要试点。如开展城市总规划师制度试点，县（市）城乡总体规划暨"多规合一"试点，城市开发边界划定试点，地下空间规划建设试点，绿色生态城区试点示范等。第三，加强基础工作。如开展城市规划建设用地及相关公共服务设施、基础设施规划规范的复审和修订，开展重大问题研究。

（三）发挥优势、力争先机

发挥规划行业队伍与人才优势；发挥理论研究与技术积累的优势；发挥法规与标准体系的优势。借助优势，主动工作，赢得先机，发挥城乡规划在新型城镇化发展中的应有作用。

四、住房和城乡建设部近期城乡规划工作重点

（一）改进规划制定，提高规划科学性

2015年年底前完成《城市总体规划编制审批办法》制订，城市总体规划编制将体现简化内容、明确底线、解决问题、政策保障的要求。

修订城市总体规划审查和修改工作规则，精简环节，提高效率。目前，住房和城乡建设部有一百多个城市的总体规划需要报国务院审批，原有政策导致编制、审查周期长，往往一个规划从编到批需要七八年时间，所以存在如何提高效率的问题，要从规范编制和审查上做文章。

完善公众参与规划制度，强化全过程参与的方式和效果。目前公众参与规划无论在规划稿，还是在相关文件上都有要求，但唯一不明确的就是全过程参与的方式和公众参与的效果。今后要制定监督管理全过程公众参与规划，以及保障公众参与效果的具体措施。

（二）强化实施监督，维护规划严肃性

完善规划实施的定期评估和报告制度，建立规划的考核指标体系，供地方领导干部考核和离任审计参考。当前规划很多，但是真正一张蓝图干到底的情况很少。规划的严肃性问题，要从领导干部对规划的执行，以及规划技术的提高抓起，首先就要完善规划实施的定期评估报告。另外，要建立规划考核指标体系，供地方领导考核。目前看来，领导干部的考核涉及规划的内容很少，住房和城乡建设部将联合相关部门，提出有关考核指标体系建设。

落实上位规划（省域城镇体系规划、总体规划）对下位规划的刚性传导，落实规划强制性内容。从法律上说，上位规划对下位规划的要求规定十分明确，但在具体的规划管理以及规划编制中，往往会出现很多不遵循上位规划要求和强制内容的情况。

加大规划监督检查力度，建立重点案件核查和督办制度，依据《城乡规划违法违纪行为处分办法》追究有关人员责任。《城乡规划违法违纪行为处分办法》实际上已经发布一年多，各地依照该办法追究相关人员责任的结果到目前为止并没有上报，所以接下来要对这个问题的执行情况进行重点抽查。

（三）保护历史文化，体现城市特色

健全历史文化名城保护管理机制，完善保护体系（历史文化名城名镇名村、历史街区、历史建筑和近现代优秀建筑、传统村落等）。近日，中央领导提出要加强对"一五"计划中"156 项工程"的保护工作。"156 项工程"反映了新中国成立后的发展历程，具有十分重要的纪念意义。住房和城乡建设部目前正在开展"156 项工程"相关调研工作，以便对其加强保护。

加强城市设计指引，在城市总体规划和控制性详细规划等法定规划中落实城市风貌特色的要求。

治理城市建筑"贪大、媚洋、求怪"的乱象，建立城市设计和大型公共建筑设计的专家决策机制，有条件的城市探索建立总规划师或总建筑师制度。最近，中央领导专门针对城市建筑"贪大、媚洋、求怪"现象作了重要批示，实际上这种现象折射出了不正确的政绩观，是缺乏文化自信的表现。

（四）加强部门协同，抓好相关试点

住房和城乡建设部与国土资源部共同开展划定城市开发边界试点工作，2015 年年底完成 14 个试点城市的边界划定，正在修改总体规划的城市，要一并完成划界工作。同时，正在加紧研究建立开发边界的管控机制和政策。划定边界并不困难，难的是建立何种机制、采取哪些政策来管理边界，保障边界的相对稳定。开发边界并不是一成不变，其与基本农田保护范围等概念不同，它随着实际情况的发展而发生变化，但是在一段时期内相对稳定，主要是为了保障城市集约发展。

住房和城乡建设部与发改委、国土部、环保部联合开展"多规合一"试点，确定 28 个试点市县（区）。鼓励各地开展"多规合一"的探索，形成基础数据与标准对接、统一的规划工作平台、协同的规划实施机制。目前，有一些省份的规划建设部门已经开始了全省或自治区的"多规合一"试点工作。开展"多规合一"，规划部门要发挥主动性。在现行体制不变的情况下，要想做好"多规合一"，就要加强对接和协调，建立统一制度平台。

住房和城乡建设部与国家人防办选定 8 省市共同开展地下空间规划建设试点，总结经验做好地下空间立法的前期准备。

（五）清理行政审批，创新管理机制

清理和减少行政审批，住房和城乡建设部将取消外商投资城市规划服务企业资质审批、下放注册规划师资质审批。住房和城乡建设部规划司原来有三项行政许可事项：第一项是甲级规划设计单位资质审批；第二项是外商投资城市规划服务体系资格审批；第三项是注册规划师资格审批。现在决定只保留一项甲级规划设计单位资质审批。

建立健全适应市场经济的规划管理体系。研究建立规划审批管理的"负面清单"，重服务，重事中、事后监管。前段时间的部长座谈会上，大家提到规划编制与规划的管理方式有关，目前不太适应市场经济的要求。如何健全市场经济规划管理体系，要研究"负面清单"的有关问题。实际上，在很多地方已经开始探索规划管理"负面清单"，明确哪些方面是禁止做的。

探索建立城市群协同发展的规划管理协调机制。相关城市已经有朝着探索建立主动协调、相互沟通的机制迈进，如何把这种机制进一步强化、制度化，是目前城镇规划面临的主要问题。

建立规划市场诚信体制，抓好规划队伍建设。近期很多规划管理部门同志反映，有规划设计单位违背职业操守，做假图、算假账，造成很恶劣的影响。未来，住房和城乡建设部会要求各地规划部门都要建立规划诚信体制。按照市场经济的要求，严格遵守职业道德及国家相关法律法规。谨遵职业操守、保证优质设计是在这个城市建立信用体系，反之将面临退出这个市场。

尽管城乡规划工作面临着巨大的改革压力，形势严峻，但是我们有规划行业的特有优势，有人才、有实力，有理论研究和实践经验的积累，有比较完善的法律法规和标准体系。虽然我们目前还处在规划行业的"冬天"，但是相信"春天"已经不远。

（撰稿人：孙安军，住房和城乡建设部城乡规划司司长）

注：摘自《小城镇建设》，2014（10）：18-21，参考文献见原文。

转型中的城乡规划
——从《国家新型城镇化规划》谈起

导语：在概略性解读《国家新型城镇化规划》的基础上，提出包括经济增长与全面发展、城市和乡村、政府与市场、物质与人等中国社会运行的几组基本关系正在发生的重大变化，决定了中国城镇化模式的转变，而城乡规划也须相应进行四个方面的转型：在发展理念上，从经济增长转为价值增进，规划应加强与社会学的结合，自下而上地了解"人的需求"；在城乡关系上，从单向替代转为互补共生，规划应重新认识和发现乡村价值，尊重乡村传统文化，汲取农耕文明的智慧；在政府边界上，从权力无边转为管控有界，规划的管控边界也应向公共系统收缩，并适应从增量规划转向存量规划的趋势，平等处理好政府与市场、社会的关系；在规划视角上，从宏观单一转为人性多元，规划不能再宏大叙事般地"鸟瞰"城市，而应从置身其中的"人"的视角多维度观察和理解城市，包括与生活模式紧密结合的生态视角、基于个体空间体验的生活视角、适应精细化管理的微观视角、直面复杂城市的"非正规"视角、把握微观社会运行特征的新技术视角。

2014 年 3 月，中共中央、国务院印发了《国家新型城镇化规划（2014—2020 年）》（以下简称《新型城镇化规划》）。作为今后一个时期指导全国城镇化健康发展的宏观性、战略性、基础性规划，《新型城镇化规划》也是若干年来中国城镇化理论和实践探索的集成。通过解读该规划，我们可以探寻城乡规划行业近些年来与中国社会共同成长与转型的脉络，这不仅是技术和方法的转变，更是理念和价值观的提升。

一、对《新型城镇化规划》的概略性解读

（一）面临的主要问题与挑战

尽管改革开放 30 多年来我国经济快速增长，为城镇化转型发展奠定了良好物质基础，但从根本上来讲，城镇化的转型发展还是主要基于问题导向的"难以

为继"和"势在必行"。

现有城镇化模式引发的矛盾和问题，经过这么多年的热烈讨论和切身体验，很多早已耳熟能详，其中最为突出的莫过于人口城镇化严重滞后于"土地城镇化"。一方面，市民化进程滞缓，2012 年户籍人口城镇化率仅 35.3%，比当年52.6% 的常住人口城镇化率足足低了 17.3 个百分点，2.34 亿农民工及其随迁家属陷入"进不了城市、回不去乡村"的窘境；另一方面，建设用地的使用粗放低效，不仅威胁到国家粮食安全和生态安全，对土地财政的依赖也加大了地方政府性债务等财政金融风险。其他比较突出的问题还包括：城镇空间分布和规模结构不合理，与资源环境承载能力不匹配；城乡要素单向流动，"大城市病"和乡村凋敝并存；自然历史文化遗产保护不力，城乡建设缺乏特色；以及体制机制的不健全，等等。

显而易见，这种依靠劳动力廉价供给、依靠土地等资源粗放消耗、依靠非均等化基本公共服务压低成本的城镇化模式，是一种"全面不可持续"的发展模式。一是以飙升的房价、地价和政府过快增长的城建投入为标志，必然推高生活与生产成本，并最终产生资产泡沫膨胀破裂和政府负债扩张危机，导致经济意义上的不可持续；二是以高能耗、高拥堵、高污染为标志，使得大城市病和区域性环境问题日益严重却得不到根本上的解决，导致环境意义上的不可持续；三是通过征地、房价、户籍等手段，以牺牲城乡居民、新老居民、常住与暂住人口之间的公平为标志，使得社会利益阶层愈加分化和固化，社会矛盾日趋激化，导致社会意义上的不可持续；四是以乡村的过快消亡、远郊农村的过度衰败和近郊农村的过度城镇化为标志，对乡村和小城镇景观风貌特色和历史文化遗产的破坏日趋严重，导致文化意义上的不可持续。

（二）解决的总体思路

针对上述问题与挑战，《新型城镇化规划》提出的解决思路可以简单概括为：一条主线——全面提高城镇化质量，加快转变城镇化发展方式。四大策略——以人的城镇化为核心，有序推进农业转移人口市民化；以城市群为主体形态，推动大中小城市和小城镇协调发展；以综合承载能力为支撑，提升城市可持续发展水平；以体制机制创新为保障，通过改革释放城镇化发展潜力。七项原则——以人为本，公平共享；四化同步，统筹城乡；优化布局，集约高效；生态文明，绿色低碳；文化传承，彰显特色；市场主导，政府引导；统筹规划，分类指导。

一言以蔽之，新型城镇化就是"以人为本"的质量型、内涵型城镇化。其中的关键，是要实现四个转变：由偏重经济增长向更加注重经济社会生态全面协调发展转变，由偏重城市发展向更加注重城乡统筹发展转变，由政府主导向市场主导转变，由偏重城市物质形态的扩张提升向满足人的需求、促进人的全面发展转变。这意味着城乡规划的转型，也将主要面临发展理念、城乡关系、政府边界和规划视角这四个方面的深刻转变（图1）。

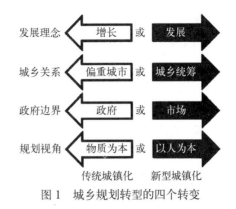

图1 城乡规划转型的四个转变

二、对城乡规划转型的几点思考

（一）发展理念：从经济增长到价值增进

1. 发展的真实内涵应是基于价值增进的"全面发展"

在传统城镇化模式下，"发展"往往被人为地狭义化，片面地等同于 GDP 至上的经济增长，强调自然资源的充分利用和物质财富的积累。而新型城镇化语境中的"发展"，则远远超出了经济增长的范畴，基于综合价值的增进，强调社会、生态、文化和经济的全面发展。对于城乡规划而言，需要重新认识"资源"和"财富"的内涵，社会、生态和文化资源将越来越成为独立和重要的价值所在，而不再仅是用于换取经济增长的代价或成本。

从关注"增长"到关注"发展"的转变，其实是城镇化模式从数量扩张转向质量提升的必然要求，这将首先改变我们对城镇化速度和方向的基本判断。比如，城镇化水平依然会逐步提高，但增速将有所放缓；越来越多的农民工将不仅为了工资收入，更会为了子女教育和长远发展，而趋向就近打工并安家落户、照顾家庭，因此，大城市中外来人口对于定居和家庭生活的需求将日趋强烈。同时，城乡规划的发展方向也将相应调整。尤其是规划视野将从单纯生产和经济的维度更多地转向生活和社会维度，重视空间改变对于社会"生态"的影响，在学科建设和理论应用上注重与社会学的结合（借鉴社会学的相关理论和实践经验），在规划方法上更多地基于实证调查，以获取第一手的社会信息。

2. 发展的根本目的是实现"人的发展"

"人"是发展的核心要素和根本目的——因为发展的本质是人的发展，也是为了人的发展，并且是由人去从事的发展。城市的终极意义也在于"关心"和"陶冶"人，而不是为了城市自身的发展以"吸引"人。虽然城市规划历来强调空间是为人服务的，但在前期以经济增长为归依的城镇化阶段，空间更多的是作为经济发展的载体而存在，"人"的需求并非是引发空间变化的根源，而是被作为城镇空间扩张的"成本"被忽视甚至牺牲。可以说，如何定义和看待"人"这一规划对象，如何关注和认识"人"的需求，是否真正做到"以人为本"，是衡量城乡规划转型的根本——人应该重新成为土地的主人，而不是土地的依附！梁鹤年先生在其《城市人》中曾经深入剖析了人对城市的需求，以及城市和人的相互关系。他提出所谓"城市人"就是"一个理性选择聚居去追求空间接触机会的人"，不同的人居类别会吸引不同的"城市人"，而不同类别的"城市人"对于人居空间有着不同的期望。中国城镇化进程中的一些特殊群体应该成为城乡规划重点关注的人群，比如"农民工"群体，他们因城镇化而"生"，却游离于"城市"与"乡村"之间。外来人口从"流动"到"安居"的需求变化，也许正是新时期城镇化战略和大城市建设最严峻的挑战。

3. 基于"人的需求"的规划方法探索

规划与社会学的结合，自下而上地了解当地人群的实际意愿，往往能够更加真实地感知社会，发现很多理论上难以解释、图纸上难以表达的鲜活东西，探究出一些非常有趣或者看似反常现象背后的真相。而且，这种方法适用于从宏观到微观各个空间层次的规划。

比如，中规院在对皖北地区（人口输出地区的典型代表）的城镇化研究中，通过大量深入的社会调查，发现农民迁移意愿在不同的年龄阶层中有着巨大的差异：第一代农民（50岁以上）有外出打工经历的占20%，但主要基于住房（42%）和生活习惯（33%）的原因，有近90%的人愿意定居村里。第二代农民（20～50岁）是近中期城镇化的主力，绝大多数在外务工，但进城和返乡的意愿比例近乎相当，明显地纠结与徘徊在城市与农村之间；其中，教育、就业、设施环境名列进城吸引力的前三位，生活成本和住房则高居进城门槛的前两位（图2）。对于年轻的第三代农民，由于大部分前往城镇上学（68%）或者向往在城镇就读（90%），加上绝大多数（89%）从未务农，经常务农的仅占3%，未来回到农村的可能性很小，是未来城镇化的主要动力和压力。又比如，中规院在武汉2049发展战略规划中，将工作重点之一落在城市的中微单元——社区，通过深入研究人的出行尺度和轨道交通站点对于社区的覆盖程度，提出了以家、服务设施、交通节点组织"个人生活圈"的构想，希望通过适度的功能混合与设施空间集聚，尽可能在步行可达的范围内满足大部分家庭生活需求，实现"地域化"的城市生活（图2）。

深圳大学的陈燕萍等人通过深入调研深圳市上下沙村的商业服务设施，发现上下沙村的商业空间比一般住区显得拥挤、嘈杂、低档和无序，人均商业服务面积也明显低于相关规范的指标要求，但商业空间活力十足，以低收入人群为主的

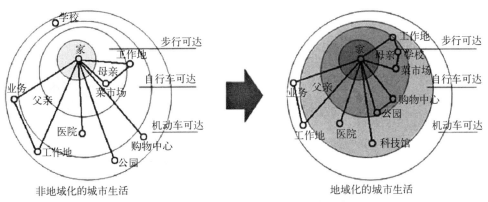

图2　非地域化和地域化城市生活的比较

当地居民对于住区商业服务设施的满意度也很高。这种貌似不合理的背后其实隐含了更有价值的合理性，那就是上下沙村的商业服务设施供给经历了长期的供需互动与市场调节，从各个方面营造出了一个契合住区居民的收入以及相应的消费水平与习惯的低成本商业环境。由此可见，真正需要反思的是脱离现实的规范和政策，这尤其对于保障性住房建设具有很强的启示和借鉴——保障性住房社区应为低收入人群创造总生活成本较低的生活环境，因此不能片面地局限于保障"住房"低成本，而应该将适宜的配套设施、接近就业中心和方便的公共交通等均纳入保障范围，让人们在"廉居"的同时能够真正地"安居"和"宜居"。

（二）城乡关系：从单向替代到互补共生

1.乡村的迷失和规划的偏差

乡村孕育了城市，城市应该反哺乡村。然而，长期的城乡二元体制却使得我国城乡分离、对立，城市和乡村截然地"非此即彼"。不仅如此，农村、农业和农民还被视为"落后"的典型代表，是实现现代化的制约和障碍，是城市先进文明要积极改造的对象，乡村的价值被忽视和抹杀，城市对乡村形成一种"单向替代"的关系。可以说，中国近30年城市的大发展，既是人类历史上最大的城市化浪潮，同时也是人类历史上最悲壮的乡村消亡运动。

城市文明对于乡村文明的长期压制，也影响了城乡规划。在处理城乡关系和乡村发展路径时，我们的规划理念往往局限在"城市文明"的思维框架里，一方面把乡村的发展诉求简单替换为"乡村对于城市文明的追求"，另一方面又把"城市问题"移植到农村去（比如工业污染的扩散、大规模的农民上楼和集中居住），而忽略了基于农耕文明特征的乡村真实需求和特殊问题。事实上，长期的实践证明，脱胎于城市的规划技术方法难以直接运用于乡村，我们必须摆脱城市文明的思维定式，重新认识乡村的价值，审慎探究乡村的真实需要和特殊问题。

2. 城乡规划视角的乡村价值再发现

"小康不小康，关键看老乡"，习近平总书记这句朴实的话，简单明了地揭示了乡村发展在我国总体发展战略中的地位和价值，农村能否可持续健康发展已经成为制约新型城镇化的关键问题。而习总书记的另外一句"望得见山、看得见水、记得住乡愁"，同样让人津津乐道，堪称从城乡规划视角重新发现乡村价值的精辟提炼。

在笔者看来，这寥寥数语就涵盖了城乡规划的诸多重要理念和方法：首先，选址要山环水绕，才有可能望山看水；其次，城市格局要与山水格局相协调，以势统形，空间关联紧密、秩序天成；第三，要把握好山、水、城的尺度关系，远望近看，山要借、水要亲，人工建筑的位置、体量要适宜；第四，要保护好视廊，巧妙组织对景、借景、背景等；第五，要保护好环境，空气清新、水木清华、鱼鸟潜飞，才能看得见山水；第六，忌随意挖山、填水，设计结合自然而非漠视自然；最后，要重视环境对人的化育作用，赋予其丰富的文化内涵，发掘几千年农耕文明乡土情韵和家园情结的现代价值。

"乡愁"的本质其实是家园情怀。回顾前些年，在经济高速发展期，城市建设有如一个对未来充满幻想的青年，处于一种无根的"游子心态"，四处漂泊，向往外面的世界，大城市模仿西方大都市，小城市模仿大城市；而在稳定发展期，游子将走向成熟，心态也将由离转归，就更加需要精神慰藉。对乡愁的认知有三个层次：离乡之苦、凝聚之力、心灵之源，分别可对应不同的规划对策加以解决。对于"离乡之苦"，重在延续本地文脉，可通过异地故乡场景再造（比如郊区），再现自我本真；对于"凝聚之力"，可通过营造家园城市（长久聚人靠情不靠利），增强城市的包容性和认同感；对于"心灵之源"，则强调家乡情感渊源和精神归宿的价值，通过强化城乡之间沟通"桥梁"的建设，实现文化认同和价值传播。

3. 城乡互补共生的规划发展方向

"城乡统筹"无疑是未来发展的方向，但这很可能只是一种表面上的"共识"，因为在很多城市本位主义者看来，城乡统筹就是"以城统乡"，想的仍然是城市对乡村的单向替代，干的仍然是对乡村的空间侵蚀和利益剥夺。要真正实现"城乡要素的公平交换"和"城乡资源的公平配置"，必须首先从价值观层面公平地看待"城市"和"乡村"，尊重乡村文明和传统。"城乡一体化"不是"城乡一样化"，不是要抹杀"城乡差异"，而是在尊重"城乡有界"、"和而不同"的基础上，寻求城乡稳定的边界，遵循各自发展的路径，实现城乡之间的功能互补与协调共生（图3，图4）。

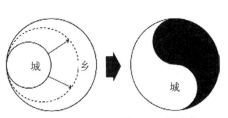

图3 城乡关系从单向替代到互补共生

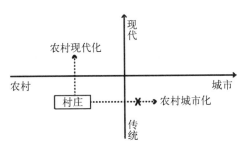

图4 农村发展出路：城市化还是现代化

对于乡村规划，则应该立足乡村、面向城市，尊重城乡各自的文化特征和价值观，尊重农民的自我选择，重视农村的社会生态，突出乡村文化的精华，延续农耕文明的精髓，重在通过缩小城乡间生活品质和公共服务的差距提升农村现代化水平。孔子曰："礼失而求诸野"。在瞬息万变、充满竞争的现代城市社会，"礼崩乐坏"的典型就是物欲横流、人情淡漠，而这只有在精神层面返归古朴厚重的传统文化，才能寻求到心灵的慰藉。

在具体的规划方法上，同样可以从农耕文明的智慧中获取灵感。乡村是农耕文明积淀的载体，可以发掘和利用的价值难以计数，这里仅举两例简要说明。中规院在《合肥市城市空间发展战略及环巢湖地区生态保护修复与旅游发展规划》中，借用当地"九龙攒珠"的特色村落空间格局（多条道路和水渠汇聚到核心的水塘），吸收先民将排水与景观塑造有机融合的智慧，构筑以巢湖为"珠"、水系为"龙"，串联各类天然的城市和乡村湿地，生境丰富、梯级净化的连续湿地网络，成为巢湖生态治理与沿岸景观的一大特色。

（三）政府边界：从权力无边到管控有界

1. 适应政府职能转变的规划理念

我国政府一向被视为权力无边的"全能"政府，由于这是计划经济和法治不健全的产物，因此尽管备受诟病，并且自1988年就提出转变政府职能，但在体制没有得到根本性改良的情况下，却始终难以取得实质性成效，"越位"、"错位"、"缺位"等问题依旧严重。中国的城镇化也一直是市场"无形之手"和政府"有形之手"共同作用的结果，而前期城镇化中存在的一些突出矛盾和问题，很多也与这两只手边界不清、功能错配息息相关。

中国共产党十八届三中全会明确提出，全面深化改革的总目标是"推进国家治理体系和治理能力现代化"，这就超越了单纯的经济改革目标，包括了社会治理和政治体制改革的内容。并且提出经济体制改革作为全面深化改革的重点，核心问题是处理好政府和市场的关系，首次将市场在资源配置中的地位由"基础性作用"提升为"决定性作用",同时也强调要"更好发挥政府作用"。这是政府职能转变理论上的重大突破,通过约束政府权力理顺政府与市场的关系,在放松政府对经济管制的同时,强化政府宏观调控和提供公共产品的职责,通过杜绝"越位"、减少"错位"、弥补"缺位",为建设权责清晰、透明高效的服务型政府指引了方向。

城乡规划作为政府职能的重要组成部分,其管控边界也必须相应地向公共系统收缩,不能干扰市场对资源配置的决定性作用。事实上,随着我国主要大城市逐步由增量扩张向存量利用转型,由于存量土地涉及大量的利益相关主体及其切身私权,因此城市政府将越来越无法垄断城市的发展权,取而代之的是多元化的城市发展主体和复杂的利益博弈,并且随着市民参与和维权意识的提高,大量的公众参与也将实质性地贯穿规划全过程(图5)。这些客观环境的变化,也将倒逼政府职能的切实转变。但另一方面,缺乏整体管控的市场开发,可能导致公共资产的流失和公共利益的损失,因此,规划在控制"负外部性"方面的作用依然无可替代。规划理念需要转变的主要有两点:第一,规划不再是政府的单向工具,还需要平等处理好与市场和社会的关系;第二,随着空间治理边界逐步收缩,政策和制度设计成为政府管控城市发展最重要的手段,公共政策通过引发市场投入和争取社会共识,成为政府撬动空间的重要杠杆。

进入存量规划时代,规划需要从根本上转换思维,包括规划思路从自上而下的政府主导转向自下而上的市场需求主导,规划角色从主持规划转向协调博弈,规划视野从宏观统筹转向实施运行。规划师也应更多地具备信息收集、技术统筹、沟通协调和对接实施的能力。但我国城乡规划一直以来主要面对的是"增量建设"问题,无论是规划的理论、方法、标准规范乃至规划的评审和实施机制都是如此,特别是规划学科的教育也主要是针对增量建设。换句话说,我国城乡规划行业还

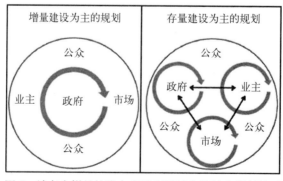

图5 城市由增量扩张向存量利用转变的城乡规划转型

没有做好准备应对"存量"规划的挑战。从"增量"向"存量"的转型可能是推动我国城乡规划行业转型发展的重要动力，甚至可能会重新界定规划在城市管治中的角色和地位。如果城乡规划不能及时应对"存量时代"政府职能的转型和管控边界的变化，及时对自身定位进行必要的调整，就可能导致规划作用的削弱乃至失灵。

2. 适应政府职能转变的规划探索

由于政府职能的切实转变首先体现于沿海发达城市，这些地区不仅领中国改革开放之先，也更早面临城市新增建设用地"零增长"乃至"负增长"的挑战，因此，在这些地区率先探索适应政府职能转变的规划，也就不足为奇。

比如，新一版的上海总规提出土地管理"总量锁定、增量递减、存量优化、流量增效、质量提高"等战略以应对挑战，广东省出台"三旧改造"的政策，东莞等城市提出"三旧改造"常态化的要求。深圳市早在1998年就建立起以法定图则制度为核心的城市规划管理体系，在国内率先迈出了规划法制化的步伐，但在实践过程中，也出现了忽视城中村地区、自上而下的终极蓝图过于僵化、与土地管理和市场开发脱节等问题。因此，近几年深圳市又开始尝试城市发展单元规划，它主要是针对城市发展的重要节点地区，强调过程式、协商式和面向实施的规划管理，能够更加有效地应对城市更新和市场需求，进一步补充和完善了法定图则制度。深圳还率先建立城市更新规划体制，不断创新城市更新政策，制定了一整套的法规、制度、操作指引和技术标准，创造性地提出了"空间增量确定与分配"、"空权转换"、"基准建赔比"、"政府参与溢价分成"等概念和办法，以有效应对和管控市场诉求，保护公共利益，实现整体目标。

（四）规划视角：从宏观单一到人性多元

在物质为本的传统城镇化模式下，城乡规划主要基于管理者的视角，以一种宏大叙事的"鸟瞰"姿态俯视城市空间，考虑的出发点是经济发展和城市经营。在这种宏观单一的视角下，生产经营的效率是核心目标，连城市本身都只是实现这一目标的空间载体和资源集聚平台，城市中的"人"自然就微不足道了。而在以人为本的新型城镇化模式下，城乡规划将更多基于生活在城市中的个体"人"的视角，从而更加人性化和多元化：生态视角、生活视角至少将与生产视角同等重要，微观视角将与宏观视角交叉互补。此外，城乡规划还将从"非正规"和新技术的视角观察和研究城市。

1. 生态视角：从技术应用到生活模式

"生态优先"一直是城乡规划的重要原则，但在实际应用中，我们要么从区域生态安全的角度，强调生态保护的空间管控，要么从控制生产性污染的角度，强调生态隔离，而很少从人的需求出发，尤其是从人的生活需要出发，去研究生态技术在城乡规划中的应用。事实上，只有把生态技术切实与人相结合，才能实现生态技术从"空降"到"在地"的转变；只有重视人对生态游憩资源的利用，才能实现生态保护从"消极"到"积极"的转变；也就是说，只有把生态理念和方法的应用从单纯的技术层次扩展到生活模式层次，才能实现真正的"生态优先"。

西方发达国家普遍重视生态与人的结合，比如《纽约 2030》的规划主题是"创造一个更绿色、更美好的纽约"，《芝加哥 2040》的规划主题是"更宜居与更具竞争力地区"（郑德高等，2013）。大家都不约而同地将构建绿色宜居的环境作为城市的核心目标之一，并通过塑造优美的自然环境、提高公园可达性、强化绿色基础设施、系统应对全球变暖等手段，谋求居民生活幸福感的提高和城市竞争力的提升。《武汉 2049 远景发展战略规划》提出通过还湖于民、蓝绿交融，结合慢行系统提升生态空间的交通可达性，提高城市的游憩环境与生活品质；《规划》还提出了具体的实施目标：主城区骑车 15 分钟可见湖的空间覆盖率从现状 58% 提升至 92%，中心城区绝大部分居民步行 10 分钟可达公园的空间覆盖率从 57% 提升至 91%。

2. 生活视角：基于个体的空间体验

只有从个体"人"和生活的视角观察和感受城市，空间与人交互作用而产生的多元性和复杂度才会真实地呈现。而在加入了"人"的城市空间里，混沌中隐藏着秩序，冲突中埋伏着平衡，这或许正是城市的魅力和趣味所在。

作为全国首份城市设计地图的《趣城·深圳城市设计地图》，就是一种很好的尝试。它完全从人的视角及社会公众认知的角度，以手绘地图的形式重新解读并展示城市景观面貌，清晰明了、通俗易懂地进行深圳城市设计的公共指引和推介宣传工作，很有创意地表现了深圳文艺、清新的一面，城市似乎也注入了生命力，而不仅仅是钢筋混凝土的组合。

3. 微观视角：适应城市精细化管理

微观视角不仅适应了人的需求，而且也能够适应城市步入精细化管理阶段，规划必须更加重视城市微观运行的组织管理需求。微观视角下的城市规划，将更加重视空间技术细节，习惯于在三维空间管控和设计城市，加强城市设计、交通改善、市政工程等领域的技术统筹能力，掌握现代商业、居住、办公等各种业态分布和运行特征，具备城市微观规划和管理的经验，并加强与建筑师的对话与合作。

同时，微观视角的规划方法，不仅限于片区改造、街区设计、城市标识系统设计等微观类项目，也可以在宏观类型的规划中发挥作用。比如，深圳市城市规划设计研究院在《深圳前海合作区综合规划》中，就摒弃了经验判断和经济预测倒推等传统方法，重点从微观视角研究高科技服务区步行 15 分钟和 30 分钟范围内人对商务活动和配套设施的空间需求，获得了更加真实和细致的业态结构，也为规模测算提供了新的分析依据。

4. "非正规"视角：直面真实复杂的城市

"非正规"一向被社会所轻视，也被正统的城乡规划所忽视。但正如一些调研所指出的，在中国的 2.83 亿城镇就业人员中有 1.68 亿"非正规经济"就业人员（即没有工作保障，缺少福利和不受《劳动法》保护的劳工），"非正规经济"就业人员比正规就业人员要多出一倍半。"非正规"不仅已经成为不容忽视的庞大力量，也成为无所不在的城市现象，比如非正规的市场、非正规的就业方式、非正规的居住方式等。

事实上，"非正规性"与"正规性"并非相互对立，"非正规性"不仅存在于穷人世界，它对发展中国家的中产阶级甚至精英阶层来说也是非常重要的。"非正规性"并不意味着社会无组织或无政府主义，其本身也可以形成维持社会稳定的组织机制。从某种意义上讲，"非正规性"是一种"新的生活方式"，一种原真或极限的"生存策略"。"非正规"不仅能增加城市的多样化和活力，能为中低收入人群提供生存空间，还能降低城市的运营成本，是城市发展必要的辅助方式。

由此可见，"非正规"是真实而复杂城市的有机组成部分，具有特殊的发展路径和组织方式。而现实中，城市管理往往用正规经济的空间秩序，毫不包容地应对非正规经济现实，比如将城中村简单地视为城市的"毒瘤"，急欲拆迁改造而后快；将街头摊贩冷漠地视为城市的"牛皮癣"，粗暴地加以驱赶清理；将自发形成的民间批发市场视为落后生产力的代表，只想着怎么尽快搬迁置换和"提升"。这样做伤害的不仅是"非正规"的从业人员，还会使整个城市的经济体系、运行效率和成本、生活便利度乃至竞争力付出意想不到的代价。

5. 新技术视角：把握微观社会的运行特征

新技术的应用总是与社会经济的发展水平和需求密切相关，比如随着"大数据时代"的来临，大数据在空间规划中的应用也骤然兴起。大数据是与人类日益普及的网络行为相伴生的，蕴含数据产生者真实意图和喜好的数据，具有大量、高速、多样、真实的特点。大数据技术对于规划的意义在于：它可以被用来进行基于个体空间选择和空间感受的趋势分析，亦可以反映微观社会的运行特征，将会越来越成为未来城乡规划（特别是面向实施的规划类型）的重要手段。

近年来，规划借用大数据技术也有不少有趣的尝试。比如南京大学的甄峰等人，利用大众点评网餐饮点评数据，包括用户对餐饮商户的口味、服务、价格、环境、停车设施、无线网络条件等多方位的点评数据，来评价和分析南京城区餐饮业发展质量及其影响因素，对城市商业空间研究具有重要意义；他们还选取了中国具有代表性的 51 座城市，借助 ArcGIS 分析软件将上述城市在新浪微博上的用户的网络社区好友关系反映到地理空间上，进而分析网络社会空间中的中国城市网络体系，对于我们更全面地认识城市之间的社会关系，具有很强的参考价值。

三、结语

不中规矩，何以经天纬地；固守藩篱，焉能革故鼎新。

城乡规划行业一直以来都从更加前瞻性的视角关注中国的城镇化进程，这是规划师的自觉，也是自然。在社会转型的关键时期，国家宏观政策和城乡社会都在发生重大变革，城乡规划是"亦步亦趋"还是"主动引领"，将成为规划行业面临的新的历史选择。

尽管我们相信，在城乡发展进程中，虽然政府与市场和个体的边界始终在演变，城乡规划边界或许也将发生改变，但无论是政府或是市场都将会越来越重视政策和策略的空间组织，城乡规划行业凭借其掌握的"空间"技术，仍然能在未来新型城镇化道路上，在日趋综合化、多元化和空间化的城乡建设中发挥协调、统筹的核心作用。但正如前文所述，中国社会运行的几组基本关系，包括经济增长与全面发展、城市和乡村、政府与市场、物质与人的关系，都正在发生重大变化，城乡规划也必须相应地越来越接近社会、接近市场、接近生活、接近人。可以想象，未来的城乡规划，在目标上将更加面向实施，注重公共政策的制定与调整；在视野上将更多从人的视角出发，关注日常生活和社会的微观运行；在方式上将倾向于协作式、参与式的规划；在方法上将注重硬性物质空间设计和软性制度设计的结合；在学术上将注重从中国传统文化中汲取营养，建构可以植根于中国社会及其实践的理论体系。

（撰稿人：杨保军，博士，中国城市规划设计研究院副院长，教授级高级城市规划师；陈鹏，博士，中国城市规划设计研究院城乡所工程师，教授级高级城市规划师；吕晓蓓，硕士，中国城市规划设计研究院深圳分院高级城市规划师）

注：摘自《城市规划》，2014（S2）：67-76，参考文献见原文。

规划的协调作用及中国规划面临的挑战

导语：规划工作的本质就是协调。在城市建设的不同阶段，有不同的主要协调者，规划师是规划设计阶段的主要协调者。在一个利益多元化的世界，尽管各国政治体制不同，各国规划师都面临着如何协调利益的难题。为了做好协调，美国规划界提出过不同的规划理论，包括规划师通过内省提升协调水平，或规划师通过外联加强协调，即通过改变规划师自我或改变客观世界实现协调等方面。这些理论并没有能对规划协调起到显著的指导作用。其中的政体理论相对比较具有现实意义，指出了政府、企业、社区三者在城市建设中相互制约的关系，从而界定了规划师协调工作的三个平台。本文也讨论了中国规划及近期规划师面对的挑战，并提出一些思考及建议。

2013中国城市规划年会提出的中心问题是："社会发展进程的不同参与者，包括政府、社会、市场之间的对话和协同努力，不同层级、不同类型的规划之间的合作与协调，以及城乡规划工作各个方面的统一"，是为公共利益而努力的规划工作成功的关键。关注这个中心问题是重要的、及时的。规划为了维护公共利益，必须和各界合作。然而，在一个利益多元化的时代，公共利益的界定本身成为难点，协调不同利益更是一个挑战。不但中国，全世界规划师都面临在维护公共利益时协调工作的挑战。从美国近年的现状来看，当政府无力满足公众需要、通过规划来实现利益协调难以落实时，公众可能转向自己进入规划领域。美国规划界最近讨论的"自治规划"（包括 autonomous planning，自主规划；DIY—do it yourself，即自己动手运动；civil society，公民社会；informality，非正式渠道规划及建设等）就是实例。2008年美国经济危机后，由于公共财政困难，政府在城市建设及管理上的资金减少，很多城市不得不削减公共服务，规划部门也大幅缩减雇员。最极端如底特律，城市宣告破产，全城一半道路的照明及交通信号灯被迫关闭，警察数量减少1/3。一些城市的市民不得不自己动手管理公园、修剪公共绿地的草坪，替代政府部门的工作。在城市建设项目上，更多地依靠私人资金或非政府组织筹资。一些项目虽然得以建成，但是出资者、参与者往往更多要求保证特定集团的利益（大部分是他们的眼前利益），而缺乏与广大公众的协调，忽略了城市发展的长期利益。此外，非规划师替代规划师进行规划的后果之一，是美国规划师的工作机会减少，一个事实是近年来美国规划学会（APA）

的成员在减少。

规划在协调多元化利益中面临的挑战，其实和规划工作的本质有关。规划实践的问题当然会引起规划理论界的关注。回顾美国规划理论的变迁，可以发现为了解决规划的协调问题，提出过不同的理论，但是迄今没有完善的理论可以引导协同规划工作。而且，美国的理论基于美国的国情，对他国仅仅具有参考价值。本文讨论"协调"这个规划工作的本质，通过对中国规划界的观察，希望为提升中国规划的协调能力提供一些参考。

一、规划工作的本质是协调

简言之，规划工作就是通过整合一切资源，以公众的长期利益为目标，为全体公民建设良好的生活工作空间或人居环境。中国和西方发达国家有很大的不同，但是无论中国或者是西方国家的规划师，追求美好城市的职业目标是相似的，他们面临的挑战，如协调问题，也是相似的。可见决策体制的不同或不足，不能够完全解释规划协调中的困难，真正的原因源于规划工作自身的性质。从宏观的角度而言，规划工作的本质就是协调城市建设中的不同利益，特别是空间利益。城市建设的不同阶段有不同的主要协调者，在一个利益多元化的世界，协调不同集团的利益必然具有极大的挑战性，这是难题的根源。笔者希望以本文建立一个更加"通用"的理论模型，探讨规划的协调本质。

认为规划工作的本质是协调，乃是基于以下三方面的原因。

第一，各国关于城市发展的文件中，规划工作的根本目的通常被描述为建设"宜居的"、"高效的"、"公平的"、"可持续的"、"有弹性的"、"生态的"、"低排放的"人居环境及城市实体。这些规划目标表现出明显的多向性（出于社会层面的考量，或经济层面的考量，或生态层面的考量）。犹如一切多目标事件一样，各种目标之间必然存在冲突，甚至可能互相排斥而不易达到所有目标的完全一致。因此，规划工作首先不得不协调发展目标，力求在多向性的目标选择中达成某种共识。

其次，城市建设需要多种资源的投入，例如：物质性资源——资金、土地、能源、水及其他自然资源；非物质性资源——制度、决策过程、政策、技术、管理、人才、不同素质的参与者和使用者……。以上各种资源的来源、投入量、投入时间、获得资源的难易程度、其价值的可计量性等不同，涉及资源性质的不同。因此，城市规划又面对协调投入资源的平衡及效率问题。

再次，城市建设必然带来利益，也必然会有成本。利益和成本分配的多元化，受制于并影响了不同利益集团。这些利益集团的控制权、话语权、决策权等不同，涉及社会公平。因此，城市规划不得不面对协调利益和成本分配的公平问题。

基于上述三方面的问题，因此，在宏观意义上，城市规划工作的本质是协调：必须协调城市发展的多元目标，协调城市建设投入的资源效率，协调城市建设中得失的公平分配。在现代社会中，要对多发展目标、多投入资源、多利益分配的公共事务进行协调，唯一的基础是公共政策。因此，规划工作具有明显的政策性，而城市规划又特别具有空间性的特点，应该强调，城市规划是空间化的公共政策，或是公共政策的空间化。一个公共政策（城市化政策，经济转型政策……），如果缺乏对空间性的考虑，必然会出现实施中的困难，或实施后的缺失。

所谓公共政策，不仅在于它们涉及公共事务，更重要的是公共政策本身必须真正是"公共的"，是得到公众的广泛支持的而不是闭门造车的。城市规划作为公共政策，同样需要得到公众的广泛支持，而不能够"闭门造方案"，哪怕方案出于世界级的大师之手。

二、城市建设的不同阶段有不同的主要协调者，规划师是其中之一

众所周知，城市建设具有阶段性，大体上可以包括策划立项（各种资源的准备）、规划设计、实施建造、运行管理四个阶段。在每个阶段，都需要一个主要协调者。主要协调者必须掌握在那个阶段最重要的稀缺资源或稀缺技术，以主导该阶段的工作。随着建设过程的进展，主要协调者是可变的而不是不变的。

例如，在策划立项阶段，主要协调者是资源控制者（政府或投资者），他们必须有能力协调土地所有者（政府、农民、市民）、不同投资者（政府、私人、外资）、使用者、规划师及其他利益相关者的目标及利益。在规划设计阶段，主要协调者是规划师，他们必须与资源控制者、使用者、管理者协调；在实施建造阶段，主要协调者是建设部门，他们必须能够与资源控制者、建设监理部门、规划设计师、使用者协调；在运行管理阶段，主要协调者是管理部门，他们必须和使用者、政府监督机构、社会公众等协调。

各种资源的稀缺程度、专业化技术的难度不同，决定了主要协调者的话语权、影响程度的不同。主要协调者所掌握的资源越稀缺、专业化程度越高、技术难度越大，则主要协调者的话语权、影响程度也越大。

显然，规划师掌握的资源不多，专业化程度也并非特别高，规划师也不是城市建设唯一的主要协调者。规划师仅仅在规划设计阶段是主要协调者。在其他阶段，规划师更多是和其他主要协调者协同工作。因此规划工作者面临着双重的协调任务：在城建工作中对建设目标、资源、利益的协调；在不同建设阶段与不同

主要协调者的协调。一般而言，职业规划师的工作有三类：规划管理、规划设计和规划研究教育，其中都包含了一定的协调工作内容：

规划管理者（规划局、规划委员会工作人员）与广义的政府工作接近，需要与拥有不同利益的各界打交道，自然要有广泛的协调能力。

规划设计师主导的设计阶段，从事的是"专业的"（狭义的）城市规划工作。规划师必须有政治、经济、社会方面的视野（vision），有文化特色及物质形态方面的创意（creative），有丰富的生活经验，并且能够把设想以图纸、文字表达出来，要体现出职业道德及技术水准，以便获得公众的支持。规划设计的成果是规划文件，文件必须有法律依据，在空间布局上体现公共政策；要有说服力、有吸引力，能够被决策者采用和得到公众认可，并且有实施的可行性；满足规划学科自身的技术要求；同时必须承上（领导者）启下（公众）；既能够引导市场，又符合市场需求。所以规划师必须具有广泛的知识，包括规划知识、经济知识、政治经济学知识、社会学知识、环境生态知识等。由于没有一个个人可以熟练掌握这么多的知识，因此城市规划必然是一个团队的工作。规划团队内部不同专长的规划工作者（规划设计为主，经济分析为主，工程为主，生态景观为主……）之间，又有协调工作的内容。

规划教育研究者主要在学校及研究部门工作，目的是为了回应规划实践中出现的问题，提出解决问题的指导性的理论框架，培养下一代规划师，因此也必须有与第一线的规划师及政府部门、公众的协调能力，能够了解社会需求。由于规划师仅仅在规划设计阶段是主要协调者，而在其他阶段，规划师更多是参与其他主要协调者的协同工作；特别是由于规划师掌握的资源、技术并没有到极其稀缺的程度，所以除了极为特殊的项目（如柯布西耶受邀主持制定印度的昌迪加尔规划），规划师通常并不是城市建设的真正"龙头"，他们在城市建设中的决策权甚至话语权都是有限的。然而，一些规划师可能有意无意地过度解读了自己的"龙头"作用，或误解了规划的主导话语权，以为在城建的整个过程中规划都有主要影响，从而与现实、与决策者的看法相异。在现实中，决策者认为，规划的专业技术稀缺程度及困难程度均不如某些其他专业（如医生），所以常常觉得自己也有资格干预甚至"指导"规划工作，使规划师成为绘图工具而产生挫折感。固然，城市建设其他阶段中的主要协调者也有一些挫折感，但是他们（资源掌握者、建筑部门、管理部门）面临的困境往往少于规划师。

我们可以把建筑师与规划师作一个粗略的比较。虽然规划界内部很清楚建筑的终极蓝图模式和规划的动态过程模式有根本差别，但是由于中国的规划教育受到建筑教育的长期历史影响，不仅规划教育的课程安排，而且规划专业的思维方式也受到建筑教育的影响，往往把规划当作"描绘城市未来的蓝图"。这样的误解也影响了外界对规划工作的看法。规划方案评审时，有意无意地给予"蓝图"的形式、内容及表现手法（从空间形态到图纸、模型质量）以超过经济分析、空间结构、政策建议、交通组织、环境影响等规划实质内容更加重要的地位。外界评价规划方案及规划师的工作，往往搬用评价建筑方案的模式。例如，有一块土地，有限定的投资，要造一个满足某些功能的建筑，建筑师们一般可以做出形态差异极大、风格完全不同的建筑方案。但是如果有一块土地，有限定的投资，要造一个包括某些功能的新区，规划师们做出的方案虽然不同，但是差异不会很大，因为规划受到的制约（城市所在区位、经济发展阶段、政策因素、经济结构……）比建筑大得多。结果是，外界认为建筑师的创造性、工作困难程度比规划师大。在外界看来，由于不同的规划师做出的规划方案大同小异，所以规划师的专业要求不高，也就是说谁都可以做出大致不错的规划来。这使得外界觉得可以随便对规划提出意见。其结果是减弱了规划的严肃性及科学性，导致规划在很长时期被认为是二级学科。

三、纠结的规划理论：内省 VS 外联，改变世界 VS 改变自我

前面已经说明：由于规划工作维护公共利益的职业性质，使协调多元化的利益、确立规划师在城市建设中应有的地位成为全球规划界普遍的难题。为了肯定规划师的作用，指导协调规划，美英规划理论界一直在规划师通过内省提高自身协调水平，与加强外联、建立共识之间，即改变自我与改变世界之间纠结。

理性规划理论（the rational model）专注于规划自身的科学性建设，即规划内部工作程序的合理性及步骤的协调，较多地依靠决策者的个体理性而较少关注规划与外部的协调，终因反对声渐强而褪色。倡导性规划（advocacy planning）则相反，积极转向外联，希望反映底层的声音来影响决策；同时却出现规划师角色的弱化，最后导致规划工作的边缘化。1980 ~ 1990 年代提出的协作规划，提倡更多的外联，希望在多元世界里，通过鼓励各界的集体理性来建立共识；主张规划师以自我改进来扮演组织者和协调者的角色，但是客观上却导致了忽视规划成果及规划师地位的进一步弱化。近年来风行的弹性规划理论（urban resilience）认为：城市的弹性（韧性）不仅表现在物质性的层面，而且包括了调动社会的主动性，促发社会资本。规划师可以为增加城市弹性提供技术支持。

1970 ~ 1980 年代发展起来的政体理论（the regime theory）提出：现实世界是多元的，各方是互相制约的，在城市建设中，规划必须理解政府、企业、社

会三个主要力量之间的互动关系，规划师可以起到协调作用，但难以占主导地位。政体理论分析了政府、企业、社会的相互制约关系，认为它们在城市发展中有各自的利益，由此在不同情况下结成不同的政体同盟（coalition）。规划师处于三者中间，应该面对三方面进行协调。三者中社会力量最弱，因为社区中的个体往往局限于个体的自我利益而缺乏凝聚力，难以真正代表社区的共同利益。通过 NGO 的努力，可以把松散的社区居民组织起来，培养出有能力代表社区利益的社区组织，参与城市建设事务。规划师应该了解这样的社会结构，与这些利益相关者共同工作。

以上的简要回顾说明：现有的规划理论没有一个能够为协同规划提供完全的指导。其中的政体理论相对而言比较有指导性，也比较客观地确定了规划师作为协调者的三个工作方向。

四、对当代中国规划及规划师的若干观察

旅美 26 年，笔者从未放松对中国规划界的关注，在此提出对中国规划界的一些粗浅观察。

首先，高度肯定中国改革开放 30 年来经济发展、城建工作的成就，充分认识到中国规划界由此而产生的集体自豪感。

无论从纵向比较（和改革开放前比）还是横向比较（和世界其他国家的城市发展、规划工作及规划师的地位比），中国城市史无前例的发展、城市化水平的快速提升、规划工作对此的贡献、规划行业整体社会地位的提升、规划师收入的上升……都是无与伦比的，值得自豪。国际规划界，特别是一些发达国家的规划界对中国规划界从轻视、漠视，到认可、重视，甚至表现出对中国规划界某种程度的羡慕、示好，是 30 年前（甚至 20 年前）不可想象的。所有和外国规划界打过交道的人都可以证明，这个基本评价必须肯定。

正因为有这样的贡献，中国各级政府、企业，一定程度上整个社会，对规划工作的重视程度及对规划师作用的认识也明显增加。

然而，与成就感同时存在的，是中国规划师纠结的工作挫折感。在职业层面，"规划规划，不如领导一句话"，"规划师是市长的绘图工具"，只看到无穷无尽的加班修改方案、开会讨论方案、规划方案在不断"与时俱进"，却难以看到方案的真正落实……因此规划工作的实效性受到质疑。在社会认知、舆论口碑中，规划师也存在挫折感。规划部门经常成为城市问题的替罪羊；同时规划师又被当作政绩工程的工具受到责难；也有一些规划国土部门领导人和投资者关系暧昧，甚至贪腐，造成社会上对规划界的怀疑，也使规划界的社会公信力下降。最近的例

证是，中国 2013 年新增的两院院士中没有一位规划学者，据说原因之一是规划的社会作用不明显。

最后，在更深层面上，有责任感的规划师作为中国知识分子的一部分，对社会的担忧及责任感。

于是我们听到规划界内的两种声音：对内的，规划圈内的团结、自我肯定、互相鼓励甚至某种程度的抱团取暖；以及对外的，因外界对规划误解、在决策中将规划边缘化而产生的挫折感、无奈感。两种心态是一事的两面：我们努力，也自豪，故期望外界的肯定；而外部的误解，规划工作被边缘化，使我们更加抱团。其实，规划的理想境界及现实环境的矛盾不仅是中国规划师的困境，也是其他国家规划师面临的困境，而中国规划师更有表面的"龙头"而实际的"工具"的巨大落差。也许美国规划师对自己的工作没有太高的期望，也因而减少了失望。

客观而言，规划工作确实为中国城市的发展作出了巨大贡献，但是也帮助了某些城市的盲目扩张及一些政绩工程。规划师无疑不应该对城市发展的负面问题负主要责任，但是有部分的参与责任。这是我们工作的缺失之处，应该正视或加勉。

五、对未来中国规划工作的理解

未来 20 年，对规划的需求仍然稳定，但是规划面对的挑战将有增无减。

首先，中国发达地区的大城市将继续扩张，成为大都会区域或城市群，协调区域中各级城市的发展会更加困难，而中心城市则可能出现更明显的大城市顽症。现代国际城市发展的历史证明，城市化必然带来全国人口向主要大城市地区的集中。在发展中国家（如拉美及东南亚国家），主要大城市的首位度极高，和次位、二线城市的差距仍然在加大，是一个普遍现象。在发达国家，美国 2010 年人口普查结果显示，80% 的人口居住在 10 个大都会地区，平均每个大都会地区有 3000 万人。事实上，美国经济活动的绝大部分集中在 4 个大都会地区（波士顿—纽约—华盛顿、芝加哥—环五大湖地区、洛杉矶—加州硅谷—华盛顿州西海岸、休斯敦—墨西哥湾）。在欧洲，欧盟 2010 年的报告表明，经济活动及人口增加依然集中在伦敦—法兰克福—巴黎—米兰的大城市轴线一带，过去 20 年欧盟促使经济分布平衡的政策收效不大，东欧、南欧仍然相对滞后。在日本，人口、经济活动越来越集中在东京大都会圈，它已经远超关西的大阪—神户地区。在中国，中国社科院 2013 年报告发现，城市人口的增加主要是在大城市，新增城市人口的 36% 是由 100 万人口以上的大城市吸纳的。中国主要大城市仍然有经济潜能，也有合理调整的空间，还会扩展。虽然近期中国城市规划设计研究院的调查发现县级城市人口有所增加，但必须指出，县级城市所在的区域位置极其关键。发达地区主要大城市周围正在形成跨省的大都会区域或大型城市群，其中的县级城市（包括新城）肯定会发展，但是欠发达地区在可以预见的未来，仍然缺乏支撑发展的经济动力，其中的县级城市的经济、人口发展仍然可能滞后。世界各国实践证明，城市发展的真正动力是经济因素而非政策因素，并非仅仅依靠人为因素可以改变。对于这样一种在市场作用下的人口、经济活动分布的集中趋势，应该有充分的估计，并作出可行的、现实的而不是主观的、理想的城市群规划，通过经济手段而不仅仅是依靠政策来引导合理的调整，对新一轮城市化会带来平衡发展的良好愿望不宜过于乐观。

大城市发展有顽症。造成大城市问题的可能有规划的误区，但更多是当前中国经济的发展阶段（重量不重质）；地方与地方、地方与中央的博弈；企业的本位主义；还有深层的中国传统文化等诸多因素共同的、长期影响的结果。也有一些问题乃是源于人类自身普遍存在的缺陷，例如本能的自我利益中心。在我们表面的现代化城市背后，有深层次的社会、经济、文化等结构性问题，制约了城市真正的现代化即人的现代化，人口素质的现代化。通过规划工作，城市问题可能缓解，但难以完全消除。外界对规划的期望要实际，规划自身也不可盲目许愿。现实告诫我们，规划工作面对的挑战将是严峻而长期的。关键是，解决城市发展问题不能仅仅依靠规划师，更需要政府、社会、企业共同、长期的努力，也需要借鉴他山之石。

在工作环境上，市场经济导向的深入改革（可能会引发某种行业的动荡）与求稳的社会政策的矛盾，强势的政府和希望扩大市场、社会参与建设的矛盾，使得规划界在政府、社会、企业中的协调角色面临困难。规划作为地方政府政策的执行者，如何得到处于弱势的企业、社会的理解及支持？规划的公信力如何得以提升？需要总结经验，力求有所创新。

从美国的现实来看，规划得到支持并不容易。反对规划的声音来自两个极端：新自由主义的市场决定论和民粹主义反对精英决策的偏执。两者都出于狭隘的小集团利益及各自的眼前利益，对以维护全体公民的长期利益为己任的规划有同样的伤害，必须同时注意。

最后，规划队伍自身，中国年轻一代规划师有更好的技术训练和国际经验，但是缺乏社会历练，特别是缺乏在现实环境中既解决问题又坚守规划价值底线的教育及训练。可以开设课程，请有实践经验的国内外规划师来讲课。

六、怎么办：一些思考和建议

（1）入世规划。规划是应用科学，规划工作只有"入世"才有存在的理由，所以必须走出规划界的圈子，关注社会，更多地参与各种社会实践，更多地"曝光"，让社会各界更加了解规划工作的真正内容而不仅仅是参观规划展览馆的模型和图纸。例如，向公众介绍规划在抗震救灾中的积极作用，规划在引导城市更新、保护历史建筑中的贡献等。规划自身也只有在社会改革中，才能探索规划改革的道路。

（2）重视规划理论的研究。我们仍然缺乏对整体的中国规划理论的框架构筑。这个框架应该既是动态、可以更新的，又是具有相对稳定结构、反映中国基本特色的。构建理论的最终目的是廓清迷思，指导规划师的思想及行动。规划师应该力求在改变外部环境的同时也改变自我；即使为了改变世界，也必须改变自己。

（3）建立规划工作面对政府、市场、社会三方面的工作平台，力求提升规划的影响力及公信力。在中国的决策体制中，首先，必须积极参与政府决策，提高政治敏感性，建立与主要决策者的沟通渠道，及早参与城市发展决策，及早影响政府的决策方向。其次，必须关注市场，理解市场运作的机制，引导、提升投资者的决策，提升他们的开发理念及项目品质。同时，积极参与公共活动，引导公众认识自己的长期利益和集体利益，力求建立一定的共识。

（4）提高规划师的职业素质，通过坚持专业水准来提升规划的公信度。规划师必须抬头看路，关注方向，而不仅是低头拉车，困于项目。规划师必须有时间读书思考，有机会融入社会生活，不能终日坐在计算机前或会议桌前。规划教育应该加强价值观教育，特别是在现实中维护价值观的规划实例分析。规划师应该更多理解杨小凯提出的中国普遍的"后发劣势"，即满足于尽快生产最终物质成果（后发者由于可以借鉴先发者而能比较快地生产产品），却忽视、轻视生产过程中培育人的素质、提升制度的质量（先发者往往经历了较长的过程来改进制度，提升人的素质，才能达到普遍的较高的质量）。规划界特别要注意不能仅仅陶醉于"后发优势"，急功近利，仿照甚至完全克隆他国的城镇形态和建筑形象，盲目满足于物质建设的光鲜表象。

（5）开门规划。规划学会应发挥更多的公关作用，在各级政府、社会各界中，利用各种场合宣传规划行业的作用及贡献，也欢迎外界的建设性的批评。规划学会是规划师的工会，中心工作之一是维护我们的规划行业。中国规划师面对的挑战既有其他国家规划师的共性，又有中国自身的特点，可以对这些共性及特性问题展开讨论，参考其他国家规划师的经验。

中国规划界是当代国际规划界中人数最多、平均年龄最轻、最有活力且工作任务最繁忙的群体（美国规划学会2006年统计，"标准"的美国规划师年龄42岁，男性，平均年收入约6.4万美元）。应该珍惜每一个规划项目，力求落实每一个规划项目。落实一个好的规划，就是落实规划师的人生目标。规划师与社会的共同协作，不仅是为了建设好城市，更为了全民族素质的提升，为了国家真正的长治久安，让我们共同努力！

（撰稿人：张庭伟，博士，美国伊利诺斯大学（芝加哥）城市规划系教授，亚洲和中国研究中心主任）

注：摘自《城市规划》，城市规划，2014（1）：35-40，参考文献见原文。

我国大城市连绵区规划建设进展与发展趋势探索

导语： 以长江三角洲、珠江三角洲、京津唐、山东半岛、福建海峡西岸和辽中南为代表的我国 6 大城市连绵区❶，是改革开放以来国家城镇化和工业化的主要区域，也是未来国家参与国际竞争的主要基地。当前国际国内社会、经济及政治形势发展的新变化，对我国大城市连绵区发展带来影响，迫切需要国家层面的战略来应对。特别是 2008 年底爆发国际金融危机以来，国际国内发生的一系列深刻变化，必将对我国大城市连绵区的发展带来长远影响。各大城市连绵区努力顺应形势变化，因势利导，在推动转型发展、优化资源配置、完善体制机制、深化区域规划等方面，进行大量的实践和探索，为东部地区率先实现转型发展积蓄力量。在国家面临转型发展的大背景下，通过大城市连绵区引领和带动是国家完成转型发展的必由之路。

一、转型发展是我国大城市连绵区面临的艰难挑战

（一）全球经济发展格局面临重大调整

2008 年底爆发的金融危机，使得由东亚生产、欧美过度消费、能源资源输出国供给原料的全球经济发展格局受到巨大冲击，世界经济增长模式进入艰难的调整过程。在国际经济发展格局面临调整的大背景下，中国作为全球最大出口国，在内需长期乏力的局面下，延续依赖海外市场消化国内过剩产能的发展模式备受质疑，也是不可持续的。我国 6 大城市连绵区既往的成功经验，在很大程度上是依托了东部地区率先进行改革开放的政策环境，发挥了土地和劳动力廉价丰富的比较优势，抓住融入世界自由贸易体系的契机，最终以"世界工厂"的角色定位，深刻全面地融入全球经济体系，并将比较优势发挥到了极致。然而，这种既往成

---

❶ 依据中国工程院重大咨询课题"我国大城市连绵区的规划和建设问题研究（2007-X-07）"研究，我国大城市连绵区的概念是"至少应有 2 个市区常住人口在百万人口以上的特大城市，城镇密度应达到 50 个／万平方公里以上，人口密度应达到 350 人／平方公里以上的大中小城镇呈连绵状分布的高度城市化地带"。以此概念界定，长江三角洲、珠江三角洲、京津唐、山东半岛、福建海峡西岸和辽中南 6 大区域，是我国可作为大城市连绵区的城镇化地带。

功发展道路所带来的路径依赖、体制机制惯性，在转型发展的大背景下将成为沉重的历史包袱。因此，这就决定了大城市连绵区的转型发展道路将非常艰难。

（二）国家传统的经济发展方式已不可持续

过度依赖投资和出口拉动的经济增长模式、自主创新能力不足的痼疾，使我国在一个比较长的时期处在国际产业链的低端，资源能源的消耗与国家付出的环境代价极不相称。与发达国家相比，我国单位 GDP 的废水排放量要高出 4 倍，单位工业产值的固体废弃物要高出 10 倍以上，给原本就很脆弱的生态环境带来很大压力❶。2010 年，我国二氧化碳排放量高达 68 亿吨❷，高居世界第一。在全球气候问题日益政治化的背景下，我国未来发展面临着越来越大的国际压力。尤其需要高度关注的是，2010 年，我国 45 种主要矿产资源只有 11 种能依靠国内保障供应；到 2020 年，这一数字将减少到 9 种；到 2030 年，将只有 2 ～ 3 种。特别是石油、铁、锰、铅、钾盐等大宗矿产，后备储量已严重不足，无法满足经济社会发展需要，供需缺口将持续加大❸，严重影响国家的经济战略安全。

二、国内空间发展和开放格局已经出现变化

大城市连绵区是我国对外开放的先发地区，对外开放优势一直在其经济社会发展、空间拓展和人口集聚过程中发挥着突出作用。随着中国 2010 年取代日本，成为全球第二大经济体后，中国的国际政治和经济影响力不断增强，发展所面临的国际关系也更加复杂。改变过度倚重沿海的发展格局，实现全方位的开发开放，是国家发展进入新阶段后，维护国家地缘政治安全、扩大对外影响、加强对外辐射和带动的必由之路。

近几年，国家对构筑更加均衡、全面开放的空间发展格局高度重视，中西部一大批城镇密集地区已经具备发展为大城市连绵区的基本条件，沿海沿边及内陆的全方位开发开放，已经对国家偏重沿海 6 大城市连绵区的发展格局形成竞争。适应新的发展格局，寻求新的突破方向，是大城市连绵区必须直面的挑战。

（一）城镇密集地区的布局更加均衡

自国家"十一五"规划将城市群作为推进城镇化的主体空间形态以来，国家和各级地方政府对城市群的发展高度重视。在国家"十二五"规划中，城镇化战

❶ 根据网络相关资料整理。
❷ 潘家华，王汉青，梁本凡．中国低碳发展面临的三大挑战［J］．《经济》，2011 年第 3 期。
❸ 李善同，刘云中等．2030 年的中国经济［M］．北京：经济科学出版社，P308。

略和布局基本延续了国家"十一五"规划的指导思想，对国家城镇空间格局进一步明确和具体化。"十二五"规划确定的 21 个城市化地区，将作为未来国家经济和人口集聚的优化和重点地区进行开发和建设。

为落实国家"十一五"、"十二五"规划，促进区域统筹协调发展，国家和省级地方政府，针对 54 个城镇发育比较密集的空间（经济区、城市群、都市圈、城市化地区等），相继出台了区域规划和相关的政策性文件。尤其在中西部地区，以长株潭、武汉城市圈、成渝经济区、鄱阳湖生态经济区、关中—天水经济区和中原经济区等为代表的国家级政策区，近年来的发展成就更是引人瞩目。2010 年，7 个有代表性的城市密集地区，以占全国 5.98% 的面积，创造了全国 15.7% 的生产总值，体现了良好的发展局面。

从劳动力的供给看，中西部剩余劳动力源源不断流入 6 大城市连绵区的局面已经改变，中西部对劳动力的吸引力不断增强。2010 年，在全国 2.42 亿农民工中，在东部就业的比重为 66.9%，比 2006 年下降 3.2 个百分点；与之相反，在中、西部就业的比重分别为 16.9% 和 15.9%，比 2006 年提高了 2.1 个百分点和 1.0 个百分点。2010 年，农民工在长三角地区就业的有 5810 万人，占全国比重的 24%，在珠三角地区务工的农民工为 5065 万人，占全国比重的 20.9%，分别比 2009 年下降 0.2 和 0.5 个百分点。

依据此次研究确定的大城市连绵区标准，成渝城镇群、中原经济区、关中—天水经济区、武汉城市圈和长株潭经济区已经符合大城市连绵区的标准（表 1）。这些沿海大城市连绵区竞争性地域空间的出现，既是国家实现转型发展的必然过程，也是推动沿海大城市连绵区转型发展的必要手段。

我国城镇密集区基本情况一览表　　　　　　　　表 1

名称	人口（万人）	总面积（km²）	人口密度（人／km²）	城镇数（个）	城镇密度（个／万 km²）	地区生产总值（亿元）
成渝城镇群	8713	169000	516	1870	110.7	21988
武汉城市圈	3024	57700	524	319	55.3	9636
长株潭经济区	1365	28097	486	188	66.9	6717
中原经济区	4153	58700	707	363	61.8	13317
关中—天水经济区	2666	69884	381	462	66.1	6653
北部湾（广西）城镇群	1963	72700	270	308	42.4	4275
哈大齐城镇群	1819	117563	155	173	14.7	7396

注：1. 成渝城镇群范围，依据住房和城乡建设部编制的《成渝城镇群规划（2007—2020）》确定；武汉城市圈和长株潭经济区范围，依据国家发改委编制的"两型社会"综合配套改革示范区范围确定；中原经济区和关中—天水经济区范围，依据国家发改委公布的区域性政策性文件确定；北部湾（广西）经济区的范围，依据住房和城乡建设部编制的《北部湾（广西）城镇群规划（2007—2020）》确定；哈大齐城镇群范围，依据黑龙江省研究的哈大齐工业走廊的行政范围确定。

2. 人口为 2010 年数据，根据国家"六普"人口数据搜集整理；建制镇数据，根据"中国行政区划网（www.xzqh.org）"搜集整理；人口密度和城镇密度数据，由课题组自算。

（二）内陆对外开放高地正在形成

截至 2011 年底，国家在内陆及陆路边境地区的广西凭祥、黑龙江绥芬河、重庆、成都、郑州和西安等地，设立了国家级综合保税区，为进一步提升区域的对外开放水平和层次、实施重点区域带动战略意义重大。国务院还在 2010 年设立重庆两江新区，使其成为自上海浦东新区、天津滨海新区之后国家创立的第三个国家级新区。两江新区以长江上游地区的金融中心和创新中心、内陆地区对外开放的重要门户为重点，探索内陆地区"对外开放、后来居上"的发展路径。

（三）沿海沿边的开发开放向纵深拓展

2008 年，国家批准实施《广西北部湾经济区发展规划》，推动该地区建成中国与东盟开放合作的物流基地、商贸基地、加工制造基地和信息交流中心，成为带动、支撑西部大开发的战略高地和重要国际区域经济合作区。2009 年，国家出台了《中国图们江区域合作开发规划纲要》，希望进一步深化东北亚地区的合作，构筑我国面向东北亚开放的重要门户。2010 年，国家出台《海南国际旅游岛建设发展规划纲要》，提出将海南建成世界一流的海岛休闲度假旅游胜地，国际经济合作和文化交流的重要平台，全方位开展区域性、国际性经贸文化交流活动及高层次外交外事活动，使海南成为我国立足亚洲、面向世界的重要国际交往平台。此外，国务院还相继发布了推动辽宁沿海、江苏沿海、山东半岛蓝色经济区、浙江沿海、福建海峡西岸、河北沿海、广东沿海等地开发开放的政策性文件，拓展了 6 大城市连绵区的区域边界，使得沿海发展比较薄弱的地区得到了国家政策支持，有利于拓展和完善沿海发展布局，也有利于国家探索发展海洋经济实现经济转型的新路径。

（四）边疆地区正在构筑新一轮的开放格局

对我国这样一个周边国家政治局势复杂、文化宗教多元化的发展中大国而言，实现边疆地区稳定和持续发展尤其重要。近年来，推动新疆和西藏两个少数民族自治区实现跨越式发展和长治久安，成为国家重要的核心发展战略。在国家援助发展的大背景下，以乌鲁木齐为中心的天山北坡和以拉萨为中心的藏中南地区，已具备了影响地缘经济和政治格局的基本条件。2011 年，国家还相继出台促进云南、内蒙古等省区加快发展的政策性文件，以推动边疆地区的进一步开发开放。把云南省建设成为面向东南亚、南亚开放的重要桥头堡，有利于提升我国沿边开放质量和水平，进一步形成全方位对外开放新格局，加强与周边国家的互利合作，增进睦邻友好。推进内蒙古自治区加快转变经济发展方式、深化改革开放，有利于构筑我国北方重要的生态安全屏障，形成我国对内对外开放新格局，促进区域协调发展，加强民族团结和边疆稳定。

三、转型发展也是大城市连绵区自身面临的迫切要求

（一）社会经济进入新阶段，对管理和服务提出新要求

2010年，我国大城市连绵区人均GDP已经达到5.97万元，接近1万美元，是全国平均水平的2倍，已率先完成进入上中等收入国家的历史性跨越。收入和生活水平持续提高，市民社会的逐步成熟，对大城市连绵区规划建设、管理和服务水平都提出了新的更高的要求。

城乡居民收入水平的提高，导致机动化程度快速提高，对防治空间污染和城市的郊区化、提高交通综合管理和服务能力提出新要求。需求结构和消费模式发生变化，文化、休闲、健身、娱乐、旅游等新的消费热点将会激发并产生新的功能区，对大城市连绵区的空间规划和管制提出新要求，也会对区域发展的动力和方式带来巨大改变。居民生活质量的提高，对提高城乡宜居水平的要求也将更加迫切。关注民生、参与社会的市民精神的不断成熟，居民对参与规划和社会管理的要求越来越迫切。城乡居民维权意识的强化，使大城市连绵区依靠体制缺陷，压低土地成本和环境成本进行空间和经济扩张的发展道路受到遏制。

新二元结构的社会矛盾需要破题。在大城市连绵区，外来人口与本地户籍人口间的待遇差别，是制约社会和谐的主要矛盾。2010年，1980年后出生的新生代农民工总人数达到8487万，已占全部外出农民工总数的58.4%，成为外出农民工的主体，他们中的40%左右在珠三角和长三角工作和生活。新生代农民工普遍受过一定教育，对自身权利和平等融入城市有着强烈诉求，如果其享有与当地市民平等待遇的正当要求长期得不到满足，势必影响社会的稳定。此外，北京、上海、广州等大城市还聚居着几万到十几万的"蚁族"（对受过高等教育、低收入、在城乡结合部群居的群体的简称），其贫困和管理问题也需要得到重视和解决。

（二）要素价格快速提高，低成本经济发展方式难以持续

随着人民币汇率不断上升，劳动力价格持续上涨，土地价格持续走高，大城市连绵区依赖廉价土地和中西部廉价剩余劳动力的传统发展模式已经走到尽

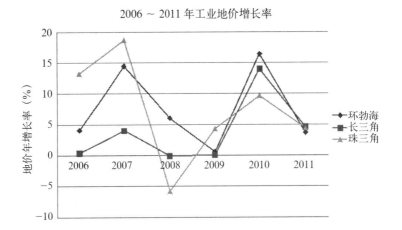

图 1　三大城市连绵区工业地价年均增长率（2006 ～ 2011）
（数据来源：根据中国城市地价动态监测网（http：//www.landvalue.com.cn）
相关数据整理计算。）

头。以工业用地价格为例，2005 ～ 2011 年，环渤海地区（包括京津唐、辽中南和山东半岛三个大城市连绵区的部分城市）的工业用地价格增长了 53.1%，长三角大城市连绵区的工业用地价格增长了 24.4%，珠三角大城市连绵区的工业用地价格增长了 50.9%，远高于西北和西南地区同期工业地价 18.6% 的同期涨幅（图1）。再以劳动力价格为例，自 2003 年以来，我国农民工的工资收入水平进入了上涨通道，年平均增长率基本达到 10% 以上，2010 年、2011 年的涨幅甚至达到了 19.3% 和 21.2%。土地、工资等生产要素价格的快速上涨，使大城市连绵区中大量缺乏品牌和自主技术，长期徘徊在产业链低端的外向型企业生存艰难。从 2010 年农民工工资水平看，东、中、西部的工资水平分别为 1696 元／月、1632 元／月和 1643 元／月，已无明显差距（图2）❶。中西部大城市连绵区的快速形成和发展，农民工省际流动获得净福利的趋同，使大城市连绵区的发展遭遇转型的瓶颈。2010 年，6 大城市连绵区实现地区生产总值 19.1 万亿元，占全国的比重为 48.0%，与 4 年前相比已经下降了 3.1 个百分点。

---

❶　2010 年的相关数据，引自国家统计局发布的 2010 年农民工监测报告。2006 年的相关数据，引自韩俊、崔传义和金三林负责的国务院发展研究中心"现阶段我国农民工就业和流动的主要特点"课题组研究成果。

农民工月工资水平（元／月）

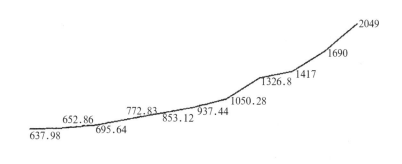

图2　2001～2011年我国农民工工资水平变化情况

（数据来源：2001～2008年的数据，来自国家统计局调查资料。2009年数据，来自国家统计局农民工监测调查报告（2009年）。2010年和2011年数据，来自人力和社会保障部发布的农民工工资统计数据。）

四、人口高度集聚，"城市病"不断向区域蔓延

（一）人口向大城市连绵区集聚的态势依然显著

2010年，六大城市连绵区人口总量达到3.2亿人，占全国总人口的比重达到23.9%，比2006年提高了2.7个百分点（图3）。与2006年相比，2010年珠三角、长三角和京津唐三大城市连绵区的人口在4年间分别增长了20.9%、14.7%和12.8%，辽中南、海峡西岸和山东半岛三大城市连绵区的人口在4年间也分别增长了7.7%、6.9%和3.1%。特别是连绵区内的核心城市，人口规模的增长更是惊人。从2006年到2010年，北京人口由1581万人增长到1961万人，天津由1075万人增长到1294万人4年分别增长了24%和20.4%，远超京津唐的平均增长水平。广州由975万人增长到1270万人，增长了30%，深圳由847万人增长到1036万人，增长了22.3%，远超珠三角的平均增幅。苏州由810万人增长到1047万人，增长了29.3%，上海人口由1815万增长到2302万人，增长了26.8%，远超长三角平均增幅。杭州由773万人增长到870万人，4年增长了12.5%，宁波由671.6万人增长到760.6万人，4年增长了13.3%，南京也由719万人增加到801万人，增长了11.4%，也基本达到了长三角的平均增幅。

大城市连绵区人口规模（万人）

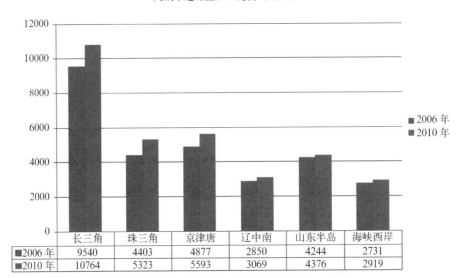

	长三角	珠三角	京津唐	辽中南	山东半岛	海峡西岸
2006 年	9540	4403	4877	2850	4244	2731
2010 年	10764	5323	5593	3069	4376	2919

图 3　2006 和 2010 年我国大城市连绵区的人口规模

（数据来源：2006 年数据，来自相关省市的统计年鉴。2010 年数据，根据相关省市 2011 年统计公报和"六普"人口数据计算。）

（二）基础设施和公共服务压力凸显

大城市连绵区人口规模的持续增长，给地方政府的基础设施、交通、医疗、教育等公共服务带来很大压力，交通拥堵、保障性住房短缺、贫富差距显著加剧、环境质量下降，"城市病"问题严重。2010 年北京机动车已经突破 500 万辆，上班出行平均时间近一小时，交通拥堵日趋严重，不得不实行家庭汽车摇号限购政策。上海高峰时段中心区路段拥堵比例占 55%，交叉口拥堵比例占 60%，浦西中心城区地面道路车速小于 15 公里／小时，"三纵三横"主干道车速小于 20公里／小时。

（三）资源和环境问题日益严重

北京市年均可利用水资源仅为 26 亿立方米，实际年均用水约 36 亿立方米，超出部分靠消耗水库库容、超采地下水以及应急水源常态化维持，北京的供水安全已受到严重威胁。2009 年，北京日产垃圾 1.83 万吨，但垃圾处理能力仅 1.27万吨／日。按照现在垃圾产生量和填埋速度，北京已深陷"垃圾围城"的窘境，全市大部分垃圾填埋场将在 4 ～ 5 年内填满封场。仅解决 2011 ～ 2020 年的垃圾填埋问题，北京将需要 3200 亩土地。

（四）住房问题不断恶化

目前，大城市连绵区普遍房价高企，保障性住房严重不足，本地户籍的住房困难群体也只有约30%纳入到保障性住房体系，因此大部分城市的经济适用房、廉租房等公共住房不对农民工开放，农民工住房仍游离于城镇住房保障体系之外。由于经济收入低下，农民工只能租住城市中条件最差、租金最低的房屋。住房和城乡建设部2009年的调研显示，广东省广州、东莞和深圳3个外来人员集中的城市，69%的外来务工人员居住在"城中村"，广州超过1/4的外来人口人均居住面积在5平方米以下。北京有59.9%的进城务工人员居住在简陋的平房中。虽有26.7%居住在楼房中，但绝大多数属于"城中村"中农民自行建设的多层劣质小楼。还有8.8%居住在地下室❶。

五、体制机制不配套，空间资源优化配置难度大

（一）优质公共资源没有实现在区域统筹配置

受行政区经济分割、区域服务设施属地化管理等因素影响，大城市连绵区的优质公共服务及其设施还高度集中在核心城市和核心地区，难以在区域层面实现统筹配置。北京从2000～2010年，昌平、大兴和通州等新城成为北京人口增速最高的地区，以工业和住宅用地为主的新城新增用地，约占全市用地增量的40%左右。北苑、酒仙桥、东坝、清河等原城郊边缘地区，已成为比较成熟的居住区。然而，人口和用地在城市新区的扩张，并没有带来城市功能的有效疏散。目前，全市公共服务、商业金融、教育等核心功能仍然高度集聚于中心城区。2004～2010年间，全市共安排重点项目1018项，在新城发展区仅占21.2%，而且还是以工业项目为主，服务业的重点项目仍然主要分布在中心城区。在"十一五"重点建设的六大高端功能区，除空港、亦庄外，均处于中心城范围。河北廊坊的三河、大厂和香河"北三县"，已经成为与北京同城化发展的重要区域，但其县、镇级的公共服务配置水平，根本无法满足区域经济社会一体化发展的需要。如三河县燕郊镇，35万常住人口中有半数来自北京，88%的购房者来自北京，77.2%的工作地点在北京五环以内❷，成为北京的典型"卧城"，但目前通

---

❶ 卫欣：北京外来农民工居住特征研究，北京大学博士学位论文，2008。
❷ 数据来源：根据北京市社会科学院经济所对2007、2008、2009燕郊购房人群做的问卷调查统计（每年1000份调查问卷）统计分析。

勤只有北京的 930 路公交，上下班高峰期有上千人候车场面，号称全国最挤的公交车。

（二）新城和战略性节点实施效果不佳

区域规划缺乏实施机制，对市场力量缺乏有效引导，导致新城和节点实施效果不佳。在城郊结合部大型房地产、乡镇工业园区和"小产权房"等开发建设项目的引导下，大城市连绵区核心城市基本延续了外延扩张式的发展路径，导致规划确定的新城、节点和网络型结构并未形成，不利于城乡空间结构的优化。如上海虽然确定了市域"1966"城乡规划体系的基本框架（即 1 个中心城、9 个新城、60 个左右新市镇、600 个左右中心村），新城是人口和功能集聚的重点。然而，9 大新城与中心城区之间缺乏点到点的轨道交通，与中心城交通枢纽之间换乘也不便捷。新城配套的工业区，由于单一功能占地规模过大，就业空间与生活空间融合度不足，一定程度上造成了新城生活区吸引力不足。以嘉定新城为例，近几年嘉定全区常住人口增加了 25%，但嘉定新城却仅仅增长了 11%，低于全区平均水平，而马陆、江桥、安亭几个镇的常住人口的增长却超过了 40%。从住宅的开发量来看，近几年上海城市边缘区大板块开发量为 2850 万平方米，而 9 大新城的开发量仅达到 1620 万平方米，仅为前者的 1/2 强。因此，上海人口的疏散过多集聚在城市近郊区而没有导向新城也就并不奇怪。

（三）用地"碎片化"缺乏有效的制度破解

"城中村"、"城郊村"更新困难，不利于空间功能的提升。大城市连绵区是我国外来人口的主要聚集地，"城中村"和"城郊村"是外来人口主要的居住区，向这些群体出租物业是这些都市村庄原住民的主要收入来源。在宁波甬江、庄桥、洪塘等城乡结合部，向外来人口租房带来的财产性收入，每年可达到 1.4 亿元以上，占到农民年收入的 13.2%，对收入不很稳定的近郊农民有很大的吸引力。"城中村"和"城郊村"规划管理薄弱，违章违法建筑众多，公共服务和设施严重不足，成为城市公共服务和社会管理的"死角"。但是，由于原住民能通过出租物业得到巨额收益，因此普遍对空间整合和优化存在隐性抗拒心理。

乡镇小型民营企业规模小，实力弱，难以承受集中入园成本。长三角、珠三角和福建海峡西岸大城市连绵区还是我国乡镇企业和块状经济的发源地，各乡镇和村庄普遍存在着生产生活组团混杂、碎片化生长的空间混乱局面。以宁波为例，24 个主要的产业园区，入园企业 1.6 万家，提供了 68.7 万个就业岗位，但分别只占到宁波市域的 34% 和 37.7%，大量就业和企业布局散布在乡镇和村庄。如慈溪市烟墩村是塑料加工专业村，2800 人的村庄共有个私小企业 227 家，除 10

多家规模较大的搬迁至镇里的工业区，其余仍散落在院落，产品随意堆放，环境问题严重。在宁波鄞州区五乡镇，分散在各村的工业企业总产值占全镇的66%，远远超过镇区及镇工业园区。

六、近几年我国大城市连绵区转型发展的实践和探索

（一）成为引领国家转型发展的政策实践和探索区

1. 国家对大城市连绵区提出了新的发展要求

2009年和2010年，国务院分别发布《珠江三角洲地区改革发展规划纲要（2008—2020）》和《长江三角洲地区区域规划》。在珠三角规划纲要中，提出要加快珠江三角洲地区的改革发展，推进珠江三角洲地区经济结构战略性调整，将珠三角建设成为"探索科学发展模式试验区，深化改革先行区，扩大开放的重要国际门户，世界先进制造业和现代服务业基地，全国重要的经济中心"。在《长江三角洲地区区域规划》中，规划要求长三角地区"在科学发展、和谐发展、率先发展、一体化发展方面走在全国前列，努力建设成为实践科学发展观的示范区、改革创新的引领区、现代化建设的先行区、国际化发展的先导区，为我国全面建设小康社会和实现现代化作出更大贡献"。由于两大城市连绵区地处区域发展的核心，理应成为落实国家区域发展战略的先行区和领头羊。

2. 国家级新区成为探索转型发展的先行区

探索进一步开发开放和国际合作的发展路径。2011年，国务院印发了《关于横琴开发有关政策的批复》。批复同意在珠海横琴实行比经济特区更加特殊的优惠政策，以加快横琴开发，构建粤港澳紧密合作新载体，重塑珠海发展新优势，促进澳门经济适度多元发展和维护港澳地区长期繁荣稳定。同年，国务院还批准了《平潭综合实验区总体发展规划》，同意福建平潭实施全岛放开，在通关模式、财税支持、投资准入、金融保险、对台合作、土地配套等方面赋予比经济特区更加特殊、更加优惠的政策。深圳前海新区规划正在编制，未来将成为探索港深紧密合作、承担人民币出海的金融创新历史重任。

探索推进陆海统筹发展的新格局。浙江舟山群岛新区是第四个国家新区，也是第一个以海洋经济为主题的国家新区。新区是在国家保障经济安全、实施海洋战略、深化沿海开放的背景下设立的。浙江舟山群岛新区的战略任务包括四个方面：第一，建成中国大宗商品储运中转加工交易中心，保障国家经济安全。第二，打造中国重要的现代海洋产业基地，引领国家海洋经济开发。第三，构建东部地区重要的海上开放门户，进一步促进对外开放。第四，创新海岛模式，建设中国

陆海统筹发展先行区。未来，新区还将以国际化、休闲化为导向，结合舟山群岛海洋旅游综合改革试验区建设，打造世界一流的休闲度假群岛、东南亚著名的宗教文化圣地、长三角重要的休闲旅游目的地。

3. 积极探索和完善区域协调机制

2010 年，京津冀签订了两市一省城乡规划合作框架协议，建立了三方规划联席会议制度，主要研究、协调有关区域交通、重大基础设施、生态环境保护、水资源综合开发利用、海岸线资源保护与利用等跨区域重要的城乡规划，以及影响区域发展的重大建设项目选址，协商推进区域一体化发展和规划协作的有关重大事宜，建议统一的信息库，实现资源共享。珠三角、闽东南分别建立了城市规划局长联席会制度和城市联盟，促进了交通基础设施对接和资源环境共同保护利用。

生态补偿机制在稳步推进。北京河北签署合作框架协议，"十二五"期间，北京将投资 8 亿元用于营造 80 万亩生态水源保护林。天津市 2009 年至 2012 年每年安排 2000 万元用于河北生态补偿。北京市还与张家口市、承德市分别成立了水资源环境治理合作协调小组，制定了《北京市与周边地区水资源环境治理合作资金管理办法》，2005—2009 年，北京市每年安排 2000 万元资金用于支持张家口、承德地区水资源保护项目。

大城市连绵区还普遍加强了"同城化"和"一体化"进程的协作。如广（州）佛（山）、厦（门）漳（州）等在构筑"无障碍"的组合城市，沈（阳）抚（顺）等在推进同城化进程中，都建立了政府间的协作机制，加强基础设施、公共服务、产业合作等领域的统筹协调。广州、佛山两市签订了《广州市佛山市同城化建设合作框架协议》，以"区域同城、产业融合、交通一体、设施共享、环境齐治"为目标，共同编制同城化规划，建立了区域生态资源的共同保护机制，以珠江水系为主要骨架，构建区域的绿色生态架构，实现广佛区域绿地一体化。统筹布局和建设基础设施和公共服务设施，促进基础设施一体化，形成多中心、网络化的大都市城镇空间结构。广州和佛山两市规划部门共同成立了路网衔接沟通协调小组，落实了 55 处对接通道的线位，强化了两市 7 条轨道交通的衔接 ❶。

4. 行政区划调整助推空间资源优化配置

调整行政区划，是近期核心大城市优化空间资源配置的重要举措。2010 年 7 月，北京市原东城和崇文区、原西城和宣武区合并，成立新的东城区和西城区，期望突破原有行政区划的制约，促进北部的优势资源向南部辐射延伸，实现整体提升、联动发展，提高首都功能核心区的发展水平。此外，北京市还正式推动大兴区和亦庄开发区行政资源的整合，二者共同承担打造城市南部制造业新区的重

---

❶ 广州市城市规划局，广佛同城化规划编制工作情况汇报，2009 年 9 月 3 日。

任，成为北京新的"增长极"。

上海在 2009 年实现了浦东新区与南汇区的合并，2011 年 6 月，又撤销卢湾区和黄浦区，成立了新的黄浦区。深圳经济特区也在 2010 年正式扩容，范围从原来的罗湖、福田、南山、盐田四区扩大到全市，特区面积增加 5 倍。厦门经济特区在 2010 年 7 月扩大到全市，面积增加了 11 倍。天津在 2009 年 11 月撤销塘沽区、汉沽区、大港区，设立天津市滨海新区，以原三个区的行政区域为滨海新区的行政区域。这些行政区域的合并和重组，有利于摆脱行政区域对发展造成的制约，形成发展合力，是政府面对新的发展形势和要求主动谋变的结果。

5. 不断完善外来人口"市民化"机制

完善对外来务工人员的服务机制。珠江三角洲大城市连绵区已经推行了免费的外来人口登记管理 IC 系统，通过给 IC 卡持有者提供就业、就医、培训、港澳通行等相关服务功能，使外来人员申领 IC 卡的积极性大增，有效地提高了人口管理的水平。在东莞，市政府不断完善"新莞人"的管理体制机制，将全市范围内包括市外流动人员在内的广大农民工大规模地、一视同仁地纳入全市医保体系。同时，政府还完善有关的落户程序和相关政策，积极稳定地推进户籍制度改革，吸纳就业相对稳定、居所相对固定的外来人员入户，并积极筹措资金，将近 1/3、18 万外来务工人员学龄子女纳入公办学校读书。

大城市连绵区除北京、上海等个别城市外，全面推行了外来务工人员积分落户办法。各城市根据财政保障能力和城市承载能力，因地制宜地推出了外来人员积分入户政策。以宁波为例，根据外来人员持居住证和工作年限、居住条件、信用记录、专业技能、教育水平、荣誉称号（优秀党员、劳动模范、技术能手等）、社会服务（志愿服务、义务献血等）、参加社会保障状况等，制定了入户积分标准，并对核心城区、其他县市（区）和乡镇制定了梯度积分政策，使外来务工人员入户做到了政策透明、稳妥有序和循序渐进。

（二）核心城市高度关注世界城市建设问题

大城市连绵区是国家中心城市的主要集聚地，因此也是建设世界城市的先发地区。近年来，以北京、上海、广州、深圳、天津等为代表的国家中心城市，以实现国家核心利益为目标，结合自身的资源禀赋和国家战略要求，在世界城市建设中不断尝试和探索。

1. 新一轮城市总体规划和战略研究高度重视世界城市建设

北京作为国家首都，以及中国教育、科技最发达和人才最集中的地方，已经具备了建设有中国特色世界城市的良好基础和现实可能。顺应国情国力和国际地位的变化，着眼于强化大国首都职能，在更高的层次上参与国际竞争与合作，是近几年北京市研究的重点。上海作为国家经济中心城市，目前正围绕着"将上海基本建成与我国经济实力和人民币国际地位相适当的国际金融中心、具有全球航运资源配置能力的国际航运中心"的目标，深入展开经济转型、空间发展、社会建设等领域的研究工作。在新一轮的广州总体规划（2010—2020）中，也提出将广州建设成为具有重要国际功能的国家中心城市，如成为具有国际航运中心、国际交往中心、亚洲物流中心等职能的综合性门户城市，具备国际商贸会展中心功能的的南方经济中心等。在深圳总规（2007—2020年）中，深圳提出要建设具有中国特色的国际化城市，并与香港共建世界级都市区。天津、宁波、大连、青岛等城市，则充分发挥港口优势，把建设国际港口城市作为其建设世界城市的主要着力点。

2. 举办"大事件"成为建设世界城市的重要举措

举办国际关注的"大事件"，是城市增强世界影响力的重要举措，也是城市建设、城市经济、城市文化和城市治理的重要"催化剂"，对加快建设世界城市更是难得的历史机遇。北京奥运会、上海世博会、广州亚运会、天津G20峰会、大连夏季达沃斯论坛、深圳世界大学生运动会等，都是近年来大城市连绵区在核心城市举办的重要"事件"。众多的"大事件"成功举办，除了扩大城市的世界影响力外，还对完善核心城市的空间结构、优化空间资源配置，发挥了积极的作用。如上海通过举办世博会，将黄浦江两岸受污染并布满工厂、仓库、码头的工业地带转化为城市公共开放空间，5.28平方公里的园区大部分将被开发为综合性、高密度的城市中心延伸区，充分发挥滨水用地的公共效益，为上海城市空间的内生型拓展和城市空间品质的提升提供了契机。

亚运会的建设为加快广州重点地区发展、进一步引导城市空间结构调整优化创造了机遇。根据城市总体规划和城市发展战略规划的相关内容，广州规划了"两心一走廊"的亚运会重点发展地区空间格局（"两心"指天河新城市中心和白云新城，"一走廊"为奥体新城、大学城、亚运城等构成的发展走廊），旨在进一步完善城市功能，带动城市新区发展，完善城市的多中心结构❶。

（三）积极应对"后工业化"社会的转型和发展需要

1. 低碳生态城市建设方兴未艾

为应对能源资源紧张和全球气候变化的压力，我国许多城市掀起了生态城市建设的热潮，各大城市连绵区的热情尤其高涨，在不同地区、从不同尺度纷纷展

---

❶ 陈建华、李晓晖，2010广州亚运会与广州城市发展，城市规划，2009增刊，5。

开相关的实践。2007、2008 年，中国政府先后与新加坡和瑞典两国政府签署协议，共建中新天津生态城和曹妃甸国际生态城。2010 年，住房和城乡建设部先后与深圳和无锡签署协议，由部与城市人民政府合作共建国家低碳生态示范市（区）。目前，深圳已经在光明新区、坪山新区全面开展了建设绿色城市、低冲击开发示范试验等探索，并着手启动中荷（欧）合作低碳城、蛇口网谷低碳生态国际化社区的规划研究，以及在规划管理操作层面落实低碳生态目标的法定图则和城市更新编制指引等项目实践。2010 年，北京市与芬兰合作，在门头沟区共建"中芬生态谷"。其他实践如北京长辛店低碳社区、北京通州生态低碳国际新城、上海南桥低碳生态新城等纷纷开工建设。在山东半岛大城市连绵区，东营低碳生态科技园、潍坊滨海经济技术开发区也在进行低碳生态城市的试点和示范工作。

　　2. 有序推动城市旧区的保护和更新改造

　　由于我国大城市连绵区率先进入了城市经济的转型，大量的旧居住区、旧工业区、老商业区、老码头区、历史文化街区和老仓储区等城市旧区的更新改造成为近年来规划和建设的重点。

　　沈阳铁西区是我国著名的老工业基地，自 20 世纪 90 年代起，随着国企改革的深入展开，许多大型骨干国有企业因历史包袱沉重、经营不善而陷入困境，厂房闲置、用地废弃、发展陷入萧条。在国家和地方政府的鼓励和支持下，铁西区大力推行废弃工业用地的"退二进三"，以企业的搬迁改造和技术升级为核心，强化区域整体发展动力，持续优化区域环境，改善居住条件；挖掘铁西文化，建设工业主题博物馆和工业文化遗址，使铁西区的发展重新焕发生机。

　　北京在旧工业区更新改造中处于全国领先水平。除著名的 798 创意产业区外，随着首钢的搬迁，其旧厂区的更新改造规划已通过专家评审。规划确定首钢及其协作发展区应作为"北京城市西部的综合服务中心"和"后工业文化创意产业区"，重点引导"创意产业密集区、新技术研发与总部经济区、现代服务业密集区和水岸经济区"四大产业区发展。北京焦化厂原址将重点发展现代高端服务业，以文化创意产业为主导的都市型绿色产业园。首钢二通厂将建为国家级的动漫产业基地。

　　长三角大城市连绵区的无锡市，是我国近现代民族工业重要的发祥地之一。近年来，无锡市通过重点普查新中国成立前民族工商业企业，新中国成立后 50 年代的工商企业和改革开放期间的乡镇企业，以及相关的民居、社会事业、环境等，认定了申新三厂、振新纱厂、开源机器厂等 180 余幢老厂房。在普查认定的基础上，市政府先后分两批公布了 34 处无锡工业遗产保护名录，作为城市未来保护和有机更新的主要功能载体。

　　2009 年，广东省出台《关于推进"三旧"改造促进节约集约用地的若干意见》，在全国率先启动城乡区域"三旧"（旧城区、旧厂房、城中村）改造工作，计划用三年时间完成 1133 平方公里的用地改造，其中珠三角有 600 多平方公里。通过两年多的摸索，已经摸索出了政府主导、村集体主导和政府村集体合作等各种模式，在"三旧"改造中突出功能优化和产业结构升级，把整治改造的主要目标用在改善民生和环境上，并通过整治改造，实现区域功能和产业结构的升级优化转型。在"三旧"改造中，政府通过依法、合理、有效地行使行政权，使"三旧"整治改造作为改善民生、提升城市品质的关键环节 ❶。

3. 全力推动创新创意产业发展

北京在产业发展方向转型方面走在了全国的前列。2010 年，北京第三产业增加值占地区生产总值的比重达到 75%。其中，文化创意产业实现增加值 1692.2 亿元，占地区生产总值的比重为 12.3%，高居全国首位；高技术产业实现增加值 866.5 亿元，占地区生产总值的比重为 6.3%。北京中关村成为国家首个推进自主创新发展的示范园区。2007—2010 年，北京分四批公布了 30 个市级文化创意产业聚集区，涉及影视、动漫、旅游文化、国际展览、时尚设计、古玩交易、出版发行等数十个门类。

长三角产业转型发展的步伐也很快。2009 年，上海完成结构调整项目近 850 项，淘汰产值 296 亿元，创意产业增加值达到 1148 亿元，占全市 GDP 比重 7.7% 以上，从业人员 95 万人，正在成为上海的支柱产业之一。常州已经拥有国家级创意产业基地 4 个，形成了以软件、动漫、网络游戏为特色的产业集群，其中拥有软件企业 130 余家，年产动画片能力在 10000 分钟以上。宁波近年来也形成了"天工之城 DIY 街区"、"134 创新谷"、"三厂时尚创新街区"等为重点的 10 大创意产业街区，主要集中在城市主要中心区周边、历史地段、滨水地区（如湾头、月湖、慈城等）、城市的棕地改造区（江北老工业区）、大学等周边地区，成为宁波产业转型发展的重要基地。

4. 深入开展宜居城市和优质生活圈的建设

自北京在全国率先提出建设宜居城市以来，大城市连绵区中的许多城市，如大连、杭州、天津等 20 多个城市均把建设宜居城市作为发展目标。这与大城市连绵区城乡居民物质生活水平在全国处于领先、对城乡环境品质有更高要求是直接相关的。

珠三角大城市连绵区启动优质生活圈的规划和建设。2012 年，国内首个以生活质量提升而不是区域发展为核心诉求的跨界合作规划——《粤港澳共建优质

---

❶ 广州市国土房管局城市更新改造办公室：加快城乡经济社会发展一体化，"三旧"改造工作情况。2009 年 11 月 23 日。

生活圈专项规划》编制完成。规划由广东省住房和城乡建设厅、香港环境局和澳门运输公务司三方共同组织编制。规划认为"优质生活圈"应实现生态系统安全可靠，自然环境健康洁净，经济发展低碳、可持续，居民能够获得多样就业岗位保证体面的生活，空间环境舒适宜居，交通系统绿色、高效，社会和谐安宁，公共服务便利。三方以建设"优质生活圈"为目标，在环境生态、低碳发展、文化民生、土地利用和交通组织五个领域建立了合作方向。

高度关注休闲和娱乐空间的规划和建设。珠三角在2010年完成了2372公里的区域绿道网的建设，将具有较高自然和历史文化价值的各类郊野公园、自然保护区、风景名胜区、历史古迹等重要节点串联起来，同时配套完善设施，并对绿道控制区实行空间管制，融合环保、旅游、运动、休闲和科普等多种功能，在构筑区域生态安全网络的同时，为广大城乡居民提供多功能的生活公共空间。长三角各市绿道网络也在加速构建之中，整个区域的绿道网络将在几年后成形。如杭州正围绕"三江（新安江、富春江、钱塘江）两岸"绿道建设，加快绿道旅游区建设，通过长达231公里绿道"主轴"，将"三江两岸"两侧的主要城镇、村庄、风景名胜区、重要功能区"串珠成链"。宁波则在全市域范围，以历史文化名城名镇为重点，建设"三城九镇"历史文化展示区，整治滨水滨海空间。并在中心城市，形成由一环（围绕三江片地区）、三江、两带（滨海廊道）为骨架绿道体系，着重打造步行及自行车交通为主的慢行廊道，串联都市、自然景观及人文景观，围绕城市中心区、历史名镇名村及风景区等大尺度绿化，建设核心步行区。

大城市连绵区率先启动PM2.5的监测和治理。近年来大气污染呈现复合化和区域化特征，大气灰霾成为影响经济发达地区空气质量的头号因素，严重影响宜居城市建设。2011年，国家率先在珠江三角洲、长江三角洲、京津冀等重点地区和直辖市、省会城市开展PM2.5监测，既形成区域产业和能源结构调整的倒逼机制，也为未来的联防联治奠定基础。目前，上海采取机动车污染控制、电厂脱硝、清洁能源替代和区域联控联防等一系列措施，加大PM2.5污染治理力度，推进环境空气质量持续改善。北京针对机动车"污染贡献率"不断上升的态势，计划在国内率先实施国五油品标准，继续提高排放标准。

（四）大城市连绵区在规划领域的实践探索

1. 积极探索"自下协作"的规划编制组织方式

由于大城市连绵区的区域问题日益突出，相关各方都认识到加强协作的必要性，因此在规划工作中，自下的协作加强，形成了新的规划组织模式。如北京市规划委员会和河北省建设厅在联合组织编制《首都区域空间战略研究（2011—2030)》时，为了更好地加强协作，组织单位还邀请了清华大学、北京大学、中国城市规划设计研究院、北京市规划设计研究院和河北省规划设计研究院等五家对该地区有长期跟踪研究的设计单位参与该项工作。通过共同技术平台的建设，促进区域共识，为解决区域生态、水资源、能源、交通（机场、港口、轨道、高速公路）、产业协调、城镇发展等问题，以及日后的规划执行提供了良好的基础。

2. 高度关注对不同地区的差异化引导

在河北环首都圈规划（2011—2030）中，规划基于"对接北京、面向区域、构筑河北新兴增长极"的总体发展要求，面对区域差异提出"因地制宜，差异化分类对接"的空间发展策略，根据地理区位、交通条件、生态适宜性和产业基础等方面的差异性，将环首都地区划分为四类空间类型，并以四市中心城区和与北京直接接壤的前沿地带为重点，进行差异化的空间对接。其中：一类地区为前沿地带的东南部平原地区，区位优势最佳，对接首都一体化发展的前沿地区，城镇产业发展的重点地区，以承接首都人口疏散、高端产业配套和专业性生产服务业发展为主；二类地区为前沿地带的西北部山地区域，生态环境与资源特色突出，区位条件较好，肩负首都生态屏障的重要职责，以对接首都休闲商务、高端消费、高端旅游和特色林果农牧产品等特色产业发展为主；三类地区为四市的中心城区，城市建设水平相对较高、综合承载和服务辐射能力相对较强，以承接北京的现代制造业转移和积极发展生产性服务业为主；除前沿地带和四市中心城区以外的其他县（区、市），以高端休闲旅游和特色农业对接为主。

3. 深入开展大城市连绵区的次区域规划

针对大城市连绵区重点区域，通过编制次区域规划来落实上位规划，是实现大城市连绵区整体发展战略的重要措施。如在河北沿海城镇带规划中，规划立足京津冀世界级城镇群建设的总目标，依据国家转型发展的新要求，确定了河北沿海地区的发展目标为："中国沿海科学发展示范区，京津冀地区新的增长极，河北省经济社会发展战略引擎"。规划提出积极转变发展模式，实施"内聚提升，对接开放，转型跨越"三大战略，并确定了"一带、三区，多节点、多通道"的空间结构。一带：沿海城镇产业发展带；三区：唐山、秦皇岛、沧州三个都市区。多节点：重要城镇节点——区域中心城市、地区中心城市和一般县（市），专业性节点——北戴河新区、唐山湾国际旅游岛等；多通道：连接沿海港口与腹地及节点城市的多条疏港运输通道。

4. 科学编制大城市连绵区各类专项规划

科学编制大城市连绵区各类专项规划，是落实区域发展目标、增强规划实施性和操作性的重要探索和尝试。珠江三角洲绿道网总体规划、粤港澳共建优质生活圈专项规划等，都是这两年涌现出的重点突出、社会反响强烈的区域专项规划，为落实大城市连绵区转型发展的相关目标发挥了积极作用。此外，珠三角地区还编制了基础设施、产业布局、基本公共服务、生态环境保护和城乡规划等五个一体化规划，这些规划也成了贯彻《珠三角改革发展规划纲要（2008—2020年）》的重要专项规划。以《珠江三角洲城乡规划一体化（2009—2020）》为例，该规划在探索大城市连绵区构筑高效率、绿色低碳的城乡一体化发展模式方面走在了全国的前列。规划重点提出了区域性公交走廊和聚集中心体系，其中区域性公交走廊将与 TOD 城镇开发模式相结合。为配合聚集中心的发展，规划还加强了镇行政体制的改革研究，如通过建设城市（镇）增长区，撤销镇一级行政区划，设立街道处事处等，强化城市的统筹协调能力。

结语

志存高远，方能卓越。依靠改革开放的先发惯性优势，我国大城市连绵区已经取得先发优势，完成了量的积累。未来的发展，需要依靠转型和体制机制的创新才能带动质的飞跃。在国际政治经济格局面临重大调整的背景下，中国实现大国崛起的理想已经逐步由图景走向现实，大城市连绵区使命光荣，责任重大。在国家空间发展和开放格局更加均衡、传统发展要素向中西部地区不断转移情境下，大城市连绵区的发展又一次走到了历史的十字街头。突破对传统发展路径的依赖，探索后工业化社会的发展道路，实现以人为本的社会管理模式，建立优化空间资源配置的体制机制，必然是一个壮士断腕、凤凰涅槃的艰苦过程。从长远看，大城市连绵区只有实现上述的转型发展目标，才能在新一轮的国际国内竞争中再次获得先机、赢得优势，并为长远的发展奠定坚实基础。

（撰稿人：王凯，中国城市规划设计研究院副院长，博士，教授级高级规划师；陈明，中国城市规划设计研究院研究员，高级规划师，博士）

注：摘自《规划师》，2014（6）：85-91，参考文献见原文。

我国新型城镇化背景下城市群规划响应

导语：新型城镇化的提出为我国城市群规划提供了新的契机，带来城市群规划理念与思路的转变，同时也对城市群规划提出了新的要求。文章以我国新型城镇化与城市群规划关系为线索，在分析了新型城镇化背景下城市群规划的基础与约束因素基础上，对我国城市群规划中的功能定位、空间结构、同城化、城乡统筹、基础设施规划等方面问题进行了分析，并针对相应的规划策略进行了学术探讨，旨在为城市群规划科学编制与有效实施提供依据。

一、新型城镇化与我国城市群形成发展

（一）新型城镇化战略的提出

改革开放以来，随着经济总量不断扩张与产业结构的转型升级，我国进入了城镇化的快速推进发展阶段，2012 年我国城镇化率达到 52.57%，以年均 1.02 个百分点增长。与此同时，我国城市发展无序问题十分突出，集中表现为特大城市"摊大饼"式扩张，中心城市产业发展与基础设施建设盲目竞争，大城市对中小城市资源与发展机会的"掠夺"，中小城镇缺乏成长活力，各级城镇的功能分工与群体关联处于极度无序状态。因此，依托于具有紧密联系与整体功能的城市群体促进区域发展成为新时期我国城镇化发展的必然趋势。

（二）新型城镇化与城市群发展目标的转变

长期以来，我国的大城市优先发展对于我国城镇化进程的快速推进起到了积极作用。但近 10 年来，过度倾斜大城市的发展模式形成我国大城市过度集聚而增长严重受限、中小城镇缺乏动力支撑而成长缓慢并存的城镇群体发展格局，呈现出大城市与中小城镇产业与人口集聚程度差异显著的"二元"结构。新型城镇化发展战略则强调区域城市关系的重构与整合，促进城市功能的合理分工与协作。城市群发展目标的转变促使城市群规划应对不同等级与类型城市群的功能进行统筹部署，对城市群要素、产业、城镇与生态空间总体配置，以实现城市群结构优化与功能整体提升的目标。

（三）城市群发展将助推新型城镇化的进程

目前我国具有一定发展规模的城市群达到 23 个，这些城市群集中分布在东部沿海发达地区与内陆城镇密集区，各级城市群是我国未来新型城镇化实现的主体空间。未来我国城市群将形成大区域与地区性为主体的城市群发展格局，"长三角"、"京津冀"、"珠三角"、"辽中南"四大区域性城市群主要承担国家功能，并参与国际城市群的功能分工。而地区性城市群在省域范围主要承担各级城镇产业与功能协调功能，通过中心城市的产业转移，解决大城市过度集聚与无序扩张，中小城镇发展动力不足的问题。我国城市群的重构与整合是新型城镇化战略背景下城市功能与空间关系调整、结构优化的重要路径，城市群功能的提升是未来我国新型城镇化进程的主导推动力。

二、我国城市群规划的现实基础与约束

（一）我国城市群规划的实践基础

城市群的理论研究源于 19 世纪欧美发达国家，西方学者在城市群的特征与类型，形成机制与引导方面取得了丰硕研究成果。改革开放后城市群的概念与西方学者观点被引入我国，我国学者在我国城市群形成发展的"中国特色"上做了大量研究工作。针对当前城市发展存在的盲目竞争、结构失调、规模失控、环境恶化等问题，提出了必须转变传统的城市关系发展模式，建立职能分工明确，紧密联系与空间布局合理的城市群体系，走大中小城镇协调发展的新型城市群发展道路。

我国城市群规划研究具备充分的实践基础。珠江三角洲城市群（2004）、山东半岛城市群（2004）、中原城市群（2005）、辽宁省中部城市群（2006）、长株潭城市群规划（2008）、长江三角洲地区区域规划（2009）等一批全国重点地区的城市群规划先后完成，已经进入到城市群规划实施阶段。部分学者对已经编制的城市群规划进行了客观的分析与反思，总体上认为各地区出台的城市群规划对于协调城镇关系，消除城镇的无序竞争，促进区域城镇协调发展起到了重要的推动作用，城市群规划编制的积极效应是毋庸置疑的，但也必须清醒认识到我国城市群规划存在一定程度上的规划理念与指导思想的偏差，编制内容与重点脱离实践，规划理论与方法研究滞后等问题。

（二）我国城市群规划与实施的约束

目前我国城市群规划不属于法定规划，城市群规划缺乏对各地区城市群规划

编制的法制约束力。由于城市群规划是非法定规划，国家尚未出台编制规范，各地区城市群规划编制的内容、技术方法与编制方式千差万别，极度缺乏城市群规划编制的整体性，这给全国不同层面城市群规划的衔接带来较大的障碍，同时，因各地区缺乏国家编制规范的科学指导和规划技术水平的差异，使全国城市群规划编制水平参差不齐，极大地限制了各地区城市群规划水平的保障与规划的有效实施。

城市群规划编制与实施受到我国行政区划的较大制约。城市群规划的核心功能在于加强地区城市间的合作，打破行政界线，在更大的区域范围进行人口、资源、环境、基础设施的协调，提升区域城镇的整体竞争实力。但我国城市群规划范围仍以行政区为基本单元，规划编制的思路、方法、技术路线和实施过程中行政区划痕迹明显，难以从整体上对各城市总体部署，极不利于整合城市群向一体化发展。

现行管理制度限制了我国城市群规划的编制。新型城镇化确立了大中小城市协调发展的策略。但当前我国城市群规划仍以大中城市为主导，对小城市、镇发展重视不够，缺少产业布局和基础设施一体化建设等实质内容的引导，究其原因在于我国管理制度中严格的上下级管理体制，而城市群规划一般是上级政府（省级）组织的，行政长官意愿往往成为城市群规划需要考虑的重要因素，大中城市发展处于优先地位，难以将大中小城市、镇放在平等地位进行统筹规划。

三、我国城市群规划编制存在的主要问题

（一）功能定位存在一定的盲目性

我国城市群功能定位盲目高端的倾向明显。多数城市群功能定位过度强调国际化，各地区城市群竞相成为全球性产业基地、国际创新与扩散中心、国际航运中心，建设国家金融与经济中心、全国的信息与交通、物流中心。城市群功能地位的盲目高端导致城市群功能定位的重复，结构规划与发展方向的趋同，区域性基础设施建设的盲目竞争。同时，限制了城市群对所在区域增长极作用的充分发挥。

（二）区域空间结构发展呈现偏差

城市群规划过多强调中心城市的功能升级和各中心城市间的经济联系、产业分工体系的形成，而忽略城市群内部中心城市与外围中小城镇的产业与空间联系。各地区城市群规划突出将中心城市如何"做大、做强"作为城市群空间发展的

重点。而我国大城市发展面临的困境与城市群功能演变规律表明，中心城市的成长与壮大必须依赖于外围中小城镇的支撑，我国大城市普遍面临的极度拥挤，环境恶化与发展空间受限的问题，而这些问题的根本解决途径在于中心城市要素、产业与功能向外围中小城镇的有序扩散与转移，外围中小城镇参与中心城市功能分工，中心城市的传统产业与生产功能向外围中小城镇的转移，通过中心城市与外围中小城镇的一体化发展，实现中心城市的功能升级，外围中小城镇获得发展活力。

（三）过于强调区域城市的同城化发展

城市群规划中存在强调中心城市同城化空间建设的问题，目前全国几十个大城市编制了同城化空间规划，在中心城市之间规划建设较大规模的新城，例如，沈抚新城、广佛新城等空间开发规模超过 100 平方公里，虽然这种同城化新城能够发挥中心城市之间的产业与空间的连接作用功能，有助于大都市连绵区的形成发展。但过度强调这种同城化空间建设模式并不符合我国国情，我国中心城市发展与扩散能力还没有到形成都市连绵区的发展阶段。部分城市群规划提出全域城镇的同城化发展目标，由于我国城市扩散力的有限性与城市利益主体独立性，全域城镇同城化规划与建设不具有可操作性，同城化发展仅仅是作为城镇关系处理的理念与指导思想。

（四）过度城市偏向特征十分显著

当前的城市群规划具有强烈的城市偏向特征，没有充分体现城乡统筹发展的新型城镇化理念。城市群规划对乡村发展关注的重点是大城市郊区乡镇，侧重于对郊区乡镇作为城市外围组团、卫星城镇、城市新区的规划，而对远离中心城市真正意义上的乡村关注不足，成了城市群规划的真空地带。对郊区乡镇规划的目的也是如何满足中心市区的发展。城市群规划中过度偏向城市的倾向与我国制定的以城带乡、城乡互动与统筹发展，促进城乡功能一体化的目标存在较大差距。

（五）区域设施与城市功能不协调

当前的城市群规划中还存在着大型基础设施规划建设与城市功能不协调的问题。目前的城市群规划往往是在省域范围内进行编制，规划编制的主体是省区政府。而城市群空间地域的大型基础设施规划是由全国统一编制的，由于规划编制主体的不一致，往往导致设施规划与城市功能空间规划的不协调。例如，我国高速铁路的选线与枢纽布局考虑当地城市功能的需求较少，铁路管理部门对高速铁路枢纽规划布局主要考虑的是节约用地与拆迁费用，铁路枢纽对所在城市的综合服务与带动作用较少。我国许多高速铁路车站布局存在着规模小，布局不合理，交通集疏能力差的问题，严重影响城市枢纽中心功能空间的建设与城市内部交通组织。国家层面的基础设施规划建设与城市群发展的设施需求的有效衔接是未来城市群规划亟待解决的重大现实问题。

四、新型城镇化背景下城市群规划响应对策

（一）城市群功能的科学定位

城市群发展功能定位既要考虑到城市群的区位与地缘优势，又要考虑城市群的整体发展水平与城市群的结构状态。就我国城市群整体发展状况而言，我国城市群可以分为国家级、大区域级、地区级三个等级，不同等级城市群存在着功能等级的鲜明差异，城市群的功能定位决定着城市群的发展规模、产业构成与空间结构、基础设施配置，可以说，功能科学定位是我国城市群规划与建设的顶层设计。我国城市群规划功能定位存在的主要问题是定位的盲目高端与趋同，脱离地区实际，背离我国城市化发展的阶段性特征。从我国城市群发展现状与潜力看，"长三角"、"京津冀"城市群应强调开放与参与国际分工，未来向承担部分全球功能方向转变；辽中南城市群应强调在东北亚国际区域合作中的城市密集区的作用；"珠三角"及"泛珠三角"（含港澳地区）城市群则要突出在东南亚的金融中心与现代产业基地作用。国家级城市群功能规划要体现出全国与国际职能的结合，大区域级城市群规划要突出城市网络的增长极的扩散效应。地区级城市群以协调大中小城镇发展关系为主要功能。

（二）调整区域城镇空间发展重点

中小城镇发展空间的培育与壮大，功能的快速提升是新型城镇化背景下城市群规划需要重点解决的问题，未来将大都市区空间范围内中心城市与外围中小城镇的整合与协调发展作为区域城镇空间发展的重点。规划建设中心城市外围组团与区域副中心，形成多中心、多组团的城市群空间体系。引导中心城市产业与功能扩散，将中心城市的产业与功能向外围中小城镇转移。规划中应有效遏制大城市"摊大饼"式无序的空间扩张。将城镇开发的重点转向外围组团与中小城镇，通过中心城市要素、产业的扩散，增加外围中小城镇的发展活力，形成专业化城镇与综合性城镇相结合的区域城镇体系发展格局。中心城市外围综合性城镇的成长壮大将极大地减少对中心城市的依赖程度，外围中小城镇在人口与产业发展上

将形成与中心城市的"反磁力"效应。

（三）构建城乡一体化的城镇网络

以城带乡，城乡互动，构建城乡一体化的城镇网络是城市群规划对我国新型城镇化战略的积极响应举措。改革开放30多年的实践证明，日益严重的大城市病问题和长期困扰我国经济整体发展的"三农"问题的根本性解决必须依靠城乡相互依托、互为支撑、城乡经济社会的总体部署与城乡一体发展。围绕城镇规划各级节点体系，合理规划各级节点的作用空间，遵循集中城镇化原则，引导中心城市产业与功能向各级城镇的扩散与转移，促进乡村区域向各级城镇的集聚，构建城乡一体化的城镇网络。依据技术要求、资源利用、用地效益、交通约束等要求从中心城市向外形成梯度差异的城镇群体产业分工体系，根据人口与产业集聚需求，规划建设城乡区域基础设施与公共设施，实现城乡基础设施的网络化与城乡公共服务均等化的目标。

（四）城市群规划上升为国家法定规划

我国已经到了将城市群规划上升为国家法定规划的时期，应将城市群规划确定为国家法定规划。我国区域经济发展不再依赖单一城市，而是依托城市群体，区域竞争集中体现于城市群之间的竞争。同时，城市群的竞合关系日趋复杂，城市群在功能与空间发展方面的矛盾更加突出，规划协调城市群体关系是我国亟待解决的重大现实问题。我国城市群数量逐步增长，城市群在区域发展的作用将大幅度提高，将城市群规划上升到法定规划，以保障城市群的科学编制与有效实施是我国城乡规划体系调整的必然选择。鉴于城市群跨行政区的特点，城市群规划编制与实施的主体可由规划区域的上一级政府来承担。

（五）城市群区域基础设施的协调规划

区域基础设施是城市群形成发展的重要支撑，高铁与高等级公路对城镇之间的经济社会联系、城镇空间体系塑造的作用日益深刻，区域基础设施的规划布局与城市群规划存在密切的互动关系。区域基础设施规划与城市群规划的关系主要体现在两个层面上，一是全国范围的高铁、高等级公路、航空港、天然气、输变电等设施规划建设与大区域城市群规划的协调，基础设施建设促进各地区城市群之间的空间联系，为城市群空间体系的形成提供强有力的支撑；二是城市群区域内部各城市基础设施规划建设的整合，在城市群区域进行基础设施的一体化建设，保障各城镇之间空间联系，避免城镇之间基础设施的重复建设，形成城市群区域基础设施共建共享的机制，进行基础设施的整体规划建设，城际铁路衔接、空港的共享、大型水源地、输变电站、油气泵站的区域选址等是城市群基础设施规划的重点。

（六）实现城市群空间的精明增长

借鉴美国城市精明增长策略，确定我国城市群空间精明增长的目标与路径。我国城市群发展的重点应从空间数量扩张转向城镇之间产业与功能的整合，全面提升城市群经济增长功能与承载能力，大幅度提高城市群空间开发质量。我国现在已经到了严格控制大城市发展规模的时候了。我国城市群空间精明增长的基本路径是城市空间增长的重点转向中小城镇，有效控制中心城市的空间规模扩张，重点规划建设城市外围组团、专门性卫星城镇，依托中等城镇规划建设城市群的副中心城镇，构建多中心的城市群空间与产业体系。实施集约空间发展战略，建设紧凑城市，集聚发展"节地"产业，遏制大型开发区建设，避免城镇空间蔓延与不切实际、低效的同城化空间建设（图1）。

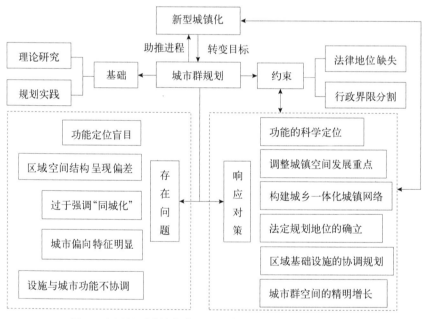

图1 我国新型城镇化背景下城市群规划响应的实施路径

（撰稿人：高相铎，高级规划师，天津大学建筑学院在职博士生；陈天，天津大学建筑学院教授，博士生导师）

注：摘自《城市发展研究》，2014（05）：6-11，参考文献见原文。

中国创新型城市建设的综合
评估与空间格局分异

导语：创新型城市是开展创新活动、建设创新型国家的重要基地，是探索城市发展新模式和推进城市可持续发展的迫切要求，因而在我国建设创新型国家中具有举足轻重的战略地位。当前，我国已进入到 2020 年建成创新型国家的攻坚阶段，但创新型城市建设尚处初级阶段，尚未完成从要素驱动向创新驱动的战略质变，与真正意义上的创新型城市尚有很大差距。本文以全国 287 个地级以上城市为综合评估对象，采用自主构建的中国创新型城市综合评估体系和开发的中国创新型城市综合评估监测系统软件，从自主创新、产业创新、人居环境创新和体制机制创新四大方面对中国创新型城市的建设现状做了综合评估，分析了创新型城市建设的空间分异特征。结果认为，中国城市综合创新水平偏低，建设创新型国家难度大，87.8%的城市综合创新水平低于全国平均水平；城市综合创新水平与城市经济发达水平呈密切的正相关关系，东部地区城市明显高于中西部地区；城市自主创新水平、产业创新水平、人居环境创新水平和体制机制创新水平呈现出与城市综合创新水平一致的空间分异规律。到 2020 年，争取将北京、深圳、上海、广州建成 4 大全球创新型城市，成为全球创新中心；把南京、苏州、厦门、杭州、无锡、西安、武汉、沈阳、大连、天津、长沙、青岛、成都、长春、合肥、重庆共 16 个城市建成国家创新型城市，成为国家创新中心，形成由 4 个全球创新型城市、16 个国家创新型城市、30 个区域创新型城市、55 个地区创新型城市和 182 个创新发展型城市组成的国家城市创新网络空间格局，进而为到 2020 年建成创新型国家做出贡献。

一、创新型城市评估的研究进展

创新型城市 (Innovative City) 是指以科技进步为动力，以自主创新为主导，以创新文化为基础，主要依靠科技、知识、人力、文化、体制等创新要素驱动发展的城市。由城市创新资源、城市创新平台、城市创新载体、城市创新环境、城市创新服务和城市创新通道六大要素构成。创新型城市建设需要经历资源型城市—资本型城市—创新型城市—智慧型城市四大阶段。创新型城市是开展国家创新活动、建设创新型国家的重要基地，是推进国家创新体系建设的关键环节，是加快经济发展方式转变的核心引擎，是加快国家新型城镇化进程与新农村建设的重要路径，是探索城市发展新模式和推进城市可持续发展的迫切要求，因而在我国经济社会发展中具有举足轻重的战略地位。为此，《国家中长期科技发展规划纲要（2006—2020)》（国发 [2005] 第 044 号）、《国家国民经济和社会发展第十二个五年规划纲要》、《国家"十二五"科学与技术发展规划》（国科发计 [2011] 270 号）、《国家发展改革委关于推进国家创新型城市试点工作的通知》（发改高技 [2010] 30 号）和国家科技部等都先后提出建设创新型城市，2012 年修订的《中国共产党章程》和党的十八大报告再次提出建设创新型国家，实施创新驱动发展战略。当前，我国已进入到 2020 年建成创新型国家的攻坚阶段，科学识别创新型城市的基本内涵与判断标准，借鉴国际经验和科学方法理性评估我国创新型城市建设现状与问题，分析城市创新的空间分异特征与规律，对增强我国自主创新能力和国际竞争力，加快建设创新型国家具有十分重要的现实意义。

（一）创新型城市基本内涵与建设条件的研究进展

早在 1934 年，美籍奥地利经济学家约瑟夫·阿罗斯·熊彼特首先在《经济发展理论》一书中就提出了"经济创新"的概念。到 20 世纪 70 年代著名英国经济学家弗里曼（C.Freeman）又提出了"国家创新体系"的概念，认为创新应当是能够提高人类生产效率的活动。Peter Hall（1998）将创新型城市界定为处于经济和社会的变迁中，许多新事物不断涌现并融合成一种新的社会形态的具有创新特质的城市。斯坦福大学亨利·罗文（Henry Rowen）教授在研究硅谷创新精神时提出，创新型城市建设必须克服对 GDP 数量的崇拜，把全球 500 强企业和一个归国创业的留学生同时视为座上宾。英国从事创新型城市研究的权威机构 Comedia 的创始人 Charles landry（2000）提出创新城市由富有创意的人、意志与领导力、人的多样性与智慧获取、开放的组织文化、对本地身份强烈的正面认同感、城市空间与设施、上网机会七个要素组成，牛津大学创新型城市研究学者 James Simmie（2011）在欧洲经济和社会委员会支持下对斯图加特、米兰、阿姆斯特丹、巴黎和伦敦等欧洲五个城市进行了创新型城市的实证研究，其成果发布在《Innovative Cities》一书中，认为城市创新主要源于内部范围效益（internal scale effects）、本地化经济、创新与城市化经济（urbanization economics）、全球化效应（globalization effects）；世界银行也在 2005 年专门发表了东南亚创新型城市研究报告，提出了成为创新型城市的七大先决条件。

（二）创新型城市评判指标与方法的研究进展

从创新型城市评估指标分析，目前国际上创新型城市评判的代表性指标包括：2000 年欧洲委员会提出了由投入、公司活动、产出 3 个一级指标、人力资源、研究系统、资金和支持、企业投资、联系及创业、智力资产、创新者、经济效应 8 个二级指标、24 个三级指标组成的欧盟创新记分牌（IUS, European Innovation Scoreboard）；2000 年波特（porter）和斯特恩（stern）提出了由科学家及工程师比重、创新政策、产业集群创新环境和联系质量 4 个一级指标、9 个二级指标构成的国家创新能力指数（National Innovative Capacity Index）；2006 年美国学者 Chard Florida 提出了由才能（talent）、技术（technology）和容忍度（tolerance）组成的 3T 创新指数（The Creative Index）；2010 年 Augusto López-Claros 提出了由制度环境、人力资本培训和社会包容、监管和法律框架、研究和开发、采纳和利用信息及通信技术 5 个一级指标、12 个二级指标和 52 个三级指标组成的国家创新能力指数（Innovation Capacity Index）；2011 年波士顿咨询集团（BCG）和美国全国制造商协会（NAM）提出了由制度、人力资本、基础设施、市场完善度、商业完善度五个创新输入指标和科学输出、创新输出两个创新输出指标构成的全球创新指数（Global Innovation Index）等，2011 年澳大利亚创新研究机构 2thinknow 构建了包括文化资产、人力资本、市场网络和专利授予四大方面、由 162 个指标构成的全球创新城市评估指标体系；同时，英国知名智库组织罗伯特·哈金斯协会依据人力资本理论和经济增长的内生模型，编制了以知识经济为主导的城市竞争力判断模型——WKCI 模型。

国内创新型城市评判代表性指标体系有国家科技部创新型城市建设监测评判指标体系、中国科学院科技发展战略研究小组中国区域创新能力评判指标、中国科学院创新发展研究中心的区域创新能力评判指标、中国人民大学国家创新评判指标、创新城市评价课题组的中国创新城市评判指标、创新型国家建设报告课题组的创新型城市评判指标、国家创新体系建设战略研究组的创新型城市评判指标、中关村创新指数、深圳创新指数和张江创新指数等。

综合分析国际国内关于创新型城市的评估标准，可将中国创新型城市建设的评判标准确定为由一个 1 万美元、3 个 5%、3 个 60% 和 3 个 70% 组成的 10 大判断标准：（1）人均 GDP 超过 10000 美元；（2）全社会 R&D 投入占 GDP 的比重超过 5%；（3）企业 R&D 投入占销售总收入的比重超过 5%；（4）公共教育经费占 GDP 比重大于 5%。（5）新产品销售收入占产品销售收入比重超过 60%；（6）科技进步对经济增长的贡献率超过 60%；（7）高新技术产业增加值占工业增加值的比重大于 60%；（8）对内技术依存度大于 70%；（9）发明专利申请量占全部专利申请量的比重大于 70%；（10）企业专利申请量占社会专利申请量的比重大于 70%。凡是满足以上 10 大标准的城市就可认定为达到了创新型城市的建设标准，这是城市实现可持续发展的重要标志。

（三）国内外创新型城市评估的总体评价

根据对国际公认的全球创新型城市进行对比研究和案例分析发现，全球创新型城市集中分布在经济发达和交通便利的区域，拥有较高对外经济联系和广泛的全球市场，集聚一大批多样化高层次创新型人才，吸引大量具有高研发能力的组织机构，具有发达的科技中介机构和科技服务能力，建成国际著名的创新平台和空间载体，具有开放性和包容性的创新文化氛围。全球创新型城市建设过程中，城市政府通过设立专门的创新领导机构、开展多方面的创新协调、制定完善的创新促进政策、利用国家层面的法律制度以及支持民间创新组织的发展，推动了全球创新型城市的建设与发展，发挥了不可替代的作用。

从国际国内创新型城市评判指标体系的典型指标分析中发现，国际上创新型城市评判尺度以国家为主，且带有政治倾向性，评判内容以创新能力为主，评判指标以社会性指标为主，评判结论以利于发达国家为主；国内创新型城市的评判对象以各省区和各地级城市为主，国家层面的评判总体偏少，评判指标缺乏科学性、权威性、通用性、时效性、可操作性和可监控性。可见，国际上目前从城市可持续创新的科学角度开展创新型城市的综合评估尚处薄弱环节，需要建立一套通用性强的科学评估指标体系，需要采用 GIS 技术开发出中国创新型城市综合评估与动态监测系统软件技术方法对创新型城市建设进行科学评估。

二、创新型城市综合评估数据与方法

（一）综合评估对象与数据来源

中国创新型城市建设的综合评估对象包括全国 287 个地级以上城市，评估数据主要来源 2009 年、2010 年、2011 年国家及各省、各城市统计年鉴数据、实地调查数据、城市网站数据、电话征询数据和相关计算数据等五种途径。其中，来自国家统计年鉴、中国科技统计年鉴、中国工业统计年鉴、中国城市建设统计年鉴、中国城市年鉴、中国区域经济统计年鉴、中国能源年鉴以及各省统计年鉴、科技统计年鉴、各市的统计年鉴和公报等的数据量约占到总数据量的 60%～65%；先后赴北京、上海、天津、广州、深圳、杭州、苏州、宁波、重庆、南京、贵阳、西安、武汉、昆明、郑州等40多个城市开展实地调研、发放创新型城市综合评估基础数据填报表获取的数据量约占10%～15%；城市网站数据收集量约占20%～25%；电话征询数据量约占3%～5%。评估数据包括114000个基础数据、65700个指标数据、66570个标准化数据、85590个熵技术支持的权系数数据和85590个模糊隶属度函数评价指数数据，数据精度达到95%，确保了评估结果的科学性、客观性和权威性。

（二）综合评估体系

按照"突出科学评估主线、突出自主创新模式，突出企业主体地位，突出经济结构转型，突出增长方式创新，突出体制机制创新"的思路，构建了由科技发展与自主创新、发展方式转变与产业创新、节能减排与人居环境创新、体制改革与机制创新4个二级指标，由创新平台建设、创新要素投入、创新成果转化、企业创新、结构创新、科技惠民、节能减排降耗、人居环境改善、创新服务与创新文化建设、政策创新10个三级指标和55个四级指标组成的中国创新型城市综合评估体系，如表1所示。

中国创新型城市综合评估体系构成表　　　　　　　　　　　　　　表1

一级指标	二级指标	三级指标	四级指标
城市综合创新指数A	城市科技发展与自主创新指数B1	创新平台建设指数C1	D1 百万人拥有国家高等院校数量（所／百万人），D2 百万人拥有国家重点实验室数量（个／百万人），D3 百万人拥有国家工程技术研究中心数量（个／百万人），D4 百万人拥有国家高新技术产业开发区数量（个／百万人），D5 百万人拥有国家创新型科技园区数量（个／百万人），D6 百万人拥有国家创新型企业数量（个／百万人），D7 百万人拥有的国家级孵化器数量（个／百万人），D8 百万人拥有博士后流动站数量（个／百万人），D9 百万人拥有博士后企业科研工作站数量（个／百万人）
		创新要素投入指数C2	D10 全社会 R&D 投入占 GDP 比重（%），D11 教育经费支出占地方财政支出比重（%），D12 科技支出占地方财政支出比重（%），D13 R&D 人员占全社会就业人数比重（%），D14 万人拥有在校大学生数（人／万人），D15 百人拥有互联网用户数（户／百人），D16 百人拥有移动电话数（部／百人）
		创新成果转化指数C3	D17 百万人发明专利授权数（件／百万人），D18 人均技术市场成交合同额（元／人），D19 百万人商标有效注册量（个／百万人），D20 百万人拥有的中国驰名商标产品数（个／百万人），D21 百万人拥有的中国地理标志产品数（个／百万人），D22 百万人拥有的省级以上自主创新产品数（个／百万人），D23 百万人拥有的国家级重点新产品数（个／百万人）

一级指标	二级指标	三级指标	四级指标
城市综合创新指数 A	城市发展方式转变与产业创新指数 B2	企业创新指数 C4	D24 世界五百强企业入驻数占世界五百强企业比重（%），D25 百万人拥有的省级以上高新技术企业数（家／百万人），D26 规模以上工业企业拥有研发机构比重（%），D27 规模以上工业企业研发经费投入占企业主营业务收入比重（%）
		结构创新指数 C5	D28 高新技术产业产值占工业总产值比重（%），D29 服务业增加值占 GDP 比重（%），D30 高新技术产品出口额占商品出口额的比重（%），D31 高新技术产业开发区产值占 GDP 的比重（%），D32 规模以上工业企业新产品销售收入占主营业务收入比重（%）
		科技惠民指数 C6	D33 人均 GDP（元），D34 全员劳动生产率（万元／人），D35 城镇居民人均可支配收入（元），D36 城镇登记失业率（%）
	城市节能减排与人居环境创新指数 B3	节能减排降耗指数 C7	D37 单位工业增加值综合能耗（吨标准煤／万元），D38 单位 GDP 能耗降低率（%），D39 万元 GDP 碳排放量（吨／万元），D40 城市节约用水率（%），D41 三废综合利用产品产值率（%）
		人居环境改善指数 C8	D42 城市空气质量指数（%），D43 城市污水处理率（%），D44 城市生活垃圾无害化处理率（%），D45 城市工业固体废弃物综合利用率（%），D46 城市建成区绿化覆盖率（%）
	城市体制改革与机制创新指数 B4	创新服务与文化建设指数 C9	D47 百万人拥有的人才中介服务机构数（个／百万人），D48 百万人拥有的国家级科技协会数量（个／百万人），D49 万人拥有公共图书馆藏书量（册／万人），D50 万人拥有的剧场及影剧院数（个／万人）
		政策创新指数 C10	D51 是否被列为国家发改委"国家创新型城市试点"，D52 是否被列为国家科技部"国家创新型试点城市"，D53 是否被列为国家科技部"国家可持续发展试验区"，D54 是否被列为"国家知识产权试点城市"，D55 是否被评为"全国科技进步先进城市"
指标数量	4	10	55

（三）综合评估分析模型

以中国创新型城市综合评估体系和基础数据为基础，采用熵技术支持下的 AHP 模型对不同层级的指标依据重要性的大小进行权系数赋值，采用模糊隶属度函数方法构建 ICEM 模型，求解创新型城市综合创新指数；采用 GIS 技术开发中国创新型城市综合评估与动态监测系统（V1.0）软件（国家计算机软件著作权证书登记号为 2011SR082055），通过评估系统的运行调试及反复试验评估，求算中国创新型城市综合评估指标的标准化数据、指标权系数和指标的模糊隶属度函数值，进而计算城市综合创新指数并给出优先顺序。

（1）ICEM 的一级评估模型。一级评价技术模型是着眼于具体的评价指标 U_{ij}，建立在评价指标集 U_{ij} 上的，即 $U_{ij} \rightarrow U_i$ 的评价模型。假设评价的区域范围共包含 p 个区域单元（如对全国地级以上城市自主创新能力进行评价，则 $p=287$），评价指标集合 U_i 中的第 j 个指标 U_{ij} 在第 s 个区域单元上的实测值（统计或调查数据）为 U_{ij}^s（$s=1$，2，$\cdots$，p）。

以具体评价城市中第 j 个指标数值最大的为该指标的理论最大值，最小的为该指标的理论最小值，即：

$$u_{ij}^{\max} = {}^{\max}_s u_{ij}^s, \quad u_{ij}^{\min} = {}^{\min}_s u_{ij}^s \tag{1}$$

如果 U_{ij} 是越大越优型的（正向指标），采用半升梯形模糊隶属度函数模型，如果 U_{ij} 是越小越优型的（逆向指标），采用半降梯形模糊隶属度函数模型，即：

ICEM 模型所选择的创新型城市综合评估指标均为越大越优型的指标。显然，a_{ij}^s 就是对于评价指标 U_{ij} 而言，第 s 个城市单元从属于创新型城市综合创新程度的隶属度。这样，就可以得到如下隶属度矩阵：

$$A_i = \begin{pmatrix} a_{i1}^1 & a_{i1}^2 & \cdots & a_{i1}^p \\ a_{i2}^1 & a_{i2}^2 & \cdots & a_{i2}^p \\ \vdots & \cdots & \cdots & \vdots \\ a_{in_i}^1 & a_{in_i}^2 & \cdots & a_{in_i}^p \end{pmatrix} \tag{2}$$

在评价指标集合 U_i 中，如果各评价指标的权系数为：$W_i = (W_{i1}, W_{i2}, \cdots, W_{in})$，则一级评估结果可以通过如下变换公式求得：

$$V_i = (V_i^1, V_i^2, \cdots, V_i^p) = W_i A_i \tag{3}$$

在上式中，V_i^s（$s=1$，2，$\cdots$，p）为：就评价指标集合 U_i 而言，第 s 个城市单元从属于创新型城市综合创新程度的隶属度。

（2）ICEM 的二级评估模型。ICEM 的二级评估模型是着眼于评价指标集合 U_i 建立在评价指标体系 U 上的，即 $U_i \rightarrow U$ 的评价模型。在一级评估模型计算结果的基础上，令：

$$A = \begin{pmatrix} v_1 \\ v_2 \\ v_3 \end{pmatrix} = \begin{pmatrix} v_1^1 & v_1^2 & \cdots & v_1^p \\ v_2^1 & v_2^2 & \cdots & v_2^p \\ v_3^1 & v_3^2 & \cdots & v_3^p \end{pmatrix} \tag{4}$$

在 U 中，如果各评价指标集合的权重分配为：$W = (W_1, W_2, \cdots, W_{in})$，则二级评价结果，即综合评价结果为：

$$V = (v^1, v^2, \cdots, v^p) = WA \tag{5}$$

在上式中，V_i^s（$s=1$，2，$\cdots$，p）为：就评价指标体系 U 而言，第 s 个城市单元从属于创新型城市综合创新程度的隶属度。将 V_i^s（$s=1$，2，$\cdots$，p）从大到小排序，便得到待评价的各城市综合创新程度评价的优劣顺序。

（四）综合创新指数评判模型

该模型主要用于计算城市综合创新指数 U，根据计算结果进行判断。城市综合创新指数由城市科技创新指数 U_1、城市产业创新指数 U_2、城市人居环境创新指数 U_3 和城市体制机制创新指数 U_4 组成，计算公式为：

$$U=\sum_{i=1}^{m} \alpha_i U_{ij}=\alpha_1 U_1+\alpha_2 U_2+\alpha_3 U_3+\alpha_4 U_4$$

$$=\alpha_1 \sum_{j=1}^{n} \beta_j U_{ij}+\alpha_2 \sum_{j=1}^{n} \gamma_j U_{ij}+\alpha_3 \sum_{j=1}^{n} \delta_j U_{ij}+\alpha_4 \sum_{j=1}^{n} \delta_j U_{ij} \tag{6}$$

上式中，U_1、U_2、U_3、U_4 分别代表城市科技创新指数、城市产业创新指数、城市人居环境创新指数和城市体制机制创新指数，α_1、α_2、α_3、α_4 分别代表科技创新指数、产业创新指数、人居环境创新指数和体制机制创新指数对城市综合创新指数的贡献系数，$i=4$，β_1、β_2、β_3 分别代表创新平台建设指数、创新要素投入指数和创新成果转化指数对城市科技创新指数的贡献系数，$i=4$，$j=3$，γ_1、γ_2、γ_3 分别代表企业创新指数、结构创新指数和科技惠民指数对城市产业创新指数的贡献系数，$i=4$，$j=3$；δ_1、δ_2 分别代表节能减排降耗指数、人居环境改善指数对城市人居环境创新指数的贡献系数，$i=4$，$j=2$；ρ_1、ρ_2 分别代表创新服务与文化建设指数、政策创新指数对城市体制机制创新指数的贡献系数，$i=4$，$j=2$。

当 $U \geqslant 0.75$ 时，可判断该城市已经成为高级创新型城市；当 $U=0.50 \sim 0.75$ 时，可判断该城市为中高级创新型城市；当 $U=0.25 \sim 0.50$ 时，可判断该城市为中级创新型城市；当 $U<0.25$ 时，可判断该城市为初级创新型城市。

三、创新型城市综合评估结果分析与讨论

采用中国创新型城市综合评估监测系统软件，对全国 287 个地级以上城市从 2009 年到 2011 年的综合创新水平进行综合评估，得出如下评估结论：

（一）中国城市综合创新水平偏低，创新型城市建设尚处初级阶段，建设创新型国家难度大

（1）从各城市综合创新水平的平均状况分析，2009 年、2010 年和 2011 年全国各城市综合创新指数分别介于 0.1145 ~ 0.6037、0.1171 ~ 0.6022、0.1328 ~ 0.6233 之间，只有北京、上海两市的综合创新指数超过 0.5 的平均水平，但未超过 0.75 的平均水平；除北京、上海外，其余各城市到 2020 年建成创新型城市

的战略目标实现难度较大,需要付出加倍努力。相对于发达国家创新型城市而言,我国 287 个地级以上城市综合创新水平总体偏低,虽然大多数城市先行编制了创新型城市建设规划,约 60% 的城市提出了建设创新型城市的发展战略,约 60% 的城市开展了不同类型的创新型城市试点工作,协同创新环境正在改善,创新型城市建设取得了举世瞩目的显著成就。但无论采用单项指标判断,还是采用综合创新指数判断,我国创新型城市建设均处在初级阶段,尚未完成从要素驱动向创新驱动的战略质变,与真正意义上的创新型城市尚有很大差距。全国没有进入高级阶段的创新型城市,全国只有北京、深圳、上海、广州 4 个城市处在创新型城市建设的中高级阶段,全国只有 1/4 的城市处在创新型城市建设的中级阶段,全国约 3/4 的城市处在创新型城市建设的初级阶段。

(2) 从各城市综合创新水平与全国平均水平的比较分析,只有 35 个城市的综合创新水平高于全国平均水平 (0.3144),占全国地级以上城市数量的比重为 12.2%,它们分别是北京、深圳、上海、广州、南京、苏州、厦门、杭州、无锡、武汉、西安、沈阳、常州、珠海、青岛、天津、成都、大连、合肥、宁波、长沙、济南、中山、太原、东莞、佛山、长春、福州、南昌、哈尔滨、东营、嘉兴、郑州、镇江和烟台;相反,共有 252 个地级以上城市的综合创新水平低于全国平均水平,占全国地级以上城市数量的比重高达 87.8%。

(3) 2009 ～ 2011 年全国 287 个地级以上城市的综合创新指数平均由高到低排在前 50 位的城市依次为:北京、深圳、上海、广州、南京、苏州、厦门、杭州、无锡、武汉、西安、沈阳、常州、珠海、青岛、天津、成都、大连、合肥、宁波、长沙、济南、中山、太原、东莞、佛山、长春、福州、南昌、哈尔滨、东营、嘉兴、郑州、镇江、烟台、金华、威海、兰州、昆明、克拉玛依、海口、重庆、绍兴、淄博、芜湖、银川、湘潭、湖州、呼和浩特和温州。

(二)创新型城市建设面临着一系列亟待化解的制约因素与瓶颈

从全国创新型城市的综合评估指标数据和评估结果分析中可知,我国创新型城市建设存在着城市研发投入与企业研发投入占 GDP 比重低、城市新产品销售收入占产品销售收入比重低、城市高新技术产业产值占工业总产值比重低、城市对内技术依存度低、城市发明专利申请量占全部专利申请量比重低、城市科技进步对经济增长贡献率低、城市公共教育经费占 GDP 比重低等"七低"问题。由评估结果看出,我国约有 98.85% 的城市全社会 R&D 投入占 GDP 比重达不到创新型城市建设标准 5%;约有 98% 的城市企业 R&D 投入占销售总收入的比重达不到创新型城市建设标准 5%;99% 以上的城市新产品销售收入占产品销售收入比重达不到创新型城市建设标准 60%;97.6% 的城市高新技术产业产值占工业总产值比重达不到创新型城市建设标准 60%；绝大多数城市对内技术依存度与发明专利申请量占全部专利申请量的比重低于 70%；93.7%的城市科技进步对经济增长贡献率达不到创新型城市建设标准，132 个城市科技进步对经济增长贡献率低于全国平均水平（46.5%）；91.96%的城市公共教育经费占 GDP 比重达不到创新型城市建设标准 5%。创新型城市建设面临着投入瓶颈、收入瓶颈、技术瓶颈、贡献瓶颈和人才瓶颈这 5 大瓶颈。

（三）城市综合创新水平与城市经济发达水平呈密切的正相关关系

越是经济发达的城市其综合创新指数越高，相反，越是经济落后的城市综合创新指数越低。由计算结果可知，城市综合创新指数排名前 10 位的城市均为经济发达的城市，它们分别是北京、深圳、上海、广州、厦门、苏州、南京、杭州、无锡、武汉；城市自主创新指数排名前 10 位的城市也是经济发达的东部城市，它们分别是北京、上海、深圳、广州、南京、杭州、厦门、长沙、武汉等；城市产业创新指数排名前 10 位的城市更是经济发达的城市，它们分别是北京、深圳、上海、苏州、广州、无锡、珠海、厦门、东莞和南京；城市体制机制创新指数排名前 10 位的城市同样是经济发达的城市，它们分别是北京、广州、沈阳、成都、上海、青岛、深圳、天津、合肥和宁波。可见，城市经济发达水平与综合创新水平呈现出密切的正相关关系，创新驱动是推动城市经济发展的主要动力。

（四）城市综合创新水平的地区差异很大，东部地区城市明显高于中西部地区

东部地区在建设创新型城市的过程中，自主创新水平、产业创新水平和节能减排与人居环境创新水平、体制机制创新水平均明显高于中西部地区，进而形成全国城市综合创新指数呈现出东部地区高于中部地区，中部地区高于西部地区的梯度分布规律（图 1）。由计算结果可知，2009 ~ 2011 年城市综合创新指数排名前 50 位的城市中，有 32 个城市位于东部地区，排前 10 位的城市中有 9 个城市位于东部沿海地区，它们分别是北京、深圳、上海、厦门、广州、南京、苏州、杭州和无锡；城市自主创新指数排名前 10 位的城市中有 7 个城市位于东部沿海地区，它们分别是北京、上海、深圳、广州、南京、杭州和厦门；城市产业创新指数排名前 10 位的城市全部位于东部沿海地区，它们分别是北京、深圳、上海、苏州、广州、无锡、珠海、厦门、东莞和南京；城市体制机制创新指数排名前 10 位的城市有 8 个城市位于东部沿海地区，它们分别是北京、广州、沈阳、上海、青岛、深圳、天津和宁波。城市综合创新水平的这种空间差距在短期内将无法改变。

可以看出，未来 20 年，我国城市综合创新的重点城市在东部沿海地区城市，这些城市是我国提升综合创新能力、提高创新在国际舞台上战略地位的重点创新

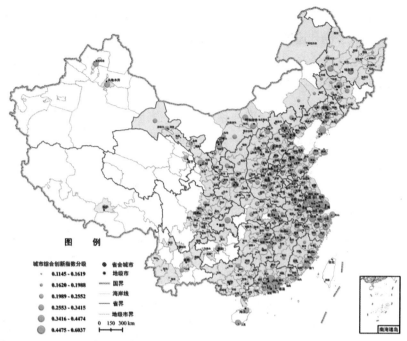

图1　中国地级以上城市综合创新水平的空间分异示意图

高地，也是确保我国到2020年建成为创新型国家的重要支撑。广大中西部地区是未来我国创新重点和创新领域的重点接替地区，要为实现创新的跨越式发展夯实基础，做好创新基础设施建设，逐步营造创新的良好环境。

（五）城市创新水平提升速度地区差异很大，增长最快和最慢的城市均在中西部地区

（1）从2009～2011年城市综合创新水平提升速度分析，提升速度最快的前50位城市中，有26个城市位于西部地区，有10个城市位于中部地区，合计共36个城市位于中西部地区，占前50位城市总数的72%；提升速度最慢的后50位城市中，有14个城市位于西部地区，有12个城市位于中部地区，合计共26个城市位于中西部地区，占后50位城市总数的52%。

（2）城市创新水平提升速度在城市之间差距很大，提升速度最快的吴忠市高达13.83%，泸州市高达11.29%，相反，襄阳市、泉州市、白城市、兰州市、郑州市、大庆市、玉溪市、庆阳市、包头市、青岛市、合肥市、大同市、昆明市、大连市、鸡西市、鹰潭市、马鞍山市、重庆市、芜湖市和酒泉市这20个城市综合创新水平不但没有提升，反而在下降，其中酒泉市以3.66%的速度、重庆市以2.93%的速度下降。

（3）与全国城市综合创新水平提升速度相比，地级以上城市中共有241个城市的综合创新水平提升速度快于全国平均水平（1.01%），只有46个城市的综合创新水平提升速度低于全国平均水平，表明未来我国各城市综合创新水平有着良好的提升潜力和前景（图1）。

（六）城市自主创新水平、产业创新水平、人居环境创新水平和体制机制创新水平呈现出与城市综合创新水平一致的空间分异规律

（1）从城市自主创新水平分析，我国城市自主创新水平偏低，2009年、2010年和2011年全国各城市自主创新指数分别介于0.0194～0.5263、0.018～0.5183、0.0235～0.5469之间，只有北京市的自主创新指数超过0.5的平均水平，但未超过0.75的平均水平。相对于发达国家创新型城市而言，我国287个地级以上城市自主创新水平总体偏低，但创新潜力较大。从各城市自主创新水平与全国平均水平的比较分析，只有77个城市的自主创新水平高于全国平均水平（0.1288），占全国地级以上城市数量的比重为26.8%；相反，73.2%的城市自主创新水平低于全国平均水平。城市自主创新水平的地区差异很大，越是经济发达的城市其自主创新指数越高，比如北京、上海、深圳、广州、南京、厦门等经济发达省份，东部地区的城市自主创新水平、创新平台建设水平、创新设施完善程度、创新要素投入水平和创新成果转化程度等均明显高于中西部地区，形成全国城市自主创新水平呈现出东部地区高于中部地区，中部地区高于西部地区的梯度分布规律。

（2）从城市产业创新水平分析，2009年、2010年和2011年全国各城市产业创新指数分别介于0.0613～0.6147、0.0659～0.6116、0.0677～0.6339之间，只有北京、深圳、上海、苏州、广州、无锡、珠海的产业创新指数超过0.5的平均水平，但未超过0.75的平均水平。相对于发达国家创新型城市而言，我国287个地级以上城市产业创新水平总体偏低，83%的城市产业创新水平低于全国平均水平。城市产业创新水平的地区差异很大，越是经济发达的城市其产业创新指数越高，比如北京、深圳、上海、苏州、广州、无锡、珠海等经济发达的城市；东部地区的城市产业创新水平、创新平台建设水平、创新设施完善程度、创新要素投入水平和创新成果转化程度等均明显高于中西部地区，形成全国城市产业创新水平呈现出东部地区高于中部地区，中部地区高于西部地区的梯度分布规律。

（3）新指数分别介于0.4624～0.7843、0.5195～0.8123、0.5086～0.8364之间，城市人居环境创新水平较高，80%的城市人居环境创新水平高于全国平均水平。城市人居环境创新水平的地区差异很大，城市人居环境创新水平与城市经济发达水平不呈现出密切的正相关关系，越是经济发达的城市其人居环境创新指数不一定越高，比如黄山、连云港、东营、鹰潭、大连、海口、珠海、三亚等城市；相反，大多数资源型城市和工矿型城市的人居环境创新指数均较低，如阳泉、鞍山、鹤岗、渭南、吴忠、嘉峪关、兰州、赤峰、鸡西、双鸭山、攀枝花、六盘水、白银等城市。总体来说，东部地区的城市人居环境创新水平和节能减排降耗水平等均明显高于中西部地区，形成全国城市人居环境创新水平呈现出东部地区高于中部地区，中部地区高于西部地区的梯度分布规律。

（4）从城市体制机制创新水平分析，2009 年、2010 年和 2011 年全国各城市体制机制创新指数分别介于 0.0028 ～ 0.7123、0.0032 ～ 0.7222、0.0030 ～ 0.7264 之间，只有北京、广州、沈阳、成都、上海、青岛、深圳等 7 个城市的体制机制创新指数超过 0.5 的平均水平，但未超过 0.75 的平均水平。相对于发达国家创新型城市而言，我国 287 个地级以上城市体制机制创新水平总体偏低，未来创新面临着体制机制的羁绊。只有北京、广州、沈阳、成都 4 个城市的体制机制创新水平高于全国平均水平（0.5796），占全国地级以上城市数量的比重仅为 1.39%，98% 的城市体制机制创新水平低于全国平均水平且地区差异很大。越是经济发达的城市其体制机制创新指数越高，比如北京、广州、沈阳、成都、上海、青岛、深圳等经济发达的城市；相反，越是经济落后的城市体制机制创新指数越低。总体来说，东部地区的城市创新服务与文化建设水平、创新政策水平等均明显高于中西部地区，形成全国城市体制机制创新水平呈现出东部地区高于中部地区，中部地区高于西部地区的梯度分布规律。

（七）创新型城市建设的战略空间格局展望

未来我国创新型城市建设将按照"自主创新、重点突破、市场主导、区域联动、人才支撑"的基本方针，把全面提升城市自主创新能力作为建设创新型城市的核心主线，把城市自主创新、产业创新、人居环境创新和体制机制创新作为创新型城市建设的四大重点方向，最终建设一批在区域、国家乃至全球范围内辐射引领作用显著的创新型城市。基于对全国创新型城市综合评估的分级结果和各类城市目前所处的创新阶段，争取到 2020 年将北京、深圳、上海、广州建成 4 大全球创新型城市，成为全球创新中心；把南京、苏州、厦门、杭州、无锡、西安、武汉、沈阳、大连、天津、长沙、青岛、成都、长春、合肥、重庆共 16 个城市建成国家创新型城市，成为国家创新中心，形成由 4 个全球创新型城市、16 个国家创新型城市、30 个区域创新型城市、55 个地区创新型城市和 182 个创新发展型城市组成的国家城市创新网络空间格局（表 2、图 2），进而为到 2020 年建成创新型国家做出贡献。

国家创新型城市建设的战略空间格局规划一览表　　　　　　表2

级别	全球创新型城市	国家创新型城市	区域创新型城市	地区创新型城市	创新发展型城市
判断标准（综合创新指数）	≥ 0.75 高级创新型城市	0.5 ~ 0.75 中高级创新型城市	0.25 ~ 0.5 中级创新型城市	0.1 ~ 0.25 低级创新型城市	＜ 0.10 初级创新型城市（潜在的创新型城市）
城市个数	4	16	30	55	182
创新地位	全球创新中心	国家创新中心	区域创新中心	地区创新中心	创新节点（中心）
基本功能	世界城市 国际大都市 国家中心城市	国家中心城市 国家区域中心城市	国家区域中心城市 地区中心城市	地区中心城市	地区次中心城市
区域辐射功能	世界级城市群的核心城市	国家级城市群的核心城市	区域性城市群的核心城市	地区性城市群的核心城市	地区都市圈的核心城市
代表城市名称	北京 深圳 上海 广州	南京、苏州、厦门、杭州、无锡、西安、武汉、沈阳、大连、天津、长沙、青岛、成都、长春、合肥、重庆	珠海、福州、常州、济南、宁波、南昌、哈尔滨、太原、镇江、烟台、海口、郑州、绍兴、兰州、昆明、东莞、佛山、银川、呼和浩特、温州、扬州、惠州、贵阳、台州、绵阳、石家庄、乌鲁木齐、南宁、汕头、唐山	威海、金华、芜湖、东营、湘潭、包头、舟山、克拉玛依、中山、淄博、铜陵、嘉兴、湖州、三亚、南通、宝鸡、泰州、潍坊、景德镇、江门、莱芜、泉州、大庆、株洲、鄂尔多斯、廊坊、连云港、嘉峪关、马鞍山、鞍山、金昌、本溪、长治、西宁、盐城、漳州、岳阳、淮南、蚌埠、莆田、拉萨、泰安、吉林、新余、徐州、秦皇岛、鄂州、洛阳、桂林、德阳、日照、宜昌、柳州、保定、德州	龙岩、晋城、三明、丽水、许昌、济宁、肇庆、安阳、襄阳、邢台、承德、乌海、平顶山、张家口、衢州、滨州、临沂、新乡、潮州、盘锦、韶关、淮安、聊城、枣庄、通辽、黄山、鹰潭、咸阳、营口、运城、漯河、淮北、自贡、常德、阳泉、石嘴山、大同、庆阳、辽源、衡水、铜川、北海、宿迁、玉林、梅州、延安、云浮、焦作、玉溪、沧州、张家界、丹东、邯郸、抚顺、榆林等

与此同时，本研究提出了中国创新型城市建设的技术评估体系、基本判断标准和发展阶段辨识方法，创建了创新型城市综合评估模型，开发了中国创新型城市综合评估和动态监测系统软件，不仅为开展中国创新型城市的阶段性评估提供了先进的技术手段与方法，而且揭示了中国创新型城市建设的空间分异规律，进而丰富了中国城市可持续发展与创新理论，对推动中国城市地理学的发展与创新将发挥重要作用。

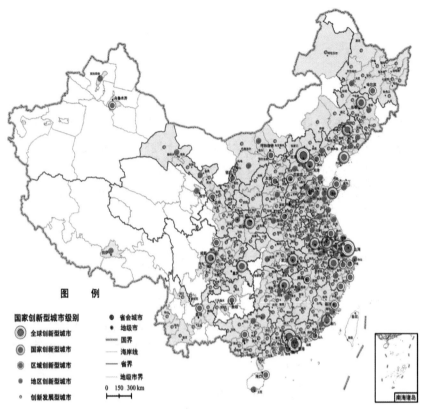

图 2　国家创新型城市建设的战略空间格局规划示意图

（撰稿人：方创琳，中国科学院地理科学与资源研究所教授，博士，博士生导师；马海涛，中国科学院地理科学与资源研究所副研究员，博士；王振波，中国科学院地理科学与资源研究所助理研究员，博士；李广东，中国科学院地理科学与资源研究所助理研究员，博士）

注：摘自《地理学报》，2014（4）：459–473，参考文献见原文。

农地改革与城市化

导语：最近，新华社的一篇内部报告《我国农村土地制度创新专题调研报告》在高层流传。这篇报告集中反映了学界对当前土地问题的主流思考。其内容看似只针对农村，但其本质却是对国家土地制度反思。本文目的是针对其中第二部分"改革宅基地制度盘活巨量农房资产撬动内需"提出的对应的平衡观点。供有关部门政策研究时参考。

一、区位决定了"农村住宅问题"的不同

分析农地问题，必须结合区位来思考。农村住宅问题应该分为城市近郊和远郊两个部分。这两部分农村住宅出现的问题和导致的原因完全不同。

表面上看，两者都存在占用耕地问题，但前者不存在"大量农房闲置和土地浪费"，农民也不存在"进城打工—回家建房—农村房屋空置—进城无钱买房"（P20）的职住错配问题，而是大规模的违章建房（小产权），与城市政府争夺地租。

后者则不存在"难以评估、无法办理抵押登记和难以处置，不能像城市居民那样作为抵押物获得银行贷款"（P24）的问题。因为对于远郊农地，除了少数风景区、矿区外，基本没有需求，即使允许抵押，也值不了多少钱。

一项物业，其资产价值源于可带来持续收益的多少。土地价值也是如此，其市场价格的本质，就是其未来收益的贴现。远郊的土地，未来收益基于收入不稳定的农产品，在低农产品价格，高运输成本的市场条件下，其贴现后价值极低，基本谈不上是有价值的资产。更不能用于为"建房、购置家电、教育和医疗"（P24）这类消费融资。

报告提出"赋予农地完整的地权，开启沉寂的经济发动机"（P26）主要的受益者，乃是近郊的农民。因为近郊农地有巨大的需求，收益远大于农耕。如果能够通过抵押、出让、出租等途径，自由进入土地市场，将会带来巨大的利益。一旦政策放开，近郊农民一夜致富，其致富效果类似于当初的煤矿私有化。

二、农宅作为资本的价值来源

我们的问题是，将这部分财产界定给农民（准确地讲，应该是"地主"）是

否符合社会正义？是否有利于经济发展？要回答这个问题，我们就必须搞清楚何以近郊的农地和住宅有如此巨大的市场价值。

任何不动产都可以分为建筑和土地两部分。建筑部分一经建成，就开始折旧，其价值非但不会上升，反而会随着时间不断被侵蚀。因此，不动产升值主要来自于土地。

而土地的价值，则源自所处区位被覆盖的公共服务——道路、管线、学校、医院……。这些服务水平越高，价格越低，转移到土地上的价值就会越高。这就是近郊土地何以具有巨大价值且不断升值的秘密——任何公共服务的改善（机场、港口、治安、法律等）都会带来未来预期收益的增加。

紧接着的问题就是，这些公共服务的成本是由谁支付的呢？显然不是近郊农民，而是政府。政府代表全体居民的利益（包括远郊农民），如果允许近郊土地入市，就等于将一部分全民所有的财富转移给了近郊的农民。显然，这不是正义、公平的做法。

那么为什么别的国家不限制农村土地的流转？这是因为中国城市化采用了一种独特的原始资本积累模式——土地财政。按照这种模式，政府通过垄断土地一级市场，将外溢到近郊农地上的价值剥离出来，通过给原始土地改造为附着公共服务（如"七通一平"）的熟地，再在二级市场上出售的方式，获得公共服务所需的资本。

在这种体制下，"如果允许宅基地流转，通过农村房屋租赁、转让、抵押所获租金、转让收益、周转资金"（P27）的途径进入市场，就意味着必须放弃通过土地财政的公共产品的提供模式。但即使是改变土地财政，也不意味着宅基地可以"无偿"流转。

天下没有免费的午餐。在非土地财政的经济里，农地转用一样要被限制，被允许转用的农地，要通过税收（财产税、交易税）的方式，支付使用公共服务的成本。换句话说，在土地财政模式下，公共服务是通过高地价形式支付的。而在税收财政模式下，公共服务是通过交易税和持有税（如财产税）的形式支付的。两者的差别是先支付还是后支付的问题。

一旦税收加在土地上，土地的价值就随之降低——税收越高，地价就越低。这也意味着宅基地作为抵押品价值的降低。

三、"大量农房闲置、土地浪费惊人"的原因

"农房闲置、土地浪费"，主要发生在远离城市的地区。之所以造成浪费和闲置，不是（或者说主要不是）由于农民无法处置资产并带其进城，而是因为"集

体所有制"导致的"公地悲剧"。

传统的中国农村,很少有耕地浪费,乃是因为没有"集体用地"之类的"公地"。由于农村土地产权不稳定,土地,特别是宅基地,可以无偿(或以极低的成本)获得,使得耕地成为大家竞相获取的资产。因此,减少浪费和闲置的唯一途径,就是重新界定"公地",使其获得、转让和拥有是有成本的。

例如,可以将"集体"界定在"自然村",并以股份化的形式为全体居民所有。宅基地按照面积大小,向村集体缴纳一定费用,作为集体提供公共服务的"物业费"。也可以仿效韩国、中国台湾,通过"土改"将土地私有化,同时,限制非农用途的比例。超出部分,则课以重税,用于支付政府提供相关公共服务的成本。

靠把"农村房屋及宅基地的使用权和处置权逐步赋予农民,最终实现买卖、抵押、交换、置换、赠与、放弃的自由"(P20)来解决农房闲置和土地浪费乃是南辕北辙。如果没有配套制度,这一做法只能加剧土地的更大浪费。

如果简单地"赋予住房财产权","实现城乡平等交易",开发商就可以绕过政府,直接从农民获得土地,近郊农民的地价势必会进一步上升。由于开发商没有支付地价,农民没有支付税收,政府公共服务带来的好处等于直接转移给了"地主"。其结果必将是现有耕地的更快流失,郊区不公平地暴富。

表面看,近郊农民资产暴增没什么不好,但其长远结果是政府失去了从土地获得提供公共服务成本的资金来源。如果要提供基本水平的公共服务,势必加大对全体居民(包括远郊没有享受到公共服务的居民)的税收。显然,这是更加不公平的做法——全民的财富通过土地转移给近郊少数"地主"。

对于远郊农民,其土地原来就没有市场需求。"赋予其财产权""实现城乡同权"后,他们的土地也依然进入不了市场。政府不想征的地,开发商也不会要。而只要宅基地是无偿供给的"公地",农民突破政策获得宅基地,就依然会"大量农房闲置,土地浪费惊人"(P20)。

因此,该报告建议的"顶层设计"——突破《担保法》34条,赋予农宅抵押权,城乡土地"同地同权",与预期达成的目标——节约农业耕地、激活农民消费,盘活农村资本,基本上是南辕北辙。

四、征地拆迁的本质

城市与农村的本质差别,就是有没有、有多少公共服务。公共服务越多,水平越高,城市化水平就越高。城市化问题说到底,就是公共服务如何提供的问题。

农村向城市转变,最大的门槛就是如何克服公共服务提供所需的基础设施(道路、桥梁、给水排水、教育、医疗、机场、港口等,广义的基础设施还包括法律、治安、消防、社会制度等)的巨大门槛。

提供公共服务,土地用途的转变是绕不过去的坎。转变过程中涉及的产权转移与重组,是城市化过程中最大的交易成本。土地产权交易成本的高低和难易,决定了城市化进程的快慢和水平的高低。过高的土地成本,甚至可以彻底阻止城市化的启动。

在中国目前阶段,征地拆迁中主要涉及三个角色:农民、政府、开发商。农民提供原始土地,政府提供公共服务,开发商将公共服务从政府处"批发"过来,再"零售"给进入城市的居民。征地拆迁过程,事实上是附加公共服务升值后的土地利益在三者间分配比例问题。

显然,政府是公共服务的主要提供者,其获得的土地利益份额越大,提供的公共服务越广泛、速度越快。农民、开发商都是食利者,侵蚀的土地利益越多,用于公共基础设施的份额就越少,城市化的速度、质量就越低。

现在,大家都以为农民补偿过低,建议增加其份额。这样固然可以降低拆迁阻力。但如果其份额过高,势必减少用于公共服务设施的份额,城市化的动力就会被耗散。

纵观世界各国城市化,无不是以压低农地获得成本,来维持城市化的动力(北美不用说了,几乎完全没有补偿获得了大片土地。即使老大陆也多是通过殖民地的土地利益,来支付本国农地获得的高成本)。高土地农转用成本的国家,无一能够跨越城市化门槛。

这篇报告之所以会提出这样的制度设计,根本原因还在于作者对城市拆迁本质缺少正确的理解。例如,该报告认为政府"拿走'大蛋糕',补偿小芝麻"。报告举例说,湖南征地补偿47万,政府卖给开发商620万,开发商推向市场获利850万(P36)。青岛征地4万~5万元一亩,招拍挂后可以达到1000万元一亩。进而认为这是通过"市场形成的巨额土地剪刀差"剥夺农民利益(P36)。

现实情况很可能是,如果农民之间自己转让,可能47万都没有。为什么政府出让的地和农民出让的地价不同?其关键差异是,前者包含了公共服务,后者则纯粹是农地收益——政府和农民卖的根本就是两种不同的东西。

政府拿到地以后,不能直接出让,而必须配套基础设施,如"七通一平"。这些都需要占用大量土地。根据城市规划,至少要30%以上。而且配套的越多、水平越高,占用的土地就越多。一般大城市加上机场、港口、水厂、电厂等基础设施后,剩下不到50%。如果再除去文化、产业、管理、教育、医院等无法带来土地收益的项目，真正能卖给开发商的土地已经很少。在厦门，这一比例大约为22%。由于没有财产税等持有成本，这就意味着今后政府公共服务的任何改善，投资者都可以通过不动产升值"分红"。

拿配套好的成熟土地，去同没有任何加工的生地比较地价，如同用餐馆的猪肉价格和猪圈里的猪肉价格相比一样，显然没有任何意义。更何况政府还要从土地收益中，拿钱来补贴产业，解决就业和未来税收的问题。

这个例子，突出反映出报告对拆迁本质缺乏深刻的理解。土地之所以能成为资本，能带来持续收益，乃是因为其附着的公共服务。如果直接卖地就能够致富，我们就根本不用启动城市化了。

农民希望在升值的利益中获得较大的份额，是其经济本能，古今中外，皆是如此。但我们一定要明白其背后付出的代价。这个代价，就是用于公共服务投入的减少，是包括没有机会通过征地致富的农民在内全体居民长远利益的损失。

农民并非反对征地，他们反对的是补偿过低。这两者一定要分开。厦门有的项目征地拆迁阻力很大，但到后来政府决定不上马后，很多农民反过来要求政府拆迁。

事实上，近郊农民因为拆迁致富的比比皆是。远郊没有被拆迁的农民，反而长期贫困。对这一点，农民都是心知肚明。那些真正因征地致贫的，多是远郊线性工程、水库移民的农民。他们同近郊要求更高分成比例的农民完全不同。如果说提高征地标准，首先也应当是远郊被征土地。

如果按照该报告提出的建议，允许以出让、租赁和抵押等方式"自由流转"，对于远郊的农地，只要"公地"问题不解决，一户多宅的问题导致资产闲置，依然得不到解决。土地和宅基地资本化不仅不会带来太多的价值，反而带来潜在的债务风险；对于近郊的农地，暴涨的地价反而会诱发更多的耕地被卷入开发。同时，征地成本会更加困难，基础设施建设的资金和土地，都会迅速枯竭。城市化质量和速度将会急剧下降。

五、农村宅地问题的破解

目的不同，政策也不同。

对于远郊农村。首先要解决的问题就是如何集体公地明晰化。只要集体宅基地是无偿（哪怕是低成本）获得，耕地的流失就不会停止。

首先，集体的范围应当明晰。一般而言，越小的社会单位界定"集体"的成本就越低。家庭的产权边界最清晰。"行政村"的"集体"则要比"自然村"

模糊得多。尊重传统的集体边界，而不是人为行政边界，是界定"公地"范围的前提。

其次，宅基地必有偿获得。获得宅基地的成本越高，耕地保护的效果就越明显。一户多宅的现象就越少。宅基的持有也应当是有偿的。维护村集体基本服务的费用，应当以不动产的多寡为基准摊交。宅基地获得和持有成本，由全体村民决定。收入由村集体用于村庄的公共服务。

第三，作为"公地"的耕地，转为其他用途时应由全体（至少是多数）村民同意。村集体如同一个小区，公地相当于小区公摊，其转让或改变用途，应通过集体决策程序决定。

第四，村集体的退出机制。由于宅基地和土地的获得和使用是有偿的，这就为村民退出集体机制提供了可能。随着村民减少，宅基地需求下降，村民也可以将宅基地复垦，通过换取耕地指标的办法，退出集体土地。循此途径，村民可以将其资产货币化，或以耕地换社保等方式，将其资产带入城市。

鉴于远郊不动产价值很低，因此，有必要将已经退出集体耕地的移民纳入城市住房保障体制，确保其在城市可以立足并享受相应的公共服务。提供保障房的城市，应获得相应的补助。

对于近郊农地和住宅，要继续严格限制其直接进入一级市场。世界上所有成功完成城市化的国家，无一不是建立在低价获得土地基础上。目的一是要为基础设施建设融资，二是减少公共服务效益漏失。

首先，政府统一征用，配套后再在市场上出售，仍然应当是这一阶段城市扩张的主流模式。要防止征地拆迁标准的过快提高，前提就是限制集体产权土地通过抵押、出租、小产权等途径转让。

对于自行转变为城市用途的物业，要通过加税，将漏失的公共服务收回来。对于加税的物业，可允许其抵押、出让、出租，但土地的持有和盈利，都应追缴额外税费（如，交易税、物业税）。

失地农民要获得一次性赔偿，但更重要的是使其获得长远的稳定收益。给农民买社保、养老固然重要，但在高速城市化阶段，货币为基准的补偿往往跟不上生活成本的上涨速度。不动产是少数能够保持与生活水平同步的补偿方式。

六、城市化的途径

对于近郊农民而言，现有的补偿标准，足以完成其进入城市所需的原始资本积累。真正需要解决的是远郊农民的城市化。让土地自由进入市场，可以使近郊农民更富，但却不会给远郊农民带来更大帮助。政府收益减少，对企业补贴能力下降，本地就业减少，反而会损害远郊农民的城市化的机会。

人的城市化，关键在于进城农民原始资本的积累。大量的远郊农民，也就是所谓的农民工，才是城市化的关键所在。农地入市、户籍改革这些显而易见的"捷径"，皆非城市化的正途。

人力资本，也就是教育，乃是城乡劳动力资本差异的根本原因。当下最重要的不是惦记着将农民那点儿土地资本化——没有劳动的资本化，单纯的土地资本化只会加大农民城市化过程中的风险。城市化首要的工作就是不能让毫无训练的农民赤手空拳地进入城市。

大规模培训农民是先进国家（比如日本）最重要的经验。大家现在都把土地财政、高房价、高居住成本视作农民城市化的最大障碍。殊不知中国过去这些年城市化最大的失误，乃是教育的失误。我们投入太多的资源进入高等教育。职业教育却没有成为教育的重点，更遑论国家战略。这一趋势必须扭转。

职业教育应当成为城市化阶段全部教育的核心。只有职业教育，才能向进城农民大规模灌注资本。进入城市的农民工就不再会是赤手空拳。现有的，以高等教育为核心的教育体系只会在市场上导致供需的错位。近年紧张的就业形势显示，这些年高等教育大跃进造成的"过剩"，一点不比生产领域的过度投资少。2012 年，高职院校就业率仅次于 985 高校，而排在 211 大学、独立学院、科研院所和地方普通高校之前，就是市场对教育投资错位的突出反映。

但仅仅教育，还不足以帮助第一代农民工完成原始资本积累。劳动力会折旧。如果劳动力不能以某种形式凝固并贮存，失去劳动能力的农民工，就依然会再次返回农村。而将劳动力资本化的主要方式，就是不动产。这也是城市化的第二个战略，"先租后售"保障房模式。

每一个在城市出卖劳动力的农民工，无可回避的成本就是住房。如果把这个成本转化为积累，用来购买住房，就可以把劳动力资本化。这就需要有目的的制度设计。

假设包含土地成本在内的所有住房建设成本是每平方米 5000 元。50 平方米住房成本就是 25 万元。假如每对夫妻租房支出是每个月 2000 元，10 年下来就是 22 万元，只要补交 3 万元（利息和物业费分别由企业和政府从公积金等渠道支付），就可以获得完整产权的住房。届时，房改后住房的市场价可能超过 50 万元。这就相当于以期权的方式，向每个农民工家庭注资。

由于这部分资产可以随土地升值而升值，这就意味着每个家庭不仅不会因为地价上涨而生活水平下降，反而可以参与城市的持续"分红"。住房可以作为社保、医保的补充以及城市化风险的抵押物。劳动力资本转化为可以保值增值的房地产，农民工就会转变为拥有资本的永久市民。

正确的教育和住房政策对于城市化而言，远比该报告关注的农地流动和征收等所谓的"顶层设计"更重要。

七、对报告中涉及案例的评价

河南舞钢模式：赋予农房抵押权。第一是农家乐等休闲农业的经营不能失败，否则，没有非农技能的农民一旦失去抵押物，将意味着倾家荡产。第二，旅游区内农家乐，往往是以破坏旅游资源为代价实现其价值的。一旦通过融资获得资金，其对自然资源的破坏力度可能成倍加大。更多的融资，可能意味着旅游资源更快地衰竭。

嘉兴农民住房城乡置换：宅基地换现房；耕地换社保。这个"生活资料置换生活资料，生产资料换生产资料"的模式很好，但前提恰恰是近郊农地不能自由入市。因为近郊农地已经附着公共服务。只要能够以抵押、出让等方式资本化，政府就不可能以成本价征收。如果市场价征收，就不能"以宅基地换现房"——政府不征地哪里来的"现房"？同样，社保也将是无源之水。

重庆宅基地有偿推出的所谓"地票制度"和成都的类似实践也是如此。所谓地票，就是利用城乡土地价值的差额，以面积换价值，差额越大，地票的价值就越高。但其前提，也必须是农地不能入市——惟如此，"用地指标"才具有市场价值。试想，如果开发商可以直接从近郊农民手中直接获得土地，为什么他还要购买"地票"？

八、结论

正确分析问题是正确解决问题的前提。

将农村分解为面临城市化的近郊地区和远离城市化的远郊地区，问题和目标立刻就会清晰起来：对于远郊而言，主要的问题是如何破解"公地"带来的耕地流失和资产闲置；对近郊而言，主要问题是如何以最低的成本，完成土地征用，而不造成大的社会动荡。同时，解决一次性补偿和长远收益的矛盾。

新华社报告问题在于，它虽然描述了农村宅地存在问题，但对导致这些问题的原因没有合理地区分。保护耕地和盘活农房资产是两个不同的政策目标（在有的情况下，甚至是相反的政策目标）；远郊农地和近郊农地是两种不同性质的农地。按照该报告提出所谓"顶层设计"进行操作，极有可能与其最初的目标（保护耕地、盘活资产）背道而驰。

结论是，该报告提出的分析和建议可以用于研究讨论，但付诸实践时要极为慎重。一旦草率推出，其后果将远大于以前出台的一系列毫无效果的房地产政策。

（撰稿人：赵燕菁，厦门市规划局局长，教授级高级规划师）

注：摘自《北京规划建设》，2013（05）：169-172，参考文献见原文。

技术篇

关于《京津冀城市群协同发展规划》的几个核心问题

京津冀地区集中了我国最高等级和最大规模的人力资源，环渤海有大量的盐城滩地可作为城市发展用地（不占耕地来推进城镇化），更为重要的是，该地区是继珠三角、长三角之后更有发展潜力的超级经济引擎。与此同时，该地区也正面临最为紧迫的大气污染、水污染及水资源短缺、特大城市规模失控、中小城市发育不良、地区和城乡居民之间收入差距过分悬殊等问题。

以"有机疏散、协调发展"来破京津冀的困境，打造助推中国腾飞的第三极有着特殊的战略意义。研究此课题有几个方面特别值得关注。

一、强化背景研究

背景分析要涉及以下几方面的内容：

（一）城市群关系到国家竞争力

全球化与城镇化是相互影响、相互融合的。全球化时代是以城市群作为竞争单元融入国际竞争的新阶段。国家竞争力是以城市群整体依托的企业集群为主体来体现的，而不是单个城市或企业。这一背景变化给我们提出了非常重要的课题，即京津冀地区城镇化如何与全球化深度衔接和融合。如果不能以城市空间、基础设施和服务功能合理布局的城市群为梯队迎接全球竞争、融入世界城市网络并成为重要节点，那么我国最重要的经济引擎在今后的全球化竞争中就有可能会被边缘化。一旦城市群被边缘化，意味着这个国家和地区的经济竞争力会因边缘化而衰退，此问题已经非常紧迫地摆在我们面前。

（二）城市群是产业升级的龙头

"中国制造"曾助推我国经济腾飞，但要适时走向"中国创造"。现代经济体的持续繁荣并跨越"中等收入陷阱"本质上是由越来越多的企业家和一般民众积极投身于创新创意过程的产物，要有一系列社会文化和制度的创新来激励。这种氛围不可能是全国平均形成或由各地同步进行的均衡结构转型，而要由人力资本最为富集的京津冀城市群率先发动并引领"中国制造"向"中国创造"转变。我国产业结构调整的三大"高地"与现在经济的发动机地理空间是重合的。由于历史遗留问题的积累，京津冀地区钢铁、水泥、煤电、石化等重污染高能耗产值约占全国半壁江山，结构转型升级的任务尤为繁重。正因为资源环境约束的劣势和人力资本的优势，应由后发的京津冀城市群作为新发动机进行先创先试，最先引领中国经济向"中国创造"转变。

（三）城市群是生态文明示范区

传统粗放型城镇化、工业化模式转为绿色可持续发展模式具有紧迫性。比如该地区城市人口多少，人均消耗能源多少、人均 GDP 和专利数多少等，都应该有数据支撑和国际比较。京津冀地区作为后发的城市群其人口密度、开发强度、能源消耗、可用资源都极其有限，资源、能源和生态环境的约束和治理形势也最为紧迫，有必要也有条件进行生态文明城区的先行先试，可将其分为新城区和既有城区生态化规划建设两个部分。前者可以充分借鉴"中新天津生态城"的经验，五年前，该旗舰项目落户天津新区盐碱地上，也是为打造在北方缺水的地区引进水循环利用的试验区并在非耕地上建造"可复制"的低碳生态城。目前，有条件在整个京津冀地区进行推广复制。

（四）首要的问题是协同环境污染治理

京津冀地区已经到了一个区域环境共同治理的新阶段。以前对环境协同治理并不太重视，上游排污、下游治，城市治、城郊排，但现存的问题不能由单个城市解决，只能由城市群政府统一规划、整体齐心协力地去解决。无论是水污染或空气污染，京津冀城市群都是重灾区，都已成为世界瞩目的紧迫性问题，规划编制必然要重视整个华北地区气象参数如主导风向、降雨量、地面风速等长期的变化趋势（气象数据显示：近几十年来每隔几年华北地区地面风速就降低 10%，这一趋势要引起重视）。在此基础上，污染治理和生态修复问题必须以城市群为单元来统一协调解决、刻不容缓。

（五）"四化同步"必先从城市群始

新型城镇化的几个同步发展是地区社会经济均衡健康发展的前提，促使新型城镇化、新型工业化、绿色机动化、信息化、农业现代化同步，也必须从这京津冀城市群最先开始实践协同推进。这些同步会形成系统效应和扩散示范效应。这就需要管理者和规划师具有广宽的背景思维和科学务实的态度。现在是到了系统研究和治理城市群问题的新阶段，有后发优势的京津冀城市群能否健康发展某种意义上将决定国家整体竞争力。

二、合理界定城市群范围

要研究如何科学界定城市群的范围和对城市群进行分类。城市群种类要科学划分，要有几大原则。第一，可以从不同的角度，如地理屏障、开发强度、历史文化、发展水平、物流、人流、资源和污染物扩散路径等方面的关联性，或从生产力发达程度、经济关系或文化认同等原则来测算和划定城市群的空间范围，要有大数据支撑。第二，要讲基本服务功能。我国要建立面向全球化的第一梯队城市群和未来参与全球化的第二梯队城市群和国家级的城市群，实现梯度化融入全球化。第三，区位性。城市群要有明确的辐射服务范围，其分类标准又是什么？标准是否可行等都需要讨论和深入研究。

三、创建协同机制

京津冀城市群能否健康发展归根结底是协同机制的创新。城市群内部需要重建协同机制。这至少涉及三个方面：

（一）世界城市群的协同机制的经验和教训是什么？

我国的特色优势是行政区划的可调整，这是国外没有的，也是一种制度优势。作为经济和科技创新的大引擎如何加足马力推进结构升级和生态环境治理？如何进行分步合理调整行政管理模式和范围？而且调整出于什么理由？如何减小阻力等等都要进行系统研究。

（二）扁平化的城市群协调机构与机制如何建立？

城市不分大小在城市群中都应是平等协作的伙伴关系，如何按资源共享、环境共保、基础设施共建和支柱产业集群共树的互利互惠原则合作共赢机制，利益共同方如何协调制度和组织管理模式等问题都应深入研究。

（三）专业化协同规划的编制与实施

当前最紧要的是如何提炼出影响城市群协调健康发展的关键问题。只有这样才能"有的放矢"科学编制专业性协同规划。国际上较有效率的专业协同机制案例之一是多瑙河的水污染协调模式。因为产生了水污染主要是下游国家吃亏，所以在规划实施中下家话语权就较大。我国缺乏这类基础性协调规划和成功案例，要突破部门分割进行编制。

（四）协同机制创新要由几个方面入手

一是协同机制必须建立在专业性协同规划和制度之上，再逐步形成整体协调机制。由此可见，城市群规划编制顺序十分重要。这些规划都要基于专业化的区域分析之上。专业性核心规划先编制，区域协同规划的创新就易水到渠成（这其中城市群空间布局规划的修编尤为重要，因为其他专业规划都是为合理的城市空间构建服务的）；

二是城市群的协同模式建设必然涉及一些利益机制分配问题，比如联建城际轨道交通、防治污染措施、资源共同开发、分流首都重叠功能、追求可达性、统一 TOD 建设模式创新等等，都要善于从问题导向来务实创新；

三是资源类保护模式的创新。在城市群中空间开发强度和人口密度高，不可再生的自然文化遗产、生态等资源最易破坏，如何通过绿道网建设和"四线管制"来强化系统保护，通过协同保护监督机制等来解决问题。此类资源保护有规律可循，经验表明，寺庙、塔类文物比深山坟墓类文物较容易获得妥善保护，因为经常有人来人往。通过绿道建设形成的可达性转变为稀缺资源保护机制，把可达性改善与文化遗产、自然遗产保护紧密结合起来，这是绿道网提供的额外的资源保护功能。

（五）城市群规划和实施应做好时序和空间上安排

对主城区人口规模超过 200 万人的中心城市都应尽快制订有机疏散规划，在京津冀城市群内形成 500 万人口的核心组团、200 ～ 300 万人口的中心组团、100 ～ 200 万人口的卫星城群、10 ～ 30 万人口的卫星城以及星罗棋布的绿色小城镇，构成类似于金字塔结构的城镇群空间布局。新建卫星城应编制生态新城规划，老城则应进行生态改造。农村也要同步进行生态保护和修复，形成与城镇互补协调的发展模式。国际经验表明，生态有机疏散、生态新城建设、老城改造、农村生态保育、绿色有机农业等方面都应有一系列新的规划建设模式的创新和管理创新与之相适应。

四、制定健康发展评价标准

评价标准是城市群健康发展的轨道之一，应基于先行城镇化国家的经验进行科学编制，从而形成城市群中各城市合理竞争的公平环境。此类指标一般不应以人口或 GDP 等总量为单位，而应以人均或单位 GDP 为计量单元，每个区域建立健康发展指数，鼓励城市群内部和外部的平等竞争。因为城市群内部各城市之间竞争非常激烈，如果盲目 PK，攀比上产业项目和基础设施，不仅浪费极大，资源环境保护也会成为空谈。

重要的是推行生态补偿方式的创新。如减少同样单位的 PM2.5 空气污染，北京城内投资成本远比河北高，但由于现行财政体制的原因，北京财政不可能愿意帮河北治理，这就涉及生态补偿模式创新问题。生态合理补偿是复杂的计算和具体的讨价还价过程，而不是直接划定某几种功能区域就可实施补偿的。国际经验表明，涉及城市群内部各方面、各利益主体之间复杂的利益分配和具体谈判过程是必需的。

五、强化对城市群发展机制的研究

这类机制从系统论角度来看有几个部分构成。首先是结构，城市群空间结构有多种模式，比如单中心、多中心、大中小嵌套模式等多种模式，结构合理与否将对城市群整体长期发展产生重要影响。其次是节点，城市群中大中城市作为主要的资源集聚点及它们之间的关系和共享的利益机制是否建立。第三是通道，这包括交通、物流、金融、信息、人力资本等方面的流动通道。例如，已进行高铁建设的城市，实际就具有地理空间紧缩效应，对城市群协调发展和人口空间布局会产生全新的影响。

六、开展城市群"弹性"机制的研究

没有弹性的系统往往是僵化的、脆弱的。本世纪以来，国际规划界流行"弹性城市"（Resilience City）正基于此原理。京津冀城市群的研究首先应把全国健康城镇化规律研究明白，再移植到城市群中去。京津冀城市群实际上是新型城镇化整体战略规划的缩小版，其城市群协同发展规划则是全国城镇化体系规划的试验版。宏观方面的规划如能避免大的错误，微观尺度的设计就肯定能减少错误。只要不出现房地产市场进入"明斯克"危机态、土地私有化、大中小城镇布局失误、生态和文化遗产资源受到毁灭性破坏等"底线"式错误。公平竞争和"市场机制"一般可自动修正一般性错误和提高普通资源配置的效率。在全国范围内必须由政府行政力量推动的工作，在京津冀城市群中可由市场机制来推动，城市群内部的市场化程度事实上比其他地区更高，但空间布局、生态环境治理、重大基础设施等都必须靠政府规划这一"有形之手"来调控。城市群是信息化、城镇化、工业化、全球化、市场化、机动化等的多因子混合作用体。

增加京津冀城市群协同规划的"弹性度"应遵循以下的原则：

（一）多样性

多样性是任何一个自适应系统以多种方式应对变化和干扰的能力表征。事实上，产业、文化、自然资源、人力资本等方面的多样性越丰富，城市群越能实现可持续发展。富有弹性的城市群规划能为全球投资者提供多样化的选择、为地方政府提供多样化的政策工具，以满足百姓的民生和创业需求及千差万别的市场机会。

（二）灵活性

具有弹性的系统能承受和利用形势和需求的变化，而不是硬性的对抗和控制。传统的城市群规划为什么失效，原因之一就是试图沿用行政手段强行扼制百姓民生需求和市场的变化，或力求用"一刀切"的政策去应对千差万别的城市社会经济发展水平和市场主体的需求。合理的城市群规划应充分调动群内每个城市政府和市场主体的积极性与创造性，主动参与公平竞争。只要这种竞争的轨道是"绿色、低碳、智能、集约"的，此类富有创造力竞争过程就会丰富系统灵活性。

（三）模块化

富有弹性的政策集一般是由不同的模块构件组成的。每项调控措施既具有相对独立性、又能相互协同作用。相互依赖过密的政策集更容易受到外部干扰而趋于低效，而具有独立协同性的模块化政策工具，在城市群协同发展调控的过程中能自下而上创新性地生成某些有效的新模块。这方面，可以肯定的是：将生态新城建设和旧城区生态化改造作为整个京津冀城市群主要模块是合适的。这也符合"风尚从上而下、创新从下而上"的规律。

（四）管理慢变量

具有弹性的系统必然具有应对慢变量的敏感性和实时调控能力，从而控制那些跨越阈值的突然变量,避免"冷水煮青蛙"式的毁灭。例如,京津冀地区空气污染、房地产市场风险、地面沉陷等方面正在遭遇前所未有的慢变量。又例如,错误的经济发展观、独生子女政策、对城镇化终结的错误判断和人口快速老化等,都会影响该地区经济社会发展的可持续性。对慢变量的敏感,可使系统能承受更多的外部干扰,从而有利于城市群整体能从未来可能来临的国际金融危机等强干扰下适时恢复过来,从而避免经济崩溃。

(五)适时反馈

任何弹性系统都必然具有适时的反馈机制。作为具有弹性的城市群经济社会复合系统必须强化中央政府与京津冀城市群地方政府、城市与农村、企业及民众之间的反馈机制。任何重大政策的出台都应在征求各方意见的过程中倾听不同利益方尤其是弱势群体的呼声。2008 年的金融危机使人们痛彻地觉悟到:一旦全球化和资产证券化使得反馈机制变得十分松弛,就会引发全球性或全局性的危机。

(六)协同作用

具有弹性的系统应促进子系统之间的信任和协作,充分发挥社会成员、市场主体间交流网络的作用。实现城市群协同发展尤其需要各方面的协同作用并具有优先的次序安排,如"能由市场机制自行调整的,就不用政府出政策'越俎代庖'";"能由下级政府主动应对的,就不必由上级政府出台一刀切的政策";"能用经济杠杆调节的,就不必用行政手段来强行干预"等。增强协同性既能克服各方的摩擦及错位调控所产生的相互抵消,而且还能增强"举国体制"的优势、有效应对外部干扰的能力。

(七)权力叠加

富有弹性的系统必然拥有"冗余"的调控机制。对于快速变化的全球化和城镇化时代,城市群协同发展的政策集及其调控机构应具有多种重叠的响应方式。足额冗余的结构能增加系统反应的多样性与灵活性,也能加强跨尺度影响的调控意识和质量。一个自上而下没有角色冗余的政策体系可能在短期内具有高效率,但是一旦外部形势或周边环境发生突变,就有可能出现 20 世纪 80 年代日本房地产那样的雪崩式溃败。史实已经证明,那些看似"混、杂"的多层政府复合调控结构更能在突变的环境中有效削减危机。

以上七个方面"弹性度"的要求是京津冀城市群协同发展规划编制和实施的重要原则。

　　总之，城市群规划研究要突出借鉴和创新性。编制我国京津冀城市群协调发展规划主要应以问题为导向来展开研究，解决问题的关键在于科学规划空间结构和协同机制创新，特别是不同的专业规划之间的协同和总体规划的深化与可实施性。要将有限的行政协调资源用到关键处，将历史经验导向、问题导向和理论导向三方面结合起来进行系统研究才能出高质量的规划编制与实施成果。

首稿 2013 年 8 月 21 日

重写于 2014 年 4 月 25 日

（撰稿人：仇保兴，个人简介参见序言部分）

编制《京津冀城市群协同发展规划》
的方法和原则

导语：本文基于对我国珠三角、长三角和京津冀城市群协同发展规划编制和实施的经验教训，提出新版京津冀城市群规划的分析思路、规划编制程序和编制原则等三方面的要点。

城市群规划编制方法尚缺乏统一的标准规范与程序，由于体制方面的原因，先行城市化的国家也因缺乏此类规划编制的动机（因为主流经济学主张政府放弃规划，放任市场自发作用）和可参照的成功经验。本文基于对我国珠三角、长三角和京津冀城市群协同发展规划编制和实施的经验教训，提出新版京津冀城市群规划的系统分析法、规划编制程序和编制原则等三方面的要点。

一、多维度的分析思路

一般而论，分析城市群那样的巨大复杂体系至少要以三个维度即问题、理想目标和经验导向来进行剖析。

（一）问题导向

京津冀地区大中小城市不协调、核心城市规模失控、过度抽取地下水形成的漏斗、环境变化、功能过度向首都集中、土地利用粗放（特别是以租代征、集体用地）、生态破坏、人工林带减少、空气污染等，这些现存的主要问题都应该有历史的过程推演和横向比较来揭示此类问题的发展趋势。即问题导向分析要有纵深和历史感。如对问题的阐述与非空间管理部门类同，缺乏空间上、时间上的脉络感，只是政策性描述，就难以体现出空间规划专家的专业优势和独特视角。问题导向分析过程另一个需回避的缺陷是对问题轻重缓急的排位不明晰。离开了发展趋势和影响程度的分析，问题导向分析就失去应有的理性成果。要通过优化的SWOT分析法，力求把权重最大的问题排列出来。问题导向还应该注重在空间上下功夫，然后在多维度求纵深。城市规划学认为，"任何空间问题都会影响经济、社会和生态，任何经济、社会和生态问题都会反射形成空间结构问题"。但空间问题在我国区域规划编制过程中常常提起来重要、做起来次要，而经常被忽视。许多机构编制的规划往往缺乏空间概念，而本次京津冀城市群规划的编制必须专注于空间概念的强化，要将城市规划师的专业主义精神充分发挥出来。

（二）理想导向，成为目标导向

首先，理想目标应以中央对该地区的宏观战略要求为依据。习总书记在北京考察时阐述了京津冀发展的理想目标，提出了首都和京津冀地区协调发展的战略要点。这是中国新一届领导人对京津冀地区的总体、长远、宏观的发展目标要求。我们就要善于将这一系列战略目标转化成空间布局，并在实施政策方面加以详细研究。

其次，全球化的要求。全球化和现代网络技术会促成不同等级的城市网络。国与国之间的竞争就主要表现为城市群之间的竞争。在这些城市网络中，如果节点城市（即核心城市）功能不强，整个城市群就会因国际竞争力的流失而被边缘化。因而，要善于用世界城市网络体系来衡量京津冀，找出京津冀地区主要城市与世界城市理想目标的差距。

第三，大中小城市协调发展的要求。任一地理区域中理想的城市群整体协调发展实际上应该是大中小城市呈金字塔式分布结构形态，每个超大城市都以几个大城市作为依托（一般来讲 5 个左右比较合理），每个大城市又有若干个中等城市作为支撑，中等城市则要以众多小城镇为底板。目前京津冀城市群与比较理想的协调发展的城市群模式差距很大。在城市规模等级方面，核心城市规模过大、大中城市数量偏少或竞争力过弱、中间规模城市断层等都严重影响了城市群整体竞争力。这些问题都要用若干张遥感图按时间次序对空间布局进行详细描述。京津冀城市群一个显而易见的问题，就是大中小城市发展不协调。这种不协调又派生出另外两个问题，即区域和城乡发展的不协调。因为小城市、小城镇是周边农村农业的服务基地，中等城市是区域发展的驱动器，大城市则是整个区域的领头羊，是搭接超大城市和中小城市的桥梁。但京津冀城市群的现状是除两个核心之外的大、中、小城市都较弱，仅剩北京、天津两个孤零零的支柱。如果从空间的视角去看，该地区现存的问题就可一目了然。为什么该地区城乡、区域、中小城市发展差距那么大，重要的原因就在于产业布局失衡和城镇体系先天发育不健全。

（三）经验导向

经验导向首先就要着眼于京津冀城市群空间布局自身演变的过程分析。至少要以 10 年为单位分三个时段分析该地区城市群空间的历史演变轨迹。这实际上是三十年改革开放以来在空间调控手段基本缺位的情况下，市场机制是如何驱使该地区空间发育的经验教训之总结。

其次，与先行国家（如欧盟、美国、南美、南亚）的几大城市群比较，分析他们的主要经验和教训。

（四）新型城镇化、生态文明示范区的要求

在这方面京津冀城市群与理想目标差距也很大，具体体现在各类产业的空间分布上。笼统分析 GDP 的空间分布意义不大，而应该把形成 GDP 总量的主要产业布局进行空间坐标分析，尤其那些可以进行疏散的产业，如集贸市场、教育、卫生、家具木材和一般加工业等，做一个详尽的空间分布的分析。首都的许多经济功能实际上都是有理由疏散的。发达国家，比如美国最好的学校不在华盛顿，英国最好的学校也不在伦敦，我国为什么要堆积在首都呢？这些都可以在空间规划中明确提出。

（五）产业转型的要求

当前国际流行的技术创新聚集区、养老医疗综合区、低碳循环产业集聚区、大学科技孵化园区等概念都要结合生态新城，尽量归纳到空间的合理布局上。

其次，与长三角、珠三角比较，空间布局上的经验教训是什么？住房和城乡建设部前几年已经做过一些和长三角的比较研究的课题，有些数据（如国外领事馆数）因首都原因不可比，没有实际意义，但人均资源消耗量的比较（如人均 GDP、人均能源消耗、人均水耗、城市的人均占地等）极具可比性。比如，长三角基本上没有土地的"以租代征"现象引发的"小产权房"，而北京市通过正规合法征用的土地与非法、以租代征的用地数量基本相等，原因就是长三角的土地管理比较严格，而京津冀有些失控。这些问题只要与长三角城市群横向一比较差距就显现出来了。

（六）流动空间与实体空间相互影响、相互作用

现代社会中人流、物流、信息流、能源流、物资流、生态资源流等通过通信、交通等工具在空间重新整合，形成了流动空间。京津冀地区面临着全球化和网络化的共同作用，即流动空间的重组影响城市群空间的重组。

二、"五步走"的规划编制程序

第一步是以目标导向、理想导向、经验导向三方面的系统分析结论与 2008 年住房和城乡建设部与北京市、天津市、河北省联合编制并印发的《京津冀城镇

群协调发展规划》并进行研究，尽可能梳理出富有创新性的成果。上一版规划虽然没有得到很好实施，但它的目标导向和经验导向仍是值得借鉴的。其他部门都没有该地区相应的规划供时间轴的对照，只有我部编过此类规划，应全面地进行再研究、再总结、再修编。在问题导向、理想目标导向和经验导向分析的基础上，再与京津冀城镇群 2008 版规划进行系统对比，这样的分析既能找出需重点修编的内容，又一目了然发现问题，还有很强的空间针对性。

第二步，基于上述分析，提出空间构想。传统的区域规划往往是弱空间强政策，我部的城市群规划主要是强空间弱政策。我部作为空间的主管部门，首先要分析其他研究机构和规划院所所作的该地区各种空间构想，分析这些方案的优点和不足，要集大成。在这个基础上再与 2008 版城市群协调发展规划对比，形成历史上的传承和多部门成果的归纳关系。通过现实与历史的交叉研究，综合各部委、地方和学院派的方案设想，对比 2008 版规划，再推出京津冀城市群新一版的空间构想方案。提出新的空间构想，还应有资源利用数量上的匹配。比如上海已提出下一轮城市总体规划要求主城区建设用地负增长，北京更应该做到，应着重在提高现有建设用地的利用率上下功夫，压缩空间、腾笼换鸟。与此同时还要进行永久性优质耕地、生态用地和林地的划定来作为城市终极边界，在此基础上再进行生态和通风廊道的分析布局。天津滨海新区与河北沿渤海的城市用地要适度扩张，因为这些地区都是非耕地。本轮规划要在保护优质耕地上为全国做表率，留足生态和通风廊道。而滨海新区、曹妃甸等地现在空置房较多，要善于利用既有资源进行首都功能疏散。规划要有引导管控的实际效能，要把北京周边杂乱的违法建设区压缩整治规范，"以租代征"的"小产权房"要纳入依法治理，该转移的城市经济功能要坚决转移。理想的空间状态应该是对生态廊道、水资源循环利用、空气污染的疏散、耕地保护和建成区建筑存量利用等五位一体的综合考虑。

第三步，确定交通布局，特别是轨道交通的走向。例如，轨道交通（尤其是高铁、铁路、城际轨道和磁悬浮等大容量高效能交通工具）、高速公路、机场应怎么布局？现状布局的不足之处在哪些方面？在新一版的理想空间布局上，应该做哪些调整？作为空间布局的规划专家要主动将 TOD 的理念融入城市群规划之中。其次，水资源。沿海地带发展要综合考虑"五水"，即海水淡化、雨水收集、中水回用、南水北调、现有的水资源怎么高效利用等。再次，生态修复重点应该是哪些地方？环保部门提出的生态规划往往强调限制开发和自然保育，城市群规划则要在限制的基础上倡导主动修复。这三个部分就是基础设施共建、生态环境共保、资源共享、支柱产业共树以及一体化的内容。

第四步，提出下一层次配套规划修编原则。如把京津冀城市群规划看成城市体系规划的高级版，在此基础上再明确北京、天津、石家庄、保定等其他城市的城市总体规划修编的具体要求，以利相关地方政府按上位规划修订好新版城市总体规划。这样具体到每一个城市就能体现城市群规划的可操作性和系统性。

第五步，协同管制。除了可参照我部编制的珠三角城市群协调发展规划列出的9种行政管制区域之外，最重要的是将"四线"管制和绿道在整个京津冀区域上的全覆盖，这比主体功能区容易操作得多。而且这些内容已经写进了《国家新型城镇化规划》，京津冀城市群规划应率先执行和落实。在这个基础上，再提出在该地区推行城市总规划师和派驻规划督察员等制度创新，这样就可以为科学实施规划奠定基础。此外，还要汲取国外城市群协同发展管理的经验教训，为我所用。

三、"超级有机体"的规划编制法

加拿大著名规划学家约翰·弗里德曼认为："超大城市群如同一种'城市超级有机体'（Urban Super-organisms），是一种高度密集、富有活力、五个维度的城市空间，某一个点上的改变都会扩散至整个系统。除了传统物理空间的三个维度，时间是第四个维度，即展示人口增长和经济增长的社会空间规律变化。最后一个维度是人类面对面和通过电子渠道建立的联系。"

除此之外，弗里德曼还将此类巨型城市群的特征概括为三个方面：首先，它是一种自组织性质的城市系统。其产生的过程没有总体规划，其发展过程也缺乏中央协调。在城市超级有机体中，几百万决策同时产生，且在总体上相互联系，整个系统呈现动态平衡。

其次，城市超级有机体是围绕相邻的古老城市中心进行的缓慢发展。这就是为什么有些地方被称之为城市边缘区，因为每一个城市中心都被不同类型的郊区围绕。这些边缘的更外围地区，一般为中心城市需求服务，呈现出一种混乱又是多用途的土地利用形式。

最后，或许也是最重要的特征是：城市超级有机体不可避免地出现了被主流经济学家称之为"负外部性"的问题，并损害了整个系统的稳定性。由于新自由主义意识形态长期鼓吹缩小公共部门，城市超级有激情就缺少了自我修复能力。而这种自我修复能力有助减缓或可能扭转某些经济增长的"副作用"。

"负外部性"的四个典型类型为：空气、土壤、水及地下储水层的退化；日益增加的经济社会不平等；大规模失业，尤其是青年人失业；政治腐败和犯罪率上升。这些"负外部性"会威胁整个系统的稳定性。

由此可见，编制好新版京津冀城市群规划要坚持一些基本原则，即以下几个方面的转变：

第一，理想空间方案的构思应由从上到下的构建转向与由下而上的进行自演化和有效治理相结合，顶层设计与注重现有城市基础相结合。京津冀新一轮城市群规划修编前应及时编制概念性规划方案，可分：集中疏散为主、集中与分散疏散相结合、分散疏散为主等三种以上方案，以供比较讨论。

第二，是从强调整体目标、全局目标转向建立分级负责、边界管理、讨论协商制度。这正是弗里德曼所提出的：在复杂的城市群中，必须在最低层次上利用其自我组织和解决问题的内在能力。这称之为"辅助性原则"，这个原则提倡权利应被下放到能够有效决策的最底层公共机构。因为高度复杂性的系统，只能通过使用最小可能决策单位来有效管理。他同时也认为：中央权威机构在一个分散化的系统管理中同样需要。这不仅仅是为了监控系统表现的各种指标，也是为了完备市场之外的公共服务领域。这样一来，新一轮京津冀城市群协同发展规划要承认中央部门、首都和其他城市都有各自的利益边界，分清各自的利益和职责边界，有利于调动各方面（尤其是各类城市政府）主动参与规划编制和实施管理的积极性与创造性。

第三，是从以强调产业的分布调控、产业转移为主转向空间管制。把优质耕地、生态用地、文化自然遗产资源、通风廊道、水源地等空间资源严格管理起来，至于不属于此类空间环境资源之外的资源，则应尽可能发挥市场机制的基础性配置作用。如果空间布局已经落实，大红门等这一类人口密度较高的商品贸易集市转移就可以采取利益引导加行政分配的方式进行疏散。行政手段怎么添加呢？可否采取类似汶川地震灾后重建的对口援建模式，即北京的某一区对河北的某一个市县定向转移，来实现产业资源和空间功能对口有序迁移，这也许是一种避免混乱和恶性竞争的新思路。

第四，是从单纯地谈首都功能疏散或者集聚的转换，转向首都功能如何扩散，转到具体问题的解决上。本轮规划要从空间管制的可操作性上提出要求，区别于其他部委的"虚规划"。要树立"从空间出发，再回到空间去"的理念，让规划具有可操作性。这方面要学习派特斯·希利及其他一些规划学家提出的如何降低不确定性的一种方法，即"战略规划"。他认为该类规划有三层含义：首先是在特定政策方向中选择优先项目；其次是各类社会组织对现有政策和规划的创造性补充；第三是二战后法国国家规划者称之为说明性规划的内容，以应对多种难以预见的可能性。

第五，对环首都的那些城市从一般性的扩张或者压缩，转向空间的集约化、生态化改造方面。要把已实施六年的天津生态城的一些成熟理念首先在整个京津冀地区移植。该地区所有新建或扩张的卫星城、要改造的城市都应该率先采用生态城的理念和规划手段，只有这样才能促进整个区域将来可能成为全国生态文明的领头羊。

　　第六，从传统规划的长远性要求，转向远近期规划实施和重大项目安排相结合。对解决眼前紧迫性问题和可以迅速起步推进的重大项目，应不失时机列出计划表，尽快落实，及时推进。例如，通讯、市场、交通运输、环首都公园绿地建设等方面的一体化项目，看准的就可以及时启动，为该地区下一步人居和生态环境优化奠定扎实的基础。

　　总之，新一轮的京津冀城市群协同发展规划编制，能不能尽快形成科学成果，全在于城市规划师们能不能把专业精神弘扬好，有没有足够的理性思考和科学调研，善于不善于把 2008 版京津冀城市群协同发展规划的成果用好。2008 版规划虽然不是一个理想的方案，但它是修编本次规划一块重要的基石，规划的很多内容还没有过时，还是有意义的。除此之外，所有的规划编制人员都长期生活在本地区，现场调查要紧紧围绕关键难题的解决而展开，更为重要的是：要静下心来在梳理思路、分析问题的基础上提出设想和方案，俗话说："功夫在诗外，知识靠积累"。

　　（撰稿人：仇保兴，个人简介参见序言部分）

　　注：摘自《城市发展研究》，2015（01）：1-4，参考文献见原文。

海峡西岸空间发展战略
——基于地缘政治因素的思考

（原标题：陆权回归：从乌克兰变局看海西战略）

航行的船只，可以感受海浪的起伏，却无从知晓洋流的走向。只有俯瞰大局，才能洞悉战场全景；只有纵横历史，才能感知形势变化。海峡西岸空间战略，需要将地缘政治因素纳入思考。正在欧陆展开的乌克兰博弈，可以为我们带来一些启示。

一、海权与陆权：传统理论

在全球历史大视野下，一个清晰的主线，就是海权和陆权的兴衰更替。马汉的海权三部曲和麦金德的《历史的地理枢纽》分别成为描述海权和陆权理论的经典。

1890 年，马汉在《制海权对历史的影响》（Alfred Thayer Mahan，1890）一文中发现，人类在海上的机动性超过了陆地，商船成为海上军事力量的基础：海上力量决定国家力量，谁能有效控制海洋，谁就能成为世界强国。海军战略必须集中在"海上交通线"、"中央位置"和"内线"。并据此提出，对美国而言，最重要的是巴拿马地峡和夏威夷群岛。

几乎与马汉同时，英国地理学家哈·麦金德敏锐地注意到，随着内燃机技术的改进和铁路的发展，欧亚大陆部分地区的交通得到极大改善，俄国横跨欧亚的大铁路西起维尔巴伦东至符拉迪沃斯托克，全长达 6000 公里，德国已经能够经过陆地到达中东。1904 年 1 月 25 日，麦金德在英国皇家地理学会，宣读了他的《历史的地理枢纽》（Halford John Mackinder，1904）。文章采用历史观察与地理分析的方法，提出欧亚大陆中部和北部是影响世界政治的一个"枢纽地区"，如果在这一地区出现一个不受挑战的国家，其他海岛国家就会衰落，世界自由将会受到威胁。

1919 年，他在《民主的理想与现实》一书中将《历史的地理枢纽》"枢纽地区"改为"心脏地带"，提出了著名的三段论"谁统治东欧，谁就能主宰心脏地带；

谁统治心脏地带，谁就能主宰世界岛；谁统治世界岛，谁就能主宰全世界"。

时过境迁。尽管他们的思想仍在，但百年后的世界，早已不是他们给出的静态图景。我们迫切需要一个同时能够解释陆权和海权力量之源，及其兴衰更替的理论。

二、权利的变迁：一个描述框架

海权和陆权的力量之源，起源于贸易。强大国家缘于对资源和市场的控制。任何领土征服和权力的追求，本质上，都是为了扩大贸易的规模。借用麦金德术语，我们把世界上的区域，按照资源供不应求还是供大于求分为两类：供不应求资源中，处于供给方的地区，以及供大于求资源中处于需求方的地区，我们统称之为"心脏地带"，反之，则视作"边缘地带"。显然，只要能够控制心脏地带或者心脏地带与边缘地带的通道，就可以控制广袤的边缘地带，从而成为强权国家。

在这个框架里，心脏地带不再是固定在"欧亚大陆的北部和中部"（麦金德），而是随着"战略资源"区位的变迁而漂移。相应地，心脏地带与边缘地带的通道也随之变换。"战略资源"可以随着经济技术的变迁而变迁。比如，石油历史上并非"战略资源"，随着化学和能源技术的进步，石油一跃而成为战略资源。粮食和马匹曾经是"战略资源"，随着农业技术和交通技术的改进，两者都从供不应求变为供大于求。再如，大规模生产使得需求过剩，拥有市场的地区（如美国），就变成核心地区。技术发明和金融制度（包括货币），都可以因其短缺，而成为"战略资源"。

海权与陆权的更替，取决于连接"心脏地带"与"边缘地带"通道的运输成本：海上交通成本较低时，地理上拥有海权优势的国家，居于主导地位，此时陆权衰落，海权兴起；陆上交通成本更低时，地理上拥有陆权优势的国家，居于主导地位，此时陆权崛起，海权衰落。在战略资源的分布相对稳定的条件下，海陆交通技术的此消彼长，决定了陆海权利的兴替。

在游牧和农耕时代，土地是战略资源，早期的心脏地带大都位于大陆地区。随着航海技术的进步，海上贸易的优势开始显现。诸如地中海周边这样的海权国家开始兴起。当草原民族的机动性再次压倒航海民族，陆权国家又开始成为统治力量。中国历史也是如此。大陆国家之间的贸易和经济规模，远远大于周边地区。随着国家的统一，以及驰道、大运河等交通设施的完善，大陆贸易的运输成本，远低于海洋贸易。大陆成为无可置疑的"心脏地带"。

中国历史上陆权最强大的朝代，汉代、唐代、元代，无一例外，都在经略西域，控制河西走廊等世界贸易通道上取得过巨大成功。历史上通过丝绸之路、茶马互市等方式展开的陆路贸易规模，远超海上。特别是元朝，横跨欧亚大陆，使得以往阻塞"心脏地带"的关隘一扫而空。陆上运输风险和成本大幅降低，陆路运输规模和贸易规模远超海运。陆权彻底压倒海权达到巅峰。这一时期的海权国家无一例外，全部都被边缘化。

相反，大陆桥被阻断的朝代，基本上也是陆权国家较弱的朝代（虽然其中的一些朝代，如宋、明、清，可能经济繁荣一时）。但农耕经济主导下的中国，由于经济规模巨大，始终保持了"心脏地带"的位置。正是由于这样的位置，确保了中国对周边地区的控制力——无需昂贵的海军，只要成本低得多的海禁，就可以将海权国家边缘化。远离心脏地带的边缘国家，不得不通过朝贡等制度，来维持与心脏地带的贸易。

历史上，拿破仑和中国明朝，都曾用海禁来对付英国和日本这样的海权国家。清朝也曾利用这一策略对付台湾明郑政权。这也解释了为什么像明朝这样的陆权国家，宁愿通过自残的方式，毁掉自己曾经领先的航海技术；为什么海权国家对于铁路等陆上运输技术，竭力加以削弱、控制。海陆不同交通技术的竞争，本质上乃是陆权与海权的竞争。近代海运技术突破，包括造船技术、港口技术和连接主要大洋的苏伊士运河、巴拿马运河的开通，特别是公海"超越主权自由通行权，加上海权国家提供的海运安保服务"，使得海运成本急剧降低。

在这一背景下，地理上享有海权之利的国家，迅速崛起为新的"心脏地带"。而没有海运之便的陆权地带，则逐渐衰落，沦为边缘。虽然陆权国家中国的沿海地区也获得快速发展，但"心脏地带"的转移和贸易通道控制权的丧失，导致了中国与周边国家主次易位。作为海权国家的日本，第一次成为亚洲秩序的主导国家。这同英国在欧洲的崛起如出一辙。

进入21世纪，东亚大陆国家的崛起，再次显示陆权回归的趋势。2011年，中国GDP重新超越日本，开启了亚洲"心脏地带"重新移回大陆的第一步。但这并不意味着中国已经成为亚洲的"心脏地带"了。在当今世界的"战略资源"中，供方定价的资源，矿产、能源、粮食、技术……中国基本上属于需求一侧；需方定价的资源：产品市场、资本……中国大多处于供给一侧。结果是，中国买什么，什么价格就贵，中国卖什么，什么就跌。

在中国掌握世界的"战略资源"之前，中国仍然处于世界大棋局的"边缘地带"。同"心脏地带"联系的通道，仍然是中国的战略软肋——只要海权国家实行"陆禁"，中国的经济可能就会瘫痪。在当今的海权时代，中国经济实际上是在依赖海权国家的"善意"（用奥巴马的话讲，就是中国在"搭便车"）。而海权国家"善意"的前提是，中国仍然是一个"边缘国家"。一旦中国试图再次成为世界"心脏地带"，与海权国家的冲突将会无可避免。

三、高铁与陆权重建

现实很清楚，中国要想实现历史复兴，必须首先成为掌控战略资源的"心脏地带"国家。而要做到这一点，就必须重建陆权，并在控制战略通道上取得主动权。从而摆脱对海权国家的依赖。大规模陆上运输技术的突破，就成为这一战略的关键。

正当此时，中国高铁横空出世，震撼世界。中国内部心脏地带和边缘地带的通道迅速建成，国内经济对海运的依赖下降，国内市场（中国掌握的少数几个"战略资源"）迅速扩大。陆路运输的时间和成本急剧下降。不仅如此，高铁还在继续向中国周边国家蔓延，中南半岛、缅甸、巴基斯坦、中亚……。更加具有战略意义的是，中国正在"研究在客运专线上开行货运动车组的事"（2014年8月17日《21世纪经济报道》）。历史很可能会证明，高铁将超过大运河、丝绸之路，成为海权国家的终极噩梦。

当年麦金德被俄罗斯横跨欧亚大铁路惊出一身冷汗，写出了遏止陆权国家的"战国策"——《历史的地理枢纽》。但西伯利亚铁路因为没有进入世界岛的"心脏地带"，所以没有起到替代海洋通道的作用。中国的高铁则不同，迅速的网络化使其覆盖巨大的人口和市场。中国的国家意志和高铁人的奋斗，使得中国高铁获得出乎意外的成功，截至2013年年末，中国建成高速铁路网总里程超过1万公里，远超过世界上任何其他国家，甚至超过了整个欧盟地区。其中，世界银行（2014）特别注意到，中国高铁的超低成本（其他国家的2/3）和超低票价（其他国家的1/4到1/5）。

中国高铁一旦延伸到拥有能源的中亚、中东，以及拥有市场的欧洲这样战略资源的"心脏地带"，对海权的依赖会大幅减少。假以时日，"上合组织"搞定陆路运输安全，欧亚大陆两端的市场和俄罗斯、中亚的能源组合，将使世界地理和历史的景观为之巨变。一旦陆路运输与海洋运输的成本（包括费用与时间）逆转，海权国家的世界竞争力就会一落千丈。陆权国家将在世界版图上重新崛起（高柏，2012）。

泰国军政府最近批准与中国合作高铁项目，立刻震撼了海权国家。2014年8月2日，英国《金融时报》引述澳大利亚战略研究所杰夫·韦伯的话说，高铁带来的影响可能会永久性地改变东南亚及其做生意的方式。在他看来："由于高铁的便利，昆明成了他们只有几个小时车程的'最近的邻居'。届时，中国云南的省会将会逐渐成为大湄公河地区的中心。"

特别是泰国高铁换大米的模式，使中国在输出高铁的同时，获得了稳定的"战略资源"。如果其他"心脏地带"也采用类似的模式，"石油换高铁"、"矿石换高铁"、"××换高铁",将不仅会带来陆权的大扩张,而且可能打破长期以来"战略资源"以美元定价的模式,直接威胁到美国对"心脏地带"与"边缘地带"运输通道的控制,甚至可能对美元世界货币的地位带来威胁。

四、海权国家的策略

无疑,上述图景是海权国家无论如何也不能让其发生的。

防止"心脏地带"统一或结盟,防止陆上通道取代海上通道,是海权国家不变的战略。在欧亚大陆两端,海权国家的策略几乎如出一辙。在欧洲,美国与英国结盟,通过乌克兰、波兰等国家,分隔德国和俄罗斯两个传统的陆权国家。通过欧盟,确保俄罗斯与欧洲大陆的敌对;在中东,通过默许宗教冲突,确保这些国家对美国有安全需求的国家不会同陆权国家结盟。中亚和中东破碎的安全地带,使得任何陆上战略性运输通道,都不能取代海上贸易;在亚洲,美国与日本结盟,通过朝鲜,分隔韩国与中俄两个陆权大国的联系。通过美日韩与东盟,确保中国周边国家与大陆的对立。在越南、缅甸等高铁项目上,对中国迅速发起了强力阻击,确保周边国家不会进入陆权国家的经济圈。

站在地缘政治的高度,我们就不难理解为何发动伊拉克战争时,欧洲的英国不同欧洲的法德站在一起,而是坚定地支持美国。因为伊拉克改用欧元结算石油交易,将会使欧洲大陆国家长驱直入拥有"战略资源"的"心脏地带",从而摆脱对海上贸易的依赖。伊拉克战争的真正意义,在于摧毁了法、德重新成为世界一极的企图。英国乃是海权国家在欧盟内部的第五纵队。目的就是确保大陆不能重新成为心脏地带。尽管英国民意要求退出欧盟,但为了扮演这一角色,英国一定会继续留在欧盟。而日本在东方,扮演着同英国几乎完全一样的角色。

布热津斯基在《大棋局》(Zbigniew Brzezinski, 1986)中,把乌克兰、阿塞拜疆、韩国、土耳其和伊朗作为欧亚大陆支轴国家,就是因为这些国家的地缘位置,阻隔了陆权强国与"核心资源"拥有国之间的联系,确保陆权国家无法摆脱对海权依赖。

五、反制海权

正是因为海权国家对全球战略有清晰的认识和深厚的根基,陆权国家的崛起绝不会是一帆风顺。伊拉克、阿富汗的不稳定,默许沙特、卡塔尔利用石油美元暗助伊斯兰原教旨主义(新疆问题是其一部分),乃至伊朗、朝鲜被孤立,都与海权国家的战略利益密切相关。最近发生在台湾、香港的动荡,甚至在手法上,都与乌克兰如出一辙。加上高铁在缅甸的挫败，越南高铁转向日本，日本与中国争夺俄罗斯输油管……。所有这些都表明，任何脱离海权控制的企图，都会进入海权国家的瞄准镜。

陆权重建需要时间。

在可以预见的时间内，中国通向"心脏地带"的命脉，仍会控制在美国为首的海权国家手里。中国通向"心脏地带"的所有海上通道，无论通向资源还是市场，都控制在对手的手里。从霍尔木兹海峡到上海漫长的航线上，只要扼守住少数几个峡湾水道，海权国家就可以用极低的代价瘫痪整条航线。而中国要保护整条航线，却需要无比高的成本。

结果是，中国的经济规模越大，就越离不开海权国家的"善意"，就会失去越多的经济独立。当年日本之所以被迫发动太平洋战争，就是因为美国剥夺了日本通向"心脏地带"的海权，给了日本致命的一击。

在这样的战略环境下，中国要想夺回战略主动，唯一的办法，就是具有反咬对手喉咙的能力——用同样低的成本，切断对方的动脉。唯有可信的威胁，才能让对手在扣动扳机前，三思而后行。

放眼全球主要航道，唯有台湾附近海域的片段，是中国有可能影响的战略性通道。美国的盟国日本、韩国主要的海上运输，都要经过台湾控制的水道。掌控这些水道，就可以以最低的成本，反制海权国家的威胁。一旦摊牌，唯有在这一海域，中国有能力让海权国家感到对等的痛苦。

六、台海大棋局

而要控制西太平洋水道，必先控制台湾。这是海峡西岸战略的核心，也是厦漳泉金同城化的核心。台湾若"独立"，大陆反制手段弱化，战略选择空间将被压缩。甲午之战的历史表明，失去台湾后，中国在海权时代的发言权几乎彻底丧失。面对海权国家袭扰，几乎没有任何还手之力，战略后果极其严重。

过去十年，大陆在对台方面投入大量资源。现在看来，效果不彰。岛内无论民意，还是政权，都与大陆渐行渐远。这一切都表明，要想稳住台湾，我们的战略必须转变！在这方面，正在欧亚大陆另一端乌克兰上演的一幕，可以作为我们设计台海战略的参考剧本。过去一年，台湾岛内乱象环生，执政者首鼠两端，公权力下降，"太阳花"运动大规模街头抗争，亲大陆势力被弱化——几乎完全是乌克兰在中国台湾的翻版。这很难不使人做出这样的判断，即台湾所发生的一切，乃是全球海权与陆权国家大棋局的一部分。

不仅历史常常惊人地相似，地理有时也会惊人地相似。如果我们把世界大棋局展开,就不难发现,欧亚大陆两端地缘特征,存在着惊人对称的"镜像关系"——日本相当于亚洲的英国,是坚定的海权国家;韩国类似德国,历史上是陆权国家,但被朝鲜(德国是被乌克兰)所隔,而成为海权国家在大陆的桥头堡;中国大陆相当于欧洲的俄罗斯,曾经主宰大陆但在海权时代被边缘化的国家;中国台湾就相当于乌克兰,倒向陆权则海权被压缩,倒向海权则陆权被挤出。

这种"镜像关系"意味着,今天在乌克兰上演的棋局,很可能就是未来台湾海峡摊牌的预演。过去一年,美俄双方在乌克兰表面看上去落子飞快,实际上乃是双方长期战略经营的结果,是美俄过去十年布局的收官。先是俄罗斯通过扶持乌克兰内部亲俄势力,并通过能源补助施以恩惠,诱其脱欧入俄;随后,美国支持反对派上街抗议,亚努科维奇镇压不成逃走;随后俄介入克里米亚和乌克兰东部俄语地区……图穷匕见,克里米亚和俄语乌克兰成为俄罗斯最后的王牌。

反观海西战略,大陆经略十余年,大量的资源投入,就像浮在水面上的奶油,完全没有像俄罗斯那样深耕出一块自己的克里米亚。这不能不说是过去台海策略的最大失误。

七、深耕金门

这次俄罗斯与西方在乌克兰角力中,乌克兰东部俄语势力,特别是克里米亚,成为普京力挽败局的最后抓手。乌克兰局势的发展表明,是否拥有军事冲突外的低烈度的干预手段,对保持战略主动至关重要。我们参与台海博弈,也需要有自己的"克里米亚"。

纵观台湾,最有可能成为我们"克里米亚"的地方,就是金门。

几年前,我《福建大棋局》(赵燕菁,2012)一文中写道:"金门,是台湾'蓝色'最深的地区,是'统派'的根据地,是统一理念渗透岛内的桥头堡。金门人说,即使台湾真的想"独立",金门也会加入大陆。这在'独'意渐浓的台湾,乃是一个罕见的异数。这恰是金门的战略价值所在。"

普京在乌克兰的优先目标,并非收回克里米亚,而在于利用克里米亚等俄语地区,控制整个乌克兰。这次收回乌克兰,很可能并非普京最初的计划。在普京战略里,克里米亚在乌克兰的重要性,决定了俄罗斯影响乌克兰局势的能力。

克里米亚重归俄罗斯,让西方感觉到巨大的创痛,但并没有达到"套住"整个乌克兰的效果。金门在台湾社会、经济生态中,远没有克里米亚对乌克兰那般重要。这就要求我们必须设计超常规的政策。台湾如鱼,金门如饵。金门能否起到克里米亚在乌克兰局势中所起的作用,"端赖其人口和经济占台湾比重"。

其实美国(包括岛内台独)早就看到这一步棋。当年金门炮战,美国就力劝台湾放弃金门。在陈水扁任内，金门在政治、经济特别是军事上，都逐渐被边缘化。金门驻军全盛时期曾号称拥有 10 万大军，蒋经国时代裁减到 8 万，李登辉执政再砍到 5 万，今年 7 月，已降至 3 千人左右。台湾人口 2300 万。金门在册居民 10 万 8 千人左右，实际居住人口不到 5 万人。

民主政治就是选票政治。用张安乐的话讲："台湾政治很现实，当他发现选民是绿的，他比你还绿；选民是红的，他比你还红。"对台湾政治生态的影响微不足道。去年美国 AECOM 公司为金门编制的一个战略规划，金门被弱化成一个人口稀少的生态岛——厦门的后花园。

"台独的阴谋，在弱化金门，必要时弃金门脱陆；我们的战略，必反其道行之——要强化金门，必要时假金门入岛"。因此，我们的金门战略 "就是全力增进金门在台湾政治经济版图中的份额。" 海西战略制定，要全部围绕这一目标。金门面积 150 平方公里，人口 10 万；厦门本岛 130 平方公里，人口 200 万。金门完全有空间做大。

八、厦漳泉金同城化

金门在两岸关系中，从一开始就是一枚战略棋子。1958 年，金门炮战，很大程度上就源自于中国战略家对抗美国切割两岸联系的企图。国共在金门、马祖保持战略的紧张，同全球局势的变化密切相关（见 "叶飞回忆金门炮战"《毛泽东生平全纪录》上）。自金门炮战以来，金门在大陆的海峡战略的地位却逐渐下降。特别是两岸缓和后，金门的地缘政治价值被置于战术考虑的层次。

海西战略一开始，就不切实际地越过金门，把对台工作的目标，瞄准了台中、台南。近年来，又把大量资源投向平潭。实践证明，这是一个完全错误的方向。一旦台海摊牌，平潭毫无助力。乌克兰局势的演变显示，克里米亚作用，要远远大于俄罗斯境内的任何地区。作为对岸体制内的区域，金门虽小，却有大陆任何地区都无法替代的作用。从国家角度思考，规模最小、实力最弱的金门，反而居于厦泉漳金同城化战略、甚至海西战略的核心。海西策略应该收敛目光，重新关注近在咫尺的金门。

首先，仿效俄罗斯扶持乌克兰境内的俄语地区，将原来给予全岛的优惠政策，集中到金门。比如，金门注册的企业减税，可优先获得创业扶持，可获得优惠贷款，可进入外国资本受限的领域；在靠近金门的翔安设立特别政策区，给金门户籍人口更多市场优先，让金门注册机构，比香港、上海、澳门更大的金融特权，鼓励两岸贸易集中在金门－厦门交易。同时，让金门户籍人口在翔安可以享受到比岛内更好的医疗、教育、治安。厦门要在城市风貌、建筑品位等等方面，各种公共产品远远超过台湾本岛。

其次，要让金门享有比岛内其他地区更好的基础设施。如在厦门港口设金门专门通道，便捷的高铁和城市轨道接入，不逊于岛内的空气质量和饮水安全。推动厦门、金门共用机场，然后开放厦门（金门）机场飞台湾有航权的国际航线。以大陆的市场为代价，使金门（厦门）机场迅速取代岛内机场（如桃园）成为台湾通往全球的口岸。

第三、要让金门户籍人口享有比岛内其他地区更好的公共服务，如，有最好的公立学校，优先的升学机会，高质量的就医条件，更好的社会保障、养老服务，更好的治安、居住、公交、环境、卫生……。总之，要在金门创造一个远胜岛内其他地区的公共服务高地，增加金门户籍的含金量。

需要指出的是，金门户籍人口未必住在金门或在金门就业。岛内蓝绿差距，只在数万票之间。只要有 100 万人选举时回到金门，就足以影响岛内政治。两岸老一辈战略家当年在金门，通过制造局部紧张局势，共同合作，抵消了外部（美国）、内部（台独）分离势力的压力。金门，是老一辈留给我们的战略资产，今天，我们绝不能让这个棋子废弃。

九、转向草根

经略金门，首先要转变思路。

经过多年发展，两岸经贸关系空前紧密，但大陆在台湾民意中的认可度不升反降，一个重要原因，就是以前对台的工作重心，过于集中于工商界、政界。像海峡论坛这样的活动，表面热闹，其实对岛内民意几乎没有什么影响。

过去 10 年，岛内已从政治操控民意，转变为民意引领政治。民意已从过去的"因变量"，变为"自变量"。岛内政党变绿，根本原因是民意变绿。这意味着以往对台工作主要以企业、政府和党派为对象做法，也要随之转变。怎样影响岛内民意，已经比怎样影响岛内政治更加重要。

这次太阳花运动显示，新生代学术精英对民众，特别是政治活跃的年轻人，有着巨大的影响力。一旦由其形成主流观点，靠台面上几个头面人物，根本无法与之抗衡。这很像法西斯第三帝国的兴起。纳粹起家时，依靠的并非当时工商、政界的名人，而主要是工程师和医生为核心的知识界精英。

同俄罗斯过度押宝亚努科维奇不同。美国一方面扶持尤先科、季莫申科这样的政治领袖，一方面通过设立"民主基金"、"富布莱特奖学金"之类的机制，培养本地精英代理人。通过本地精英间接操控乌克兰民意，结果给俄罗斯造成了极大的麻烦。美国的做法，值得我们借鉴。实践表明，这样做（特别是在"民选"

政体）远比直接控制统治者更有效率。

如果我们把自己同岛内某个政治集团过度绑在一起，一旦这个集团被民意抛弃，就可能重蹈俄罗斯在乌克兰的覆辙。台海策略必须在政商之外，布局第三种选择。这个第三种选择，就是要从以前注重政商高层，转向直接做群众的工作。唯有影响民意，才能把握台海走势的大局。

第三种选择要想成功，必须同时辅之以资本支持。设立"海峡创业投资基金"，鼓励其以金门为基地，在大陆或岛内创业，乃是一个可以考虑的选项。开放初期，台湾对大陆拥有明显的资本优势，三十年来的耕耘，使台湾在大陆经济、社会、文化甚至宗教、慈善等方面，都实现了极高的渗透率。现在形势逆转，资本成为大陆一侧的优势。但这一战略棋子潜力，远未得到充分开发。海峡创业投资基金，可在岛内政治派别之外，提供另一种干预岛内政治进程的选择。

十、海权 vs 陆权：互为表里

陆权的崛起，是中华民族伟大复兴的历史宿命。

马汉认为，陆权国家的战略缺陷，在于海陆兼顾使得陆权国家的成本，远大于专注海上防卫的海权国家。但中国的崛起，必须海陆兼顾。虽然高铁为陆权国家提供了另一个选项，但无论在技术还是成本上，短期内却难以完全替代占全球贸易 2/3 以上的海运。这意味着陆权国家要有更高的战略自觉和更加均衡的力量运用。在走向陆权国家的道路上，中国不能弃海不顾，而应采取两面对冲的策略，让海洋战略为陆权的崛起赢得时间和空间。一旦中国重新成为欧亚大陆"心脏地带"（标志是控制最大的消费市场），经济竞争就可以重归中国的主场。在这一大棋局中，台湾具有改变天平方向的重要性。

美国海军战争学院教授米兰·维戈（Milan Vego，1999）在其经典著作《窄海地区的海军战略与作战》中指出，"那些濒临一个或多个大洋、但直接接触的乃是封闭海域或边缘海的国家，在海军战略方面往往具有两重性——它们会倾向于在封闭海域建立传统制海权，同时对半封闭海域和邻接的部分大洋实施制海权争夺（Dispute in Sea Control）。争夺制海的最高目标是向完全制海，最低目标则是消极的海上拒止（Sea Denial），即排除敌对一方利用该海区关键航路进行军事力量投送的可能性，但本身也不进行这种利用。"

这一分析完全适于台湾。台湾被海权力量控制，中国的南北海域便被分为两大互不衔接的部分；如果被陆权力量控制，海权国家就不敢贸然切断陆权力量的战略通道。布热津斯基说："没有乌克兰，俄罗斯就不可能成为一个大国"同样，没有台湾，中国也不可能成为一个大国。

需要指出的是，控制台湾，并不会对头号海权大国——美国，构成对等的威胁。根本上讲，亚洲的对抗，符合美国的根本利益。俄罗斯科学院和乌克兰科学院院士谢尔盖·格拉季耶夫不久前在俄罗斯大使馆网站上撰文，指出"历史上，欧洲爆发的战争是给美国带来经济增长和政治崛起最为重要的源泉。战争让资本和人才从交战的欧洲国家大量涌入美国／把欧洲国家拖入与俄罗斯的战争，可以增进欧洲国家对美国的政治依赖。迫使欧盟区以有利于美国的条件与其进行自由贸易／欧洲银行系统的动荡，资本流向美国使其得以保持其债务美元金字塔的稳固。"

这也是美国现在在亚洲采取的策略。

虽然陆权崛起，海权国家依然可以通过合作分享繁荣（就如同今天的陆权国家可以在海权秩序下繁荣一样），但国家本能，使其不会自动放弃陆权国家朝贡的现状。唯有陆权国家自身贸易规模大幅超越海权国家，才有可能破解这一战略难题。从这方面来看，最近中国同俄罗斯的走近，是海权国家最不愿意看到的。同样，虽然中日韩走向一体化，更加符合地区利益，但美国宁可默许日本重新武装，也不能容忍出现第二个"心脏地带"。这同美英竭力破坏欧洲一体化如出一辙。破坏陆权国家摆脱海洋依赖的任何企图，乃是海权国家不变的本性。

结语

分析局势是为了改变局势，预言战争是为了制止战争。

本文无意预言台海局势必会成为第二个乌克兰，更不是建议重新放弃海权，重归内陆。海洋今天重要，未来会更重要。中国已经成功进入海洋，来了就绝不能回去。但中国必须确保有海洋之外的另一种选择。

多年来，新加坡一直受到马来西亚供水的威胁，但新加坡通过新生水和海水淡化取得供水独立后，这种威胁便烟消云散。马来西亚知道断水也许可以提升新加坡的成本，但不会让新加坡毙命。结果，现在反而是马来西亚担心新加坡减少购水影响其收益的稳定。

路上运输成本可能比海运更高，但却给中国提供了一个替代海运的选择。这就如同抗日战争期间的滇缅公路——虽然代价巨大，但极大地增强了中国失去出海口后的生存能力。面对海权威胁，中国手上的牌越多，海权国家的威胁效果就越不可信，使用极端手段的可能就越低。路上丝绸之路和海上丝绸之路是一个战略的两个支点。二者互为表里，互相支撑。陆权的强大，才能保证海权的安全。

真实世界的牌局里，并非只有核武这样的终极王牌才是好牌。乌克兰上演的真实博弈显示，刚好比对手强一点的低烈度手段，才是随时可以打出的有效牌。

国家行为貌似随机，但在大历史看来，依然会服从其内在的本能。基于陆权和海权竞争的框架，为思考周边乃至世界各国的行为模式提供了一个逻辑链。虽然这不一定意味着某个国家或国家集团已经制定甚至正在执行类似的战略，但只要这个逻辑是合理的，世界各国在决策时就会不自觉地按照其本能行事。任何战略的本质，都是基于竞争的规划。预见并推演出不同国家在特定场景下的行为和反应，才能为区域乃至国家战略的制定提供正确的依据。

（撰稿人：赵燕菁，厦门市规划局局长，教授级高级规划师）

摘自：赵燕菁. 陆权回归：从乌克兰变局看海西战略［J］. 北京规划建设，2014（05）：150-157.

基于 GIS 的中国城市群发育格局识别研究

导语：城市群是中国未来经济发展中最具活力和潜力的核心增长极，是我国城镇化的重要空间载体，已成为国家区域政策的热点。本文按照都市区—联合都市区—准都市连绵区—都市连绵区的发育演化逻辑，以都市区为城市群的基本构成单元，以联合都市区、准都市连绵区、都市连绵区作为城市群的主要类型，利用全国 2858 个县级行政单元 2010 年的城区人口、城市化率、人均 GDP、非农 GDP 比重、非农就业比重、经济密度和人口密度等指标，借助 GIS 软件对中国城市群发育格局进行整体识别。结果显示：2010 年中国 657 个城市中共有 325 个都市区单元，包括大中心市 239 个，小中心市 86 个，外围达标县 196 个；发育形成由 156 个都市区、25 个联合都市区、3 个准都市连绵区（武汉、山东半岛和成德绵）和 3 个都市连绵区（长三角、珠三角、京津冀）构成的城市群总体空间格局。

一、问题的提出

诺贝尔经济学奖获得者斯蒂格利茨将中国城镇化和美国高科技并列为影响 21 世纪人类进程的两件大事。随着科学技术及交通、通信手段的迅猛发展，现代城市功能逐步向更大区域范围拓展，城镇化发展的区域化态势呈现，城市与城市之间的相互联系和影响越来越密切，一定地域范围内的诸多大、中、小城市相互交织成的城市群，在全球城镇体系中日益占据重要的枢纽地位，成为国家参与全球竞争与国际分工的全新地域单元。城市群有助于提高经济效率、促进知识集聚和提高能源效率，是区域可持续性发展政策实施的良好空间尺度（Joan Marull et al, 2013）。例如，美国以东北海岸、中西部地区、加州南部、墨西哥湾等为代表的 11 个城市群或大都市圈，目前居住着 1.97 亿人口，几乎占美国人口总数的 68%，聚集了 80% 人口在百万以上的大城市。世界银行研究报告《2009 世界发展报告：重塑世界经济地理》指出：中国高密度、近距离、浅分割的巨型功能地域体不断涌现和发育，开始形成以大城市为核心，有着主次序列、分工协作的城镇群体（刘承良，2009）。毋庸置疑，城市群是中国未来经济发展中最具活力和潜力的核心增长极（Allen J. S，2001）。城市群作为我国城镇化的重要空间载体，已成为国家区域政策的热点。据不完全统计，除了青海、西藏等少数省份外，大部分省市先后编制了 54 个城市群规划（方创琳等，2011），排除空间重叠的规划城市群，为学术界讨论或公众熟知的城市群目前至少有 23 个。由于城市群是一个动态变化的地域空间，具有边界模糊性和城市辐射范围的阶段性等特征，各级政府在确定城市群规划范围时，缺乏相对统一的标准，往往忽视城市群发育演化的空间趋势，超越其发展阶段。因此，动态识别城市群的发育范围，并对各级城市群规划范围进行反思和检讨，既是科学预测、规划和管理其未来发展空间，推动中国健康城镇化的基本前提，也是理论上廓清分析对象，深化城市群学术研究的基础。

国外对城市群发育范围的研究较早。1910 年代，苏联学者博格拉德等人以乌克兰为例，采用"中心城市最低人口数、外围地带最低城镇居民数、中心城市到聚集区边缘的距离"等指标对城市群界定（刘荣增，2003）。1949 年，美国提出了标准大都市区（Standard Metropolitan Area）、标准大都市统计区（Standard Metropolitan Statistical Area）、大都市统计区（Metropolitan Statistical Area）和大都市区（Metropolitan Areas）的概念，依据"中央核、流测度、大都市区特征和基本地理单元"四大指标对大都市区进行识别和划分。都市区的概念和划分体系一直沿用至今，并对欧洲、加拿大和日本等西方国家城市统计体系产生了重要影响，成为西方国家城市群发育识别方法的主体。例如，1950 年，日本提出的"都市圈"概念，即中心城市人口规模 10 万人以上，以一日为周期，可以接受城市某一方面功能服务的地域范围；1960 年代，又提出基于中心城市人口、外围与中心市通勤人口、货物运输量的"大都市圈"概念（张伟，2003）。1978 年，L.S.Boume 等人提出以标准大城市统计区确定都市圈范围划分方法（侍非，2011）。1998 年，D．Martin 提出利用在地理意义上非集聚性的各种人口和社会经济数据，借助计算机模拟都市区边界。2009 年，Fragkias 和 Seto 在中国长江三角洲地区应用 Hoshen–Kopelman 算法模拟以核心城市及其周边郊区组成的大都市区（David Martin，1998）。1957 年，法国学者戈特曼（J.Gottmann）基于都市区概念，提出了界定都市连绵带（Megalopolis）的基本标准，并定性识别出六大都市连绵带，分别是美国东北部大西洋沿岸城市群、北美五大湖城市群、日本太平洋沿岸城市群、欧洲西北部城市群、英国以伦敦为核心的城市群以及中国的长三角城市群（Gottmann J，1957）。戈特曼开创了对高度发达城镇密集区界定的研究先河，并对后来研究影响深远。

我国对城市群界定的研究既受美国都市区划分的影响，也受各级政府城市群规划实践需求的推动。1990 年，顾朝林以城市综合实力评价为手段，以战略目标为导向，应用 33 个指标对 434 个地级以上城市进行分析，提出了我国两大经济发展带、三条经济开发轴线、九大城市经济区、33 个二级城市经济区和 107 个城市群的初步设想（顾朝林，1991）。2005 年，方创琳等从空间配置格局分析，认为我国共存在 28 个大小不同、规模不等、发育程度不一的城市群（方创琳等，2005）。受戈特曼都市连绵带划分标准的启发，我国不同学者对不断推出的规划城市群进行辨识和界定。1998 年，代合治根据地域面积、总人口、城市人口、城市数量等标准，将我国城市群划分为特大型、大型、中型、小型等 4 个等级类型共 17 城镇群（代合治，1998）。2005 年，苗长虹、潘海江等基于城市人口规模、与核心城市通勤距离、地域范围、建制市数量、地级市所辖县（市）全部纳入、政府部门和学术界相对公认的名称和区域范围等 6 大原则，认为我国已初步形成 13 个城市群（苗长虹等，2005）。2009 年，方创琳等人提出了我国城市群界定的 10 大判断标准（方创琳，2009）。此外，2010 年，陈群元等人基于引力模型和生产要素流，对长株潭城市群空间范围进行了综合界定（陈群元等，2010）。2012 年，黄金川等人基于辐射场强和空间自相关模型，对中国城市群发育的基本框架作了初步探讨（黄金川等，2012）。2011 年，张倩、胡云峰等人根据交通网络的空间分布和地形地貌特点，采用 2000 年的交通、人口和经济数据，按照 8 项遴选准则，以地理信息技术为支撑，确定中国大陆地区存在 2 个成熟的城市群和 7 个发展中的城市群（张倩等，2011）。2013 年，王丽等利用传统引力模型、场模型、潜力模型、断裂点模型等识别出 2009 年中国共有 12 个城市群（王丽等，2013）。

1991 年，我国学者周一星借鉴美国都市区的概念，开始着手中国都市区的研究（许学强等，1996）。鉴于中国缺乏通勤流的统计数据，通过调查提出用非农化指标替代通勤率表达经济社会联系度识别中国都市区的构想。1992 年，孙胤社采用逐步回归分析法用大北京的数据验证了这一假设（孙胤社，1992）。此后他们对长三角、珠三角、辽中南等沿海经济发达区域进行了都市区识别，并提出都市连绵区识别的五大指标（胡序威等，2000）。但是，由于我国关于都市区的统计制度尚未建立，基于都市区对城市群识别的研究并没有很好继承，尤其是从全国尺度，探讨都市区发育进而识别中国城镇化格局的研究近 10 年来更为鲜见。因此，本文在继承和综合国内外专家有关城市群范围划分的指标和标准基础上，着重按照都市区—联合都市区—都市连绵区的演化逻辑和动态视角，以全国县级行政区划为基本分析单元，以都市区为中国城市群的基本构成单元，利用海量统计数据，借助 GIS 软件，对 2010 年中国都市区范围进行划分，进而对中国城市群发育格局进行辨识分析。

二、识别方法

（一）城市群概念界定

国内外对城市群的概念界定不一。国外与城市群相关术语有 Megalopolis（J Gottmann，1957）、Town Cluster（Howard E，2000）、Courbation、Urban Agglomeration（Geddes P，1915）、Metropolitan Area（Scott J A，2002）、Desakota（McGee T G，1991）等，国内相应的有都市密集区、城镇密集区（胡序威，1998）、都市区、都市连绵区（许学强，周一星，1996）、都市圈（张京祥等，2001）等提法。综合国内外不同学者对城市群相关概念的剖析和表述，本文认为城市群的本质特征为全国要素的集聚、区域要素的分散和城市之间的联系三个方面，而其演化的基本构成单元是都市区。据此，提出本文研究的城市群演化的过程：建成区—市辖区—都市区—联合都市区（或都市圈）–都市连绵区。其中，城市建成区是物理建成的城市地域；市辖区是行政管辖范围内的城市区域；都市区是城乡紧密联系的功能地域，为城市群的基本构成单元；联合都市区和都市连绵区是城市群的主体形式。从空间尺度来说，都市区一般为建成区外围 50 公里的城乡联系范围，联合都市区为方圆 100 公里的辐射范围，准都市连绵区为方圆 200 公里的紧密联系范围，都市连绵区为方圆 300 公里的辐射扩展范围。城市经济发展到一定程度之后，聚集于城市的非农产业活动和城市的其他功能对周围地域的影响力不断增大，使周围一定范围内的地域与中心城市能够保持密切的社会经济联系，从而形成资源、环境、基础设施共享，产业经济活动密切关联，具有一体化倾向的城市功能地域（Functional Urban Regions）（Hall P et al，2006）。城市功能地域体现了城市人口居住、就业、购物、医疗、游憩等基本功能的地域范围，它由城市核心及与核心保持密切社会经济联系的外围地区组成（王兴平，2002）。联合都市区由若干个社会经济联系密切的都市区连在一起组合而成的城际联系密切的区域。都市连绵区是以联合都市区为组成单元，以若干大城市为核心并与周围地区保持强烈交互作用和密切社会经济联系，沿一条或多条交通走廊分布的巨型城乡一体化地区（Zhou Yixing，1991）。都市区连绵区本身是各种物质和非物质要素空间上集聚的产物。又是城市化过程由绝对集中进入逐步分散发展阶段以后出现的现象。集聚产生了枢纽和孵化器功能，而分散则是孵化器功能的逻辑延伸，集聚与扩散的双重过程在加强区域原有的多核心结构的同时，也使都市区和大都市带获取了不断发展的动力。正是在这样一个连续的动态过程中，作为社会生活核心的城市地区在集聚与扩散两种力量的共同作用下，枢纽功能与孵化功能相互促进，不断发展，从而在都市区基础上形成了都市连绵区（史育龙等，2009）。

（二）数据来源

本文的研究范围以中国大陆国土疆域为界，研究对象包括 283 个地级市和 2003 个县级行政单位（市辖区除外）。港澳台地区因数据获得原因，暂未列入研究范围。地级以上城市采用的统计范围为市辖区，数据主要来源于《2011 年中国县（市）社会经济统计年鉴》、《2011 年中国城市统计年鉴》、《2011 年中国区域经济统计年鉴》、《2010 中国第六次人口普查》。其中，城镇人口数据以全国第六次人口普查统计口径为准。

（三）界定标准与技术流程

作为城市群的基本组成单元，都市区是城市群发育范围识别的基础。都市区由中心市和外围县组成，因此其发育识别的关键是中心市和外围县。借鉴国内外都市区相关研究，提出适合我国特点的中心市和外围县界定标准：（1）中心市：基于都市区在全国范围内具有遍在性的认识，借鉴美国都市统计区划分小都市区（micro metropolitan）和大都市区（macro metropolitan）对中心市人口规模的划分标准，结合我国人口密集的国情，确定我国中心市遴选的人口规模标准为 20 万人，即市辖区人口 ≥ 20 万的地级市辖区或城区人口 ≥ 30 万的县级市设为都市区的中心市。其中，辖区人口 ≥ 50 万的地级市辖区为大中心市，辖区人口在 20 ～ 50 万的地级市辖区或城区人口 ≥ 30 万的县级市为小中心市。（2）外围县：城市化率 ≥ 40%、人均 GDP ≥ 15000 元／人（参考联合国和钱纳里对工业化中期阶段的划分标准）、非农 GDP 比重 ≥ 80%、非农就业比重 ≥ 60% 和人口密度 ≥ 200 人 /km² 的县或县级市为达标县，其中与中心市直接或间接邻接的达标县为邻接达标县（与中心市间接邻接是指与中心市之间存在其他邻接达标县），其余为非邻接达标县。如果某县（县级市）能同时划入两个都市区则主要依据行政区划原则确定其都市区归属。基于 GIS 技术对都市区发育范围识别的技术流程详见图 1。

联合都市区是指两个以上的都市区空间上彼此邻接的区域。都市连绵区则是发育较成熟、规模较大的联合都市区，即在联合都市区界定的基础上，按照相关标准，依据最大中心市的人口规模，区域范围内的总人口、人口密度、经济密度、城市化率等指标，对联合都市区进行筛选。都市连绵区界定标准为：至少包括两个联合都市区，且包括一个 200 万人口以上的超大城市，人口密度 ≥ 500 人 /km²，人口规模 ≥ 1500 万，经济密度 ≥ 2500 万元 /km²。其中，人口规模 ≥ 2000 万，且经济密度 ≥ 6000 万元 /km² 的为都市连绵区，其余为介于都市连绵区和联合都市区之间的准都市连绵区。

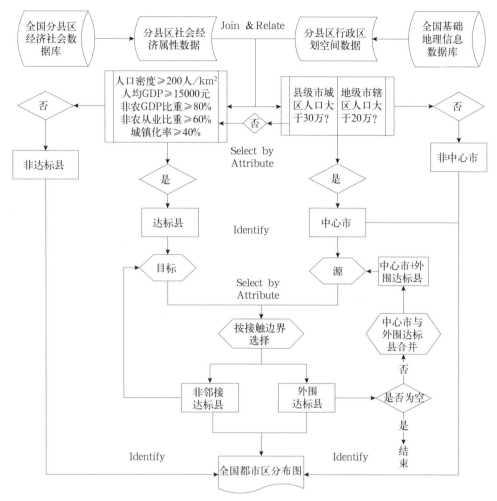

图 1 都市区发育范围界定的技术流程

三、结果分析

（一）城市群发育总体格局

根据上述技术流程及界定标准，全国 657 个城市共有 325 个中心市，包括 239 个大中心市和 86 个小中心市；达标县（含县级市）228 个，其中外围达标县（或邻接达标县）196 个，非邻接达标县 32 个。在都市区划分基础上，识别出中国 2010 年共发育 156 个都市区（包括 135 个处于发育初级阶段无外围县的都市区和 21 个相对成熟有外围县发育的都市区），25 个联合都市区（或都市圈）、

3 个准都市连绵区和 3 个都市连绵区，共同构成我国城镇化发展 2010 年城市群演化的总体格局（表 1 和图 2）。如果以联合都市区以上的地域单元作为城市群，2010 年中国共发育 31 个城市群，共占地 59.77 万平方公里，总人口 4.95 亿人，城镇人口 3.42 亿人，实现 GDP25.82 万亿元。它们以 6.23% 的土地，承载了全国 36.93% 的总人口和 51.46% 的城镇人口，实现了全国 64.87% 的 GDP。31 个城市群平均经济密度为 4320 万元，是全国平均水平的 10.41 倍。

基于都市区的中国城市群识别结果一览表（2010） 表 1

类型	城市群单位	面积（万 km²）	人口（万人）	城镇人口（万人）	GDP（亿元）	人均 GDP（元）	城镇化率（%）	人口密度（人/km²）	经济密度（万元/km²）
都市连绵区	长三角	15.92	13347	9026	80192	60081	67.62	838	5036
	珠三角	3.74	5357	4657	37304	69630	86.92	1431	9968
	京津冀	4.13	4323	3321	29481	68195	76.82	1047	7137
	小计	23.80	23028	17003	146977	63826	73.84	968	6176
	比例	2.48	17.19	25.55	36.93	2.15	1.49	6.91	14.88
准都市连绵区	山东半岛	5.19	3784	2457	24274	64144	64.92	729	4675
	武汉	2.77	2547	1539	7572	29725	60.42	920	2734
	成德绵	1.50	1621	1114	6709	41398	68.76	1083	4483
	小计	9.46	7952	5110	38554	48482	64.26	841	4076
	比例	0.99	5.94	7.68	9.69	1.63	1.29	6.01	9.82
联合都市区	重庆	3.25	3275	1698	7078	21615	51.85	1006	2175
	太原	0.26	406	360	1767	43495	88.58	1553	6756
	济宁—枣庄	0.78	735	391	3163	43064	53.20	947	4076
	西安	0.55	886	658	3459	39048	74.31	1608	6281
	厦漳泉	1.00	1219	846	6011	49293	69.39	1277	6295
	潮汕	0.59	902	613	2090	23167	67.92	1535	3556
	沈阳	1.50	1415	1218	8745	61822	86.07	944	5837
	郑汴洛	1.12	1358	865	5754	42357	63.68	1212	5136
	大连	1.30	661	494	5120	77423	74.72	507	3928
	长吉	0.70	656	502	297	45228	76.28	925	4183
	安阳—鹤壁	0.27	257	171	902	35099	66.41	946	3321
	葫芦岛—锦州	0.25	206	159	793	38458	77.23	838	3222
	长株潭	2.67	1577	1031	7644	48467	65.38	591	2863
	南抚	0.79	598	360	2304	38510	60.21	760	2929
	徐州	1.65	1206	676	4158	34483	56.10	732	2523
	合肥	1.23	777	495	2819	36270	63.73	634	2299
	池州—安庆	0.46	204	113	577	37425	87.06	247	925
	哈绥	0.90	676	530	2650	39230	78.41	748	2933
	白山—通化	0.32	113	98	421	37425	87.06	351	1313

类型	城市群单位	面积（万km²）	人口（万人）	城镇人口（万人）	GDP（亿元）	人均GDP（元）	城镇化率（%）	人口密度（人/km²）	经济密度（万元/km²）
联合都市区	南钦防	1.48	515	343	1741	33796	66.57	347	1173
	三明—南平	0.87	142	97	691	48762	68.71	163	797
	天宝	0.91	263	142	723	27454	53.75	290	796
	来贵	0.85	240	97	458	19047	40.54	281	536
	酒泉—嘉峪关	0.45	66	47	317	48018	71.51	147	707
	伊鹤	2.36	139	129	298	21380	92.85	59	126
	小计	26.51	18494	12134	72653	39285	65.61	698	2740
	比例	2.76	13.80	18.23	18.26	1.32	1.32	4.98	6.60
城市群	合计	59.77	49474	34247	258184	52186	69.22	828	4320
	比例	6.23	36.93	51.46	64.87	1.76	1.39	5.91	10.41
全国	总计	960	133972	66557	397983	29706	49.68	140	415

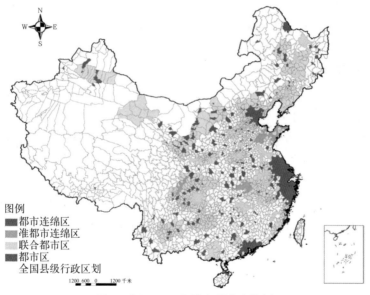

图2　中国2010年城市群发育格局

（1）中国都市区分布具有明显的地域差异，东部数量多且分布集中，中西部数量少且分布零散。3个都市连绵区全部集中在东部沿海，3个准都市连绵区东、中、西部各有1个。从联合都市区来看，东部地区有漳厦泉、潮汕、三明—南平、沈阳、葫芦岛—锦州、哈绥、伊鹤、白山—通化、长吉、大连、济宁—枣庄、徐州12个，占地面积、城镇人口和GDP占全部联合都市区的比重分别为46.06%、47.42%和51.08%；中部地区有合肥、池州—安庆、安阳—鹤壁、郑汴洛、南抚、太原、长株潭7个，三项指标占比分别为25.65%、27.98%和

29.96%；西部地区有酒泉—嘉峪关、西安、南钦防、来贵、重庆、天宝等 6 个，三项指标占比分别为 28.29%、24.60% 和 18.96%。东部地区都市区空间发育程度高，地域连片，都市区都有外围县与之密切社会经济联系，还出现了跨省域的联合都市区，如徐州、南京。中部联合都市区空间发育较东部弱，形成了一些以省会城市、重要地级市以及发展条件好的县级市为中心的联合都市区。西部地区联合都市区空间发育更弱，包括的都市区数量少，外围县不发育，而且都市区大多由省会城市（四川、重庆除外）衍生。

（2）按照都市区演化的逻辑，作为基本单元的都市区的数量和面积随着经济社会发展持续增加，都市连绵区的数量和面积也逐步增加，但是作为过渡环节的联合都市区数量存在先增后降的阶段性特点。都市区发育初期，由于都市区融合不断产生更多的联合都市区；发育后期，联合都市区不断融入都市连绵区而数量减少。2010 年，我国 25 个联合都市区中，除了酒嘉（酒泉—嘉峪关）、伊鹤（伊春—鹤岗）、三明—南平（包括三明、南平和永安）都市圈人口密度低于 200 人／平方公里，属于尚未达标的临界态外，而其余 23 个联合都市区的发育相对较好，其平均经济密度为 2433 万元／平方公里，是全国的 5.87 倍。

（3）全国的城市群主要沿着国家交通经济发展带分布。全国准都市连绵区以上的 6 个城市群均位于我国"T"字形经济发展带上。其中，东部沿海发展带有 4 个，长江沿线发展带有 3 个，长江沿线发展带和沿海发展带的交汇点的长三角形成全国乃至全球最大的都市连绵区。2010 年这 6 个城市群发育范围约 33.26 万平方公里，占全国的 3.46%，承载全国 23.12% 的总人口和 33.23% 的城镇人口，实现了全国 46.62% 的 GDP，区域内经济密度接近 8000 万元／平方公里，是全国平均水平的 19.12 倍。其他 23 个联合都市区全部分布在我国"π"字形发展带上，其中沿海地区集中 12 个，陇海—兰新线和长江沿线均分别集中 6 个。

（二）规划城市群发育范围分析

中国 23 个规划城市群的占地面积为 217 万平方公里，占全国的 22.6%，其中发育的都市区占地面积仅有 59.77 万平方公里，只占规划范围的 27.54%，规划范围显然偏大（表 2）。具体来看，23 个规划城市群中都市区发育面积占比低于 30% 的城市群共有 16 个，占 53.3%。而占比大于 40% 的城市群仅有 5 个。长三角城市群发育态势强劲，发育范围已经超过规划范围；珠三角城市群规划范围适中，发育态势主要沿海向东发展；山东半岛城市群规划范围适中，呈现沿海和沿主要交通走廊连绵态势，济南与烟威、青日之间交流不断加强，处于填充发育阶段；武汉城市群规划范围适中，其都市区发育呈现向西连绵态势，与现有规划范围并不吻合；长株潭城市群规划范围适中，其都市区发育具有跨省东向连绵态势，与长株潭城市群规划的省内向南发展趋势并不一致。京津冀城市群的规划范围过大，目前只有京津唐连绵发育，环渤海城市圈远未形成，规划范围应仅包括北京、天津、保定、沧州、秦皇岛和唐山。成渝城市群规划范围明显偏大，其内发育的重庆联合都市区和成都准都市连绵区彼此尚未连绵，都市区面积占规划范围的比重仅有27%。另外，晋中、滇中、天山北坡、兰白西、黔中、呼包鄂等规划城市群的都市区发育微弱或尚未发育，还不足以称为城市群。哈大长城市群包括哈绥和长吉两个都市圈，因为它们发育均沿东西轴向，彼此连绵趋势很弱，不应强行归为一个城市群。

中国部分规划城市群发育范围比较一览表　　　　　　　　　表2

城市群单位	规划范围			规划范围内发育的都市区统计						备注
	面积（万km²）	人口（万人）	GDP（亿元）	面积（万km²）	比重（%）	人口（万人）	比重（%）	GDP（亿元）	比重（%）	
长三角	9.91	10171	68814	9.78	99	10100	99	63690	93	超越规划范围，发育态势强劲
珠三角	5.59	5613	37696	3.15	56	5063	90	36564	97	范围适中，沿海东向发育态势
京津冀	17.27	8119	39065	4.43	26	5089	63	32746	84	范围过大，京津唐发育较好
山东半岛	7.38	4468	25989	4.43	60	3219	72	21782	84	范围适中，呈沿海和沿交通线连绵态势，处于填充发育阶段
辽东半岛	12.06	3895	20463	3.18	26	2585	66	16059	78	范围过大，沿沈大交通走廊双核发育
海峡西岸	5.49	2806	11294	2.12	39	1969	70	9213	82	范围过大，发育较弱
长株潭	2.72	1365	6717	1.61	59	1035	76	5548	83	范围适中，跨省东向连绵态势
武汉	5.84	2719	8746	2.61	45	1978	73	7275	83	范围适中，向西连绵态势
哈大长	18.21	3388	13851	1.96	11	1586	47	9467	68	范围过大，哈大都市圈沿交通走廊带型发育，长春都市圈放射状发育，两者没有连绵发育趋势
中原	5.70	4113	13013	1.37	24	1893	46	7879	61	范围过大，应着力培育郑汴洛都市带
江淮	8.21	3477	9186	2.41	29	1702	49	6570	72	范围过大，与长三角融合发育
环鄱阳湖	5.07	1785	4627	1.13	22	694	39	3135	68	范围过大，与长株潭对接趋势明显

城市群单位	规划范围			规划范围内发育的都市区统计						备注
	面积（万km²）	人口（万人）	GDP（亿元）	面积（万km²）	比重（%）	人口（万人）	比重（%）	GDP（亿元）	比重（%）	
晋中	2.77	882	2972	0.52	19	545	62	2346	79	范围过大，尚未发育
成渝	25.65	11390	24307	6.84	27	6079	53	16404	67	范围较大，成都带型发育，重庆放射发育，两者尚未连绵
酒嘉玉	19.01	133	582	0.45	2	66	49	317	54	范围过大，尚未发育
银川平原	3.83	491	1469	0.89	23	252	51	886	60	范围过大，沿黄河和京藏交通走廊发育
呼包鄂	11.29	736	6741	0.61	5	466	63	3916	58	范围过大，尚未发育
黔中	9.91	1864	2812	0.58	6	537	28	1267	45	范围过大，尚未发育
南北钦防	4.20	1200	2942	1.52	36	582	48	2005	68	范围较大，应着力培育北海薄弱环节
关中	5.46	2395	6525	1.29	24	1143	48	4321	66	范围过大，南北轴线发育弱
天山北坡	14.02	616	3165	1.44	10	359	58	2104	66	范围过大，发育较弱
兰白西	8.32	1373	2447	0.96	12	484	35	1580	64	范围过大，尚未发育
滇中	9.43	1727	4225	0.83	8.78	512	30	2422	57	范围过大，尚未发育
合计	217	74724	317647	54		47938		257495		
比例	23	56	80	6		36		65		
全国	960	133972	397983	960	100	133972	100	397983	100	

（三）重要城市群发育分析

按照都市区、联合都市区、准都市连绵区、都市连绵区构建全国城市群演化体系。其中，准都市连绵区和都市连绵区是重点城市群，最终识别出 2010 年中国重点城市群包括长三角、珠三角、京津冀 3 个都市连绵区和山东半岛、武汉、成德绵 3 个准都市连绵区。

（1）长三角都市连绵区。包括上海市、淮安市、无锡市、镇江市、泰州市、扬州市、南京市、常州市、苏州市、吴江市、江山市、崇明县、溧水县、高淳县、宜兴市、溧阳市、金坛市、常熟市等 69 市和 34 县。占地面积 15.92 万平方公里，承载人口接近 1.3 亿，2010 年完成 GDP80192 亿元，是全国发育最成熟、连绵范围最大的都市连绵区，已跻身世界 6 大城市群。沿着从上海到南京、杭州、宁波、合肥的四个交通轴线，形成以上海为辐射源的扇形辐射结构，与合肥和徐州两个联合都市区连绵趋势日显。浙江南部的温州、台州也被纳入其中。

（2）珠三角都市连绵区。包括潮州市、普宁市、揭阳市、汕头市、海丰县、陆丰市、汕尾市、东莞市、佛山市、从化市、广州市、增城市、河源市、博罗县、惠东县、惠州市、龙门县等16市和3县。占地面积3.74万平方公里，承载人口5357万人，城镇人口4657万人，2010年完成GDP37304亿元，人均GDP达到69630元，经济发展水平居全国之首。由于北部区域丘陵山地制约，珠三角向北拓展和发育受限，主要呈现沿着沿海狭窄交通走廊向东发展的态势，这使珠三角都市连绵区的发育规模难以与长三角匹敌。

（3）京津冀都市连绵区。包括北京市、天津市、唐山市、廊坊市、密云县、延庆县、静海县、蓟县、宁河县、三河市、霸州市、任丘市、黄骅市、沧州市、遵化市、迁安市、香河县等12市和9县。占地面积4.13万平方公里，承载人口4323万人，城镇人口3321万人，2010年完成GDP29481亿元。京津冀都市连绵区的发育范围与规划范围差异较大，其发育范围在三大都市连绵区中最小，是拥有北京和天津两大直辖市的双核城市群，呈现沿环渤海走廊南北拓展和沿京石交通走廊南延的发育态势。目前京津冀区域尚处于经济要素集聚为主的阶段，对周边县市的辐射溢出作用较小，存在明显的"环京津贫困带"（亚洲开发银行，2005）。

（4）山东半岛准都市连绵区。包括烟台市、威海市、青岛市、日照市、文登市、荣成市、蓬莱市、龙口市、莱州市、招远市、胶州市、胶南市、泰安市、济南市、桓台县、平阴县、邹平县、博兴县、垦利县等26市和6县。占地面积5.19万平方公里，承载人口3784万人，城镇人口2457万人。虽然从规模上看，已经接近京津冀都市连绵区。但是其经济发展水平明显逊于前三个都市连绵区。2010年完成GDP24274亿元，仅为珠三角都市连绵区的65%。

（5）武汉准都市连绵区。包括武汉市、孝感市、鄂州市、咸宁市、黄石市、天门市、汉川市、潜江市、仙桃市、黄冈市、大冶市、赤壁市、荆州市、云梦县等14市和1县。占地面积2.77万平方公里，2010年承载人口2547万人，城镇人口1539万人，完成GDP7572亿元。经济密度和人均GDP在六个重点城市群中发展最弱。武汉准都市连绵区地处长江中游，是我国中部崛起和长江经济带发展的重要战略平台，沪汉蓉快速大通道将武汉、汉川、天门、仙桃、潜江、荆州、枝江、宜昌8个城市纳入2小时"同城圈"。沿长江和沪汉蓉大通道，武汉准都市连绵区继续向西连绵。今后有望通过九江与南昌都市圈连绵，通过岳阳与长株潭城市群连绵，并围绕长江和两湖形成"之"字形的长江中游城市群空间格局，具有发展为中部地区最大都市连绵区的潜力。

（6）成德绵准都市连绵区。包括成都市、绵阳市、德阳市、眉山市、都江堰市、江油市、双流县、郫县、彭山县、新津县、绵竹市、罗江县、广汉市、什邡市等 9 市和 5 县。占地面积 1.5 万平方公里，2010 年承载人口 1621 万人，城镇人口 1114 万人，完成 GDP6709 亿元。作为沿道路呈带状空间结构的成德绵准都市连绵区，通过 G93 和 G76 两个交通走廊，与重庆联合都市区对接，将成为依托成都和重庆两座特大城市形成"两核多极"都市连绵区，有望成为西部地区规模最大的城市群。

四、结论与讨论

（1）都市区是集中反映城乡联系的功能地域空间。按照城市建成区—都市区—联合都市区—准都市连绵区—都市连绵区的演化逻辑，将都市区作为城市群空间演化的基本单元，是识别城市群发育范围较为理想的空间单元。区域内都市区随着经济社会发展持续增加，都市连绵区也逐步增加，但是作为过渡环节的联合都市区具有先增后降的阶段性特点。

（2）2010 年中国共发育 156 个都市区，25 个联合都市区、3 个准都市连绵区和 3 个都市连绵区，共同构成我国城镇化发展在 2010 年的城市群演化序列。以联合都市区以上的地域单元作为城市群，中国 2010 年共发育 31 个城市群。

（3）中国都市区具有明显的沿主要交通走廊分布的特征。全国准都市连绵区以上的 6 个重点城市群均位于我国"T"字形空间发展带上。其中东部沿海发展带有 4 个，长江沿线发展带有 3 个，长江发展带和沿海发展带的交汇点形成全国最大的长三角都市连绵区。

（4）从都市区发育程度看，中国 23 个城市群的规划范围总体偏大。发育范围低于 30% 的城市群有 16 个，而大于 40% 的城市群仅有 5 个。长三角城市群发育态势强劲，发育范围已经超过规划范围；珠三角城市群规划范围适中，发育态势主要沿海向东；京津冀城市群规划范围内目前只有京津唐连绵发育，规划范围偏大。晋中、滇中、天山北坡、兰白西、黔中、呼包鄂等规划城市群的都市区发育微弱或尚未发育。哈大长城市群包括哈尔滨和长春两个都市圈，因为它们发育均沿东西轴向，彼此连绵趋势很弱，不应强行归为一个城市群。

综上，以县级行政区划为基本分析单位，以都市区为基本构成单元，识别划分中国城市群发育范围，具有结果更准确，可比性更强，动态性更好的优点。但是任何一种识别城市群发育范围的方法，都具有自身的局限性。基于都市区发育范围的识别，会受中国行政区划调整的干扰和数据统计口径的误导，使得局部县改区、县改市比较频繁或密集的区域，呈现"发育态势增长较快"的误判。另外，都市区划分具体标准的设定，主要基于专家意见和相关研究参数厘定，具有一定的主观性，使得相似研究因为标准设置不同，而缺乏可比性。因此，通过实证分析，寻求关键指标的临界点作为都市区划分标准的研究，从交通可达性、城市联系度、城市建设度等角度，挖掘城市灯光、城市土地利用、城市交通网络、城市交通流等数据，通过对区域集散度和联系度的刻画，采用多角度集成化方法对中国城市群发育范围识别将是后续研究的两个重点。

（撰稿人：黄金川，中国科学院地理科学与资源研究所，副研究员；刘倩倩，中国科学院地理科学与资源研究所，硕士生；陈明，中国城市规划设计研究院，高级规划师）

注：摘自《城市规划学刊》，2014（03）：37-44，参考文献见原文。

城市总体规划编制的改革创新思路研究

导语：在我国经济社会发展的战略机遇期，城市总体规划的地位和作用非常重要。但是规划理念、事权法理、规划体制、技术方法层面的问题导致城市总体规划的作用没有充分发挥。相应地，从落实科学发展观，明晰规划法理、尊重政府事权，推动规划体制转型，推动技术方法创新 4 个层面对城市总体规划的改革与创新的方向提出了初步建议。

《中华人民共和国城乡规划法》（以下简称为《城乡规划法》）界定了城市总体规划在城市规划建设和城乡规划编制体系中的地位、功能和作用。科学设定城市总体规划的编制思路、内容和方法，更好地发挥城市总体规划的综合性、战略性和科学性，是当前改进和完善城市总体规划工作的重要任务。

2010 年，为贯彻落实《城乡规划法》，改进城市总体规划编制工作，住房城乡建设部委托中国城市规划设计研究院主持、共 10 家单位参加❶，共同开展了"城市总体规划编制改革与创新"课题研究工作（图 1）。课题主要目的是总结和评

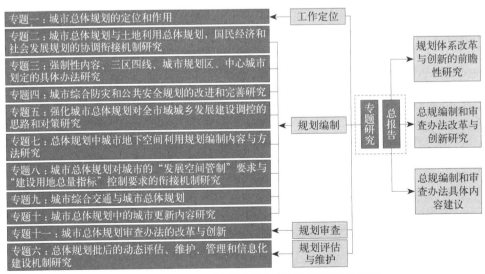

图 1 《城市总体规划编制改革与创新》课题工作框架

---

❶ 10 家单位分别为：中国城市规划设计研究院、中国城市规划学会、江苏省住房城乡建设厅、北京市规划委员会、上海市规划和国土资源局、广州市规划局、武汉市国土资源和规划局、南京市规划局、成都市规划局、深圳市国土资源和规划委员会。

估国内各城市在城市总体规划编制工作上的经验和教训，梳理现行规划编制办法在实践中暴露出的问题，综合新形势下总体规划编制工作遇到的新情况、新问题，在研究的基础上，明确改进目标、任务、思路和方法，为下一步起草《城市总体规划编制审查办法》和配套细则提供工作基础。

一、城市总体规划的定位

城市总体规划是对城市建设用地功能布局的整体、统筹安排，它是各个利益主体诉求在空间载体上的集中反映，城市总体规划的空间载体属性决定了它在经济社会发展中发挥着至关重要的作用。《城乡规划法》赋予了城市总体规划重要的法律地位，重点强调了城市总体规划的严肃性、权威性和科学性。城市总体规划是编制近期建设规划、详细规划和专项规划的法定依据。各类涉及城乡发展和建设的行业发展规划，都应符合城市总体规划的要求。城市总体规划是城市政府引导和调控城乡建设的基本法定依据，也是实施城市规划行政管理的法定依据。在我国城市发展全面转型的过程中，作为法定城乡规划体系中的重要组成部分，城市总体规划将发挥重要作用，因为对城市空间资源的"调控与分配权"决定了城市总体规划必然成为各方利益博弈的平台，也决定了它是涉及城市空间资源的、最重要的城市公共政策。因此，课题组确定城市总体规划的定位为：城市政府在一定规划期限内保护和管理城市空间资源的重要手段，引导城市空间发展的战略纲领和法定蓝图，是调控和统筹城市各项建设的协调平台。

二、当前城市总体规划面临的问题

在充分调研的基础上，课题组全面分析了当前城市总体规划的编制、审批与实施中存在的众多表象问题，认为这些问题可以归纳为4个层面，即规划理念层面、事权法理层面、规划体制层面、技术方法层面（图2）。

（一）四个层面的问题

在规划理念层面，虽然现行《城乡规划法》和《城市规划编制办法》中已明确提出了资源节约、环境友好、社会和谐等发展理念，但由于体制机制配套和贯彻落实手段不足以及城市政府对短期经济增长政绩的偏好，规划理念经常与实施相脱节。如以经济建设为导向，对社会发展、环境保护、人的发展需求等关注不足；以近期增长为目标，对长远可持续发展的关注有限；以城市建设为核心，对乡村建设的规划方法缺乏。

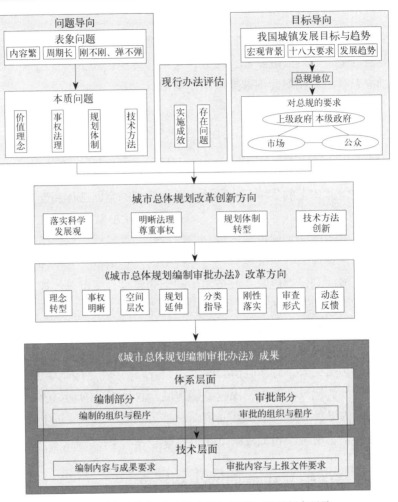

图 2 《城市总体规划编制改革与创新》课题研究思路

在事权法理层面，城市总体规划编制与实施过程中，政府与市场的职能、中央（省）和城市政府的事权未充分甄别，公众参与制度和程序有待完善，从而出现城市总体规划编制内容庞杂，不同内容对应的审查和监督主体不明确，实施和监督困难等问题。如在上下事权关系方面，中央和地方政府的事权划分未在编制、审批和监督内容中充分甄别；在内外事权关系方面，政府与市场的职能划分未在编制中充分体现；在纵向法理关系方面，从城市总体规划至控制性详细规划至规划许可的城市总体规划的实施过程中，很多强制性内容难以落实和监督；在横向法理关系方面，城市总体规划与政策结合不够、与实施结合不够、与部门间审批流程结合不够，与政府公共政策的运作要求和程序不相匹配。

在规划体制层面，表象性问题涉及编制、审批、维护、监督的全过程，也涉及城市总体规划与其他规划的衔接，影响到城市总体规划的时效性和权威性。如从参与机制上看，信息公开和公众参与多流于表面化；从编制体系上看，城市总体规划与下位规划、相关部门规划需强化衔接；从编审周期上看，周期过长导致规划内容时效性不足；从审查内容上看，纲要和成果阶段的审查要点不清；从实施反馈上看，缺乏动态评估、维护机制；从实施监督上看，实施监督制约机制特别是公众和社会监督不健全。

在技术方法层面，源自于计划经济体制的技术方法难以应对当前的复杂情况，特别是市场经济体制下和快速城镇化时期的不确定性、不同经济发达程度地区问题的差异性、城市多元主体诉求的多样性等。如编制成果的战略性、前瞻性不足，未充分发挥指导城市长远发展的作用；"刚者不刚，弹者不弹"，现行编制办法中的刚性内容较难落实，弹性内容调整余地不足；应对未来不确定性的方法不足，现有技术方法较难适应市场经济条件下的不确定性和快速城镇化时期的复杂性；应对已建城区规划的方法不足，缺乏针对已建城区的、充分尊重现有权属的、自下而上的渐进式规划方法；不同空间范围和时间阶段的内容深度不明确，规划空间范围与政府事权对应不足，时间阶段与政府任期对应不足；成果表达与公共政策衔接不足，难以将成果作为城市政府的政策执行文件。

（二）问题的核心

城市总体规划在我国城镇化进程中的地位越来越重要，但受到社会发展阶段、部门分工等外部因素的影响，以及城市规划体制本身的不完善，城市总体规划对城市的调节、控制和引导作用面临冲击。城市总体规划的问题往往与现阶段城市发展面临的各类困境密切相关，而这些问题的核心正是源于当前我国城市发展和社会转型时期需要处理的以下4方面主要关系和矛盾。

在规划理念层面，应处理发展与保护、效率与公平的关系，即如何在促进经济稳步发展的同时，保护战略性资源和生态环境；如何在鼓励经济效率的同时，强调社会公平和公正。城市总体规划改革创新的重点是研究贯彻落实的机制和手段。

在事权法理层面，应处理政府与市场、中央与地方的关系，即如何在市场经济主导条件下，界定政府行为的边界；如何在贯彻中央宏观政策的同时，保持地方发展的活力。

在规划体制层面，应处理战略与实施、评估与反馈的关系，即如何建立与完善"战略纲领—法定蓝图—规划许可"的自上而下的规划体系；如何建立与完善从评估到反馈的动态维护机制。

在技术方法层面，应处理范围与深度、近期与远景、刚性与弹性的关系，即如何在空间上确定"市域、规划区、中心城区"的范围与规划编制深度；如何应对未来的不确定性，放眼远景（模糊）又着眼近期（清晰）；如何保持刚性内容得到充分贯彻的同时，调控引导市场主导的弹性内容。

城市规划的发展不能脱离社会整体的发展水平，社会发展的转型往往伴随着城市规划的转型。社会整体发展在上述矛盾间的倾向和选择会深刻地影响甚至决定城市规划的理念和方法。城市总体规划只有积极应对社会转型的趋势，主动调整自身的核心理念、技术方法和机制体制，才能发挥引领城市发展的作用。

三、城市总体规划改革与创新方向

（一）落实科学发展观

在国家发展转型的关键时期，城市总体规划的改革与转型应与国家重大发展战略的调整同步，规划理念、方法和内容都应相应调整。

在科学发展观的指导下，城市总体规划应改变以经济发展为单一导向的价值观，更加注重追求以人为本、和谐社会、绿色低碳、文化建设、城乡统筹等发展目标，协调好城市与人、城市与自然的关系，重点落实资源环境保护、民生需求、公共安全和文化建设的要求。如充分把握民生所需，将公众需求统筹反映在城市总体规划之中；强调资源环境容量与生态安全格局前置研究，强调城市公共安全前置研究；落实历史文化遗产保护要求、强调空间布局彰显城市文化；从城乡统筹的角度加强对乡村发展的合理引导，对城镇化进程中的城乡空间变化给予必要控制。

城市总体规划应逐步由"技术性规划"向"政策性规划"转变，从专业性的用地规划逐步向着综合性的公共政策发展，从单纯注重以物质形态为主的有形空间实体规划，转向对公共政策内容的强化。

面对我国区域发展差异及国家差异化的区域扶持政策，城市总体规划应该注重引导多样化的城镇化道路。以统一标准与分类指导相结合为指导思想，不同规模、不同特点的城市在总体规划编制内容及标准上有所区分。鼓励各城市根据自身发展特点，增加特色化的规划内容。在各地城市总体规划与下层次规划的衔接关系上，鼓励增加具有地方特色的规划层次（分区、次区域、管理单元等）。同时，城市总体规划对已建地区和新建地区、国有土地和集体土地等应考虑提供差异化指导要求。

城市总体规划应从规划编制方法入手，改变简单的规划技术方案，积极应对多变的市场需求、多元化的利益诉求和日趋复杂化的城市问题。一方面应明确对核心资源的刚性控制要求以落实到对下层次规划管理的有效指引中；同时应尊重下级政府的发展诉求，为其自主发展留有足够的弹性空间。在规划方法上，可以强化对地方发展指引的内容，并以此作为城市政府与下级地方政府协商和合作的平台。

（二）明晰规划法理、尊重政府事权

1. 明晰规划法理

城市总体规划具有公共政策的本质属性，要以公共利益为主线，从行政主体和行政行为的合法性出发，通过对规划体系、规划程序和规划内容的梳理进一步明晰法理关系，保障其权威性和严肃性。

（1）强化刚性传递。强调强制性内容的合法性和可操作性，实现"定性"、"定量"、"定构"或"定坐标"的落实和管理。强化城市总体规划—控制性详细规划—规划许可中的刚性内容传递，尤其是保证城市总体规划的强制性内容能够有效指导详细规划的编制。对于城市总体规划能够确定下来的刚性内容，应在详细规划中予以贯彻，对于城市总体规划不能完全确定下来的刚性内容，要明确详细规划须贯彻的内容、应进一步细化深化的刚性内容。

（2）规范成果表达。建议将规划成果分为面向政府的法律文本和面向公众的公示文本两种。法律文本是对公共政策文件的规范性表述，一方面要能够清晰引用和表述规划所遵照的相关法律法规，以及纳入规划的其他领域的公共政策，同时也要能够清晰明确地表达规划管控的要求，特别是对强制性内容的管控要求，从而为政府行政管理提供清晰明确的政策依据，也能够约束政府在规划实施阶段的自由裁量权。

（3）遵守规划程序。严格依照《城乡规划法》的规定执行城市总体规划编制、审查和修改的程序，限制规划在实施过程中被地方政府随意修改，保证城市总体规划的严肃性；强化人大对城市总体规划的决策与监督权；加强城市总体规划编制、审查、实施全过程的公众参与和公众监督程序。

2. 尊重政府事权

应对中央到地方各级政府的纵向事权关系，以及规划管理部门与其他部门的横向事权划分的变动，城市总体规划的编制方法和审批方式都应做出必要调整。

（1）在纵向事权关系方面，不同层级的政府事权对应着不同的规划审批内容和编制内容（表1）。对应中央（省）政府事权的内容应由中央（省）政府审批和监督，建议将此部分内容单独形成上报文件，由其审批，并以此为依据行使其监督权，此部分内容应趋向于简化；对应本级政府事权的内容应由本级政府编制和实施，也就是城市总体规划的全部编制内容，应趋向于综合和完整。

不同层级政府关注的内容   表1

内容分类	内涵界定	具体内容	审批
落实宏观调控、区域协调类内容	落实上层次规划要求，协调与相邻城市关系的内容	城市定位、建设用地规模、边界协调、区域性基础设施布局和生态空间保护等内容	上级政府
保障城市安全、有序运行类内容	涉及城市资源底线、安全运行（生态安全、公共安全等）和民生保障等相关内容	资源节约、保护与利用、空间管制、公共管理与公共服务用地布局、综合交通、历史文化保护、绿地系统、生态建设和环境保护、基础设施、综合防灾、空间特色等内容	本级人大
城市发展需求类内容	城市发展过程中多由市场主导，具有较大不确定性的内容	产业发展引导、人口规模、商业服务业设施用地、工业用地、物流仓储用地和商品住宅用地等内容	城市政府

注：资料来源：引自《城市总体规划编制与创新研究报告》专题1，江苏省住房和城乡建设厅。

（2）在总体规划横向事权关系上，重点梳理界定城市总体规划与国民经济和社会发展规划、土地利用总体规划以及其他相关专项规划的关系。进一步明确城市总体规划是人民政府组织编制和指导城乡发展的纲领性文件，是以空间为载体，涉及区域和城乡经济社会发展的综合性规划，而非建设部门的规划。城市总体规划与国民经济与社会发展规划、土地利用总体规划应在统一核心理念、基本原则和城市主要发展方向的基础上，发挥各自对城市发展的指导和调控作用。但在三规的编制方法、技术标准和程序机制上，仍应积极探索协调的方向。在城市总体规划与其他专项规划的协调上，一方面应积极主动地纳入其他部门合理的空间目标和空间需求，将专项规划的内容转化为空间布局的管控要求。另一方面也应从城市整体空间统筹的角度出发，对专项规划的内容提出必要的指引。

（三）推动规划体制转型

任何层次的规划转型都离不开规划体制的整体转型，都必须依赖各种层次和类型的规划协同运转，依赖从规划理念到方法的联动创新，更需要规划体制改革作为保障。

1.体现分类指导原则

我国不同地区、不同规模、不同发展阶段城市面临的问题迥异，建议采用分类指导的方法应对空间维度上的复杂问题。对于特大城市和大城市，可以通过分区规划和专项规划来延伸城市总体规划：分区规划是衔接城市总体规划和详细规划的重要纽带，应具有法定地位，编制分区规划的城市其总体规划可以适当简化编制内容，但应对各分区提出指导和控制要求；在启动城市总体规划编制的同时，根据自身要求同步启动必要的专项规划，在纲要阶段进行综合协调，在成果阶段深化专项规划的内容，进一步强化城市总体规划的统筹协调地位。对于小城市，城市总体规划深度应达到指导具体建设行为和落实强制性内容的要求。

2. 建立评估、维护制度实现动态反馈

为维护城市总体规划的权威性，借鉴公共政策思想和理论，应当建立城市总体规划全过程、周期性、常态化的评估与维护工作机制。通过实施评估可以全面地考量规划预期目标的实现情况，有效地检测、监督既定规划实施过程和实施效果，并在此基础上形成相关信息的反馈，从而对规划的内容和政策设计以及规划运作制度的架构提出修正、调整的建议，使城市规划的运作过程进入良性循环。

（四）推动技术方法创新

未来的规划技术方法创新，应主要体现在以下两个方面：

1. 适应市场经济体制

市场机制将在城市空间资源配置过程中起到决定性作用，应加快建立与市场机制相适应的城市总体规划制定和实施体系。在规划编制中，要合理把握刚性控制的边界，合理清晰地界定强制性内容，集中落实资源环境、社会民生、文化保护、设施保障、公共安全等方面的刚性要求。

在发挥政府对市场资源配置的宏观调控和引导作用的同时，也应为市场配置空间资源留足弹性，如合理区分市场或政府主导配置的设施类型，将非强制性要素的规划内容界定为对未来空间发展状态的情景描述或引导性方案。

2. 适应存量建设用地规划

随着我国城镇化水平的逐步提高，未来城市发展将更多依靠存量建设用地更新改造来实现。存量建设用地上已存在复杂的权属关系，编制实施规划时应遵循国家相关政策，充分尊重公众和利害关系人的合法权益。亟需探索面向存量建设用地的规划技术方法，采取公众参与、有机更新、逐步渐进的规划策略，并实现完善公共服务设施、增加绿地与开放空间、改善居住条件、提升城市功能与形象等多方面的综合效益。

以公众和利害关系人的意愿作为规划编制的法理依据。随着民主法制发展进程的推进以及公民意识的强化，特别是《物权法》出台以后，公众特别是利害关系人对存量用地规划的目标诉求应作为规划编制的最重要依据。城市政府应抛弃过去作为市民"代言人"的角色，规划师应抛弃过去的理想化的技术理性思维，开发商更应充分尊重公众和利害关系人的合法要求。

尊重和延续城市文化脉络。充分尊重城市现存的物质和非物质文化遗产，尊重城市的空间格局、街道肌理、视线廊道，尊重建筑尺度、形式、风格和色彩。应避免有些地方政府以发展旅游文化、改善居住条件为名，大拆大建、建"假古董"的旧城改造方式。鼓励有机更新的改造方式，实施小规模、渐进式改造，在尽可能保留原有街区肌理和建筑的基础上，通过环境整治、功能提升，实现城市历史文化与现代生活的结合。

完善民生设施。以当地居民的诉求为基础，在不破坏城市历史风貌的基础上，改善公共服务设施、交通和市政基础设施、建设公共绿地和开放空间。

四、总结

在我国城市规划体系中，城市总体规划的地位毋庸置疑，但是城市总体规划从编制到实施存在的一系列问题，严重影响了法律赋予城市总体规划的权威，降低了城市总体规划的效力，对城市总体规划的地位和作用带来了重大的挑战。

《城市总体规划编制改革与创新》是近年来关于城市总体规划的规模最大、系统性最强、放眼长远的研究。在研究过程中，课题组强调多方参与，组织了由10家单位参加、直接参与的研究人员达50余人的工作组，博采众长，梳理创新思路。开展了广泛的调研，先后走访座谈了东、中、西部10多个城市，为下阶段展开课题研究奠定了较为扎实的基础。同时，重视专家咨询，先后开展了3次规格较高的专家咨询会，邀请规划界的同仁广泛参与，获得了积极的成效。

课题认真总结了多年来城市总体规划的实践经验，并针对我国城市发展全面转型的宏观趋势开展了前瞻性研究，从问题导向和目标导向两条路径出发，在深入研究理念、机制、体系、技术等4个层面问题的基础上，对城市总体规划的改革与创新的方向提出了初步建议。当然，在中国城市发展转型的历史进程中，对城市总体规划的研究还将不断延续下去，改革与创新将成为中国城乡规划的永恒主题。

（撰稿人：《城市总体规划编制改革与创新》总报告课题组，中国城市规划设计研究院总报告组成员：李晓江、张菁、彭小雷、董珂、王佳文、苏洁琼、吕晓蓓、孔令斌、詹雪红、官大雨、杨明松、沈迟）

注：摘自《城市规划》，2014（S2）：84—89，参考文献见原文。

现代治理框架下的城乡规划编制
体系和内容变革探析

导语：现代治理强调的是政权所有者、管理者和利益相关者的合作、沟通和协调。在这样的框架下，城乡规划作为国家治理的重要组成部分，其编制体系、周期、内容和技术方法都需要进行一定的变革，以适应新时期的发展要求。本文从编制体系、周期和内容出发，提出和国家行政管理体制相适应的城乡规划五层编制体系：城镇体系规划、城市规划、县规划、乡镇规划和村庄规划，提出和行政任期相一致的城乡规划编制周期，并从现代治理的角度出发，提出了规划内容的变革思路：给总体规划瘦身，突出其战略地位；给近期建设规划提神，将其作为协调性的"三规合一"的重要平台；给县规划扩容，将县域作为城乡统筹的重要平台。给乡镇规划减量，以"建设"为重点编制乡镇规划。给村庄规划聚焦，以"整治"为重点编制村庄规划。

十八届三中全会提出我国全面深化改革的总目标是完善和发展中国特色社会主义制度，推进国家治理体系和治理能力现代化，"治理"思想首次进入党和国家的高层文件。这一总目标是由"国家治理体系"、"国家治理能力"和"现代化"三部分构成。国家治理体系是前提和基础，是管理国家的制度体系，通常包括经济、政治、文化、社会、生态文明和政党建设等各领域的体制机制和法律法规。国家治理能力则是运用国家制度管理国家和社会各项事务的综合能力。两者共同的建设目标是实现现代化。衡量其现代化的标准至少有 4 条，即民主化、法治化、文明化和科学化（何增科）。国家治理现代化是我们党继"四个现代化"后提出的又一"现代化"目标，也是社会主义现代化的重要组成部分。

城乡规划是国家治理体系的重要组成部分，是建设和提升国家治理能力的重要平台。在现代治理制度框架下，城乡规划的体系、周期、内容、技术方法必然需要进行一定的变革，以适应新时期的发展需要。

一、建立和国家行政管理体制相适应的城乡规划编制体系

一般地说，行政管理体制是指一个国家行政机构设置、职权划分及为保证行

政管理顺利进行而建立的一切规章制度的总称。就权力分配和管理方式来说，它主要包括行政权力体制、政府首脑体制、中央政府体制和行政区划体制四个方面。各种行政权力是对应一定的空间区域的，行政区划和行政权力有着紧密的关系。根据民政部网站公布的数据，截至2012年底，我国各层级的区划单位的数量见表1。总体上来看，呈现的是省级、地级、县级和乡级四级的划分和管理体制。

全国行政区划单位数量一览表　　　　　　　　　　　表1

区划单位	数量（个）	备注
省级行政区划单位	34	直辖市4个、省23个、自治区5个、特别行政区2个
地级行政区划单位	333	地级市285个、地区15个、自治州30个、盟3个
县级行政区划单位	2852	市辖区860个、县级市368个、县1453个、自治县117个、旗49个、自治旗3个、特区1个、林区1个
乡级行政区划单位	40446	区公所2个、镇19881个、乡12066个、苏木151个、民族乡1063个、民族苏木1个、街道7282个

《城乡规划法》中的城乡规划，包括城镇体系规划、城市规划、镇规划、乡规划和村庄规划。城市规划、镇规划分为总体规划和详细规划。城乡规划体系和行政区划单位是相互交错的，从现代治理的角度看，必然出现一系列的错位问题。笔者尝试提出，以行政区划单位和行政管理权限为基础，优化城乡规划体系（表2）。

城乡规划编制体系优化建议一览表　　　　　　　　表2

城乡规划编制体系（现有）		城乡规划编制体系（优化建议）		
编制体系	编制对象	编制体系	编制对象	编制思路
城镇体系规划	全国和省级行政区划单位	城镇体系规划	全国和省级行政区划单位（不含直辖市）	突出战略性
城市规划	直辖市、地级和县级行政区划单位	城市规划	地级行政区划单位、直辖市	增量存量并重
		县规划	县级行政区划单位	强调县域统筹
镇规划	乡级行政区划单位	乡镇规划	乡级行政区划单位	侧重建设规划
乡规划	乡级行政区划单位			
村庄规划	行政村	村庄规划	行政村	聚焦整治规划

城镇体系规划主要针对全国和省级行政区划单位（不含直辖市）编制。直辖市虽然是省级行政区划单位，但其基本特征和地级市具有一定的相似性，故纳入城市规划的编制体系。而县级行政区划单位由于其和地级、直辖市无论从人口规模、用地规模、产业和交通等方面都有着巨大的差异，且其数量远远大于地级单

位和直辖市，故建议将其从原城市规划中剥离出来，单独编制县规划。而原有的镇规划和乡规划由于其对应同一层级的区划单位，建议合并为乡镇规划。村庄规划继续保留。各层次规划的具体内容建议由城乡规划主管部门以行政区划单位和行政管理权限为基础，出台相应的《×××规划编制审批办法》，将城乡规划、城乡区划和城乡管理真正地融合在一起。

二、构建和行政任期相一致的城乡规划编制周期

（一）从法律层面来看

《宪法》规定，中华人民共和国全国人民代表大会是最高国家权力机关。全国人民代表大会每届任期五年。中华人民共和国主席、副主席每届任期同全国人民代表大会每届任期相同，连续任职不得超过两届。国务院每届任期同全国人民代表大会每届任期相同。总理、副总理、国务委员连续任职不得超过两届。地方各级人民代表大会每届任期五年。地方各级人民政府每届任期同本级人民代表大会每届任期相同（表3）。由此可见，国家和地方的权力机关和执行机关的每届任期均为5年，核心领导职位连续任职不得超过两届。从行政管理的角度看，5年应该作为各种规划编制的一个重要时间周期。

国家权力机关和主要行政职务任期一览表　　　　　表3

权利机关	每届任期	连续任期
全国人民代表大会	5年	
中华人民共和国主席、副主席	5年	10年
国务院	5年	
总理、副总理、国务委员	5年	10年
地方各级人民代表大会	5年	
地方各级人民政府	5年	

（二）从现实层面来看

从国家各部委最新发布的规划的年限来看，大概分为两类。一类是以《国民经济和社会发展第十二个五年规划纲要》为龙头，编制各部门的5年发展规划纲要。另一类是从国家的长远发展的角度出发，编制的10～20年的长远规划，这些长远的规划更多的是以"纲要"的形式出现（表4）。

各部委最新发布的主要规划名称和年限　　　　表4

发布部委	规划名称	规划期限
发改委	国民经济和社会发展第十二个五年规划纲要	5 年
	全国主体功能区规划（2020 年）	10 年
	国家新型城镇化规划（2014—2020 年）	7 年
住房和城乡建设部	全国城镇体系规划纲要（2005—2020 年）	16 年
国土资源部	全国国土规划纲要（2011—2030 年）	20 年
	全国土地利用总体规划纲要（2006—2020 年）	15 年
	全国土地整治规划（2011—2015 年）	5 年
环境保护部	国家环境保护"十二五"规划	5 年
科学技术部	国家"十二五"科学和技术发展规划	5 年
	国家中长期科学和技术发展规划纲要（2006—2020 年）	15 年
交通运输部	交通运输"十二五"发展规划	5 年
工业和信息化部	2007—2020 年国家信息化发展战略	15 年
水利部	全国水资源综合规划	10 年—20 年
文化部	文化部"十二五"时期文化改革发展规划	5 年
农业部	全国农业和农村经济发展第十二个五年规划	5 年

从法律层面和现实层面看，城乡规划的编制周期可以进行一定的优化。城镇体系规划保持 20 年的编制周期，重点解决宏观性的战略问题。城市规划和县规划可以细分为总体规划、近期建设规划和详细规划。总体规划保持 20 年的编制周期，近期建设规划以 5 年为周期滚动单独编制。在总体规划编制同时，可以开展更长远的城市发展战略研究。乡镇规划和村庄规划突出其可操作性，以 5 年为一个编制周期。

三、构建和现代治理制度相一致的规划编制内容

从统治、管理到治理，是一次巨大的进步。现代治理强调政权的管理者向所有者负责并且后者可以向前者问责的重要性，强调政权的所有者、管理者和利益相关者的合作、沟通和协调的重要性。

（一）给总体规划瘦身，突出其战略地位

《城乡规划法》第十七条明确规定城市总体规划、镇总体规划的内容应当包括：城市、镇的发展布局，功能分区，用地布局，综合交通体系，禁止、限制和

适宜建设的地域范围，各类专项规划等，最核心的内容应该是以上六项。可从实际的情况看，我们目前编制的总体规划成果内容过于繁杂，上百页的文字和几十张的图纸，专业人员看起来费时，政府领导看起来费力，普通市民可能是一头雾水。如果一个城市的总体规划大家难以理解或者根本不想去看，还谈何公众参与和共同治理？

1. 文字瘦身

总体规划的文字部分由文本、说明书、专题研究和基础资料汇编构成。文本是法定文件，其他三部分收入附件。法定文件虽然有格式和内容上的要求，但文本中的一些套话还是可以适当压缩。而说明书的内容是对文本的详细解说，在总体规划越来越重视资料收集和前期研究的背景下，说明书的很多内容都会在专题研究和基础资料汇编中出现，故建议简化说明书表达形式，避免过多重复。简化的可能途径有二：一是对于文本中必须要说明的重要内容，可以设置"专栏"，其具体形式可以参照《国家新型城镇化规划（2014—2020 年）》（以下简称《规划》）内专栏的表达。二是在文本的后面附上条文解说，参照法律法规的表达形式。经过表达思路和方式的调整，说明书的内容可以大幅减少，并且其可读性也大大增强。

2. 用地布局图再思考

通常，在总体规划阶段，会有一张用地布局图。但我们可以仔细反思一下，编制单位花了大量精力绘制的用地布局图，究竟在城市发展中起到了什么样的作用？城市的空间结构在功能结构图中可以清晰地表达出来，而土地出让的依据是控制性详细规划。这张"高大上"的用地布局图的内容和表达方式需要进一步思考，尤其对于大城市和特大城市。

3. 各类专项规划突出重点

在总体规划阶段，大部分城市的各类专项规划不仅考虑了重要设施的布点，而且考虑了管网的布置。重要设施的布点和非常重要的主干管网可以在总体规划阶段解决，实现市政设施和重要主干管网"一张图"，其他管网和次一级的设施可以在单独编制的专项规划中详细考虑，并且在编制总体规划的同时，重要的专项规划尽可能同步开展。

（二）给近期建设规划提神，将其作为协调性的"三规合一"的重要平台

建议将近期建设规划从总体规划中明确独立出来，单独编制，作为实现"三规合一"的重要平台。因近期建设规划的期限通常为 5 年，可以实现和国民经济社会发展规划、土地利用规划的良好对接，将"目标"和"指标"落实到空间上去，再通过控制性详细规划定到"坐标"上。"三规合一"思路下的近期建设规

划内容可以从以下三个方面寻求突破：（1）以四个统一为基础：统一数据、统一年限、统一目标、统一标准。（2）以三个协调为核心：协调土地利用、协调交通网络、协调空间管制。（3）以两个平台为保障：城乡规划信息平台和城乡规划管理平台。当然，统一和协调工作在总体规划阶段就应该开始。

以 5 年为一个规划周期，通过不断滚动编制的近期建设规划，通过持续的公众参与，强化规划过程的控制和引导，逐步实现总体规划确定的战略性目标。

（三）给县规划扩容，将县域作为城乡统筹的重要平台

1. 倡导全域规划，县城和乡镇并举

2014 年 3 月 16 日，《国家新型城镇化规划（2014—2020 年)》正式对外发布。《规划》明确提出，以"四个一体化"（要素市场一体化、城乡规划一体化、基础设施一体化和公共服务一体化）为基本思路，在县域范围内统筹城镇建设、农田保护、产业集聚、村落分布、生态涵养等空间布局，改变过去"重城区，轻乡镇"的传统思路，在有条件的地区率先实现城乡一体化。从时代要求来看，县域规划需要引起我们足够的重视和重新认识，甚至可以将其法定化。从文化传统来看，农村居民口口相传的"进城"，指的是县城。传统的地缘文化使得大家对县城有着共同的认知感和良好的归属感。

如果把城市群作为新型城镇化的"大平台"的话，将近 2000 个县城（不含市辖区）将是这个"大平台"上的"小平台"。全县域应作为一个整体统一规划，除了过去一直关注的中心城区外，各乡镇也需要统一考虑，乡镇发展的重大问题、发展目标和主要指标等核心内容需要在县域总体规划中明确，在这样的基础上，建议一般的乡镇可不再另行编制总体规划。

2. 适度统一，分区分类发展

建议由住房和城乡建设部出台相对统一的《县规划编制审批办法》，各省可在此基础上根据当地的实际情况，制定实施细则。目前也有一些省在进行积极探索，《安徽省县城规划编制标准》已经于 2014 年 1 月 1 日正式实施，这是全国范围内第一个县城规划标准。该标准提出了分类发展的思路，即："卫星城市要与中心城市一体化发展；县级中等城市要发展壮大，成为新的增长极；特色小城市要以环境优先，彰显特色。"

（四）给乡镇规划减量，以"建设"为重点编制乡镇规划

在强化县域规划的基础上，简化乡镇规划。由于宏观的、战略性的内容在县规划层面已经明确，对于乡镇而言，可直接编制建设规划。对于县规划确定的重点乡镇，可将近期建设规划和详细规划的主要内容统一纳入建设规划，以综合性的、五年期的《×××乡（镇）建设规划》作为乡镇建设的指导纲领。其成果的表达应突出重点，解决现实问题，不必过分追求成果的系统性和完整性。对于县规划确定的一般乡镇，可以以详细规划作为主要内容编制建设规划，突出指标控制体系和重点地段的详细规划，直接控制和指导项目建设。编制内容的简化既可以降低乡镇财政的编制经费压力，又可以用简洁有效的规划成果直接控制和引导乡镇的发展，让规划真正落地，让居民真正受益。

（五）给村庄规划聚焦，以"整治"为重点编制村庄规划

村庄规划应以"美丽乡村"建设为目标，按照"发展中心村、保护特色村、整治空心村"的总体思路，落实《村庄整治规划编制办法》（建村〔2013〕188号）的具体要求，走"精明收缩"的发展道路。在新农村建设过程中，要严守耕地保护红线，提升现代农业发展水平，保证耕地的数量和质量。完善农产品流通体系，协调好耕地的保护和农村产业发展的关系。加强农村基础设施建设，尤其是水、电、路等必须的基础设施建设。完善农村社会事业发展，教育资源和医疗设施向农村地区倾斜，完善农村公共文化和体育设施建设，丰富农民精神文化生活。村庄规划对于很多规划工作者来说，依然是新鲜事物。下面结合《村庄整治规划编制办法》（以下简称《办法》）的要求，从编制思路、编制内容和规划成果三个方面展开讨论。

1. 编制思路

《办法》第七条~第十条，提出了编制村庄整治规划的基本思路，即：尊重现有格局、注重深入调查、坚持问题导向和保障村民参与，具体可以从以下几个方面进行剖析。

（1）尊重现有格局，物质因素和非物质因素并重。

中国幅员辽阔，不同的村庄因其地理位置、气候条件、文化民俗和发展阶段的不同，呈现不同的空间格局，很难形成统一的模式。对其现有格局的尊重，我们在关注其街巷空间、建筑肌理、绿化水系等物质要素的同时，也不要忽视了民风民俗等非物质因素对空间格局的影响。尤其是由于特殊的民风民俗所形成的公共空间、公共建筑和民居特色更应该引起足够的重视，这是形成村庄特色的重要物质基础。

（2）注重深入调查，入户调查应作为重要手段。

在城市规划中，我们经常采用的实地踏勘、召开座谈会等方式依然可以采用。但考虑到村民更易接近，且语言沟通比书面调查更易推进，以及编制人员大多没有村庄的生活经历，入户调查应作为重要的调查手段。通过和村民当面沟通，全面翔实地掌握第一手资料是至关重要的。

（3）坚持问题导向，做自下而上的规划。

相比城市而言，村庄发展的目标相对比较简单而明确。所以目标导向型的村庄规划，可以作为辅助思路，但不应该是主要手段。就村庄整治规划而言，更多的应该关注村庄目前存在的突出问题，提出有针对性的整治措施，走自下而上的规划思路。

（4）倡导村民参与，真正做到"开门做规划"。

在城市规划领域，虽然我们一直也在强调公众参与，但由于城市问题的复杂性和不确定性，参与的广度和深度都比较有限。当然，随着城市规划的编制方式和内容的优化，公众参与的程度也会大幅提升。但村庄整治规划则不同，由于目标明确，问题突出，村庄的使用者也相对明确（城市的使用者具有一定的不确定性），所以全过程的公众参与是非常必要的，而且是可行的。编制单位应通过简明易懂的方式展示各阶段工作内容，政府应积极引导村民参与规划编制全过程，两者切忌大包大揽。

2. 规划内容

《办法》第十一条，提出了编制村庄整治规划的主要内容：首先保障村庄安全和村民基本生活条件，在此基础上改善村庄公共环境和配套设施，有条件的可按照建设美丽宜居村庄的要求提升人居环境质量。《办法》中规定的三方面内容具有一定的递进关系，是针对不同村庄的一个从低到高的要求。以上内容我们可以将其细分成六个方面。

（1）保障村庄安全，重在三灾共防。

城市规划中，我们会更多地关注城市的规模、性质、产业、功能、空间结构和交通等战略层面的内容，而村庄规划不同，其首先应该保障的是村庄安全。地质灾害、水灾和火灾应作为首要任务来解决，因为其影响是巨大的，带来的损失是不可挽回的。触目惊心的汶川大地震是最好的例证。

（2）完善村民基本生活条件，关注水、电、路和住房。

农村聚居地的历史早于城市，每个村庄往往具有一定的基本生活条件。但时代在发展，社会在变迁，农民对于基本生活的要求也在提高。完善基本生活条件，要重点关注水、电、路和住房。在温饱问题解决的基础上，住房成了村民第一关注的生活必需品，而水、电、路是保证农民基本生活的必要条件。中国目前仍有不少村庄处于缺水、未通电和未通水泥路的状态。

（3）改善村庄公共服务设施，因地制宜，完善配套。

《镇（乡）域规划导则（试行）》中明确提出，行政村需要配套的公共服务设施主要有村委会、小学、幼儿园和托儿所、医院（卫生院和保健站）、粮油店和养老服务站。由于村庄差异性很大，其他设施各个村庄可以根据其发展条件有选择地进行设置。

（4）改善村庄市政配套设施，补齐"短板"。

除水、电、路等必须的基本市政设施外，环境卫生、雨水污水、网络通信和节能改造等内容也需要进行统一的考虑和安排。2014年中共中央一号文件，明确提出"以治理垃圾，污水为重点，改善村庄人居环境"、"提高农村饮水安全工程建设标准，加强水源地水质监测与保护"、"加快农村互联网基础设施建设，推进信息进村入户"等内容。市政配套设施的建设一直是村庄规划和建设的"短板"，在整治规划中，应引起足够的重视。

（5）提升村庄风貌，保护历史文化遗产。

对于各种公共服务设施和市政配套设施完善的村庄，其发展重点应放在提升村庄总体风貌，打造村庄特色上。就村庄而言，其风貌的塑造和特色的形成主要依托建筑、公共空间、绿化和历史文化遗产等方面的内容。

3. 规划成果

《办法》第十一条，提出了编制村庄整治规划的基本成果：即"一图二表一书"。一图为"村庄整治规划图"，包括了村庄整治规划的所有图纸内容。根据实际项目的情况，我们尝试将其拆分为以下七张图纸（表5）。

村庄整治规划主要图纸内容一览表　　　　　　　　　　表5

图纸名称	主要内容
区位图	重点表述行政村在县（市）域和乡（镇）域的位置
村域现状图	现状村域内各生产性服务设施、公用工程设施的位置、类型、规模
村域规划图	规划村域内各生产性服务设施、公用工程设施的位置、类型、规模和整治措施
村庄现状图	综合表述道路和各种用地现状范围。对于侧重风貌整治的村庄，需增加对建筑的综合分析
村庄规划图	明确村庄内道路和各类用地规划范围。底图应考虑建筑总平面布局的意向性方案
村庄设施现状图	现状公共服务设施和市政配套设施的位置和规模
村庄设施规划图	规划公共服务设施和市政配套设施的位置、规模及现状整治措施

以上图纸是最基本的图纸内容。具体图纸数量和内容，可根据村庄实际情况和发展需求确定。地质灾害多发的地区，需增加地质灾害评估图。侧重风貌整治的村庄，需要增加对建筑更新模式图和建筑整治设计图。侧重历史保护的村庄，需要增加历史文化遗产的现状和规划图。

二表为主要指标表和项目整治表，一书为规划说明书。项目整治表的编制要尽可能详实，能起到有效指导村庄整治的目的。

现代治理本身就是一个全新的课题，而城乡规划编制体系和内容的变革也非一朝一夕所能解决。随着城乡治理的不断实践、发展和完善，对于规划编制体系和内容的变革方向也会更为清晰。本文仅是一个初步的探索，供规划界的同行参考。

（撰稿人：张小松，上海复旦规划建筑设计研究院副所长、高级规划师）

注：摘自城乡治理与规划改革——2014 中国城市规划年会论文集（03- 城市规划历史与理论），2014，参考文献见原文。

新型城镇化视角下的省市域城乡统筹规划

导语：中国城镇化模式的转变推动了城乡统筹类规划的产生。城乡统筹规划的主要任务是探寻当前城镇化模式之下城乡各类要素配置的最佳方案。受政府事权的约束，不同层面的城乡统筹规划的内容和深度不同。作为"点面结合"的规划类型，城乡统筹规划需要以分区导引作为阐述面域规划政策的重要手段，因此分区的合理性问题尤为重要。城乡统筹规划的编制主体涉及"城市"和"乡村"，大量规划内容政策性强、超出城市规划主管部门的行政权限，必须通过引导和协商予以落实，而这对于中国的城市规划师而言几乎是全新的课题。本文以省市域规划的实际案例为参考，对以上问题进行探讨。

自 2002 年中国共产党"十六大"和 2003 年十六届三中全会明确了城乡统筹发展的重大战略，界定了城市规划主管部门的行政权限，必须通过举措引导至今，中央通过一号文件的方式已连续 11 年和协商予以落实、聚焦"三农"问题，2013 年召开的十八届三中全会则明确提出了"健全城乡发展一体化体制机制"的政策主张。在城乡规划领域，近几年，从村镇体系规划、市域（总体）规划、城乡一体化规划、城乡统筹规划到新型城镇化发展规划，各种委托项目类型日益多样化。无论是把城乡统筹规划作为一种非法定的规划形式进行单独的项目委托，或者是在其他规划中包含城乡统筹的规划内容，或者仅仅是在相关项目中应用城乡统筹的规划思路，城乡统筹已经成为当前城乡规划领域的重点问题之一。

大量城乡统筹类规划项目的出现，特别是在省域、市域层面的广泛出现，不能简单将其解释为应对上级要求的命题作文，而是有着更为深刻的内在动力源泉。笔者认为，我国城镇化转型发展的客观现实需求才是这一现象背后的关键性动因。因此，所有对于城乡统筹规划的核心问题、规划内容与规划方法等重大问题的探讨，都必须立足于对当前城镇化问题的认识。如果不能对城镇化发展的转型现实与发展趋势有清晰而客观的认识，也就无法把握城乡统筹规划的工作重点。本文尝试结合中国城市规划设计研究院承担的两个实际案例——《山东省新型城镇化规划（2014—2020 年）》和《山东省临沂市现代城镇体系规划》，对省市域层面的城乡统筹类规划的相关问题做出探讨。

一、城乡统筹类规划的产生源于城镇化模式的转变

目前，国内对"城乡统筹发展"基本理论基础的探讨，主要依托于刘易斯关于发展中国家的"二元经济"理论，即："发展中国家的经济结构是典型的二元经济结构，即现代的工业部门和传统落后的农业部门并存。通过经济结构转换，传统部门的劳动力不断向现代部门转移，最终在工业化后期实现工业与农业两大部门劳动力供需均衡"，国内理论界由此延伸出"工业反哺农业、城市反哺乡村"的城乡统筹发展理论。此外，包括"托达罗模型"、"库兹涅兹曲线"在内的各种西方经济学经典理论都被用于佐证中国的转型发展问题。

在实践领域，大量的调查数据也反映出中国的转型现实——城镇化的主要空间载体正从大中城市向县以下的中小城市延伸。在 1.68 亿农民工每年候鸟式的迁徙过程中，人们选择进入城镇的等级和方式正在悄然发生转变。根据中国工程院的相关研究，自 2006 年到 2010 年，5 万以下的中小城镇人口增加了 1231.3 万人，是各层级城镇中增长最快的。2010 年，在 5 万以下人口的小城镇和乡村就业的非农劳动力可能达到 2.746 亿，占我国全部劳动力的 36.13%，占全部非农就业劳动力的 57.48% ❶。乡村不仅为城市提供了大量新增劳动力，而且成了推动内需型消费的主体之一。生活在乡村中的人，他们的生活水平高下和流动意愿深刻地影响着中国城镇化的模式和质量。在这样的背景下，中国城镇化的核心问题已经不再仅仅是城市群、大城市、中等城市和少数重点城镇的建设发展问题，关注重点是城镇之下的乡村空间，妥善解决乡村的各种累积问题，引导其健康发展，已经成为保持中国城镇化可持续发展的重大命题。

当前中宏观规划的关注重点已经不能仅限于"三结构一网络"（城镇体系结构、城镇等级规模结构、城镇职能体系结构和交通市政设施网络）的城镇空间体系，而必须深入到完整的城乡空间体系之中，不应该仅限于关注核心城镇带动点的城镇化问题，而应兼顾城乡面域空间的整体城镇化问题——包括乡村地区的非农化发展问题、村庄和非建制镇的建设发展问题等都应该被视为城镇化问题的重要组成部分。城、乡问题自身的复杂性，再加上中国的地域辽阔、地形复杂、人口众多且多民族共生等等这些复杂的背景条件，可以预见，未来中国的城镇化模式必然是多元的。探寻不同地域的城镇化问题的多元化解决手段正是城乡统筹规划产生的源头。

---

❶ 依据中国城市规划设计研究院在《中国特色新型城镇化发展战略研究》课题中承担的相关工作数据整理获得。

二、对城镇化前景的判断是确定城乡统筹规划若干核心内容的重要前提

由上述分析可知，所谓的城乡统筹发展，并非是基于行政目标或者社会情绪的、一味不计成本的城市对农村的反哺。对城乡统筹规划的认识应该回归城市规划的本质——探寻当前城镇化模式之下城乡各类要素配置的最佳方案。因此，对地区城镇化愿景的预判，应成为确定城乡统筹规划若干核心内容（诸如城乡产业发展的统筹、建设用地的统筹、就业的统筹、公共服务设施与基础设施建设的统筹，甚至城乡治理模式的统筹等）的重要前提。这些预判包括：合理的全域人口测算、城镇化水平测算以及对城乡人口的空间分布情况及其变化趋势的详细分析与预测等。

常规的人口测算方法是以对城市人口增长态势的预判为出发点的，例如用于测算城市机械人口增长的趋势外推法、多元回归法等等。但如果以城乡统筹作为基本思考视角，就应该认识到：城镇人口的快速增长与乡村人口的迁离紧密关联。即使在中国这样的人口大国，乡村人口也不可能无限量地迁入城镇。2014年中央一号文件公布了《关于全面深化农村改革加快推进农业现代化的若干意见》，即便仅仅从保障农业生产安全的角度看，也需要在农村确保一定数量的农业人口，而"推进农业现代化"更要求相应高质量的农业人口，绝非如当前情况，仅仅依靠一些学历偏低、体力不足的中老年人来维持最基本的农业产出就可以实现。因此，对城镇人口空间分布的预测不仅要考虑城市发展的可能性，还要考虑乡村发展的可能性。到底有多少乡村人口可能愿意进入城镇，这些人口以何种方式进入城镇，不同地区的人口在城乡之间保持怎样的居住、生产与消费的动态平衡关系（吸引高质量人口进入农村从事农业现代化生产，是该问题的另一个方面，只是目前尚未引起各个层面的足够重视），上述问题都将深刻地影响着城镇化的最终愿景。

黄宗智在《中国的隐性农业革命》一书中提出：人口过密化问题是中国农业、农村的基本特征且在短期内难以发生根本性的转变，以家庭为单位的小规模农场生产模式和具有较高产出效益的混合耕作模式将成为中国实现农业现代化的主要模式，大量的农村劳动力在农业和非农领域的多种形式的兼业化将长期存在。黄宗智分析，中国要达到刘易斯的转折点，即把所有的剩余劳动力纳入现代部门，尚需要吸纳1.68亿非正规经济就业人员以及1.50亿的农村剩余劳动力，而中国改革开放30年中城市正规经济部门就业人口总数仅仅增加了0.2亿，因此这一目标在短期内几乎是不可能实现的。根据这样的预测，中国的城镇化率并不会像西方经济学经典理论所描述的那样，在达到80%甚至更高的水平之后才进

入以存量优化为主的发展阶段（欧美国家的现代农业多采取大农场的耕作模式，单位土地的农业劳动力析出率相对较高）。这也恰好契合了中国工程院在 2011 年开展的重大咨询课题《中国特色新型城镇化发展战略研究》的相关结论，即：至 2033 年中国的城镇化水平将达到 65% 左右，而非更高。

农业的基本生产方式决定了乡村地区劳动力的析出的数量、析出方式（完全析出还是以兼业等方式不完全析出）以及向哪个层级的城镇析出，进而影响了城镇化的推进模式。根据这样的思路，在中规院编制的《山东省新型城镇化规划 (2014—2020 年)》中，项目组试图通过对山东省未来 10 ～ 15 年内农业种植结构变化的预判，推测能够保障粮食安全、保持农业现代化发展所需的农业劳动力数量[1]（表 1），并由此反推山东省的城镇化水平，并将其与常规方式的城镇化水平的预测结果相互印证。这种兼顾农村和城镇的发展愿景的人口预测方式，提供了更为准确的预估地区城镇化格局的新的可能性。

2020 年农业各类种植类型所需劳动力数量　　　　　　　　表 1

类型	规模类型	占比[1]（%）	总规模（万亩）	根据机械化水平和劳动力年龄结构测算的最终亩均工时数量（人／年）[2]	需要农业劳动力（万人）
粮棉油料	未流转	40	4480	19.2	319.2
	15 亩以上	20	2240	17.1	141.6
	50 亩以上	4.5	504	17.4	32.5
	100 亩以上	3	336	13.2	16.4
	300 亩以上	0.5	56	8.4	1.7
瓜果	100 亩以下	15	1680	80	497.8
	100 亩以上	9	1008	56	209.1
蔬菜	100 亩以下	5	560	170	352.6
	100 亩以上	3	336	119	148.1
合计					1719.0

注①依据农业部门相关统计推算。
　②依据规划地区实际案例折算。考虑到各种现实条件的约束，特别是农业劳动力过密化导致的边际报酬递减的影响，该亩均工时数高于一般农业口径测算的偏于理想值的亩均工时数。

---

[1] 《山东省新型城镇化规划（2014—2020 年）》中的农村就业人口计算法：用"种植类型 - 亩均用工量法"利用不同类型农作物的种植面积，结合不同作物类型所需劳动力的亩均工时数（考虑因不同原因造成的劳动力剩余，非纯工时），测算不同类型农作物所需要劳动力总量。根据不同类型作物未来的产量、播种面积折算未来的种植面积，根据规划期末的亩均用工折算出农村所需劳动力数量，再根据未来农村兼业比例和预测的农村老幼抚养比折算城镇化率。

三、不同层面的城乡统筹规划的内容和深度应该有所不同

如前所述，无论是作为独立的规划类型还是作为其他类型规划的一个组成部分，城乡统筹规划的工作核心在于制定城乡利益分配格局的调整方案。因此，与之相关的所有核心政策方案都是城乡统筹规划的重点编制内容，这包括土地、财政、公共建设项目（道路与公共交通、公共服务设施与基础设施）等方面。在不同层面的规划中，由于政府事权的巨大差异，意味着规划实际能够触及的利益分配层面、能够获得的政策分配权限极为不同，这也就决定了规划深度和规划方法的差异。《城乡规划法》自编制之初就明确了"一级政府、一级规划、一级事权"的规划编制要求与审批制度：省、市、县、镇、乡各级法定规划均由本级人民政府组织编制并报上级政府审批，而村庄规划则由镇乡人民政府组织编制，经村民会议或村民代表会议通过后报县或县级市人民政府审批。这样的权限划定与当前政府事权改革的方向相一致，即财权与事权的统一。

分税制作为我国的基本财税体制，主要按照行政隶属关系划分收入预算层次，也就是说，各级政府对下一级政府的财政预算负有相关责权，而一般状态下无须介入再下一级政府财政预算工作。近几年，"地方政府事权上移"成为分税制改革与政府事权改革的讨论热点问题，具体表现为"省直管县"、"设立副县级小城镇"等创新举措。即使为了加强管理和改革创新的需要，地级市的行政管理权限至多自县而及镇，省的行政管理权限至多自市而及县，针对更下一级的管理只能是政策性的而不能是具体的实施方案。规划职能作为政府的行政职能之一，第一不能超越其行政辖区，第二不能超越法定的行政事权。规划事权决定规划的深度，即使是基于城乡统筹目标所编制的规划，也应对规划的编制深度和层次有所控制，一味增加规划深度反而言不及义。以地级市层面的城乡统筹规划为例，从政府事权的角度来看，涉及县以下的村和镇的规划内容都应该是政策性的，甚至是建议性的，详细的空间布局方案不仅难以切中要害而且缺乏可操作性。

四、分区导引是城乡统筹规划的重要方法

城乡规划在不同层次上的点面关系总是辩证存在的。传统城镇体系规划关注城镇点的成长态势以及点与点之间的关系，关注如何更加合理地协调城镇之间的发展权益分配，而其他一些面域规划（例如空间管制规划）则更加关注如何对发展权进行管控约束。城乡统筹规划以统筹城镇和乡村的建设发展关系为己任，具有"点面结合"的特征，需要兼顾管控与引导，以实现城乡资源的合理配置。因

为需要关注广大乡村地区的建设发展问题，对于城乡统筹规划而言，面域空间规划方法上的创新显得尤为重要。分区作为面域规划的常用手段，有助于通过识别地区间的差异性以协助制定更具有针对性的空间政策。在城乡统筹规划中，大量规划内容都可以以规划分区为载体进行表述，因此其自身的合理性问题就变得非常重要。

当规划把城镇或者乡村作为点来赋予空间政策的时候，作为完整的行政单元，其政策的执行边界是清晰的、执行主体是明确的。在制定面域空间政策时，同样需要完整的行政边界作为支撑，否则很容易造成执行主体的缺失。而如果采用完整的行政边界作为城乡统筹规划的分区边界，就意味着有一部分地区会为了保持行政边界完整性的需要，无法获得更具有针对性的政策指导。在当前的行政管理体制之下，这样的取舍是无奈的，但却是必须的。如前所述，各级政府规划事权的差异决定了城乡统筹规划的深度。对于省域城乡统筹规划而言，其事权只能延伸到县，而市域城乡统筹规划的事权可延伸到镇。因此，前者应以县为单位划定分区，后者则应以镇为单位划定分区。

除了分区的尺度问题，分区依据的合理性问题至关重要，会影响到规划整体的合理性。城乡统筹规划的基本目标是为了保障地区的城镇化进程更加高效、合理。不同地区有自身独特的城镇化模式，不同层级规划要解决的核心问题也各不相同，这些差异性决定了不同的城乡统筹规划项目所选择的分区依据也应不同。例如，在《山东省新型城镇化规划（2014—2020年）》中，规划的分区尺度还在县级单元，因此规划的核心问题在于识别该地区独特的城镇化模式——人口如何集聚、在哪些层级重点集聚，从而针对不同层级的城乡空间提出差异化的发展政策；而在《山东省临沂市现代城镇体系规划》中，规划的分区尺度已经落在乡镇，人口的城镇化问题主要在上一层次（市、县层面）探讨，因此规划的核心问题在于如何通过识别人口在不同镇村空间的集聚方式，制定更为详尽的空间资源配置方案，包括如何引导交通设施和公共服务设施进一步合理配置、加强对建设用地和生态环保的管控等。因此，在《山东省新型城镇化规划（2014—2020年）》中，把县以及各重点镇的经济发展和人口集聚能力作为主要考核指标，选择县级单元经济发展水平（以经济总量、财税指标表征）、县城和镇发育水平（以人口规模表征）、县域城镇空间极化程度（以重点小城镇首位度表征）作为主要识别因素，划定空间发展分区（表2）。在《山东省临沂市现代城镇体系规划》中，关注人口的析出量、析出方式、可能的落脚点以及这些落脚点能够提供的公共服务水平，因此分区的主要考量因素包括农业劳动力的析出方式（根据农业耕作方式与半径计算农业劳动力析出包含3种方式：兼业、大比例析出、小比例析出）、生态环境保护要求（重要的生态保护区或者生态功能空间）、城镇集聚发展态势（以城乡建设用地增长态势表征）、基本地形地貌条件（不同地形条件影响公共服务设施和基础设施的服务半径和配置模式）等（表2）。

《山东省新型城镇化规划（2014—2020年）》与
《山东省临沂市现代城镇体系规划》的规划分区依据　　表2

	《山东省新型城镇化规划 （2014—2020年）》	《山东省临沂市现代城镇体系规划》
规划层级	省域	地级市域
分区尺度	县	乡镇
核心问题	人口如何集聚、在哪些层级重点集聚	不同地区的城镇化模式以及相对应的空间资源配置方案
编制任务	针对不同层级的城乡空间提出差异化的发展政策	强化政府职能、引导交通设施和公共服务设施进一步合理配置、加强对建设用地和生态环保的管控等
分区依据	县级单元经济发展水平（经济总量、财税指标）	农业劳动力的析出方式（农业耕作方式与半径）
	县城和镇发育水平（人口规模）	生态环境保护要求（生态保护区或者生态功能空间）
	县域城镇空间极化程度（重点小城镇首位度）	城镇集聚发展态势（城乡建设用地增长态势）
		基本地形地貌条件

在实际规划项目中，城镇的人口吸纳方式与吸纳能力、乡村的劳动力析出方式、城与乡之间的时空关系、地区特殊的约束限制条件（生态、地形、人文习俗、地域观念、历史沿革）都可能成为影响发展分区划定的核心要素。要合理选择影响要素，除了要根据自上而下的分析建立逻辑框架，还需要以自下而上的实地调研予以佐证，例如通过对规划地区进行详尽的社会学调研，从实践层面充实对不同地区城镇化模式的认识。在明确了影响要素之后，可以通过构建影响要素之间的逻辑框架，结合层次分析法和GIS分析技术，获得要素的叠加关系用以指导规划分区。

五、未来的城乡统筹规划：政策属性不断加强，空间属性趋于减弱

城乡统筹规划，顾名思义，其研究对象既包含城又包含乡，其工作内容是统筹协调城乡之间的建设发展关系，如统筹城乡产业发展与就业平衡、统筹城乡人口流动与城乡建设用地增减、统筹城乡空间的建设增长与保护、统筹政府的公共服务职能与公共利益管控等。以《山东省临沂市现代城镇体系规划》为例，在划

定规划分区之后，规划明确了不同分区的城乡空间增长的重点片区和层级，镇、村空间组织模式，并据此提出了各分区的土地配置政策、公共服务设施与基础设施的差异化配置方案、以公共服务共享和充分就业为目标的公共交通组织方案、生态环境管控要求等等。城乡统筹规划的编制内容并非是以城镇体系或者村镇体系规划为基础的简单、直接的空间布局深化。以服务设施配置规划为例，对于城乡统筹规划而言（特别是省市域层面的规划），其编制内容应该是制定不同地区的设施配置标准、配置方法，而非规划师擅长的设施布点规划。未来的城乡统筹规划，其政策属性必将不断加强，空间属性则趋于减弱。

城市作为规划编制的研究对象，一直为规划师所熟悉，而乡村作为新进入规划视野的编制对象，其基本属性与城市不尽相同，因此其所要求的规划编制手段也应有所不同。乡村作为基层自治主体具有自主管理村里日常事务的权利。1998年通过的《中华人民共和国村民委员会组织法》明确规定了村民自治的主要内容与形式：由广大村民民主选举村民委员会干部，民主决策村中大事，民主管理村内事务，民主监督村民委员会工作和村民委员会干部等等。这种自下而上的管理方式与城市自上而下的、以层级制为特征的管理方式截然不同。而且，乡村地区量大而面广，如果按照城市的规划管理方式对乡村地区进行管理，上级政府的行政成本将大到无力担负。因此，要引导城乡的统筹发展，仅仅按照传统城市规划的编制逻辑，提出自上而下的空间建设方案，是不具备可操作性的。如前所述，城乡统筹规划的内容，有相当部分超出了本级规划主管部门的行政权限，因此规划的落实需要协调与共识。从这个角度来说，城乡统筹规划的引导性政策的分量是重于管控性政策的。因此，除了要审慎寻找既满足城市发展目标又符合乡村发展价值的政策措施，更要探讨如何将这些政策措施付诸实施，例如尝试搭建多部门多主体的规划协作平台等。只有从这样的角度去探讨城乡统筹规划，才能使这一新兴规划形式不会流于官样文章和空谈。而这对于中国的城市规划师而言，无疑是极富创新性和挑战性的，还有待于长期的理论探讨与规划实践。

（撰稿人：曹璐，中国城市规划设计研究院城乡所高级城市规划师；靳东晓，中国城市规划设计研究院城乡所副所长，教授级高级城市规划师）

注：摘自《城市规划》，2014（S2）：27-31，参考文献见原文。

"省－市（县）"双层空间规划体系构建

　　导语：中央城镇化工作会议提出构建国家空间规划体系的要求，各地也以"三规合一"为契机，展开了规划编制体系的创新实践。本文认为空间规划学科体系的垂直逻辑性与主管部门事权划分的水平复杂性之间的矛盾是规划冲突的症结所在，进而对"三规合一"实践进行总结，发现"三规合一"规划存在实施细则缺失、新旧规划关系不明晰、部门规划事权界定模糊、规划编制单元混乱等问题。文章认为省级层面是落实国家战略，协调县市发展的重要一级政府，对国家空间规划体系构建意义重大。因而基于江苏省情，对既有规划编制体系进行创新，构建了江苏"省－市（县）"双层空间规划体系，提出以《江苏省空间规划》、《市（县）域城乡总体规划》为抓手，协调既有规划矛盾，奠定省－市（县）级空间规划体系的总体框架，并对规划组织机构、重点内容以及和既有"三规"的协调模式展开了探讨。

一、引言

　　空间规划一直是国家和地区维护国土安全，优化空间格局的主要手段和管制依据。近年来，伴随着我国经济高速发展，空间外延式扩张路径依赖加剧，国土空间结构失衡、用地功能单一问题不断凸显，空间规划体系构建的呼声日益迫切。自中央城镇化工作会议提出"建立空间规划体系"以来，住房和城乡建设部、国土部等相关部委均从自身事权范围和职能领域提出了"三规合一"试点建设要求❶。与此同时，相关城市从实际问题出发，对"三规合一"或"多规融合"规划编制体系做了一些有益探索，对协调规划分歧、缓解部门矛盾起到积极作用。然而，省级层面特别是由省级关联至市县层面的空间规划体系构建案例缺乏，而省级层面又是落实国家政策、协调区域空间开发格局、指导城市规划建设的重要载体。因此，"省－市（县）"双层空间规划体系是我国空间规划体系构建的重要内容。

---

　　❶　住房和城乡建设部在"关于开展县（市）城乡总体规划暨"三规合一"试点工作的通知（建规 [2014] 18 号）"文件中要求各省（区、市）推荐 2 ~ 3 个县或县级市作为"三规合一"的试点城市。同期国土资源部在部署 2014 年重点工作时也表明将选择部分市县试点展开"三规合一"工作。

二、空间规划体系构建基础

发改部门的主体功能区划（国家、省级层面）、规划部门的城乡规划、国土部门的土地利用总体规划是目前指导我国空间开发的三大综合性规划，也是我国空间规划体系构建的基础。对三大规划体系内容解读和科学性评价是空间规划体系构建的前提。

（一）"三规"规划体系解读

从规划层次来看，城乡规划和土地利用总体规划均已建立了从国家、省级、市县到乡镇的规划体系，城乡规划甚至覆盖了从国家到村庄规划的五级体系，而主体功能区划则仅限于国家和省级层面，省级以下则是以国民经济和社会发展规划来表现（表1）。从法律渊源分析，城乡规划已经形成了由法律、行政法规、部门规章和地方性法规等构成的法规体系，各层次城乡规划均有法可依；土地利用总体规划除了省级层面的法规缺失以外，其他各层次法规体系也相对健全；与"城规"和"土规"相比，主体功能区划缺少类似《土地管理法》和《城乡规划法》全国性法律的引领，目前仅具有立法权的部分省市以条例形式对发展规划进行了界定，造成发展规划无法可依的局面。

"三规"规划体系及相关法律法规　　　　　　　　　　　　　表1

规划层次	主体功能区划		城乡规划		土地利用总体规划	
	规划体系	法律法规	规划体系	法律法规	规划体系	法律法规
国家层面	全国主体功能区划	—	全国城镇体系规划	城乡规划法	全国土地利用总体规划纲要	土地管理法、土地利用总体规划编制审查办法
省级层面	省主体功能区划	省发展规划条例	省域城镇体系规划	省城乡规划条例、省域城镇体系规划编制审批办法	省级土地利用总体规划	—
市（县）层面	—	—	城市总体规划	城市规划编制办法	市（县）土地利用总体规划	市（县）土地利用总体规划编制规程
乡镇层面	—	—	乡镇总体规划	镇规划标准	乡镇土地利用总体规划	乡镇土地利用总体规划编制规程

从"三规"关注的重点内容分析，以省级层面规划为例，在空间布局、资源利用和重大设施开发等内容上存在诸多交叉。其中，省域主体功能区划在资源环境承载力、发展潜力评价、主体功能区划定和空间管制等方面与省域城镇体系规划存在一定重叠（图1）。由于分析要素不一致，同一地区在两项规划中功能区

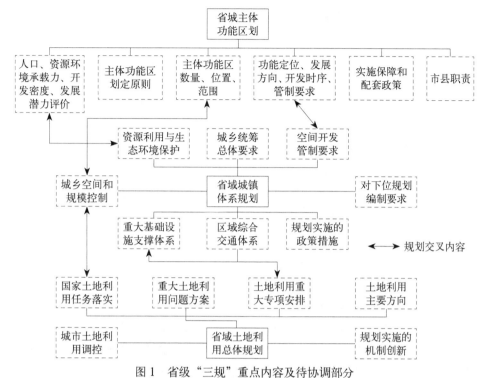

图1 省级"三规"重点内容及待协调部分

注：省域城镇体系规划重点内容参考住房和城乡建设部《省域城镇体系规划编制审批办法》，主体功能区划重点内容参考《江苏省发展规划条例》，土地利用总体规划重点内容参考国土部《土地利用总体规划编制审查办法》。

划往往有所不同，相应管制政策也有所矛盾甚至相互背离。省域土地利用总体规划则在土地利用任务分解、土地利用重大专项安排上与城镇体系规划相关内容有所交叉。以建设用地规模为例，"土规"自上而下的指标分解和"城规"自下而上的用地匡算汇总难以取得平衡。

（二）"三规"规划体系科学性评价

尽管"三规"在内容体系和法规体系上存在一定的冲突和缺位，但从城乡规划学科构建视角来看，从区域规划到城市规划和乡村建设，无论是体系架构的逻辑性和理论研究的科学性均相对合理，较主体功能区划和土地利用总体规划成熟。从规划编制和管理实践来看，造成规划冲突的关键症结在于学科体系与主管部门职能定位和事权划分的不契合。长期以来，区域规划事权隶属于发改部门，城市规划区范围内的规划建设事权隶属于规划部门，土地规模和用途管制又隶属于国土部门；学科体系垂直逻辑的连贯性与部门水平分割的复杂性相互交织，成为诸多规划失效的主导因素。

三、基于"三规合一"的空间规划体系构建模式探索

（一）现有"三规合一"规划编制模式探索

针对规划事权和学科逻辑性之间的矛盾，各地已经开展了"三规合一"或"多规融合"等空间规划体系编制创新实践。

1. 规划创新模式：体制改革 vs. 规划整合

一类以"体制改革、部门合并"相对彻底的行政体制改革为主要特征，以武汉、上海等城市为代表。两座城市以城乡规划和土地利用总体规划的衔接为契机，对规划和国土部门进行了整合，武汉成立了市国土资源和规划局，上海则建立了市规划和国土资源管理局；使原局际间的合作转化为局内部门间的整合，提高依法行政效能。

另一类以"规划衔接、部门协调"为主，在不触动现有体制框架变革的情况下，展开渐进式改革，以广州、重庆等城市为代表。如广州市成立了"三规合一"工作领导小组，负责组织、审议"三规合一"成果。重庆市成立多规融合工作协调小组（由区县政府主要领导担任组长），并建立规划部门联席会议制度，指导多规融合实践。

2. 规划编制单元：市县（区）vs. 乡镇

以市县（区）为编制主体和以乡镇为编制主体的"三规合一"模式各有利弊。从上海、武汉等以乡镇作为平台展开"多规合一"的编制经验来看，乡镇层面有利于用地图斑的协调、基本农田和生态控制线的落地，有利于分区管制规则和规划编制单元的细化。但是由于乡镇属于我国最基层的一级政府，规划管理事权薄弱，多规协调难度较大，因而更多城市将"三规合一"的试点构架在市县（区）层面。

3. 规划成果形式：新规划统领 vs. 现有方案协调

基于现有城市（镇）总体规划用地布局，与土地利用总体规划在用地规模、控制线范围等方面进行协调，形成"多规合一"方案是目前较为常见的规划编制改革做法。与此同时，重庆城乡总体规划、浙江县（市）域总体规划从"多规合一"角度，对新规划类型统领原有"三规"展开了探索。

（二）"三规合一"规划编制实践的问题剖析

1. 宏观政策的强化与实施细则的缺失

中央城镇化工作会议、各部委对"三规合一"试点城市的推动突显了空间规划体系构建、规划体系创新的迫切性。但对于空间规划体系以"三规"中的哪一

项规划为龙头，并未给予明确答复，同时对于空间规划体系的事权隶属部门也未能清晰界定。从法理意义上讲，目前城乡规划、土地利用总体规划有《城乡规划法》、《土地管理法》统领，未来随着《发展规划法》的出炉，主体功能区划的法定效力得到强化，"三规合一"的矛盾将升级为法律法规体系的协调。与此同时，目前"三规合一"处于自下而上的试点阶段，缺乏相应的法规指引和统一的编制办法，编制过程中随意性较大，降低了规划编制的科学性和严肃性。

2. 新规划与既有规划的关系不明晰

尽管各地对"三规合一"规划做出了不少有益尝试，但新"三规合一"规划与既有"三规"的关系尚不明晰。一方面，由于空间规划体系构建缺少相应的立法支撑，"三规合一"等新规划形式缺乏法定地位，得不到正名，对空间要素统筹安排的约束性较弱；另一方面，受既有部门事权分割影响，现有"三规"仍然是部门获取自身利益、掌控空间资源、抢夺空间规划话语权的重要手段，不忍放弃，因而对新旧规划之间的关系、约束力、时效等关键问题采取刻意回避态度。

3. 法规体系缺位导致部门规划事权界定依旧模糊

我国空间规划体系构建尚处于探索阶段，法规体系较不完善。不仅空间规划层次体系界定模糊，更为重要的是空间规划体系的行政管理部门界定模糊。法规体系的缺乏造成了部门规划事权不清，各部门从自身角度推行的规划创新或融合往往缺乏综合视野和全局观。表现为国土部门和住房和城乡建设部门在"三规合一"试点城市上的争夺，规划和发改部门利用"新型城镇化规划"等规划形式创新争夺空间规划体系的话语权。

4. "三规合一"规划编制单元较为混乱

早在几年前，发改部门推行主体功能区划编制时，由于缺乏统一的法规和编制办法的指导，各县市甚至乡镇纷纷编制主体功能区划；直至各省市《发展规划条例》出台才得以肃清，规划浪费现象严重。而今在"三规合一"规划编制办法尚未出台之时，应首先对规划编制单元进行界定。笔者认为，在国家层面的"三规合一"法规体系出台之前，省级层面由于发展协调主体众多且具有较大的立法权限，理应成为"三规合一"主要的推动主体，并构建省级层面"三规合作"、市县层面"三规合一"、体系连贯的双层空间规划体系。

四、省域"省－市（县）"双层空间规划体系构建方案

基于现有省域层面的城镇体系规划、主体功能区规划、土地利用总体规划等部门规划以及相关专项规划，省域空间规划体系方案应重点从省级和市（县）级层面展开，并在省域层面推进三规合作，在市（县）域层面推进三规合一。

（一）省域层面

"省－市（县）"双层空间规划体系在省域层面的落实可采取如下两种可行方案。

方案一：在综合统筹"三规"（省域层面的"三规"指发改部门的主体功能区划、住房和城乡建设部门的城镇体系规划、国土部门的土地利用总体规划）核心问题并协调主要矛盾的基础上，编制原则性、指导性较强的《省域空间规划》，以纲领性、条文性的文本指导省域经济社会可持续发展和空间有序开发。规划应明确全省经济社会发展的综合目标，制定全省空间开发的基本原则和政策纲领、划定生态保护红线及功能分区，对区域重大基础设施和交通设施规划展开战略性指引，并对"三规"的细化落实提出指导性意见❶。规划由"省空间规划领导小组"组织编制，并依据规划形成相关实施办法和政策，具有法定效力。作为"三规"的上位指导性规划，发改、住建、国土部门在编制自身规划时，不得违背《省空间规划》所确定的方针和原则，进而对既有"三规"编制展开"瘦身式"协调，明晰各自编制内容，化解矛盾冲突部分。其中，主体功能区划重点落实全省经济社会发展指标体系构建和分区政策的管控机制；城镇体系规划重点对全省空间结构细化，并落实重大设施布局等空间发展问题；土地利用总体规划重点对全省生态保护和耕地指标进行总量的严控。

方案二：成立"省域空间规划领导小组"作为规划组织编制机构，会同住建、发改、国土等相关职能部门共同编制《省域空间规划》，作为引领全省空间发展唯一的法定综合性规划。较方案一，该方案规划内容涉及面更为广泛，编制深度也逐步深入，表达方式也更具多元化。规划对全省经济社会发展目标、空间结构、设施布局、红线划定、空间管制等核心内容均有所涉及，编制深度参考现有"三规"相关内容。与此同时，对原"三规"编制内容展开精简，还原其部门专项规划职能；并以《省域空间规划》为编制基础，抽取相关内容进行细化，满足各自部门规划的报审要求。

（二）市（县）域层面

市（县）域层面成立城市空间规划编制办公室，会同发改、规划、国土等相关部门共同组织编制《市（县）域城乡总体规划》。《市（县）域城乡总体规划》作为融合城市国民经济和社会发展规划、城市总体规划、城市土地利用总体规划

---

❶ 2005 年，延续了五十多年的国民经济和社会发展"计划"首次变成"规划"，随后，由发展规划主管部门主导编制的主体功能区规划在国家和省级层面又将"触角"进一步向空间建设领域伸展。

等的综合性规划，应充分体现"三规合一"的编制目的，协调"三规"在规划范围、规划期限、技术标准、空间管制等方面的矛盾，综合集成为指导市（县）域发展的一张蓝图，并作为相关部门落实下位规划的依据。

具体而言，《市（县）域城乡总体规划》应包涵城乡经济社会发展目标、城乡用地布局规划、生态保护和城市开发的相关红线划定、产业发展和布局、综合交通体系规划和基础设施配套、空间管制和政策分区等核心内容。城乡经济社会发展目标应依据国民经济和社会发展规划的近期指标、同时参考城市总体规划的现代化指标体系和土地利用总体规划的基本农田保护指标进行综合制定。城乡用地布局规划首先应统筹土地利用总体规划基本农田保护分布和城市总体规划建设用地边界，标明冲突地块，给出解决方案，划定城市永久性保护地带和城市增长边界；其次从市域统筹的角度，对城乡建设空间编制规划方案，给予分类指引。将国土规划中的"保经济增长、保耕地红线"与城市规划促进城市经济发展、空间优化相结合。相关红线的划定应统筹部门现有规划，综合划定市（县）域"五条红线"，即建设用地规模控制线、产业区块控制线、城市增长边界控制线、基本农田控制线和生态保护控制线。

《市（县）域城乡总体规划》编制审批完成后，即代替原有"三规"，作为统领市（县）域城乡空间发展的总体法定规划，成为相关公共政策形成的依据。原有城市层面的"三规"即停止编制，但"三规"原主管部门仍可依据规划编制部门的下位规划，并达到各自报审要求。如规划部门仍需依据该规划，以规划分区或控规编制单元为基础，编制分区规划或控制性详细规划；国土部门仍需依据该规划，编制乡镇土地利用总体规划；发改部门仍需依据该规划，编制乡镇国民经济和社会发展规划，并按需编制特定产业发展规划。

项目资助：国家社科基金重点项目"中国创新型都市圈发展的路径设计与规划导控研究"

（撰稿人：朱杰，江苏省城市规划设计研究院规划师）

注：摘自 2014（第九届）城市发展与规划大会论文集，参考文献见原文。

面对存量和减量的总体规划

导语：在过去的一轮快速城镇化发展过程中，我国城市普遍经历了依赖于土地扩张助推经济社会发展的阶段，虽然取得了城市建设的突出成就，但低效高代价的发展模式也导致了有限的资源环境不堪重负，"城市病"问题层出不穷。因此，以往以增量换发展的模式难以为继，亟待转型。在此背景下，国内部分城市，尤其是特大城市在新一轮规划编制中提出了优化存量、实现减量的发展思路，体现了规划行业面对城镇化深度推进顺势而为、积极转型的思想理念，而存量与减量规划的提出也被视为引领未来城市转型、跨越资源约束并实现可持续发展的关键。

当城乡规划迈入了存量与减量的时代，从规划编制的技术方法、核心内容到规划实施的管理方式、政策基础都需要进行重大转变，也给城乡规划工作带来了新的挑战。为此，行业内部陆续进行了实践探索，并针对这一问题开展了广泛的交流与讨论。本文系统梳理了当前业内关于存量与减量规划已经取得的观点与共识，旨在抛砖引玉，引发全行业的关注与思考，以期共同推进存量与减量规划的发展。

一、存量与减量规划形成的背景与动因

（一）资源环境约束倒逼形成存量优化、减量发展的思路

以土地扩张换取城市发展几乎是过去 20 年我国城市的普遍经历，地方政府高度依赖于土地财政，对城市建设用地增量具有很高需求。与此同时，我国快速城镇化进程带来了大量的人口向城镇迁移，形成了大规模的基础设施建设与投资，也促成了城市土地的大规模扩张。可以说，土地成了城市发展的关键命脉与基础。然而，近年来随着人口、资源、环境压力与矛盾的显现，加之国家对于十八亿亩耕地红线的严格约束，使得以增量土地换取发展的方式愈发难以为继。

2014 年中央城镇化工作会议从耕地保护、生态环境以及城市增长的角度明确提出了"有效控制土地增量、合理确定发展规模"的要求。同年，国土资源部印发了《节约集约利用土地规定》，首次就土地集约节约利用进行规范，并明确提出"有效控制特大城市新增建设用地规模，国土资源主管部门应当在土地利用

总体规划中划定城市开发边界和禁止建设的边界，实行建设用地空间管制。"由此可见，中央已经开始高度重视城市土地利用问题，以大规模增量求发展不再是未来的主要方式。其实，早在中央有关要求下发之前，部分城市已经开始面对这样的问题，即在用地扩张过程中，政府需要越来越多地面对征地拆迁成本急剧上升、房地产供给过剩所造成的压力，增量发展的难度不断增加。在此背景下，2007年的深圳总体规划率先提出了从"增量扩张"转向"存量优化"，为破解城市土地困局，解决发展瓶颈进行了有益的探索。无独有偶，最新一轮的上海城市总体规划修编明确提出了"总量锁定、增量递减、存量优化、流量增效、质量提高"，即"五量调控"的土地管理思路，要求建设用地总规模实现"零增长"。北京在2014年启动的总体规划修改工作中也提出了优化建设用地存量，实现建设用地"减量"的发展目标。

表面上看，存量与减量思维的产生既是落实国家转型发展的要求，也是特大城市面对资源环境约束所采取的积极应对。而实质上，这一新思路的产生是与我国城市发展转型的客观要求以及税收制度改革紧密相关，也是我国城镇化深度推进的必由之路。尽管目前这一发展趋势仅体现在少数几个特大城市之中，但随着城镇化推进与资源约束的不断作用，越来越多的城市将迎来这种发展的转型与变革。回顾过去，增量作为早期发展的重要途径，曾经有效地解决了城镇化发展初期的诸多矛盾与障碍，但也给各类经济要素之间的平衡埋下隐患。而今当单一的增量发展带来的问题逐步显现，就需要重新调整思路，把经济发展、建设用地以及资源环境的相互协调作为着眼点。

（二）规划行业顺势而为，积极探索规划转型

面对存量与减量时代的到来，"存量规划"与"减量规划"悄然成为规划行业热议的名词，也引发了广泛的思考与讨论。早期研究中，邹兵等学者以深圳为研究对象，就规划由增量向存量转型过程中的困境与挑战进行了系统分析。厦门规划局局长赵燕菁多次撰文，从经济学的视角解读了存量规划的核心问题与关键内容。此后，随着存量规划实践的广泛开展，关于存量减量规划的学术成果层出不穷。2014年在海口举行的2014中国城市规划年会上，由中国城市规划学会与北京市城市规划设计研究院共同举办了"面对存量和减量的总体规划"专题论坛，再次将有关这一话题的讨论推向高潮，引发业内外的广泛关注。论坛邀请到了邹兵、赵燕菁、王凯、丁成日等长期关注存量用地问题的专家学者，也邀请到了来自北京、上海、深圳等城市规划编制研究机构的一线专家，共同就存量与减量规划的问题展开激烈的讨论，形成了相对广泛的认识与共识。

从增量规划转向存量与减量规划，这是行业在面对发展转型的大趋势时适时

而动、顺势而为的体现，与此同时，行业发展转型时所要面对的现实困境与挑战也是空前巨大的，仍然需要漫长的探索与实践过程，任重而道远。

二、存量与减量规划面临的难点与现实挑战

长期以来，城乡规划紧密结合城市扩张式的发展，形成了相对完善的以土地增量为内容的规划编制体系与实施管理机制。在政府主导增量用地的前提下，规划协调的权利关系相对单纯，使规划师自然养成了一整套相对规范化和程式化的技术方法与工作惯性。而存量与减量规划则不然，其对于规划编制的立足点、关注视角以及处理问题的能力与增量规划差别明显，需要对规划工作体系做出较大变革，这对于当前我国的规划工作而言显然存在着准备不足的现实问题，存量与减量规划面临着巨大的难点与多方面的现实挑战。

（一）技术瓶颈——规划编制难度大幅提升

1. 单一产权下的利益均分转向复杂关系中的利益协调

规划从增量转向存量与减量之后，所面临的最大难点在于产权关系和利益的分配。受到我国土地管理制度作用，城市新增的建设用地处置权掌握在政府手中，土地收益也由政府进行支配，其产权关系相对清晰而单一。规划编制在这种前提下基本遵循利益均衡分配的原则。存量与减量规划的建设用地则分散在土地使用权人手中，其产权关系十分复杂，一方面，政府在对这一用地进行处置时，不再具有主动性，要以维护土地使用权人的利益为前提；另一方面，存量土地取得的收益理论上应当主要为使用权人所有，即使政府介入，也必须兼顾多方的利益。在这样的前提下进行规划编制，核心工作就转向了既有利益的分解与重新分配，而这种利益的协调若要顺利地推进，则要求规划建立在对各类制度政策的全面把握以及对现实问题的恰当处理之上，这是传统的增量规划所不曾涉及的。规划协调的过程中如若出现利益损益，还会使现实问题复杂化，进一步增加了规划编制的难度。

2. 宏大蓝图式的规划创作转向琐碎的现实问题处理

增量规划在编制方法上通常是从宏观区位分析入手，清晰判断城市发展的利弊因素，之后通过设定发展目标而明确定位，并进一步落实空间布局。从整体工作思路上看，增量规划更多体现出战略性和设定性，得到的是融入了城市管理者意图与规划师设计理念的愿景式蓝图。这类规划往往是大尺度的，动辄几十平方公里的城市新区或产业园区。与之相比，存量与减量规划则需要采取截然不同的规划方法，以旧城更新改造、环境整治规划为代表，这类规划首先受到产权的作

用而限定在相对有限的空间范围内，针对的是已经建成的既有建设用地，结合用地效益低下或环境品质不佳等现实问题而有针对性地进行用地功能与规模的调整和重组。在规划编制时，需要重点掌握现状实际与存在问题，具体问题具体分析，增量规划的方法套路在存量规划中不再适用，而研究对象本身的特殊性以及多元、琐碎与繁杂的影响因素决定了存量与减量规划需要更加具体、细致、谨慎与耐心的工作方式，做到"微处理"、"微循环"与"微设计"。

增量规划是面向远景的发展设想，一般不需要直接面对发展过程中实际或者可能存在的现实矛盾，通过拉长解决问题的周期来缓和预期与现实的冲突。而存量规划是即时性的规划，短期内就会充分暴露现实的难点与问题，其直接面对实施的特点也注定了难有回避的途径。因此，这类规划更加强调与近期计划的有效衔接，要求充分考虑实施细节。

3. 以人定地的前置观念转向总量锁定的底线思维

存量与减量规划首先就是锁定建设用地的总规模，于是增量规划中"以人定地"的前置条件被打破，且城市各类设施的配置与布局也不再表现为与人口规模正相关的简单关系。用地总量锁定后，以土地扩张化解发展矛盾的方法失灵，倒逼规划积极挖掘存量用地价值，从存量和减量中寻找增量，这将很大程度上改编规划编制的价值取向，回归和强化规划的本质作用。

同时，国家层面已经提出了划定城市增长边界以及生态保护红线的要求，未来的城市建设将被严格地"束缚"在各类条条框框之中，理性发展也将步入新常态。因此，规划师必须学会用底线的思维应对和解决城市仍然十分旺盛的发展诉求，妥善化解经济发展与资源环境保护之间的矛盾，这对于已经习惯了大手笔蓝图式创作的规划师而言无疑又是充满挑战。

（二）实施环境——对应的规划实施管理机制缺位

1. 缺乏支撑存量与减量规划编制实施引入法律机制和政策手段

尽管深圳等城市很早就开始了存量规划的实践，但对于全国来说，存量与减量规划还处于探索阶段，从国家到地方层面的规划管理制度还没有实现转变，规划实施环境还不具备。

目前，从各项法律法规到行政部门制定的规范性文件都主要强调在各类规划的框架下，规范操作各类新增项目用地的建设实施和技术控制，而对于存量土地的再开发利用以及存量规划编制的审批与管理都没有具体说明。当前实施的《城乡规划法》对于存量用地规划也没有相关的条文，造成了规划编制没有有效的指导和规范标准，规划实施也没有赖以使用的机制和政策，规划管理部门对于存量土地也并不掌握明确的管理权限。

正如前文所提到的，存量与减量规划是对分散的土地使用权人所属的建设用地进行规划调整，这其中涉及了产权关系以及获得利益的分配问题，必须有完善的政策与制度为依据，否则规划很难顺利推进实施。举例来说，在街区更新改造过程中，如果用地性质不发生根本改变，而只是环境整治，则规划实施管理阻力相对较小；但一旦对低效用地进行深度优化调整，改变土地使用性质，甚至要求权属人放弃使用权则，其未必会完全配合，容易激化矛盾。

2. 规划实施管理审批程序不匹配

从规划管理审批程序上说，增量规划以新增建设用地为对象，管理上以"一书两证"的行政许可作为核心，程序上则以竣工验收为最终环节。对于已经建成之后的建设用地，规划管理部门便不再"插手"。而存量与减量规划则完全不同，按照赵燕菁在规划年会上的说法"存量规划和增量规划完全是两个系列，彼此之间没有可替代性，也是完全不搭界的事情"，由于没有存量减量规划的审批规定，现在完成的存量规划也会使管理部门无所适从，这也导致了旧城改造更倾向于全部拆除、重新走征地出让程序而保证项目能够顺利推进的被动做法。存量规划审批程序的匹配与转型需要全行业的整体联动，这在存量规划刚刚起步的阶段显然还有很多工作要做。

总之，政策与制度的有效设置一定是存量与减量规划顺利推进的前提，在目前的探索阶段，注定会面对很多难点与挑战，需要规划行业从实践中加以摸索。

（三）职业素养——行业知识构成与教育体系的革新

赵燕菁在《存量规划：理论与实践》一文中曾指出，规划从增量转向存量，最大的困难还是人才。

在以增量规划为背景的城市时代，针对新区开发建设而进行的规划编制与研究工作是行业的主流业务，受到就业供求关系的作用，现行的教育体系培养的还是擅长于增量规划编制的技术人才，高等院校在教育教学课程设置上，也仍然是以增量土地开发为基础的理论方法为主，规划专业学生从课程设计阶段就开始在图纸上描绘理想的城市蓝图，而针对建成区的系统分析与研究相对欠缺。同时，由于我国的城乡规划知识构成脱胎于以建筑学为主的工程学体系，强调技术手段与主观设计意图，对于城市经济学与社会学的关注比重偏低，规划从业人员在处理现实问题时，对问题思考的深度与广度较为局促。理想主义和精英主义情结成为了我国规划专业人才普遍具有的特点。

而今，当面对存量与减量规划时，原有适用于愿景蓝图式规划的知识构成对于更加注重精细化和经济利益协调的存量规划而言并不匹配。存量规划对于经济学、法律知识以及人际交往与沟通能力的要求是传统规划行业教育与理论研究的薄弱环节，而现有高校的规划专业尚未摆脱工程技术背景的教育方式，使得规划从业者并不具备面对全新规划内容的素质与能力。

三、推进存量与减量规划发展的几点建议

尽管当前存量与减量规划的编制与实施尚处于探索阶段，困难重重，但增量扩张发展给城市带来的问题却迫使我们必须尽快从既有的工作方式中走出来，敢于实现行业自身的转型升级，坚持科学发展的基本意识，更加主动地投身于推进存量与减量发展的工作当中去。

（一）树立存量与减量发展的行业共识

受到资源环境承载力的客观限制，无论是否人为地进行建设用地规模的控制，土地的扩张总有终止的一天。从这种意义上看，城市的存量土地才是建设用地恒定的常态，也就是说，全面迎来存量与减量规划的工作只是时间问题，未来规划的日常工作注定面对的是存量土地。因此，规划行业必须从发展观念上尽早树立存量与减量发展的意识，并为这种新的工作对象与技术方法做好充分的准备。目前已经着手开始存量与减量规划的特大城市，应当积极探索、积累经验，业内的学术机构与一线生产、科研单位也应当进一步加强有关存量与减量规划的研究，广泛宣传和推广已经取得的阶段性成果和实践经验，尽快促成全行业形成普遍共识，实现由增量扩张向集约增效、底线约束思维的全面转变。

（二）积极实现规划工作方式、方法的转变

为了更好地适应存量与减量规划编制的特点与要求，行业需要在更多的实践中逐步转变以往的工作方法和工作重心，积极改革与优化现行的技术标注与编制体系。

首先，规划师要主动从大手笔、大气魄的愿景蓝图式规划习惯中解脱出来，转向更加实际和具体的协调工作中去，在对于现状充分了解的基础上提出解决问题的方案，这也要求规划编制时比增量规划更多、更细致、更具体地了解建设用地的现状情况，通过详尽的调研来系统掌握土地权属、产权关系、产权性质等问题，并将其作为规划方案编制的关键因素。

其次，规划编制的重点转向存量用地的功能优化调整、合理规模的确定以及面向实施的更新改造策略，对于用地性质变更或对用地进行较大调整时，必须紧密结合建设用地的管制制度，提出具有较高可操作性和合理性的实施方案。

再次，规划不能再主观地将城市管理者与规划师的意愿直接落实在方案中，

而是必须充分尊重存量土地使用权人以及周边利害关系人的发展意愿，并针对具体问题提出专门的应对方案。规划师在这样的规划编制中，需要厘清自我的角色，充当各种利益关系的协调人，也必须将存量土地再利用取得的利益进行合理的分配，并使之成为存量与减量规划成果的重要组成部分。

（三）完善存量与减量规划实施管理审批制度与配套政策

1. 优化规划管理审批思路

城乡规划管理部门应该深入研究存量与减量规划的编制内容与实施特点，有针对性地调整和完善有关规划的管理审批程序，尽快将存量与减量规划的管理纳入法规体系，为存量用地在功能、规模等方面的优化调整提供行政许可上的保障，也便于此类规划编制工作的全面展开。

2. 针对利益再分配建立利益均衡机制

针对存量土地再利用过程中的利益分配问题，应当尽快建立多主体的利益均衡机制，保证政府、土地使用权人以及社会资本共同参与到存量优化的过程中去，进一步提高土地使用权人自发提升土地效益、实现自我更新改造的积极性，减少利益损益带来的发展阻力和矛盾。

3. 加强政策制定与机制完善工作

与增量规划相比，存量与减量规划十分强调政策属性，所以完善实施机制与政策是推进存量与减量规划发展的关键。对于存量规划管理而言，要推进"自上而下"与"自下而上"的共同作用的发挥，这是由于存量规划管理基本对象产权关系复杂，遇到的问题普遍具有特殊性，因而"自下而上"的管理机制更加适合于这类问题的协调解决。在政策研究与制定方面，可以进行探索的内容更为丰富，包含土地产权关系、税收的调节作用以及参与主体的多元都值得深入挖掘。

需要特别强调的是，规划行业自始至终在政策制定方面没有发挥应有的作用，这一方面是专注于技术而忽视政策研究所致，另一方面也是在知识构成上缺少对于政策工具的系统研究和认识，参与政策制定的能力略显不足。因此，规划从业者应该借存量与减量规划探索之机，主动将研究工作上升到政策的高度，敢于在政策制定和机制完善中发挥作用，并不断提升政策认识的能力。

（四）优化调整规划专业教育培训内容

由于存量与减量规划对于专业人才的素质提出了更高的要求，因此规划学科教育应当充分考虑未来规划工作的需要，进行教学内容和教育方式的变革。高等院校在基础教育方面应当重点对知识领域进行拓展，逐渐压缩工程学、建筑学的内容，进一步强化经济学、法律学等专业课程在城乡规划教育体系中的比重，有针对性地培养规划师的沟通能力、动员能力以及设计能力。同时，行业内的学术团体可以结合存量与减量规划的工作技能要求，加强相关培训与教育，并通过注册规划师执业资格考试内容调整等方式全面推动行业知识构成与理论体系的丰富与完善。

四、结语

城乡规划从增量走向存量与减量，是行业在快速城镇化进程中冷静思考的结果，也是面对经济快速发展与资源环境压力时积极寻求城市发展新路径的表现。当前，存量与减量规划发展正方兴未艾，既需要从认识上取得更多的共识，也需要全行业共同参与到此类规划的探究和讨论当中。虽然摆在面前的是对整个行业技术体系以及管理政策制度的巨大变革，势必会遇到许多困难和不确定因素，但并不影响行业积极探索推进规划发展的脚步。而今，部分特大城市已经致力于存量减量规划的实践，寻求推进规划落实的有效途径，其经验和收获也会为更多城市的发展转型以及我国城镇化的深度推进提供借鉴。

城乡规划行业的列车沿着城镇化发展的道路驰骋，已经满载了城市时代的丰硕成果，而存量与减量规划作为这组列车的下一个站点，势必标志着规划行业步入一个新的时代。

（撰稿人：施卫良，北京市城市规划设计研究院院长，教授级高级工程师；石晓冬，北京市城市规划设计研究院副总规划师，规划研究室主任，教授级高级工程师；杨春，北京市城市规划设计研究院规划研究室，工程师）

我国"三规合一"的理论实践与推进"多规融合"的政策建议

导语：中国目前正处于新型城镇化、新城、新区高度发育和规模化城市更新的起步时期，促进城市空间与土地的协同发展，是当前城市各项规划有效服务城市发展的内在需要。我国部分省份和城市围绕城市规划、土地规划和社会发展规划开展了"三规合一"的实践工作，促进了产城的融合，经验具有示范意义。本研究系统总结了当前我国"三规合一"理论发展和实践进展，并借鉴新加坡和德国的经验，结合我国土地产业协调存在的突出矛盾，提出我国推进"多规融合"的政策建议，以便我国城市土地供应效益更好地服务于产业、生态和环境发展的需要。

一、引言

我国城市空间规划体系的规划种类较为丰富，对城市发展产生重大影响的规划包括国民经济和社会发展规划、城市总体规划和土地利用总体规划等。由于不同规划间行政主管单位的不同和信息协调的不充分，导致规划之间衔接性不强、有时存在矛盾冲突、投资项目管理混乱和审批周期长、行政资源集约程度不高，甚至导致项目建设成本增加等问题。三者之间存在内容重叠、协调不周、管理分割和指导混乱等矛盾（郭耀武，胡华颖，2010）。这既影响经济社会健康发展，导致产业升级和用地供应矛盾突出；城市综合承载力与城市宜居质量、城市可持续发展矛盾突出，大城市病有向中等城市蔓延的风险；跨部门的行政审批制度、机制与流程，直接影响重大项目的论证和投产进度，不能满足当前我国经济运行和社会发展的市场需要。城市总体规划、土地利用规划与产业发展规划的矛盾直接导致土地和产业等不能有效衔接。一些地方擅自或变相修改规划，造成规划用地指标提前超支、透支等问题突出。以国土部 2012 年国家土地督察工作情况为例，国土部对 460 个开发区、工业园区规划及用地情况开展督察。发现 460 个园区实际规划土地面积 1144.8 万亩，其中不符合土地利用总体规划 361.95 万亩，占比31.6%（纪睿坤，2014）。

二、我国开展"三规合一"的背景

在传统的规划模式中，城市（镇）规划与土地利用总体规划都是独立编制，各自确定内容，缺乏协调，建设用地规模、人口规模预测不统一，用地性质相互矛盾，直接导致很多规划编制以后由于不符合土地利用总体规划而导致操作性和协调性矛盾突出。"三规合一"可有效提高城市空间与土地的使用效率，有助于把资源、环境和人口等因素全面考虑。以广州为例，2012 年 10 月，广州开始试点"三规合一"，"两规（城规、土规）"一致建设用地 1520.09 平方公里，占全市建设用地总规模的 86%。而因为"两规打架"导致无法使用或使用成本过高的地块约 29 万个，面积达到 935.8 平方公里（刘阳，2014）。广州通过"三规合一"盘活 128.32 平方公里土地资源（谭抒茗，2014）。

与此同时，中国目前正处于新型城镇化和新城、新区高度发育的起步时期，根据中国城市科学研究会的统计，截至 2014 年 5 月，中国 31 个省份，新城、新区的总量超过 900 个，平均每个地级以上城市大约要建 3.5 ~ 4 个新城（徐振强等，2014），该数据要高于发展和改革委员会小城镇研究中心 2013 年对 12 个省份的统计数据，新城开发的经验和教训表明，必须走产城融合的道路，才能够实现新城活力的保持。产城融合关键是"三规合一"，实现产业规划、空间规划和技术规划"三规"的统一（王小明，2014）。

三、"三规合一"研究的理论进展

"三规合一"，即指将经济社会发展规划、城市空间规划与土地利用总体规划编制和实施相融合（表 1）。"三规"研究，最早始于 1990 年代对城市规划和土地规划的衔接性研究，主要集中在对路径的探讨上。在制度政策层面讨论两规存在的矛盾，包括法律地位、规划目标、体系、范围、技术路线和行政审批等（吕维娟，1998；朱才斌，1999；顾京涛等，2005；黄叶君，2011；赖寿华等，2013）；在技术操作层面主要研究了人口指标、用地要求、城镇空间发展和规划项目的方法（吕维娟等，2004；尹向东，2008）。根据空间规划的实际特征，早先的两规逐渐扩展到包括主体功能规划、经济社会规划等。王凯在研究全国城镇体系规划时，指出国家空间规划是实现国家利益的战略规划，经济体制不是规划的桎梏，国家空间规划的构筑要以城镇发展为核心，建立"三规合一"的新规划体制（王凯，2014）。2008 年，深圳市提出通过三规合一来促进区域协调发展，并建议通过"三规合一"来理顺空间规划管理体制，制定国家规划指引，将全国综合性空间规划转化为公共政策，促进区域协调发展。提出选择少数城市先行先试，为全国推广积累经验（翟立，2008）。王天伟等人从社会经济发展考虑，以产业、人口、城市相协调为规划目标，提出将国民经济和社会发展规划、城市总体规划和土地利用总体规划统筹考虑，并论述了 E·霍华德田园城市理论和区位理论对于"三规合一"创新的支撑。由于三个规划出自不同的部门，部门之间的利益分割和权利范围是"三规合一"的最大障碍，因此，提出跨部门的规划组织、建立统一协调法律体系、专业复合和选择先行先试的建议（王天伟，赵立华，2009）。因此，在规划理论界提出了以"三规合一"为主的"多规合一"的理论创新，其他规划还包括交通、生态规划等（表1）。

不同时期国内理论界对规划间协调的不同认识　　　　　　　表 1

主要的规划名称	二规协调	三规合一*	多规合一
	（1990 年代 –2007 年左右）	（2008 年前后 – 至今）	（2013 年 – 至今）
城市总体规划*	■	■	■
土地利用总体规划*	■	■	■
主体功能区规划		□	■
国民经济和社会发展规划*		□	■
环境保护规划			■
生态保护规划			■
交通规划			■

*注：其中三规合一包括两种认识，由开始的主体功能区规划，到目前较为统一的国民经济和社会发展规划。

资料来源：作者总结

由于各类规划主管部门工作侧重点不同，规划协调程度不够，各种规划在同一空间背景下的内容存在较大的差异性，或多或少存在规划体系紊乱、规划数量过多、规划功能定位不清晰等问题，因此"三规合一"的实现需基于统一平台（王瑜婷，2013），特别是对于近期建设规划中的高效城市建设机制有良好的支撑作用（李慧莲，2013）。广州在建设用地挖潜和城市四线划定上取得的经验，使其认识到三规常规化开展的必要性，因此，提出将构建"1+3"（一个公共平台，规划、国土、发改三个业务子系统）的"三规合一"信息联动平台，实现数据对接，资源共享。根据文献调研并坚持规划之间协调的原则，"三规合一"至少包括四个关键性步骤：（1）全面梳理规划间要素间的对应关系、确定衔接性的优先次序；（2）根据各规划的编制特点和指标依据，确定不同规划间指标的协调转换关系；（3）构建包含关键性规划要素和指标的一体化技术平台；（4）构建与一体化技术平台相适应的行政创新体制和相应的行政审批业务平台（图1）。

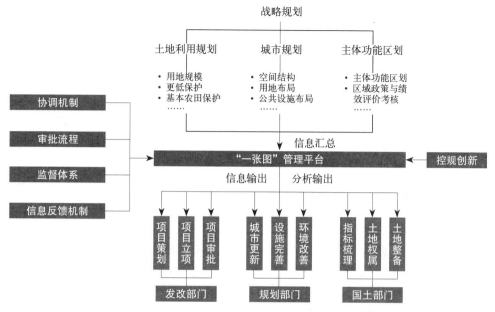

图1　广州市天河区"三规合一"行政审批的平台机制
（资料来源：广州市天河区规划局）

通过行政体制改革，我国实现"三规合一"的城市主要有上海（2008年）、深圳（2009年）、武汉（20世纪80年代起）、沈阳（2001年）等。实现路径上要以规划编制主体的多元化统筹和建立联席制为保障机制等（刘阳，2014）。

四、国家和地方推进"三规合一"的政策与实践进展

我国与规划相关的法律，如《土地管理法(2004年)》和《城乡规划法(2008年)》均对"三规合一"提出了相关要求（表2）。在《城乡规划法》颁布以前，一些沿海省市针对工业化和城镇化加速发展中的城乡空间无序问题，将城市规划向整个区域空间拓展，开展了覆盖全县（市）域的总体规划。但是，规划无论在技术层面、管理体制，还是在组织编制和规划审批上，都面临重重困难（张伟，徐海贤，2005）。以深圳为例，深圳是全国最早实行城乡一体化统一管理的城市之一，早在1996年的城市总体规划中，深圳就实现了全域覆盖，在管理体制上也曾实行规划与国土部门合一管理，但即便如此，对特区外农村集体用地的管理仍然遭遇很多阻力和困难。2008年实施的《城乡规划法》，但在总体规划编制中如何衔接缺乏有效的方法路径。

国家在推进"三规合一"方面的法律规范　　　　　　　　表2

法律名称	实施时间	与"三规合一"的相关内容
土地管理法	2004年	第二十二条规定，城市总体规划、村庄和集镇规划，应当与土地利用总体规划相衔接，城市总体规划、村庄和集镇规划中建设用地规模不得超过土地利用总体规划确定的城市和村庄、集镇建设用地规模
城乡规划法	2008年	第五条规定，"城市总体规划、镇总体规划以及乡规划和村庄规划的编制，应当依据国民经济和社会发展规划，并与土地利用总体规划相衔接"

资料来源：作者总结

（一）国家顶层设计政策的发展特征

1. "三规合一"酝酿与探索阶段（2004—2013）

2004年，国家发改委在六个地市县（江苏省苏州市、福建省安溪县、广西壮族自治区钦州市、四川省宜宾市、浙江省宁波市和辽宁省庄河市）试点"三规合一"，但由于缺乏体制保障，受到地方政府、两规划主管部门等的影响，改革推进成效有限。此后，浙江、江苏等省市在开发空间区划中提出"三规合一"（顾朝林、张晓明，2007）。2008年6月，国土资源部和城乡建设部在浙江召开了"两规协调"推广会。目前，广西、浙江、山东、广东等已经开始"两规协调"（土地利用规划和城市建设规划）的试验。

2. "三规合一"试点与提速阶段（2014—）

中央城镇化会议建立空间规划体系、划定城市开发边界、划定生态红线等工作已纳入中央重要的议事日程。2014年3月16日，中共中央、国务院印发了《国家新型城镇化规划（2014—2020年）》，并发出通知，要求各地区各部门结合实际认真贯彻执行。该规划第一篇第十七章第二节中明确提出要加强城市规划与经济社会发展、主体功能区建设、国土资源利用、生态环境保护、基础设施建设等规划的相互衔接，推动有条件地区的经济社会发展总体规划、城市规划、土地利用规划等"多规合一"。

2014年国土资源部将选择部分市县试点"三规合一"，依据第二次全国土地调查成果，合理调整土地利用总体规划，在空间上做好与相关规划的衔接。国家住房和城乡建设部以公文形式正式提出在全国以编制城乡总体规划为基础推进"三规合一"的试点工作，通知明确，试点单位由县级住房城乡建设主管部门申请、各省（区、市）住房城乡建设主管部门推荐、住房和城乡建设部确定。每省最多推荐1个村庄、1个镇、1个县作为候选，住房和城乡建设部组织专家选择符合条件的10个村庄、17个镇、5个县作为试点。

2014年4月，国务院批转国家发展和改革委员会《关于2014年深化经济体制改革重点任务的意见》，要求加强城镇化管理创新和机制建设。指出要落实国家新型城镇化规划，推动经济社会发展规划、土地利用规划、城乡发展规划、生态环境保护规划等"多规合一"，开展市县空间规划改革试点，促进城乡经济社会一体化发展（国家发改委，2014）。见表3。

国家推进"三规合一"的关键性政策轨迹　　　　　　表3

颁发时间	政策名称／工作部署	发文／发起单位	政策的核心要点
2004	六个地市县试点"三规合一"	发展和改革委员会	将城市规划和土地利用规划作为专项规划纳入发展规划体系
2013.12	中央城镇化工作会议公报	中央城镇化工作会议	要推进规划体制改革，加快规划立法工作，形成统一衔接、功能互补、相互协调的规划体系。城市规划要由扩张性规划逐步转向限定城市边界、优化空间结构的规划。以在县（市）探索国民经济社会发展、城乡、土地利用规划的"三规合一"或"多规合一"，形成一个县（市）一本规划，一张蓝图。
2014.1	中共中央关于全面深化改革若干重大问题的决定	十八届三中全会	建立空间规划体系，划定生产、生活、生态空间开发管制界限，落实用途管制
2014.1	关于开展县（市）城乡总体规划暨"三规合一"试点工作的通知（建规〔2014〕18号）	住房和城乡建设部	每省（直辖市）推荐2～3个县（市）作为试点候选县（市），指导其城乡总体规划的编制，为全国推广积累经验
2014.2	部署2014年重点工作指出将选择部分县市进行"三规合一"或"多轨合一"试点	国土资源部	探索建立可供各个规划共同遵循的战略目标、管控方向和标准规范
2014.3	《国家新型城镇化规划（2014—2020年）》	国务院	加强城市规划与经济社会发展、主体功能区建设、国土资源利用、生态环境保护、基础设施建设等规划的相互衔接，推动有条件地区的经济社会发展总体规划、城市规划、土地利用规划等"多规合一"
2014.4	《关于2014年深化经济体制改革重点任务的意见》	发展和改革委员会	落实国家新型城镇化规划，推动经济社会发展规划、土地利用规划、城乡发展规划、生态环境保护规划等"多规合一"，开展市县空间规划改革试点，促进城乡经济社会一体化发展。

资料来源：作者总结

（二）地方省市的实践特征

由于区（县）是我国行政单元中功能完整且相对较小的地域，便于打破部门管理的弊端实行统筹规划，因此，江苏和浙江从区（县）着手，在地方政府的主导下逐步探索，进行了"三规合一"的规划和实施。高度发达的区域经济产生了城乡一体化发展的内在动力。江苏、浙江等省市逐步找到了出路（余军，易峥，2009）。

2006年，江苏昆山提出"分片区发展、市域全覆盖、大区域联动"三个理念，统一规划全市927平方公里，政府通过规划及其实施配套政策这只"有形之手"，与市场配置资源这只"无形之手"相结合，扫除体制障碍。

2007年6月，国务院正式批准重庆市和成都市设立为全国统筹城乡发展综合配套改革实验区。重庆市于2006年明确提出"区县三规合一，市级三规协调"的规划改革思路，并以此为目标开始进行规划编制体系、体制和实施的改革探索：按一级政府一级事权的方式，建立"三层次、两阶段"的规划编制体系：包括市域城乡总体规划、区县城乡总体规划、镇总体规划三个层次，以及总体规划和详细规划两个阶段，通过规划编制和管理体系的完善，实现城乡统筹规划的目标。

2009年，广州市开展启动编制《广州城市总体发展战略规划2010-2020年》开始，就将主体功能区规划、城市总体规划与土地利用总体规划统筹考虑（刘阳，2014）。云浮市作为广东省的首个试点城市，在《云浮市资源环境城乡区域统筹发展战略研究》和《云浮市资源环境城乡区域统筹发展规划》中率先启动了三规合一。同年，重庆开展"三规合一"为目标和以"四规叠合"为实施方案的规划编制试点（艾伯亭，邹哲，2008）。

截至2014年3月，根据中国城市科学研究会对全国地级以上城市2014年政府工作报告的统计分析，北京、河北（邢台、保定、张家口、廊坊）、江苏（镇江主体功能区）、福建（三或多规合一，厦门）、山东（临沂）、河南（开封、安阳、商丘）、广东（广州、云浮）、云南（昆明、大理）和陕西（商洛），占全国省级行政区和全国地级以上城市总数的11.8%和5.6%等（魏广君，2012）。根据对各省市规划工作的调研，"三规合一"在建设、发改和国土系统均有不同程度的推进，河北、吉林、黑龙江、山东和湖南等省均在2014年的全省城乡规划工作要点中提出将"三规合一"作为要点，而广东的三市试点经验也成为广东其他城市、福建、陕西和江西等地市学习借鉴的重点。

五、国际经验借鉴

国外土地利用规划、城市规划及其他专项规划一般处于统一的国土规划或者区域规划层次的控制约束之下，多种规划难以衔接、相互矛盾的情况较少，主要可供学习的经验有：（1）规划理念统一，分工明确；（2）有相对健全的法律体系和协调机制保障；（3）与规划相关的各个部门职权清晰，并且形成有效的沟通协调机制。德国和新加坡的空间规划经验具有典型代表。

（一）新加坡

"花园城市"新加坡建国45年以来，在城市建设上取得了举世瞩目的成就，在多种规划的协调上也有值得借鉴的经验。从政府部门协调上来看，新加坡城市规划行政主管部门规划职权全面、清晰，负责城市规划中的用地规划、土地售卖、发展管制、市区设计及旧屋保留等事务，与土地管理局、建屋发展局等公共部门的职责分工明确，没有权力交叠现象，减少了规划实施中诸多问题。另外，与其他部门有良好的沟通，能及时协调各部门的需求。国家发展部（Ministry of National Development）是新加坡的城市规划行政主管部门，下设市区重建局（Urban Redevelopment Authority）全面负责发展规划、就开发控制、旧区改造和历史保护，同时也管理土地标售。内阁中除了国家发展部之外，交通部、贸易与工业部、环境发展部、律政部等部门及裕廊镇管理局（贸易和工业发展部下属法定机构）和陆路交通管理局（交通部下属法定机构）等众多的法定机构都与城市规划密切相关。为了有效协调各部门及法定机关，使规划顺利进行，新加坡还设立了总体规划委员会（Master Plan Committee），由市区重建局的最高行政主管兼任主席，成员则包括前述各个公共建设部门和法定机构的代表，每两周开一次例会讨论公共项目的建设，协调各个部门之间的需求。

从规划体系上来看，新加坡采用概念规划和总体规划两级，前者制定长期目标和策略等，为未来可长达半个世纪的时间内的各项发展和建设提供指导，相当于我国的空间发展战略和总体规划纲要，后者指导未来10～15年的发展，并设立地块用途、容积率等指标，相当于我国的总体规划和控制性详细规划。两个层面的规划在制定过程中，上述提到的多个公共部门和法定机构都会参与讨论，确保各单位对各项用地规划达成一致，避免矛盾冲突。

（二）德国

19世纪以来德国城市化水平快速提升，在发展过程中也曾遇到城市规划范围与行政边界不匹配、城乡脱离、土地空间利用规划不成体系等问题，为了应对这些矛盾，德国构建了一套完整的空间规划体系，用空间规划来整合社会经济各部门的发展。

德国的空间规划涉及社会经济发展规划，统一了城市规划和国土规划，在多个层次上由多个部门合作共同完成，从而解决了多种规划之间的矛盾。具体来说，空间规划由联邦、州和地方三个层次构成。联邦层面负责制定全国空间整体发展目标和战略部署；州层面的空间规划负责确定空间发展方向、原则和目标，协调各区域发展任务；地方层面包括土地利用规划 Flchenutzungsplan（简称 F-Plan）和具有法定约束力的建造规划 Bebauungsplan（简称 B-Plan），强调土地使用与建设（详见表 4）。

德国空间规划体系构成 表 4

权限划分	行政区域层次		法律依据	主要任务	规划机构
战略指导性规划	联邦		联邦宪法；空间规划法	制定全国空间的整体发展战略部署；指导协调州的空间规划和各专业部门规划；	联邦政府城市发展房屋交通部与各州部长联席会议共同编制
	州	州域规划	空间规划法；空间规划调理；州空间规划法	制定州空间发展方向、原则和目标；协调和确定各区域发展方向和任务；审查和批准地方规划	州规划部门
		区域规划	州空间规划法；	制定区域空间协调发展的具体目标；制定和协调各城镇发展方向和任务	地区规划组织，通常为规划协会
建筑控制性规划	地方	预备性土地利用规划	建设法典；建设利用条例；州建设利用条例	调整城镇行政区内的土地利用和各项建设使用	规划局或者具体项目承担人

资料来源：魏广君．空间规划协调的理论框架与实践探索［D］．大连理工大学，2012．

虽然空间规划有不同层次和不同制定主体，但彼此有良好的衔接，上层规划充分考虑下层规划的实际情况和要求，下层规划遵守上层规划的原则和要求。同时，德国还建立了部长联席会议机制，联邦层面和各州层面的空间规划负责人定期召开会议，商讨空间规划中的实际问题，并制定一系列法规和导则，为地区的空间规划提供依据和制度保障；部长联席会议下属的专业委员会负责专业规划的问题讨论，这就保障了空间规划在不同层次和不同专题上都能有效协调，并且有相应的法律制度支持。

六、推进"多规合一"的政策建议

（一）实施职能部门间并联工作机制推进试点示范

制度原因是国民经济和社会发展规划、城市总体规划和土地利用总体规划之间失衡和不协调的重要原因，地方上负责三个规划的编制、审批和实施的各个部门之间目标不一直、权责不一致，同时各部门部分职能有交叉重叠，并且缺乏一个相互沟通和协调的长效机制，使得各项规划在操作上难以对应、矛盾重重。

要解决这一问题，可以借鉴国外经验，建立地方试点，多部门间形成并联工作机制，在规划编制过程中，多部门参与并探讨公共发展建设，以便在规划制定之初就能综合考虑各部门的实际需求。另外，定期召开各部门例会，反馈规划实施过程中的各种问题，此外还可以利用信息平台实现智慧管理，建立"三规"管理信息互通机制，实现各部门信息的即时共享，帮助各部门之间有效沟通协调。

（二）以"三规合一"为基础，推进多规融合协调

目前我国规划多而无序，体系繁杂，各项专项规划彼此孤立，对规范管理和实时操作都造成了一定困难，因此规划之间的协调、衔接不应单纯局限于发展规划、城市规划和土地规划，而应该以"三规合一"为基础，进一步促进产业、文化、教育、体育、卫生、绿化、交通、环卫、旅游、水利、市政等多项专业规划的相互协调，由政府牵头组织，各部门共同承担落实，形成"一个县市一张蓝图"。

（三）以简化行政审批为契机，服务重大项目开发

目前发展规划、土地规划和城市规划还分属三套系统，并且审批程序繁琐，时间较长，动辄数年才能配准通过。要实现"三规合一"，还需要在管理上实现创新，建立一个统一的审批流程和规划用地管理的办事规章，简化行政审批事项，省略不必要的办事环节，保证各个部门规划编制、实施和管理过程中的有效衔接。与此同时，针对对地区发展有重要社会经济意义的项目，在充分做好前期可行性论证的基础上，规划审批可以考虑开通绿色通道，以提高行政运行效率和公共服务水平。

（四）以综合承载力和发展目标引导产业土地配置

土地综合和承载力是指在一定时期、一定空间区域和一定经济、社会、资源、环境等条件下，土地资源能承载的人类各种活动和强度的限度，在土地综合承载力范围内进行土地配置是实现可持续发展的技术，也是进行规划的前提，当前的城市规划和土地规划必须在土地配置上协调一致。同时，土地资源的优化配置能为产业发展提供物质空间，因此土地利用结构又必须符合产业发展和结构优化的目标，在对土地供需状况进行系统分析的基础上，合理组织土地生产力分配和布局，促进产业发展。

（五）鼓励推进试点示范交流，促进业务能力建设

目前，北京、广东、重庆、四川、江苏、福建、山东等多个省级行政单元都在不同程度上推进"三规合一"乃至"多规融合"工作，建立规划试点，各地方

在实验探索过程中都积累一定的经验教训，应该鼓励示范交流，促进经验共建共享，积极探索"三规合一"有效的编制、实施、监督管理和再更新模式，促进业务能力提升。在内部交流的同时，也应该放宽视野，考察、学习国际规划管理的先进经验，更加高效地推进规划的衔接和融合。

（撰稿人：徐振强，博士，中国城市科学研究会生态城市规划建设中心所长）

注：摘自《城市规划学刊》，2014（6），参考文献见原文。

"城市开发边界"政策与国家的空间治理

导语：从 2013 年 12 月中央城镇化工作会议以来，划定"城市开发边界"的命题成为规划工作者讨论的热点问题。本文包括四个部分。第一部分，分析了我国规划实践中与"城市开发边界"相关的思维演变过程，从终极蓝图到弹性规划再到设置底线，规划在理论和技术的选择是合乎城市发展规律的。第二部分，本文主张要防止将"城市开发边界"简单理解为在城市总体规划的适建区中划出一圈界线的做法，在严格保护资源和环境要素、维护公共安全等底线思维基础上，研究需要"城市开发边界"和其他规划工具综合使用的途径，考虑各种空间管制政策工具的协同性和有效性，是规划管理从被动走向主动。第三部分提出在充分尊重国家既有的法律制度的前提下，充分利用基本农田保护区、城乡规划中诸如城市规划建设用地规模、规划区、城市发展方向、"三区"和"四线"等政策工具，通过提高"城市开发边界"政策设计对城市蔓延问题深层原因的针对性来创新制度。第四部分作为结论，提出划定"城市开发边界"本质上是一个政策设计过程，是一个综合性的政策工具包，应通过部门协作，协同发挥既有工具的管理作用，并且对完善"四线"管理制度提出若干建议。

十八届三中全会提出深化改革和推进国家治理体系和治理能力现代化的议题。在法治化和民主化的概念下，空间治理体系和治理能力的建设预计在今后一个时期将成为规划界研究和讨论的热点问题。在提升城乡建设和发展治理能力方面，2014 年 3 月国务院颁布《国家新型城镇化规划》已经提出诸如"健全国家城乡规划督察员制度"、"设立总规划师制度"等措施。伴随着深化改革的过程，在国家的空间治理方面一方面要深入研究如何能够进一步夯实国家的基本权力，不断健全和完善既有的法律制度，提高治理能力；另一方面也要尽量避免在国家空间治理领域的权力结构"另起炉灶"和"重复建设"，切实提高政府对土地使用和空间管理的效能。在空间治理体系的顶层设计中这两点都是非常重要的。

我们注意到，2013 年 12 月中央城镇化工作会议和《国家新型城镇化规划》等文件中，要求"严格新城新区设立条件，防止城市边界无序蔓延"、"城市规划要由扩张性规划逐步转向限定城市边界、优化空间结构的规划"。此前，国家相关部委也都出台过相关的政策文件。2006 年建设部颁布的《城市规划编制办法》中就已经明确要求，作为指导城市发展和建设的大纲，城市总体规划需要研究确定"中心城区空间增长边界"。用"增长"边界而非"开发"边界，体现的是城市总体规划综合性，它要考虑的重点是城市整体发展和增长的战略问题，而不只是一个管理和控制开发建设行为的问题。2014年2月国土资源部下发了《关于强化管控落实最严格耕地保护制度的通知》，其中重点提出了"严控建设占用耕地，划定城市开发边界，控制城市建设用地规模，逐步减少新增建设用地计划指标"的要求。在新的政策背景下，划定"城市开发边界"成为积极落实《国家新型城镇化规划》的新任务之一。

诚然，"城市开发边界"不是一个新概念。"新区"泛滥，城市蔓延，大量良田被吞噬，也都不是新问题。新中国几十年经营起来的城乡规划制度中，早有了"规划区"、"规划建设用地规模"（这个规模不只是数量，也有界线的意义）、"城市发展方向"、作为强制性内容的"三区四线"等等管理工具，而且在编制过程中已从法律制度和操作层面实现了总体规划和土地利用总体规划的有效衔接，不能说城乡规划是在没有明确"城市开发边界"的条件下进行规划管理的。那么今天我们要正式划定的"城市开发边界"和过去规划编制和管理实务中实际存在的"城市开发边界"相比，能在管理上有什么实质性的突破？用地扩张的背后有着极为复杂的社会经济原因，如果只是试图针对扩张的结果状态去设置界限，那么导致无度扩张背后的动因谁能保证不会瓦解这个新的管控政策？如果过去的规划工具管不住，"城市开发边界"会有什么空间治理的新意义，以避免最后出现"五十笑百步"的结果？归根结底的问题是，在推进新型城镇化的政策背景下，如何赋予"城市开发边界"更为有效的政策内涵？又怎样从国家空间治理体系和治理能力建设的角度来判断这一规划政策的价值？在我们规划师（无论来自哪个政府部门）动手划定"新的"城市开发边界之前，这些问题难道不需要一起多做讨论来给出清晰的答案吗？回头看规划工作中控制和引导城市开发边界的历史，或许能帮助我们更为冷静地看待"新事物"的本质。

一、我国规划实践中"城市开发边界"的思维演变

我国的城乡规划界对于"城市开发边界"的认识大体经历了如下三个阶段。

（一）终极蓝图的"城市开发边界"

改革开放以来，城乡规划工作者曾一度坚信城市的扩张是可控的！规划实践特别是城市总体规划的实践中，研究确定城市性质和职能、城市规模、城市发展方向都是非常重要的政策工具。规划在图纸作业中，根据区域研究（城镇体系规划）、用地适宜性评价、城市规划区，以及上述政策内容综合确定出规划用地的

形态。那个各种用地色块构成的外边缘实际上就是我们理解的在规划期限里的"城市开发边界"。但是规划师根据中国城市发展的实际，结合对欧洲城市规划理论和实践历史的借鉴，很快发现这种"终极蓝图"的规划思维方式几乎是错误的，规划的价值在于一个连续的过程。规划用地形态的外边缘难以对几乎无规律可循的、分散的城市建设决策构成在空间区位上的约束作用。

（二）弹性规划的"城市开发边界"

当意识到规划是一个动态过程时，城市总体规划开始寻求对复杂变化的城乡规律的适应。"弹性规划"被提出来。规划不仅要讲求控制，还要面对市场的不确定性，充分发挥引导作用、协调作用和激励作用。节约耕地是城市规划工作的重要原则，但不是唯一的原则。城乡关系的统筹、区域的协调、城市综合竞争力的提升、可持续发展、适宜的工作和居住环境、综合交通都是要考虑的问题❶。

况且随着认识的提高，城市总体规划已经不再机械地将城市规模、用地布局及城市边界本身作为规划追求的核心目的了，更不单纯地以比对现状和规划图中城市边界线的一致性来评价规划实施的成败，因为学科的发展和我们积累的经验告诉我们，表达在图面上的土地使用规划方案和规划用地形态所代表的城市开发边界反映的是一种关于未来城市空间增长预期的大致状态。这张图纸一定程度向社会表明了城市用地方向和开发建设规模上的共识。规划过程中社会各界达成的一致要求让我们在技术上不得不用图纸作为视觉载体加以描绘。色块的形态在绘图中不得不固化下来，但是这并不意味着规划如算命先生那样充分预见了城市未来的一切。唯一能确定的仅是城市发展的不确定性，城市发展面临的许多未知因素是编制规划时候难以预测的，因此不能仅以是否突破原规划划定的边界来评价城乡规划编制是否合理。在快速城镇化背景下，城市规划的重点不是严防死守城市的规模、形态、边界，而是转向侧重于动态协调城市发展的各种要素，关注城市结构的合理性和弹性、各种不可再生资源的保护，以及各类人群发展的社会需求等议题❷。这是改革开放以来城市规划学科和实践中的重要共识和经验。

（三）设置底线的"城市开发边界"

改革开放的三十年对于中国城乡规划界来说是学习的三十年。我们保持了开

---

❶ 所以我们不能接受那种从耕地保护出发一味提高城市用地强度的简单逻辑。事实上，我们的城市过去不是变得稀疏了，而是变得更加高密度。

❷ 例如深圳的发展规模和速度一直大大超出规划的预期，但是规划提出的带状组团城市结构很好地应对了深圳的发展，因而普遍被认为是成功的典型案例。如果机械地将把城市"圈起来"以及"圈得准不准"作为主要目标和评判标准，则深圳就会成为规划失败的典型。

放的心态和追求科学的精神，从移植、效仿到再创造，不断根据中国城市和区域发展的状态和趋势来丰富规划的概念和技术工具。城镇体系规划从 1980 年代起，在国家国土和区域规划严重缺位的情况下，为区域协调和城乡统筹发展发挥了重要的无法磨灭的作用。早期的城镇体系规划探索了"三个结构一个网络"的编制框架。随着城乡建设速度的加快和规模的急剧扩大，到 1990 年代中后期从城镇体系规划编制实践开始，重点增加了对"生态敏感区"的划定，有些城镇体系规划根据生态脆弱程度，将"生态敏感区"还做了分级。今天看来，这是我国国土和区域规划领域重要的技术创新。

这种通过设置生态底线来应对大规模扩张的规划方法和分析技术被很快应用于许多宏观层面的规划。以北京城市总体规划（2004—2020）为标志，北京将市域全部划定为城市规划区，在市域范围根据生态条件和基本农田保护等要求划定出"三区"（禁建区、限建区和适建区），相当于在宏观尺度上设置了粗线条的"城市开发边界"。在同一时期，建设部先后出台了四个部令，设立了"四线"管理制度。尽管很多规划师起初把"四线"理解为中心城区内部的建设控制边界，但是"四线"作为"城市开发边界"的属性是毋庸置疑的，也并不影响这一工具在规划用地范围和适建区之间地区发挥管理作用的可能。根本而言，"三区四线"是大规模城市扩张过程中政府空间治理的"底线思维"的体现。

从认识城市总体规划的作用，到改革编制技术，再到管理理念的更新，规划实践中有关"城市开发边界"的认识有了不断丰富的进展。

如果观察我国在 1990 年代以来有关城市开发（增长）边界的研究，也可以看到认识方式的基本取向。一种是"正向"思维来研究城市开发边界，划定方法以城市为中心圈定其拓展所需空间，给出扩张的界线，往往以模型预测为技术基础。常见的技术方法有元胞自动机（CA）模型及其优化改良，如周成虎（1999）、黎夏等（1999，2004）、龙瀛（2006、2008、2009），应用 Sleuth 模型，如郡凤明等（2009），应用遥感技术、GIS 方法，如韩昊英（2009）、祝仲文等（2009）。"正向"划定增长边界的技术路线主要是"定城市规模—分配总用地—确定边界"，讨论集中于采取何种方法使边界划定更为科学、合理。另一种则是用"反向"思维，其假设是可靠的和合理的扩张界线是难以预测的，因此划定方法以城市外围的各类资源的保护为出发点，基于划定"限制和控制类要素"而"倒逼"出"城市开发边界"，明确划出建设行为禁止侵入和有条件进入的地区，类似于图底关系互换，同样可以达到框定城市开发边界的目的。例如确定城市生态基础设施（俞孔坚等，2005）、城市生态廊道（苏建忠等，2005）、以"三区"为基础提出了 16 类 110 个限建要素构成的控制体系（龙瀛等，2006）、生态敏感性分析、景观生态安全格局分析等方法（杨建军等，2010）。总体来看，国内在"反向"划定方法方面，主要综合了生态环境、资源利用、公共安全等各类要素的情况下来予以划定。这和管理上"三区四线"守住底线的逻辑是一致的。

当然对于"城市开发（增长）边界"的研究也有其他角度的研究，主要包括国外经典案例的介绍，涉及城市增长边界概念运用的学理辨析、制度设计、财政投入和产出等等，也有研究对运用这一政策工具的中外环境差异做了一些有意义的解读（张进，2002；张京祥，2003；刘海龙，2005；李景刚，2005；冯科，2008；段德罡，2009；吴次芳，2009）。

二、确定"城市开发边界"需要"综合协同"和"底线思维"

（一）"城市开发边界"政策的综合性

当下"城市开发边界"作为一种政策工具的设计有着特殊的语境。在国土资源部的文件（2014）中，"划定城市开发边界"和"严控建设占用耕地"有着紧密的因果关系。从我国空间治理体系的上层结构存在多部门共管的现实情况看，这个表述多多少少反映出部门的职能特点。但是从政策试图作用的对象看，由于城乡发展所具有的复杂性和综合性，客观上决定了如果"划定城市开发边界"的政策设计仅仅同"严控建设占用耕地"联系在一起，那么这个政策将难免会有部门的局限性。对此，在这一轮对"城市开发边界"的政策设计中应尽量避免。

空间规划的政策设计需要有一定的学理基础。我国城乡规划经历了艰难曲折的六十年，在国家的学科体系中上升为一级学科。这是一门实践性很强的学科。我们对于城乡发展规律的认识以及对规划在社会进步中的作用的理解有着不断反思和批判的进步过程。很多规划概念和技术工具在这个过程中不断检验和锤炼，对其作用和局限性的理解日臻辩证。例如，我们从1950年代开始引入的公共服务设施的千人指标，在计划经济时期作为安排基本建设投资的依据，是规划工作中很重要的技术工具。但是到了改革开放后，商品经济和市场经济机制在配置资源中发挥越来越大的作用。渐渐地，城乡规划工作者批判性地审视"千人指标"的实际作用。由于规划意识到城乡开发建设机制的复杂性，因此规划配置公共服务设施的类型、内容、人均指标都作了很大的修正，甚至在市场化程度很高的开发环境下，规划只是把千人指标作为一个参考，而在宏观的、结构性的各类用地的比例结构关系上作出把握。这个认识上的完善提升过程在规划学术界、规划编制和管理部门几乎是同步的，这是城乡规划建设领域对国家经济体制改革的积极主动的响应，无疑也是我国规划理论、技术、政策领域的进步表现。然而在过去十多年间，由于中央财政能力的快速增强，中央许多部委强化部门地位的政策设

计缺乏正确的方法指导，忽视学理基础，把城乡规划实践中几乎扔掉的旧工具又捡拾回来。❶

划定城市开发边界一定要避免上述这种简单化的"指标思维"模式。由于这个"开发边界"是城市的，政策管控的对象高度复杂，因此必然要考虑它的综合作用以及发挥作用的协同条件。千万不可因"城市开发边界"最近被关注，便以为可以再造一种控制城市蔓延、杜绝耕地损失的神器来。需要清楚"城市开发边界"是控制和引导城市开发建设的规划工具之一，它的作用要发挥好，需要和其他规划工具综合使用，有一个政策上的良好整合；同时，确定"城市开发边界"本身也是一个综合性很强的工作，既要研究我国城市空间增长阶段特征和内在规律，也要总结既往规划管理中各种方式的效用和局限，更要考虑各种空间管制政策工具的协同性和有效性。

（二）在底线思维基础上实现管控从被动走向主动

对政策工具的选择应当取决于我们对于城市空间增长规律的认知程度。从1960 年代开始至今，预测技术上有了不少的进步，例如 GIS 的应用、引入更多的分析因子、采取更精细化的计算方法、动态模拟技术的应用，但都无法从根本上改变预测城市发展状态和划定城市开发边界的困难局面。当城市空间增长的规律难以测准的前提下，针对限定开发范围的政策工具选择可以有两种取向：一种是面对大量未知的事物，强调主观上控制事物发展的意志，硬着头皮划出一圈边界来限定城市扩张的范围；另一种则是尽量将决策建立在我们已知的规律基础之上，也就是说，既然我们认识到某些资源环境被过度开发可以殃及城市和乡村的环境品质和可持续发展的能力，那么通过设置不可逾越的红线，阻止这些开发建设行为侵入，也可以实现从"另一个角度"对城市蔓延的抑制。

先来看看预设一圈扩张界线的做法。众所周知，在《城乡规划法》（2008）第三十条规定，在城市总体规划、镇总体规划确定的建设用地范围以外，不得设立各类开发区和城市新区；第四十二条规定，城乡规划主管部门不得在城乡规划确定的建设用地范围以外作出规划许可。它事实上通过城市总体规划设置了城市开发的边界（规划建设用地之外是不能进行任何城市建设的）。有理由相信城市总体规划确定的规划用地范围边界完全可以起到"城市开发边界"期望

---

❶ （例如国家体委、文化部、民政部等）在强化部门作用的过程中，通过下发各种设施建设的"人均指标"和随后的对照检查来推进部门工作。从学理基础上看，这些政策设计的路线缺乏正确的方法指导。用"指标"来管理的方法有意忽略了现实情况的复杂性，操作上简单明了，面子上也可以收获管理的成绩，实际上却不合理。再者，如果老老实实按照指标建出大量公共设施，实际的使用效率也存在问题，等于浪费了大量公共资源。

达到的作用，因为这在国家层面上已经被赋予了几乎最高的法律地位。现在我们觉得这条边界还是不够用、管不住，于是寄希望于在适建区内圈出新的一圈"城市开发边界"。

新的一圈"城市开发边界"绘制伊始，就会面对未来各种建设决策可能对它的突破，我们对《城乡规划法》中建设用地范围线的实际遭遇的经验已经预示出，这一圈新界线是很难管住开发的。当然，决策者可能会找些变通的方式来增加"边界"的弹性，比如圈定这条边界时在空间上留有余地，在城市总体规划给定的规划用地范围以外，预留一定量的富余空间，换句话说，在规划用地的"规模边界"外围再画一条"扩展边界"，但

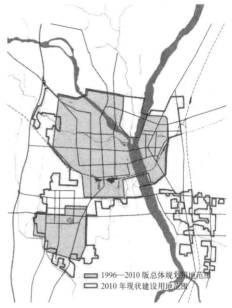

图 1　某城市总体规划建设用地范围与现状建设用地范围比较

是新的问题随之产生：预留多少、预留在哪里才算是给予了足够的弹性来弥补测不准的问题呢？既然规划当初在给定城市规模和边界的时候都测不准，那预留这种富余空间的数量、区位、界线形状也都不可能测准。我们应当承认，现实世界中政策制定者有权忽略这些科学认识的基础，把复杂问题简单化，在实际工作中给定一个增长比例的经验值（例如有把这个经验值确定为在 20% 以内 ❶ 的做法）。从科学制定政策的理念出发，我们还是会发现将这种所谓的经验值用在弹性增长空间上与给足城市用地指标的弹性的做法从逻辑上看没有什么两样。

增加"边界"的弹性还可以有另外一种出路，就是通过在规划期中的多次调整来解决弹性问题，比如设定一个程序，每一年（或者五年）调整一次，但这只是发现现实用地形态与原定边界不一致后采取的及时"校正"的机制。在做出每一次校正的同时，为了画出调整后的边界，需要重新对空间形态做出下一次的预测，但这个预测的准确性依然难以保证，而且此时边界预测的严谨性和技术性往往不如规划编制之时。更进一步说，这种做法不是动态调整 ❷，而是缩短了几次静态预测之间的时间间隔而已。通过增加校正频率来修正预测误差，本身并没有对

---

❶　见《市县乡级土地利用总体规划编制指导意见》。

❷　真正的动态调整应该是能够随着具体建设项目实时作出反应和判断，而不是先画一个圈，等到一年以后再行修正。

如何提高开发边界预测的准确性提出更好的解决办法，反而增加了下级政府不断请求上级政府确认边界调整的行政成本。同时，在这种几近"实用的"边界调整过程中，空间规划的战略性和结构性的内容极有可能被一点一点地肢解。面对城市开发建设的市场机制，尽管主管部门的权力加强了，但是国家空间治理的整体价值却恐怕会被大大降低。

划定开发边界时，预留富余空间和在规划期内不断"动态"调整，往往成为政府对导致"城市蔓延"的各种开发行为的合法性的事后追认。这种"一点一点放开"和"事后追认"的被动做法，难以使我国的空间治理体系建设和能力提高进入一个高级的阶段。市场经济对资源配置要起到决定性的作用，在这个大趋势下，这种被动的空间治理理念和思维注定是无法适应的。

现在让我们转向对上文提到的另外一种方法的考察。通过设置不可逾越的红线，将各种开发建设行为框定在一定的范围里，这样做从方法上一定程度地回避了预测难的问题，而把管理的重心放置在对明确界定的、不可侵入和利用的土地和空间资源的重点守卫上面。

目前在国家对空间管理的各种工具中，建设主管部门的"三区"和"四线"的管理方法和国土部门的基本农田保护区都具有这样的特点。在市场机制发挥巨大作用的建设背景下，通过对城乡发展和区域发展有整体意义的生态资源、环境要素以及公共安全必备空间等划定保护界线，促使政府空间治理从被动应付和事后追认走向主动的和事前的管控，而避免纠缠在预留空间的大小位置与开发现实的矛盾上。

规划要针对城乡发展的复杂局面，实际管理过程中各种各样的开发情况目不暇接，而随着发挥市场在配置资源上的决定性作用，还会出现更多我们无法事先预料的开发活动和开发形式。但越是如此，作为政府空间管理手段的规划越要能够准确把握关键问题，立足在那些有关城乡发展规律的真理之上，把那些从科学界到社会共识都已经确认需要严格保护的资源和环境要素牢牢把控起来，由此体现规划的历史性的作用。"城市开发边界"政策设计应该基于这样的"底线思维"方式，并且从三个方面来做好进一步的设计：一是应当认真考虑如何能够充分发挥现有管理工具的作用；二是着眼政府管理效率的提高，整合现有的政策工具，不要动辄"另起炉灶"；三是不断创新现有管理工具的内涵和应用范围，适应城镇化发展的实际需要。

三、"城市开发边界"政策面临的几个问题

在上面两节里我们强调了这样的观点，一是尽管在当前提出"划定城市开发

边界"，和"严控建设占用耕地"和"城市蔓延"有极大的关系，但是作为国家空间治理的手段之一，不能狭隘地理解设计这一政策工具的目标，要清晰地认识到国家空间治理能力的提高，目的是在于实现城乡社会经济的可持续发展，控制和引导好城乡的发展，因此在管理的价值和逻辑上应当同其他的空间管理手段是一致的，需要保持政策工具之间的协同性和综合性，不可偏废。对于我国空间规划系统分而治之的现实来讲，更应尽力避免；二是区域协调发展和城乡统筹发展在资源环境保护、土地和空间资源合理利用的意义上有着丰富的内涵，采取划定"城市开发边界"的手段并不止于耕地一种要素的底线控制（如果仅仅是为了耕地，那么依照《基本农田保护条例》划定基本农田保护区就已经是现成的了），实际上应该在有国家法律基础的控制要素的基础上，针对城市开发的实际问题，对已有的规划区（《城乡规划法》第二条）、"三区"和"四线"（《城乡规划法》第三十五条、第四条等）、基本农田保护区（《基本农田保护条例》第二条）等工具的整合和提升，依法更有效地解决当前和今后一个阶段的城市空间增长中出现的问题。在充分尊重国家既有的法律制度的前提下，创新制度而避免"另起炉灶"或"重复建设"。在这样的认识基础上，来进一步考虑如何提高"城市开发边界"政策设计的针对性，应对城市的无度扩张和蔓延。本节我们针对"城市开发边界"有关讨论中的几个典型问题来谈谈自己的看法。

第一，如果采取底线思维，围绕生态环境、资源利用、公共安全、基础设施保障等各类要素综合划定出开发不可逾越的界线，那么是不是就意味着在"城市开发边界"以内可以随意地扩张呢？

对此我们认为，在设立"城市开发边界"时，同时要注重研究其他管控手段的协同使用。法定的城市总体规划（依法已经同土地利用总体规划做了有效的衔接）中所明确的规划用地规模、城市发展方向、土地使用规划（总图）以及其他强制性的内容都仍旧要对城市开发发挥控制和引导的作用。土地使用规划（总图）明确的规划用地形态反映的不仅是一个用地规模的空间安排，而且背后是具有城市发展战略研究作为基础的，即明确了城市开发的战略重点内容和方位，所以规划期内的土地使用规划方案的用地形态仍是"城市开发边界"管控的重要依据，特别是近期建设规划中较为明确的公共服务设施、公共交通以及其他基础设施的建设计划可以有效地诱导开发。同时，"一书两证"特别是选址意见书环节将优先考虑批准在规划用地范围内的选址申请。

第二，那么对于超出规划用地范围（法律明确的实际具有"城市开发边界"功能的范围）的开发申请，又如何加以限定来防止城市的无序蔓延呢？

按照法理来讲，这个问题是自相矛盾的。前文我们已经提到《城乡规划法》(2008)已经规定，在城市总体规划、镇总体规划确定的建设用地范围以外，不得设立各类开发区和城市新区；城乡规划主管部门不得在城乡规划确定的建设用地范围以外作出规划许可。那么哪里来的有规划用地范围之外的开发申请？

早在 1991 年，当时的建设部和国家计委联合以建规(1991)583 号文发布了《建设项目选址规划管理办法》，第四条要求各级人民政府计划行政主管部门在审批项目建议书时，对拟安排在城市规划区内的建设项目，要征求同级人民政府城市规划行政主管部门的意见。

事实上，不少城市从较为独立的建设项目到后来愈演愈烈的各类大规模的开发区和城市新区，往往都独立于城市总体规划规定的规划建设用地范围之外，在规划区内的也未执行这些选址规定。去年 8 月国家发改委的一个课题组公布了他们调查的结果，据悉 12 个省区中 144 个地级城市建有 200 余个新城新区，平均每个地级市要建约 1.5 个新城新区❶。这些骇人听闻的数字背后是不少城市是通过向上级主管部门申请批准才设立了这些各种名目的新区，并且文件中通常附有新区总体规划，否则他出让土地会受到限制，但这些所谓的总体规划同城市总体规划的法律关系如何往往不被深究。在"发展是硬道理"的说辞之下，这些新区在选址和布局上规避了《城乡规划法》的有关法律规定。可以说，造成这种状况的原因早在 2000 年后修改《城市规划法》的前期准备材料中就明确提出，即规划领域的违法行为主要是政府违法。

所以，如果我们真正要落实"城市开发边界"的政策目标，最根本性的工作并不在于采取什么方案来圈定一个空间界线，而是在于严格执行《城乡规划法》的有关规定，对违法行为给予足够严厉的告诫和惩办，尤其是惩治政府的"违法行为"。这个根本性的问题得不到有效解决，纵使请来孙悟空用金箍棒来画个法力无边的圈圈，也无法约束如来佛主导的无序扩张带来的蔓延。

第三，有人认为"三区"是在市域层面上划定的，"四线"是在规划用地范围内划定的，那么对于城市总体规划中适建区、限建区和规划建设用地范围之间的地区如何来使用"三区""四线"的规划管理工具呢？

在《城乡规划法》第十七条中明确城市总体规划、镇总体规划的内容应当包括了禁止、限制和适宜建设的"地域范围"。这意味着在总体规划工作中对于市域、都市区、中心城区的不同空间尺度上，我们有足够的法律基础来划定详细程度不同禁建区、限建区和适建区。在城市总体规划层面，一些城镇化水平较高的城市将全部市域划为"规划区"，这样通过"三区"的划定就更为直接地明确了禁止、限制和适宜建设的"地域范围"，将城市开发行为限制在适建区和限建区的范围内。

对于"四线"而言，从 2002 年至 2004 年，建设部连续颁布了《城市绿线管

---

❶ 引自 www.finance.people.com.cn/n/2013/0828/。

理办法》(2002)、《城市紫线管理办法》(2004)、《城市蓝线管理办法》(2006)和《城市黄线管理办法》(2006)，其依据是国家的《城市规划法》、《城市绿化条例》、《文物保护法》和《水法》。在这些规范性文件中，没有任何条款将"四线"规范的行为指向"规划区"或者"中心城区"或者"规划建设用地范围"，而是都强调了对城市发展全局有影响的、城市规划中确定的、必须加以控制的控制界线。同时指出在编制城市规划中，要求与同阶段（总体规划阶段和详细规划阶段）城市规划内容及深度保持一致。这些规范性的条款证明，将"四线"理解为总体规划用地范围内的"四线"，是对规范文件的误解和错读。今天，在研究"城市开发边界"的划定时，这四部规范性文件仍然具有重要的价值。"规划区"、"三区"和"四线"应成为"城市开发边界"政策工具的重要组成部分。

第四，对于城市总体规划确定的规划建设用地以外的乡、村庄建设行为如何加以规范，防止城镇型建设开发的蔓延？

应当承认，这是在现行法律制度下最为棘手的问题之一。《城乡规划法》第四十一条规定了在乡、村庄规划区内进行乡镇企业、乡村公共设施和公益事业建设以及农村村民住宅建设，不得占用农用地；确需占用农用地的，应按照《土地管理法》有关规定办理农用地转用审批手续后，由城市、县人民政府城乡规划主管部门核发乡村建设规划许可证。但是乡村集体土地上的利益格局非常复杂，加上城乡规划主管部门人手不足、技术薄弱等原因，很难做得井然有序。

在这方面，沿海发达地区的县市率先探索和积累了一些很好的经验。在江苏省的江阴市，对于周庄、华西、新桥等高度工业化和城镇化的地区，虽然大量土地仍然归属于集体用地，但是该地区作为"农村"的定位仅仅是居民户口和身份问题，从产业类型和城市型基础设施建成状况去评价，这些地区实质上已经是高度城镇化地区。随着城乡高度统筹的发展，城市规划主管部门从全市整体利益出发，认为不能放任集体用地上的无序建设。一方面，通过城市总体规划确认了全域划定为规划区，城市总体规划将这个地区定义为"东部副城"，并安置了城市副中心，大致解决了这个地区编制控制性详细规划需要的上位规划条件；另一方面，对规划区内的所有乡镇实施统一的规划编制管理。在编制"控制性详细规划"的过程中，在组织架构和过程设置上推行乡镇和村的高度参与，和规划局、规划编制人员共同讨论和研究这些成片的集体用地上的功能定位和建设用地的调整方向，兼顾各集体组织的近期发展利益，并明确各乡镇建设用地的调整策略和措施，以市级公共服务和交通等基础设施建设为引导，推动这些"区域"内乡镇的协同发展。规划局的领导评论道，"如果等到《宪法》调整土地所有权的那天我们才对这些集体用地上的建设行为加以管束和调整，那么我们的社会注定会付出比今天更高的代价"。当然，或许会有人认为在集体用地上编制"控制性详细规划"

法律依据不足，但是什么才是真正对城市整体利益担负历史责任的行为，我们一目了然，这种规划管理的主动创新应当受到尊重和鼓励。在有关土地所有权基本制度不能在短期内突破的历史背景之下，面对快速的城镇化进程，规划工作者要创新规划管理制度，灵活使用规划政策工具，提升规划管理部门的能力建设。江阴的经验对于我们回答第四个问题是有很大启发的。在城市和乡村的规划区内，规划主管部门不应局限在中心城区的规划管理上，而且应当探索对于规划区内所有土地（无论国有的还是集体的用地）实施土地使用功能的管控和引导。即便在规划许可上还有法律制度的约束，但是在规划编制层面可以像江阴那样尝试统一的规划编制，发挥对乡村建设行为的教育、启发和引导作用。

四、关于"城市开发边界"的几点粗浅建议

今天国家对于"城市开发边界"的设定给予高度的重视，这应当是提升规划管理乃至国家空间治理能力的一个难得机遇。在价值取向上，立足于中央发布的新型城镇化规划的要求，强调生态文明和文化传承，重视对乡村地区的管理，在"城市开发边界"划定时不应只立足于城市的开发，而是要从区域协调发展和城乡统筹发展的高度，来设定"城市开发边界"政策的目标；在思想认识上，要立足于对中国城市发展阶段特征的认识，看到中外城镇发展的差距特别是社会经济政治环境条件的不同，避免照搬他国的做法；在管理理念上，立足于当前国家空间治理系统的现状和城乡管理制度的现状，反思管理的缺失和不足，充分总结和吸取已有的理论技术进步的经验，结合政府职能的转变，强调在空间治理理念上的综合思维和底线思维；在具体的政策设计方法上，应用好国家法律框架中的管理工具，重点通过促进相关政府主管部门的合作，实现政策工具的作用的协同发挥，多实现优化整合。在空间管理多部门管理架构下，谨慎出新，避免管理制度的重复建设或草率地另起炉灶，最大程度节约公共管理的成本，提高空间管理的绩效。总之我们认为，划定"城市开发边界"，本质上是一个政策设计过程，应在新型城镇化过程面临的挑战中，设计一个综合性的政策工具包，把已有的工具发挥好协同作用，而不是要搞出一个孤立的政策工具，更不是要再画出一个限定城市开发建设的圈圈来。

首先，要进一步充分研究《城乡规划法》和相关法律法规的制度安排，在先行的规划管理体制中找出创新空间，重点缩小既有的管理差距。在设计"城市开发边界"的政策时，充分研究制度内已经具备的诸如规划区、"规划建设用地规模"、城市发展方向，以及作为强制性内容的"三区四线"等管理工具的深层价值，实现对城市扩张速度、边界、形态、紧凑度的控制，把维护城市功能和结构的平衡

发展、统筹区域和城乡作为管理的目标，而不应将"城市开发边界"作为一个终极状态来对待，以免降低管理部门的工作价值和地位。

第二，城市发展是所有政府管理、各类经济组织和全体城市居民共同实现的，要控制和引导"城市开发"，使各种发展的力量能够纳入管理的渠道，井然有序地发挥作用，必然是一个多部门、多种社会力量共同参与和合作的结果。因此管理"城市开发边界"，应强调多部门的协调配合，探索由规划建设主管部门会同国土、农业、环保等多部门共同商定一套相协调的各类边界汇总方案，在一个平台上反映空间增长管理的各种诉求，实现"多界合一"，在城乡规划管理中加以统一实施。通过创新协同机制，共同遏制城市蔓延。

第三，正确认识城乡规划制度中"三区"和"四线"的法律内涵，从区域协调、城乡统筹和城市发展全局的高度来认识，在规划的不同阶段、不同尺度上研究"三区"和"四线"覆盖的范围和界定的深度，有条件扩大内涵和外延的要尽量扩大，尽量整合和反映其他部门在空间管理上的控制要求，提高管理的效率。并且根据过去十年中央政府管理的新制度、新机构、新功能，适时对"四线"管理办法进行修改。

对此，我们有如下一些设想。例如，可以将"绿线"的内涵从目前仅是城市各类绿地范围的控制线，扩展为包括所有城市内部绿地和外围需要保护的绿色开敞空间，包括郊野公园、城市组团间生态绿楔、林地、生态敏感区和保护区、永久性农业用地、生态修复区、水土保持重点预防保护区等。将这些空间统一划定称为新的"绿线"，构造一个大生态的保护格局，划定的过程由规划主管部门会同国土、环保、林业、农业、水利等多部门共同研究确定。再比如，"蓝线"划定需要增加海岸带和近海海域保护内容，体现国家建设海洋强国的新战略。"紫线"划定应反映历史文化名城理论技术研究的新成果，将市域范围广泛的文化遗存和非物质文化遗产的文化空间、具有系统关联性的传统村落和乡镇以及具有自然和人文价值的历史环境做进一步的整合，在"紫线"管理中做出恰如其分的安排，切实反映好文化传承和文化发展的整体战略。"黄线"的管理则顺应城市区域化的空间增长趋势，将城市基础设施扩展到都市区乃至市域的范围，整合好基础设施的集束走廊，增强区域内基础设施的协调力度，节约土地和空间资源，在不同空间尺度和规划阶段中给予足够的控制和管理。

第四，对于规划区内的镇和乡村建设，也要研究明确其开发边界的要求。一方面要通过加强管理机构和人员，切实将镇规划、乡规划和村庄规划明确的规划用地落实到位，同时根据乡镇发展实际，研究探索统一规划编制的可能性。在城镇化发展的过程中，在土地使用和城镇功能的安排方面加强引导和协调。

以上是我们围绕"城市开发边界"政策设计所做的一些思考。"城市开发边界"的划定正成为规划工作者积极研究探讨的问题，但我们以为这不是孤立的技术命题，而是深化改革、实现国家空间治理体系和治理能力现代化话语下的新课题。因为该主题涉及面开阔，其内在关系在规划学理、政府管理、法律制度等多方面都极为复杂，因此，文中必定有很多纰漏和不当，敬请方家批评指正。

（撰稿人：张兵：中国城市规划设计研究院，总规划师，博士，教授级高级规划师；林永新：中国城市规划设计研究院，主任工程师，高级规划师；刘宛：清华大学建筑学院副教授，博士；孙建欣：中国城市规划设计研究院，注册规划师，硕士）

注：摘自《城市规划学刊》，2014（3）：20-27，参考文献见原文。

提高城市用地规划条件管控科学性探索

导语： 在梳理近年国内城市用地规划条件管理现状基础上，归纳整理了相关城市的经验作法和存在问题。结合重庆市重点区域用地规划条件工作组织实践，提出用地规划条件管控机制。用地规划条件管控机制通过成立多部门及相关专家参与的会审制度、确立论证原则及目标、施行模块化的论证办法、规范成果表达等措施，提升了用地规划条件的有效性、科学性，切实发挥了城乡规划对城市发展的综合调控和引导作用。

重庆直辖以来迎来了经济社会的高速发展，尤其是近年来构建国家中心城市行动中，经济保持高速增长，城市新区建设拓展迅速，旧城改造效果明显。随着两江新区、内陆保税港区、西永综合保税区、公共租赁住房等大批产业及惠民项目的相继落地，如何确保重大项目高质高效地快速启动建设，助推经济社会平稳健康发展，对城乡规划管理部门提出了新希望、高要求。加强城乡土地利用的规划条件研究，无疑是城乡规划部门规范引导城乡建设活动的重要手段，对促进土地利用和各项建设符合城乡规划所确定的发展目标和基本要求，实现城乡统筹、合理布局、节约集约利用土地，保障城乡开发建设公平公开可持续发展具有重要意义。

一、规划条件管理现状及问题

用地规划条件作为城乡规划管理的重要组成部分，其控制引导内容贯穿于项目建设全过程，是业主在进行土地利用和建设活动时必须遵循的基本准则，是保障城乡建设活动公开公平公正的重要前提。2008年1月1日起施行的《中华人民共和国城乡规划法》明确规定将确定规划条件作为实施城乡规划和管控开发建设活动的主要内容和程序，进一步明晰了用地规划条件在城乡规划建设活动中的地位和作用。

（一）规划条件管理现状

笔者在对南京、杭州、深圳、广州等城市调研的基础上，搜集整理了国内部分城市开展用地规划条件管理工作的基本情况，对规划条件的控制内容、工作流程、组织模式、制定和变更程序等进行了归纳整理。总体上各市十分强调规划条件许可前的研究论证，在具体做法和组织流程上各有特点，部分城市通过 3～5 年规划实践已形成了较好的组织管理办法和经验，有效地指导了城市建设活动。

1. 南京：从机制上协调土地供应计划与出让条件细化

南京市注重从机制上解决国土与规划工作衔接问题，在市政府层面以出让地块会审方式统筹规划和国土部门确定土地出让前的规划条件控制内容。每年国土部门根据南京市招商引资计划等制定年度土地供应计划，出让地块所在区规划分局根据年度土地供应计划，依据控制性详细规划（以下简称控规）及意向业主诉求进行规划条件论证，论证结果由市规划局汇总后上报局长办公会审定，审定通过后提交国土部门进行土地招拍挂，论证工作可在较短时间内完成。若论证结果与控规强制性指标不符，则按程序进行规划修改论证并报经市政府审批。

2. 广州：重点地区城市设计与控规合一, 一般地区通则式管理

广州市地块出让规划条件的制定分重点地区和一般地区两种方式，在一般地区采取通则式管理，严格按照控规拟定规划条件；在重点地区则采取城市设计与控规合一的方式。广州在全市划分了 12 个重点地区，这些地区同步编制城市设计与控规，制定地块规划条件和管理图则，二者具有同等法律效力。这种方式有效地解决了城市设计成果因为缺乏法律依据而难以实施的问题，有利于城市形象的整体塑造。在出让条件与控规不符时，若不涉及刚性指标修改则按控规维护程序办理；否则按控规修改程序审查，修改论证的周期较长。

3. 深圳：制度创新和立法保护

深圳在出让地块规划条件制定方面注重制度创新和立法保护。在制度创新方面，一是借鉴国外"区划法"和香港"法定图则"的经验，并结合本地实际情况制定控规法定图则，以之为制定出让地块规划条件的主要依据；二是采取国土与规划合一的体制，从规划、国土部门间协调转为规划国土委员会内部配合，精简了工作流程。在立法保护方面，深圳早在 1998 年就借助经济特区特别立法权，通过制定实施《深圳市城市规划条例》，使城市设计获得了法律地位。近年来根据城市发展需求，结合城市规划的"语言"和内容（如控规、城市设计），针对不同地区和项目的具体情况，提出了契约、转译、直译等六种不同模式（表 1），将城市规划设计成果转化为地块出让的规划设计要求。这些模式可操作性强，实施路径直接明确，有较强的创新性、前瞻性。

深圳城市设计成果转译模式　　　　　　　　表1

工作模式	项目类型	策划工作核心内容	工作开展形式
契约模式	重点地区地标性建筑设计	将城市设计要求附加为土地规划要求	契约形式
转译模式	普通设计项目	通过精简、摘录等方法，将城市设计成果转译成为《建设用地规划许可证》中的规划设计要求	成为"总体布局及建筑退红线要求"，或者进入"备注"——应遵照城市设计要求进行设计
直译模式	政府主导或深度参与的重点项目	将城市设计方案整体作为《建设用地规划许可证》中的规划设计要求	直接成为具体项目的建筑方案
附件模式	城市重点地区公共建筑设计	将城市设计方案作为《建设用地规划许可证》附件	作为具体项目方案设计依据之一
指引模式	较大规模居住项目或重要地段公共建筑等项目	将城市设计精简提炼为城市设计指引	核发《建设用地规划许可证》时明确要求应按城市设计指引进行设计
通则模式	全域范围	将城市设计融入城市政府行政规章或技术规定、标准，以一般性城市设计通则、政策覆盖全域	以通则形式针对全域范围发挥实效

4. 杭州：全市推行、论证深入

杭州市自 2007 年开始试点在重点地区实施"规划选址论证报告"制度，目前已在全市范围全面推行。其主要流程是由土地储备机构向规划部门提出年度用地计划申请，规划部门依据控规条件核发选址论证红线，土地储备机构委托具有相应资质的规划建筑设计单位编制选址论证报告，完成后提交规划部门组织规划设计条件论证报告技术审查，并组织建委、交通、环保等市级部门会审，业主方取得用地会审意见表后交予国土部门进行供地招拍挂程序；若论证结果与控规强制性指标要求不符，则按控规修改程序推进。专题分析论证内容详实、论证成果深入，从强制性指标控制到指导性指标要求（建筑空间形态、色彩）均作出详细规定，论证所需时间相对较长。

（二）存在问题

不可否认，各市在规划条件的管理工作中采取的缩短编制与审批流程、调动土地储备机构积极性、重视设计成果转化研究、注重论证程序公正等做法，提高了规划服务水平；但在规划条件制定的技术标准引用、组织流程以及部门间协调上仍存在一些较普遍的共性问题。

1. 现有规划条件制定依据的技术标准、规范滞后，难以适应发展要求

目前，大多数城市控规成果系 1990 年代中后期编制拟定，涉及"规划条件"

制定的技术标准主要沿用 1990 年代初期确立的相关规范，如 1994 年开始施行的《城市居住区规划设计规范》GB 50180-93、1992 年开始施行的《城市用地分类代码》CJJ 46-91、1991 年开始施行的《城市用地分类与规划建设用地标准》GBJ 137-90 等规范，尽管住房和城乡建设部颁布的新版《城市用地分类与规划建设用地标准》GB 50137-2011 已于 2012 年 1 月 1 日开始实施，《城市用地分类代码》和《城市居住区规划设计规范》等的内容也已结合当前发展做出相应调整，但各地在理解执行上尚未形成统一认识，对新旧标准如何衔接使用、既有控规编制成果如何转化和延续使用等问题尚存疑虑，客观上也造成了规划编制与审批管理脱节等问题。

2. 缺少规范化的规划条件管理制度和编制方法

通过前期调研发现，除部分城市有条件地组织开展规划设计条件系统论证工作，对规划条件制定的组织流程、方法进行规范化梳理总结后上升为地方法规或操作规程外，多数地方在核发出让地块规划条件或用地规划许可时运行程序较为简单，大都采取简单照搬控规经济技术指标的做法，尚未形成规范化的管理流程；对相关已批城市设计成果要求（如开敞空间退让、贴线率控制等内容）疏于研究，加之少部分工作人员经验不足，未就地块规划条件许可的特殊性（如旧区改造需厘清用地权属关系、进行地块规划建设总量校核等）加以认真分析，容易造成规划管理缺位。此外，对地块出让后规划条件的修改调整制度各地做法也不尽统一、规范：有的城市只对规划条件中涉及容积率调整的内容进行公示，涉及其他强制性指标（建筑高度或建筑密度等）或指导性指标修改时则不予公示；公示表达形式也五花八门，反映的内容也不尽详实，在一定程度上影响了规划工作的科学性和权威性。

3. 缺少规范统一的规划条件成果标准

从前期调研情况看，部分城市对规划条件的内容和成果形式作出了详细规定，并形成地方标准予以执行；但各地对规划条件中的刚性和弹性尺度掌握不一，对地块进行"招拍挂"出让时规划条件指标涵盖范围的认识上存在差异，未形成统一有效的规范化表达。如有的城市将用地位置、用地性质、地块面积、建筑面积、建筑密度、建筑高度、容积率、绿地率以及公共配套等 9 项指标均纳入规划条件中予以公告，少部分城市在此基础上设定用地规划情况、建筑规划要求、建筑设计要求等 8 大类共 43 条规划条件指标，并在每类指标下还进行了更为细致的分类，规定内容如此详实细致，留给后续审批的自由裁量范围小，刚性较强；而还有少部分城市则在"招拍挂"出让规划条件中仅规定容积率、用地性质、净用地面积、公共配套标准 4 项指标，其余控制指标列入指导性意见或后置至规划用地许可阶段予以表达，则显得灵活性较强、自由度较大。此外关于成果表达形式与管理，相当一部分城市仍采用纸质化模式管理，未进行计算机入库管理，增加了成果管理的随意性；成果表达方式多种多样、质量参差不齐也是造成审批、入库管理难度增加的主要因素。

4. 缺乏必要的部门间联动协调机制

规划部门在参与国有土地出让过程中，用地规划条件被视为土地公告出让的重要组成部分，对房地产市场起着重要的调控作用。城市规划的相关经济技术指标及其控制内容应客观翔实地反映在土地公告或合同文件约定中，但目前土地出让合同中仅采纳了与出让地价有关的指标，其余控制指标并未纳入到土地出让合同中，在一定程度上影响了规划的落实。此外，用地规划条件作为政府实现宏观调控和微观管理意图的具体体现，涉及土地、市政、环保、交通、人防、消防等多个部门的管理内容和职责，但现行的分块管理体制，使部门间往往各自为政，缺乏有效的统筹。在项目实施过程中，迫于时间紧、任务重，部门间往往疏于沟通配合，一旦发生规划条件许可遗漏或管理不到位等，则容易造成部门间相互推诿、扯皮现象。因此，建立部门间的联动协调机制十分必要。

二、重庆市重点区域用地规划条件工作机制

（一）工作背景

近来随着重庆城乡总体规划实施的有序推进，为增强对空间资源环境的保护、对基础设施及公共服务设施用地的保障，促进重大项目的落地实施，重庆市在主城区范围内规划城市建设用地已实现控规成果全覆盖基础上，进一步加强了控规整合研究力度。针对部分控规成果编制年代较久、成果质量不高和城市重点区域规划条件研究不细致等问题，设立了重点发展区域用地规划条件研究工作机制。对城市重要景观地段、两江四岸生态廊道、优秀近现代建筑及历史建筑保护区等区域周边地块，结合新修订的《重庆市城市规划管理技术规定》（2012 年），采取用地规划条件提前介入研究的工作方式，不仅强化了区域的空间保护管理，也缩短了规划审批时间，提高了规划部门的服务效率和质量。

（二）论证原则及目标

重点区域用地规划设计条件论证是指在规划实施管理的规划用地出让阶段，以近期建设规划为指导，依据科学、合理、保障公共利益的原则，在不突破控规中确定的土地用途、容积率、公共绿地面积、基础设施和公共服务设施配套规定等强制性内容的前提下，通过引入用地边界分析、环境容量论证、道路交通分析、

城市设计分析、公共服务配套设施以及历史建筑及重要保护建筑保护论证等方式，对规划条件中的各项控制要求进行优化、细化、完善的过程。论证采取规划条件编制与审核一体化的方式提高工作效率，在较短时间内将规划控制要点，以简练、明确、适时、可操作的方式表达出来，形成论证成果，作为地块出让、引导开发建设活动的基本依据。

（三）组织机构及审查制度

为确保论证成果质量、提高效率，首先，成立规划部门牵头，国土、环保、交通、市政、消防、土地储备、区级政府等多部门参与的联合评审小组，对重大项目、重要地块不定期进行研究，为市政府提供规划决策意见；其次，建立用地规划条件研究会审制度，负责日常性规划条件审核研究。会审会议定期每周召开一次，由规划部门分管领导主持，规划部门相关业务处室、纪检监察室、分局、专家及有关研究单位参加。承办规划条件研究的业务处室负责会审会议的组织、联络及规划条件审核工作。

（四）论证方法及内容

由于不同区域规划控制的要求以及实施条件不同，地块论证的需求和控制标准（影响因素）也有所不同。有些地块处于城市生态管制区外围地段，生态和景观敏感性较高，应重点加强景观保护和环境容量论证；而有的地块所处的位置区域交通复杂，则应重点对道路交通模块进行论证。总之，不能简单以一种办法应用于所有地块论证。在实际操作中，采取模块化论证方法，在沿用控规控制要素基础上，考虑到论证体系的完整性和规范性等，将论证内容划分为土地使用、环境容量、道路交通、城市设计、公共服务配套设施、历史建筑及重要建筑保护等6个模块（表2），规定每个模块论证的研究要素和论证内容。如某一地块涉及规划控制边界与土地部门提供的拟用地红线不一致，而不涉及其他时，则只进行土地使用论证，重点强化现状调查，对土地权属、周边零星用地等情况逐一核实，提出优化控制意见。

规划条件论证模块   表2

论证模块	研究要素	论证内容
土地使用	用地边界	核实控规地块边界线与国土部门供地红线是否一致，不一致的与国土部门对接，确定用地边界
	零星用地	地块周边有零星用地的，征求国土部门意见，组织相关部门研究论证后，确定用地边界

论证模块	研究要素	论证内容
环境容量	建筑高度	结合景观控制、城市设计等要求对非强制性限高进行论证
	容积率	(1) 在不突破控规确定的容积率前提下，结合实际用地情况，对单个地块容积率进行研究，确定合理取值。(2) 对于准备一并出让的多个地块，在不突破计容建筑面积总量的前提下，研究各个地块容积率的合理取值
	建筑密度	结合实际用地情况，针对不同的用地性质，对地块建筑密度进行研究，确定合理取值
	绿地率	(1) 结合实际用地情况，针对不同的用地性质，对地块绿地率进行研究，确定合理取值。(2) 针对控规中要求设置集中绿地的地块，论证项目集中绿地的布局、形态
道路交通	可开口路段	结合实际用地情况，对地块人行、车行出入口可开口路段进行研究
	道路线形和标高	对道路线形和标高进行优化论证
城市设计	城市设计要素	(1) 对于开展城市设计但成果并未落实到控规的地块，可将城市设计成果作为参考，合理纳入其中的有效控制要素。(2) 对于未开展城市设计的景观敏感地块，在研究过程中，明确建筑体量、建筑色彩、建筑后退、天际轮廓线、公共空间布局、视线走廊等要求
公共服务配套设施		(1) 对于用地范围只占控规地块一部分的项目，研究项目用地范围内分配何种控规地块中要求配套的公共服务设施。(2) 根据区域人口规模，研究相应的配套设施规模或需增设的公共服务配套设施
历史建筑及重要建筑保护		(1) 核实地块内的文保单位、优秀近现代建筑、历史遗迹、工业遗产等。(2) 研究地块内的历史建筑或重要建筑是否保护及保护方式

（五）论证流程

1. 确定规划条件研究内容及研究单位

规划分局对建设项目需研究的内容提出初步意见，提交会审会研究。会审会对报送的建设项目进行审查，确定需要进行用地规划条件研究的地块、研究的内容，并在当日内向研究单位下达指令性任务。分局在 1 个工作日内向研究单位提供基础资料。

2. 论证及审查

承办处室负责组织研究单位进行论证，研究单位原则上在 5 个工作日内制作完成相应的论证成果（含论证报告及电子文档各 2 份）提交规划分局。规划分局对论证成果进行初步审查，形成初审意见，提交会审会研究。会审会对论证成果进行审查，提出修改意见或审定用地规划条件，并拟定需要完善控规修改或报部门联合审议的重大项目。

3. 核发用地规划条件函或用地规划许可证

会审会审查通过的研究地块，由规划分局按照审定的用地规划条件核发建设用地规划条件函或建设用地规划许可证(图1)。涉及控规技术性内容修改的项目，按相关要求进入修改程序，涉及相关利害关系人的，将修改方案公示；待修改程序完成后，由规划分局按照修改后的成果核发建设用地规划条件函或建设用地规划许可证，并及时将成果归档、纳入控规成果库更新并公布。

与控规修改程序（图2）相比，新做法的特点，一是将不涉及控规强制性的内容剥离出来进行规划条件论证，缩减修改流程，避免产生大量程序性的工作，提高规划许可的行政效率；二是有条件地进行管控论证，针对控规成果的一项或几项指标进行论证，而不是全部重新论证，既减少不必要的行政成本，又维护了规划成果的科学性。

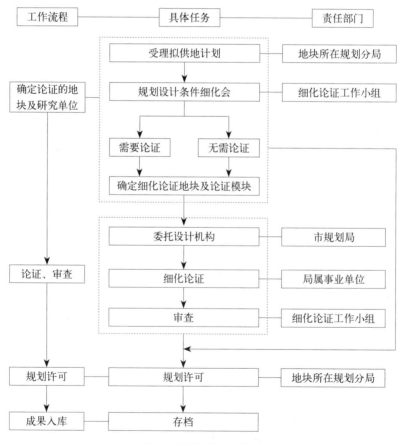

图 1　规划条件论证流程

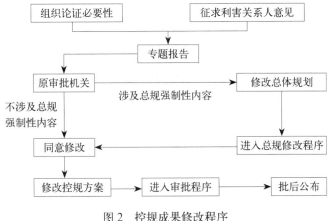

图2　控规成果修改程序

（六）成果控制

编制科学合理、针对性强的论证成果是保障规划目标实现的重要手段。为提高工作效率和质量，使规划条件明确化、清晰化，须对成果形式和内容做出条理化、图则式的规定。规划条件论证成果由说明书、图表及其他必要的文件资料组成。对说明书的要求，一是简要阐明研究背景、目的、用地范围、现状、控规要求等基本情况；二是根据实际需求明确主要论证模块及方法。不同模块成果控制的要求和侧重应有所不同，如土地使用模块应当依据控规地块边界线与国土部门供地红线做出判断，侧重说明用地边界细化、零星用地整合的理由、建议与措施；三是提出规划结论及建议，明确各类规划经济技术指标和设计控制要求，拟定地块出让规划设计条件。图表则由基本条件图、论证及分析图、规划设计条件图3部分构成。基本条件图重在表达区位、控规条件、综合现状等内容；论证及分析图反映不同论证模块的分析意图及建议；规划设计条件图标识论证地块各类规划设计条件要求。公示成果形成相对固定的表达模式，以减少公示内容的随意性。

（七）总结与思考

通过两年来重点区域用地规划条件研究工作机制的实践，用地规划条件论证已逐渐形成了相对固定的规范化的组织形式和工作流程。从实施效果看，规范化制度化的规划条件论证机制有效解决了早期控规成果质量不高、规划条件研究不深入、城市设计实施有效性不足等问题，在体现政府规划意图、保障公共利益、维护地块开发建设权益等方面发挥了重要作用；从组织机制看，在强调效率，使论证成果具备可操作性、适时性的同时，更加注重论证程序的公平公开。概括起来，其实施特点主要体现在以下几个方面。

1. 统筹性、引导性

在地块出让过程中，如何建立规划与国土部门的长效联动协调机制，减少认识上的差异或矛盾，提高地块出让效率；如何统筹协调规划与国土部门有关地块出让的政策或法规执行标准等问题，是大多数城市都面临的问题。重庆市以城乡总体规划中确定的五年近期建设规划为前提，制定城乡规划年度实施目标，通过统筹土地部门用地供应年度计划、建设和产业发展等部门建设项目计划，全面掌握全社会近期建设需求，对全市建设项目的空间布局和用地安排进行统一部署，科学划定城市重点发展区域，作为年度规划许可和用地安排的重点；改变被动适应市场的土地供应模式，强化政府对空间资源和房地产市场的宏观调控作用，增强了规划的统筹性和指导性。同时，每月定期召开的规划、国土、财政、纪检监察等部门参加的土地出让联席会议以及重大项目重要地块联合评审会议，也是统筹协调矛盾、减少分歧、发挥规划条件引导作用的重要平台。

2. 实时性、适应性

按照《城乡规划法》要求，依据控规提出地块规划条件已经是规划部门的通常做法，但并不等同于对控规成果简单照搬，需要有一个对规划条件技术指标和控制要求深化、细化的过程。模块化分类论证方式首先是结合重庆实际，更新执行了相关的技术标准与规范。如地块用地性质代码实时采用新颁布的《城市用地分类与规划建设用地标准》GB 50137-2011,规划条件论证方案按照新修订的《重庆市城市规划管理技术规定》（2012年）的要求执行，既避免对已编控规成果的大规模修订，减少编制经费的浪费；又同步更新了相关控规成果，提高了规划成果的实时性和时效性。其次，分区分块的论证方式核心在于结合地块客观条件选择不同的论证模块，既可保证对规定性指标作刚性控制，又可在落实政府的调控意图时对指导性指标作弹性处理，体现刚性弹性兼顾的原则，提高规划条件的适应性。例如可在不突破控规确定的容积率总量前提下，结合实际用地情况，对单个地块容积率进行研究，确定合理取值。

3. 公正性、开放性

严格规范的部门评审制度及会审制度是保障程序公正、公开的重要前提。规划条件论证过程从最初的分局初审到专家团队会审，再到部门联合评审，直至论证成果对外公示，始终强调各方广泛参与，积极交流；通过与会专家、部门充分表达意见及公示征询市民意见等措施，不仅提高论证成果质量，同时也保证了论证机制的公开透明；此外，纪检监察部门的全过程介入，是体现程序透明、消除腐败的重要措施。

三、结语

规划条件直接涉及城市建设中各方的利益，是城市政府意图、公众利益和个体利益平衡协调的平台，是实现政府规划意图、保证公共利益、保护个体权利的公共政策内容的具体化。开展重点区域用地规划条件论证的首要目的是提高规划审批的质量，更好地服务城市规划建设，因此，如何从创新机制上提升规划条件的有效性、科学性，充分发挥城乡规划管理的综合调控和指导作用，仍将是今后城乡规划工作思考的重点。

（撰稿人：扈万泰，哈尔滨工业大学深圳研究生院教授，博士生导师，重庆市渝中区区长，中国城市规划学会常务理事；王剑锋，哈尔滨工业大学深圳研究生院博士研究生，注册城市规划师，重庆市规划局沙坪坝区分局副局长；易德琴，重庆市规划研究中心研究三部主任工程师，高级工程师）

注：摘自《城市规划》，2014（4）：40-45，参考文献见原文。

新时期我国城乡公共服务
设施建设体系研究

导语：研究从标准、实施和管理三个方面对我国近年来的城乡公共服务设施建设现状进行评析，总结其存在供给模式单一、指标体系落后及空间布局社会分异等问题；在此基础上，全面解读党的"十八大"报告对于社会保障的新内涵与新要求，明确未来社会保障工作的目标、方针和重点，以此为指导初步构建城乡公共服务设施建设体系框架。

改革开放以来，我国的经济发展取得举世瞩目的成就，工业化和城市化互为动力，使人民的物质生活水平得到极大提升。然而，近年来经济高速发展所带来的问题也逐渐暴露，如不同地区和群体之间贫富差距逐渐拉大、社会不公现象频繁出现等。为保护人民的基本权益、维护社会的稳定，国家日益重视社会保障体系建设。党的"十八大"报告明确指出，"社会保障是保障人民生活、调节社会分配的一项基本制度"，这就要求社会各界从自身出发，提出相应策略，共同参与社会保障体系的建设。提高公共服务水平是建设国内关于公共服务设施建设的文献发现，学界多是关注公共服务设施建设的某一个环节，或是具体的方法和实践，缺少从全局关联角度把握公共服务设施体系的建设。正是这种体系的缺失导致公共服务设施建设缺乏协调和不可持续。基于这一认识，本文对公共服务设施建设体系的构建作进一步探讨。

一、城乡公共服务设施建设现状述评

（一）公共服务设施配套标准

我国现行的关于公共服务设施配套的依据主要有三类：一是《城市用地分类与规划建设用地标准》GB 50137—2011；二是《城市居住区规划设计规范》（2002年版）；三是各地方政府出台的地方性城市居住区公共服务设施配套标准。

在我国经济、社会发展的过程中，与公共服务设施规划相关的用地分类指标也经历了三次调整：从 20 世纪 50～70 年代隶属于"生活居住用地"的公建用

地，到 20 世纪 80 年代从"居住用地"分类出来的"公共服务设施用地"，再到
2012 年最新版的用地分类标准将 C 类"公共服务设施用地"细分为 A 类"公共
管理与公共服务用地"和 B 类"商业服务业设施用地"。这些调整使与公共服务
设施规划相关的用地分类指标更加适应经济、社会精细化和可持续发展的需求。
但是，作为直接指导公共服务设施规划的居住区公共服务设施配套标准却缺乏灵
活性，其主要标准仍然是千人指标和服务半径，带有强烈的计划经济时期特征。
因此，诸多学者注意到了相关规范中的不足并提出相应建议：赵民等人指出，城
市居住区公建配套指标体系的调整要适应市场经济条件、兼顾效率和公平、区别
对待不同居住社区的需求、处理好公共设施设置的区域统筹和社区就地平衡的关
系；胡纹等人在《重庆市居住区公共服务设施配套标准》的基础上提出，要完善
居住区公建配套分级体制，强化对公益性公共服务设施的控制。此外，许多城市
也在国家标准的基础上，相继出台与自身更相适应的地方性城市居住区公共服务
设施建设标准与规范（如北京、上海、深圳和重庆）。

总体来看，当前公共服务设施配套标准仍存在以下问题：①公共服务设施配
套标准主要通过人口规模、千人指标和服务半径来指导公共服务设施的配置，这
一带有强烈计划经济时期特征的思维模式缺乏对区域差异和社会分异的充分考
虑，使得配套标准与现实需求之间产生明显错位。②在现行标准中，指标的制定
缺乏大量科学的调研数据和系统分析作为支撑，并且没有形成动态反馈机制对指
标进行适时修正。③无论是国家标准还是地方标准，关于村镇公共服务设施方面
的指标比较粗糙，无法科学有效地指导村镇公共服务设施建设。④现行的公共服
务设施配套标准主要针对居住区，缺乏服务于整个市区的配套标准，只有少数几
个城市颁布了市级公共服务设施配套标准（如杭州、无锡和青岛）。

（二）公共服务设施建设与实施

1. 公共服务供给机制

我国的公共服务供给机制的发展大致可以分为两个阶段：一是计划经济时
期完全依靠政府的阶段；二是进入市场经济时期以来，逐步发展到政府、市场
和社会相互协同的阶段。在此期间，不少学者针对公共服务供给机制展开了深
入研究，他们的观点主要可分为两方面：①推进城市公共服务多元化供给，需
要重新界定政府角色，打破体制障碍，逐步放宽公共服务供给准入政策，发挥
市场和社会资本的优势，逐步实现公共服务供给的多元化；②过度市场化会导
致公平性损失、社会责任缺失、腐败、垄断及政府管理危机等问题，因此公共
服务供给必须以国家投入为主，政府应掌握完全的控制权。深入分析产生这种
分歧背后的原因发现，由于各类公共服务的基本属性并不相同，因此与之相适

应的供给机制自然有所差别。

当前我国的公共服务供给机制仍存在以下问题：①效率低下。目前我国的公共服务供给主体仍然以政府为主，这种相对单一的供给机制缺乏竞争，使得公共服务的质量无法得到保证，并且政府自身能力有限，常常心有余而力不足。②资金缺口。由于缺乏市场化的运作，使得公共服务设施的供给资金来源单一，而分税制使得基层政府的财政资金又常常无法满足其所承担的责任，因此在公共服务方面的投入也捉襟见肘。③缺少公众参与。经济社会的发展与转变使得人们的公共服务需求日益多样化、精细化，缺少公众参与使得公共服务的供给决策滞后，无法与人们的需求准确对接。④不公平现象严重。主要体现在东西部之间、城乡之间以及城市内部不同区域之间的供给水平差距明显；在不同类型的公共服务供给之间也存在一定差异。

2. 公共服务设施空间配置

城市公共服务设施配置主要涉及由政府供给或监管下的包括教育、医疗、文化、体育和社会福利等非营利性公共服务设施的位置选择、空间布局及项目配备等问题❶。目前国内相关研究主要集中在两方面：①公共服务设施配置的原则和标准。改革开放三十多年来，公共服务设施的配置大多秉承"效率第一"的原则，从而导致地区之间、城乡之间的发展差距较大。2005年党的十六届五中全会提出一个全新的改革命题，即"公共服务均等化"，这也成为当前公共服务设施配置的首要原则。对此广大学者展开深入研究，其中具有代表性的是张京祥等人提出公共服务设施均等化布局可大致分为3个阶段——均匀阶段、均衡阶段和均质阶段；同时，推进公共服务设施布局均等化必须要关注3个维度——层级维度、地域维度和时序维度。②公共服务设施配置理论。目前的配置理论仍然以传统区位理论为主，如王亭娜、周小平等人分别研究了教育、医疗等公共服务设施的区位问题；孙德芳等人通过引入生活圈理论，以江苏省邳州市为例，把整个县域划分为由初级生活圈、基础生活圈、基本生活圈和日常生活圈构成的生活圈层系统，构建基于生活圈理念的、以县域为完整单元的四级公共服务设施配置体系，有助于推动城乡公共服务设施的一体化配置；宋正娜等人提出公共服务设施空间可达性度量方法—基于潜能模型的公共服务设施空间可达性度量方法和基于两步移动搜寻法的公共服务设施空间可达性度量方法。

目前，公务服务设施的空间配置仍存在以下四方面的问题：①配置过程往往

---

❶ 笔者参与的规划项目中，政府主管领导在审查规划方案时还是召集各公共服务设施部门负责人征求意见、兼顾需求的，但掌控的尺度不一。

是自上而下的，缺少公众参与使得配置结果往往达不到最高满意度。②配置依据多为技术性规范，缺乏对社会分层、自主选择等社会因素的考虑，造成设施利用率不高。③城乡之间的配置标准和重视程度差距较大，不利于公共服务设施的均等化。④配置单元多以行政区划为依据，缺乏相互间的协调和区域统筹，造成配置效率低下。

（三）公共服务设施建设管理

良好的公共服务设施管理是民众享受高品质公共服务的重要保障。目前我国学者对这方面的研究较少，主要集中在公共服务设施评价方面。例如，陈秀雯采用层次结构模型，建立了居住社区公共服务设施性能综合评价指标体系；韩传峰等人给出了对城市现存的旧公共服务设施的价值进行评估的 4 种计算方法，包括标量评估计算法和向量评估计算法，应用这些计算方法，通过收集数据、征求专家意见和确定权重向量，可以对同类型的一大类公共服务设施做出总体价值评估和详细的分类价值评估。

在现实中，由于管理滞后造成公共服务设施无法为公众提供高品质服务的现象比比皆是，主要表现在以下三方面：①政府对市场的监管力度不够，规划中的公共服务设施常常无法落实。例如，开发商一味追求利益最大化，忽视居住区的配套设施建设，从而降低了居住品质。②公共服务设施建成以后，缺乏科学、有效的维护，造成公共服务设施遭受破坏或品质降低。③缺乏对公共服务设施使用情况的适时反馈，无法针对社会情况的变化做出及时调整。例如，当服务范围出现较大人口变动时，如果不能及时调整，那么原有的公共服务设施就难以满足需求。

（四）小结

综上所述，在经济和社会逐渐转型的历史背景下，我国的城乡公共服务设施规划建设在各个环节都暴露出一些相同或类似的问题：①缺少原创性理论。目前公共服务设施建设的理论依据多是直接运用国外已有理论，或是在其基础之上稍作改变，缺乏基于自身发展背景和现实需求的实际调研与统筹思考，研究基础尚显薄弱。②尚未形成完整的城乡公共服务设施建设体系。改革开放以来，我国进行了大量的公共服务设施建设实践，但是建设的各个环节往往衔接不够，缺少体系化配置和动态评估来保证公共服务设施的高效与可持续利用。③面对社会转型尚未作出有效的自我调整。公共服务设施服务的最终对象是人，个人的发展呈现多样化，社会群体出现分层，城乡规划的公共政策属性必然要求公共服务设施的建设能够充分考虑社会因素的影响，满足人们不断变化的多种需求。因此，面对新时期城乡可持续发展的新要求，必须做出思考和应对。

二、新时期城乡公共服务设施建设的新要求

（一）社会保障的新内涵

（1）社会保障定位。党的"十六大"和"十七大"报告均将社会保障定位为社会稳定的重要保证，党的"十八大"报告指出"社会保障是保障人民生活、调节社会分配的一项基本制度"，将社会保障作为一项基本制度是党在新时期提出的更高要求，同时也表明社会保障将在保持经济健康发展、促进社会公平稳定等方面扮演更加重要的角色。

（2）社会保障目标。"十八大"报告指出，社会保障工作的目标是实现"全面覆盖"，与之前提出的"全民覆盖"虽然只有一字之差，但其包含的内容显然更广。新目标不仅要在人员方面实现全覆盖，还要在制度与服务方面实现全覆盖。

（3）社会保障工作方针。"十八大"报告提出了社会保障体系建设的"十二字"方针——"全覆盖、保基本、多层次、可持续"。其中，"全覆盖"是在之前"广覆盖"的基础上首次提出的，这既是新工作方针，又是新目标。

（4）社会保障工作总任务与重点任务。"全面建成覆盖城乡居民的社会保障体系"是新时期社会保障体系建设的总任务，与"十七大"报告提出的"加快建立"这一要求相比，其指标性、时限性更强。同时，报告指出社会保障体系建设的重点是"增强公平性、适应流动性、保证可持续性"。这是基于对我国现阶段发展中缩小城乡、地区及群体收入分配差别，保持社会和谐稳定，跨越"中等收入陷阱"等现实和需求的深刻认知；是基于对城镇化、老龄化趋势及其挑战的深刻判断；也是在汲取我国历史经验及国际经验教训的基础上，党中央有关社会保障体系建设思想的最新发展。

（二）公共服务设施建设的新要求

（1）以保障公平作为公共服务设施建设的基本原则和最终目标。首先，应统筹城乡发展，从公共服务设施建设的各个环节保证乡村得到公平对待，并且当前应将建设重点放在乡村地区；其次，确保弱势群体享受公共服务的权利不受侵犯，如加深对保障性社区配套设施的建设和管理；最后，建立对公共服务设施建设公平性的评价机制。

（2）当前重点是加强基本公共服务设施建设。基本公共服务设施是指由公共财政投资建设，保障社会成员平等、公开享用的基本教育设施、基本医疗设施、

基本社会福利设施及基本市政服务设施等。这些设施与民众日常生活息息相关，因此保证基本公共服务设施建设是实现社会公平的基础。

（3）建设多层次的公共服务设施体系。应加深了解社会不同收入阶层的民众对公共服务设施的需求，在保证基本公共服务设施建设的基础上，加强与市场和第三方的合作，共同建设多层次的公共服务设施体系，充分体现以人为本的思想，最终实现社会公平目标。

（4）建立动态反馈机制，实现可持续发展。加强对公共服务设施供给、布局及使用等情况的适时调查，建立数据资料库以及民众反馈与评价机制，促使公共服务设施建设各个环节的不断修正和完善。

三、城乡公共服务设施建设体系的构建

（一）公共服务设施建设体系框架

通过对我国城乡公共服务设施建设现状的梳理，笔者认为，应对新时期的民生需求，公共服务设施建设可以分为制定标准、建设实施和运营管理 3 个环节，各环节应在统一的原则指导下，互相协调，共同构成城乡公共服务设施建设体系（图 1）。

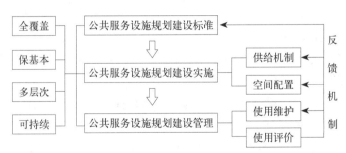

图 1　城乡公共服务设施建设体系框架图

（二）公共服务设施配套标准

（1）区别各类服务对象，分类、分级建立与之相适应的配套标准。不同地区之间、不同人群之间对公共服务设施的需求有所不同，如高档社区对文化、娱乐设施有着更高品质的需求；保障性社区更加关注与民生相关的基本公共服务设施；养老社区则对老年人设施有着特殊需求。因此，在制定配套标准时，应按照服务对象进行分类、分级，并切实调查和研究各类服务对象的需求，做出有针对性的安排。

（2）进行科学预测和反馈评价，加强配套标准的动态性和弹性。在制定标准之初，要对服务区域的发展趋势做出科学、合理的预测，最大限度地避免日后反复修改；同时，在公共服务设施使用过程中，不可避免地会出现一些之前无法预知的变化，此时应注意搜集各类反馈信息，主动评估，及时修正。

（3）统筹城乡配套标准，以社会公平作为首要原则，兼顾效率。在制定城乡配套标准时，要统一原则和思路，尤其是目前需要着重加强对乡村公共服务设施配套标准的研究与制定，根据乡村的特点细化配套标准。根据城乡经济社会发展的阶段化差异，做出阶段化、有针对性的安排，提高效率，从而促进社会公平目标的实现。

（三）公共服务设施建设与实施内容

1.公共服务设施供给机制

（1）建立以政府为中心、市场和第三方共同参与的多元化供给机制。首先，政府在公共服务设施的供给中充当 3 个角色：①最主要的供给者，以保证最大限度的供给公平性；②协调者，统筹安排各类公共服务设施的供给方式，以提高供给效率；③监督者，确保其他供给方式能够满足人民群众的需求。其次，市场作为公共服务设施重要的供给者，在很大程度上解决了资金问题，但市场的特点是追求利益最大化，易产生管理缺位、使用者权益受损等问题，因此需要政府对市场实施监管。最后，第三方是公共服务设施供给的主要补充，在政府部门和以营利为目的的企业市场部门之外的一切志愿团体、社会组织或民间协会，都可以称为第三方。第三方比政府和市场更加了解民众的实际需求，同时其以公益为首要原则，能够兼顾效率与公平。

（2）根据公共服务设施属性，建构分类供给机制。上述三类供给方式都具有其自身的优点和不足，没有哪一种供给方式适用于所有的公共服务设施，因此需要研究公共服务设施的属性进行分类供给。比如市民广场、公园等公益性设施，主要应该由政府投资、运营和管理，以保证民众的基本利益；新建居住区的配套设施应该由开发商同步供给；老旧居住区的设施更新最好由政府购买第三方的服务来完成。

（3）增强公众参与，建构多层次、动态的供给机制。随着经济的发展，我国的社会也在迅速发生变化，在"社会人"代替"单位人"之后，人们的公民意识不断增强，表达自身诉求与参与社会事务的愿望日益强烈；同时，社会分层使得人们对公共服务设施的需求也呈现出多样化的特征。所以，在公共服务设施的供给中搭建公众参与平台，可以使人们的诉求得到充分考虑，最终的供给决策也能更加贴近人们的需求。

（4）建构公平导向的供给机制。首先，针对中西部地区和其他较为落后的地区，实施政策倾斜，加大财政扶持力度，并且在国家层面合理调配公共资源，缩小与发达地区的差距；其次，针对同一城市不同类型的公共服务设施，各级政府应建立合理的财政支出结构和制定相关政策，全面覆盖各类公共服务设施，尤其是要加强对保障性和公益性设施的支持力度；最后，针对农村地区，各地方应该建立城乡一体的公共服务设施供给体制，并且将目前的工作重点放在农村，合理调配城乡公共资源，实现以城带乡、共同发展。

2. 公共服务设施空间配置

（1）坚持公平与效率兼顾的原则。既要依靠政府的力量来保证涉及民生的基本公共服务设施能够均等化配置，又要遵循市场规律以促进公共服务设施配置的多样化与精细化。具体来讲，就是在基本公共服务设施进行选址和布局时，要最大限度地照顾到全体公民的个人利益，而当下首要的任务就是增加乡村和其他落后地区的公共服务设施配置，先做到"量"的均等，再逐渐提高公共服务设施的品质；而在进行营利性公共服务设施的配置时，要尽量利用市场这只"手"，提高配置效率。

（2）遵循技术标准与其他影响因素相结合的配置依据。在进行区位选择和空间布局时，规划设计人员应在遵循技术标准的基础上，充分考虑民众需求、自主选择倾向及配置单元等因素，使规划预期最大限度地接近最终结果。例如，民众在选择教育和医疗设施时，最注重的往往是质量，其次才是便捷程度等因素，如果在配置阶段忽略这一自主选择倾向，就很有可能造成公共服务设施的浪费。

（3）加强与各阶段规划尤其是控制性详细规划的衔接。在控制性详细规划阶段确定公共服务设施的性质、数量和位置，有利于整体统筹公共服务设施建设，并且由于控制性详细规划具有法律效力，可以最大限度地保证公共服务设施的落实。

（四）公共服务设施建设管理

（1）加强政府监管力度，确保规划中公共服务设施的落地。政府应制定具体的、强有力的制度来保证规划中公共服务设施尤其是公益性设施的落地。例如，政府可以在合同中明确规定公共服务设施建设的要求，并建立奖惩机制。

（2）加强对已建公共服务设施的维护，保证公共服务设施的可持续发展。对于政府投资建设的公共服务设施，政府应建立专业的服务团队，并且要有专项资金支持；对于交给市场投资建设的公共服务设施，政府可以让开发商预先缴纳一定资金，在市场失灵的情况下，政府可以利用这笔资金进行设施维护。

（3）建立多元的公共服务设施管理体制。政府自身能力和精力有限，面对数量和种类繁多的公共服务设施，常常难以顾及。面对这种情况，政府可以购买第三方服务，这些社会机构常常具有相应的专业人士，而且大多数不以盈利为目的。

（4）建立公共服务设施使用动态评价与反馈机制。①制定科学、有效的公共服务设施使用评价标准，通过建立数据库和评价模型进行定量分析；②加强公众参与，充分获取民众意见，将最终结果适时反馈给公共服务设施的供给和配置部门，以便其及时做出调整。

四、基于社区的城乡公共服务设施建设探讨

社区是人群的基本生活单元，以社区为研究范围探讨城乡公共服务设施建设可以弥补其在人性化尺度上的不足，也可以为更大范围的公共服务设施建设提供科学依据，从而有效应对新时期城乡建设从外延式向内涵式发展的要求。

（一）制定分类、分级的配套标准

社区按照不同的分类标准可以分为城市社区和农村社区两类。其中，城市社区可分为保障性社区、单位社区、商业社区、养老社区、老旧社区和新建社区等。城市社区公共服务设施建设一直以建设部颁布的《城市居住区规划设计规范》（2002年版）及各地方的居住区设计规范为主要标准，所依据的指标主要是千人指标和服务半径，这种刻板的建设标准已经与当前社区的多样性特点不相适应，亟待做出改变。首先，应根据各类社区不同的特点制定相应标准，在一般性标准的基础之上，根据各自特点做出针对性的补充。其次，对于不同种类的公共服务设施也应该有相应的标准。根据社区公共服务设施的经济属性可以将其分为公益性和经营性两类，对于公益性设施应制定较为严格的刚性标准，确保其能够保质、保量地落实；对于经营性设施，则可制定相对宽松的弹性标准，充分尊重市场规律。

（二）建立多元化供给机制

目前，我国社区公共服务设施供给的主体是政府和市场，政府供给的优点是以公平和质量为目标，可以保护民众的利益，而市场供给的优点是效率通常比较高，资金比较充足。但是当政府和市场都失灵的时候，公共服务设施的建设就陷入了一个尴尬的境地，此时通过与第三方的合作常常能够解决问题。因此，应建立以政府为中心、政府与市场和第三方相互配合的多元化供给机制，以兼顾公平

和效率。在社区一级往往最能调动民间慈善公益的积极性。富裕起来的人们为乡里捐资兴办福利事业，是我国的传统。在市场经济时代，这是不可忽视的社会公平的调节手段之一。

（三）形成多层次的配置方法

首先，在控制性详细规划中应加入社区公共服务设施规划这一内容，使其具有法律效力，并有利于从整体角度进行公共服务设施的配置。目前的控制性详细规划虽然在具体地块上规定了某些公共设施用地，但是对该地段社区的结构和服务对象并不明确，成了"隔着口袋买瓜"。在开发商的压力下，公共服务设施的配置标准往往被降低。特别是小学、托幼的区位设置，保证不了儿童上下学的安全。其次，在确定具体的公共服务设施配置项目时，既要遵循之前确定的配套标准，又要充分了解居民需求。最后，在进行公共服务设施的空间布局时，应根据周边设施的配置情况酌情进行增补。

（四）注重设施维护和使用评价

社区公共服务设施的建成只是其提供公共服务的开始，日后良好的维护才是民众享受高品质服务的保证。政府应提高自身认识并加强市场监管力度，从政策和资金两方面保证社区公共服务设施能够得到良好的维护。而社区公共服务设施的使用评价则可以促使其自我完善，政府在这方面应加强与第三方的合作，利用其拥有的专业资源和良好的群众基础，建立有效的动态评价与反馈机制。

五、结语

新时期我国面临经济和社会的转型，传统的发展方式显然无法适应当下的需求。就城乡公共服务设施建设而言，主要存在以下问题：①建设标准不够灵活，无法满足多样化需求；②供给机制不完善，难以兼顾公平和效率；③规划建设阶段缺乏相互间的协调和强有力的控制；④管理严重缺位，无法保证所提供服务的质量；⑤建设的各个环节缺乏相互协调和反馈机制，没有形成一个动态、可持续的建设体系。面对这些问题及党的"十八大"报告提出的社会保障体系改革新要求，本文从公共服务设施建设的各个环节提出针对性措施，并初步构建城乡公共服务设施建设体系框架。一是要以系统思维把握公共服务设施建设；二是要加强公共服务设施基础调查，进行科学的统计分析和预测，以支持公共服务设施建设体系的自我修正和完善。同时，针对城乡经济水平、社会结构、文化习惯及居民需求差异，提出以社区公共服务设施建设作为构建城乡公共服务设施建设体系的出发点和有益补充，从而为应对新时期城乡建设的内涵式发展和城乡居民的人性关怀做好准备。

（撰稿人：黄瓴，博士，重庆大学建筑城规学院山地城镇建设与新技术教育部重点实验室副教授、硕士生导师；李翔，重庆大学建筑城规学院山地城镇建设与新技术教育部重点实验室硕士研究生；许剑峰，博士，重庆大学建筑城规学院山地城镇建设与新技术教育部重点实验室副教授、硕士生导师）

注：摘自《规划师》，2014（5）：5-10，参考文献见原文。

控制性详细规划运作中利益主体的博弈分析——兼论转型期控规制度建设的方向

导语：针对现行控规研究多侧重于技术层面，而对城市开发中的利益矛盾与利益博弈缺乏深入分析的问题，基于公共政策学视野，运用利益分析方法，对控规运作中的地方政府、开发商、规划师和社会公众等不同利益主体之间的利益关系和利益博弈展开系统研究，揭示了控规运作中利益冲突和利益矛盾的关键所在。基于此，研究提出亟需建立基于多元主体利益平衡的控规运作制度，以协调利益矛盾，保障合法利益，遏制利益膨胀，促进多元利益平衡，增进公共福利。

控制性详细规划（以下简称"控规"）是 1990 年代我国实行土地有偿使用、计划经济向市场经济转轨过程中，为适应城市建设主体多元化、经济结构调整等新形势，在借鉴美国区划基础上，探索建立的实施性规划层次，目的是为了调控市场经济下城市土地的开发。2008 年《城乡规划法》实施后，控规法律地位空前提升，"控规成了城市规划实施管理最直接的法律依据，是国有土地使用权出让、开发和建设管理的法定前置条件"。从规划体系来看，控规是"承上启下"的关键性规划层次，"承上"要衔接总规，"启下"则是作为修建性详细规划的编制依据，其重点是将总规有关城市发展战略的宏观调控转化为对开发地块的微观控制。从规划实施来看，控规则是直接面向开发地块的规划调控层次，重点在于保障公共设施、公园绿地、配套设施等"公共产品"的合理配置，并调控项目开发可能产生的不利影响。因此，控规是地方政府进行土地出让、实施总规以及规划行政主管部门进行具体项目规划许可的行政依据。

不过，控规作为调控城市土地开发、保障公共利益的重要公共政策，是不同利益主体之间相互博弈的结果，"其根本在于利益的分配和协调"。近年来对控规的热议和研究，多侧重于控规的分层分级控制、容积率制定、经济性分析等技术层面，而对城市开发中的利益主体、利益矛盾与利益博弈等缺乏深入研究，致使控规诸多问题悬而未决、改革鲜有成效。对此，亟需借助利益分析方法，对控规运作中的政府、开发商、规划师、社会公众等不同利益主体的角色定位、利益关系和利益博弈等展开系统研究，以厘清不同参与主体之间的利益结构网络，揭示潜藏在控规背后的复杂利益关系和利益问题，进而为控规制度建设辨明方向。

一、控规运作中的利益主体

（一）控规运作过程

依据《城乡规划法》（2008），控规运作可以分为新编控规与控规修改的运作两大类。新编控规，主要包括编制、公示、审批及实施几个阶段；控规修改，分为政府主动进行的控规修改和开发商或土地权属人提出的控规修改，前者运作过程类似于新编控规，后者则主要包括：修改论证、征求利害关系人意见、公示、审批和实施几个阶段（图1、图2）。

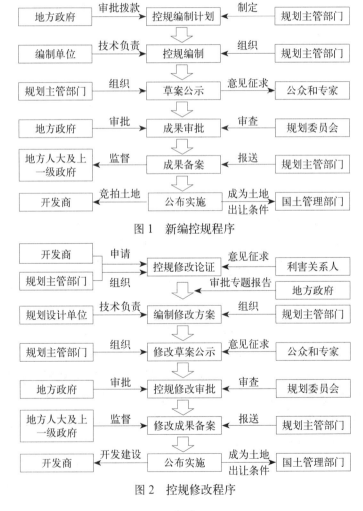

图 1　新编控规程序

图 2　控规修改程序

控规运作过程，基本上形成了政府组织并决策、规划设计单位编制、开发商实施、专家和公众参与的关系格局，这一框架与机制看似合理，但由于各参与主体的利益差异、利益冲突和利益博弈，致使一些参与主体"越位、错位或缺位"，其在控规中的作用与及相互关系发生了改变，最终导致控规运作的扭曲和公共利益受损。

（二）控规运作中的四大利益主体

利益分析的首要问题在于明确利益主体及主体间的关系和结构。根据不同参与主体的角色特征及作用影响，可将控规运作中的利益主体划分为政府权力主体、市场资本主体、技术知识主体和社会公众主体四大类别。

（1）政府权力主体，主要包括：地方的政府、人大、规划主管部门及相关部门，上一级政府及其规划主管部门等多个细分主体。在这些权力主体中，地方政府由于拥有控规编制的计划权、财政权、审批决策权及实施监督权，实质上对控规运作起着主导性作用（表1）。

不同政府权力主体在控规运作中的作用及影响分析　　　　　表1

政府权力主体 权力与影响	地方政府	地方规划主管部门	地方政府相关部门	地方人大	上级政府及其规划主管部门
控规运作中具有的权力	计划、拨款、决策、实施、监督	编制组织、审批前公示、意见征求、实施管理	参与、协调、配合、意见表达	备案与监督	备案与监督
对控规的影响分级	主导、强	执行，较强	配合，强	弱	弱

（2）市场资本主体，主要指城市开发单位，以开发商为代表，他们是控规实施的推动者和执行者。市场经济下，作为投资者的开发商其实是城市建设中最活跃的主体，在建设项目选址、开发强度等方面拥有不可忽视的发言权，他们希望在规划过程中获得表达意愿的机会，以实现利益的最大化。

（3）技术知识主体，主要指控规编制单位和除此之外的相关技术专家（但不包括政府权利主体和市场资本主体中的专家），多由规划师构成。尽管城市建设中最重要的利益关系是政府、开发商与公众的关系，但控规编制的规划师在其中扮演重要的协调、沟通角色，是各利益主体参与控规的媒介；技术专家则是地方政府进行控规审批决策时的技术参谋。

（4）社会公众主体，主要指社会团体、企事业单位、普通民众和利害关系人等。现行公众参与控规的权利，主要包括意见征求、成果查询和对违反控规的建设进行检举、监督等三个方面。但现行控规的公众参与，在控规公示意见征求上，公众多是被动式参与 ❶，且参与程度低。在控规成果查询及检举违反控规的建设行为上，则由于控规信息公开度低而落空：一是存在控规编而不批、编而少批的情况，如：截至 2010 年，南京市区共编制控规 100 余项，经市政府批复的仅有 9 项，占编制总数不到 10%；二是控规审批后并未对社会公布或公布不全，据笔者 2011 年 3 月对北京、上海、广州、深圳以及南京等五大城市的规划主管部门官方网站查询，结果显示，深圳、上海控规公布的内容最全面；南京次之，除具体地块控制指标外，其他控规内容基本公布；广州则只公布了控规的用地布局图；北京控规公开程度最低，其规划成果一栏内有总体规划、新城规划、特定地区规划以及专项规划四大类，唯独未公布涉及土地开发核心的控规。所以，现行控规公众参与实质上多流于形式，属假参与，其利益自然无法得到保障。

二、控规运作中利益主体的利益诉求及其实现

（一）政府权力主体

地方政府（含其规划主管部门）在控规运作中起着主导作用，对政府权力主体的利益分析，重点是对地方政府的分析。改革开放后，土地有偿使用、分税制等改革推动，使得地方政府逐渐成为具有自身经济利益的利益集团。他们不再只是公共利益的"守夜人"（即"政治人"），更是追求自身利益最大化的"经济人" ❷。地方政府对控规的利益诉求，主要反映在其作为"经济人和政治人"的双重目标上，且以"经济人"的诉求更为突出（表 2）。

一方面，地方政府作为"政治人"，目标是保障公共利益，反映在控规上，一是运用控规，控制开发的"负外部性"，建立开发的市场规则，有序推进城市建设；二是利用控规，贯彻落实总规发展战略，保障城市发展的长远利益和整体利益；三是通过控规对"城市绿线、蓝线、紫线、黄线"和公益性公共设施等的控制，保障"公共产品"和城市可持续发展，增进公众福利。

---

❶ 关于控规审批前公示征求公众意见，据笔者 2010 ～ 2012 年间对北京、上海、广州、深圳、南京、武汉等城市的调研，尽管控规审批前都进行公示征求公众意见，但其后，既不公开公众意见，也很少回复（或选择性回复）公众意见，而且，公众意见采纳与否，都由规划主管部门或规委会决定；这表明，公众虽有意见表达权，却没有实质的决策影响权。关于控规修改时对利害关系人的意见征求上，一是缺乏对利害关系人的群体及数量的界定，且意见征求方式的选择也不明确；二是利害关系人对控规修改意见的作用，法律并未予以明确，因此，利害关系人也只是拥有控规修改的意见表达权而已。

❷ 经济学和政治学中发展出关于人类动机的不同解释："经济人"假定自利的行动者追求个人收益的最大化；"政治人"则假定个体受到公共精神鼓舞，寻求社会福利的最大化。详见：[美] 托马斯·R. 戴伊 . 理解公共政策 [M] . 彭勃等译 . 北京：华夏出版社，2004. 21。

地方政府在控规运作中的角色属性、利益诉求及实现途径　表2

角色属性		控规运作中的利益诉求	利益实现途径
地方政府领导	政治人	维护和增进城市建设发展的公共利益	要求控规"科学化"
	经济人（有潜在政治人可能）	私利：土地收益最大化，增加财政收入，获取发展政绩，获取个人收益 公利或借口：增加财力，推动地区发展	提高土地开发强度，控规编制或修改中尽可能提高出让地块的容积率
	经济人（有潜在政治人可能）	私利：塑造城市形象，获取政绩，获取个人收益 公利或借口：提升城市品质，塑造良好城市环境，吸引投资	1）拔高地块开发的建筑高度 2）规定地块内高层建筑比例 3）控制公共绿地和公共空间
规划主管部门官员	政治人	便于建设开发的规划管理	要求控规"科学"
	经济人	扩大自由裁量权，设租、寻租，获取个人收益	在控规编制中预留可能空间或操控控规修改
	经济人	工作职位安全，减少自由裁量权	要求控规"细致、明确"

另一方面，地方政府作为"经济人"，试图在控规运作中追求自身收益的最大化。政府官员，既希望通过控规对城市开发的调控，维护其权力和威望；更希望运用控规提高土地出让收益、提升城市形象，谋取政绩。如：山东省某县级城市在控规编制之初，市领导就要求所有居住地块容积率不得低于3.0，其提高土地收益的目的不言自明❶；此外，有的官员甚至将控规修改异化为获取个人收益的"寻租"手段，重庆市规划局曾出现的容积率买卖的腐败窝案即是典型。

（二）市场资本主体

市场资本主体——开发商，在控规运作中的利益诉求是追求开发利润最大化，表现为：争取最大的开发强度，同时尽可能减少对幼儿园、停车场、绿地等配套设施与环境的提供。其利益实现上，主要有制度化与非制度化两种途径。制度化途径包括：（1）依靠资本优势，通过与政府结盟或谈判，提前介入控规编制，获得有利的土地出让规划条件；（2）支付超额设计费，依靠规划设计单位和技术专家进行控规修改论证；（3）进行超量开发，利用处罚制度不健全的漏洞❷，获得超额开发利润；（4）打擦边球，寻找使开发利润最大化的各种可能，如住宅开发提供大面积的阳台或露台，默许业主购买后自行封闭❸。非制度化途径，主要是设法"俘获"官员或规划师，为其控规修改服务，如：重庆、海口、昆明等地的规划

---

❶ 2010年10月，笔者对中国城市规划设计研究院某高级规划师的调研访谈记录。

❷ 由于现行此类处罚方式多为罚款，且多走形式，罚款的数额远低于超量开发的市场评估价值，所以，超量开发的利润远大于开发成本及违法建设的罚款。

❸ 一般而言，容积率计算上，阳台面积多是一半计入建筑面积，露台不计入建筑面积。通过此方式，实质上开发商是增加了开发面积。

261

腐败案件。

此外，由于城市开发是由多个建设主体进行的，开发的"负外部性"使开发商对控规的另一诉求是：为自身开发项目提供稳定的预期和共同遵守的开发规则，防止别的开发影响自己。这种诉求，多是通过对政府施压、制造舆论、甚至不惜诉诸法律等方式来实现（表3）。

开发商在控规运作中的角色属性、利益诉求及实现途径　　　表3

角色属性	控规运作中的利益诉求	利益实现途径
经济人目标：开发利润最大化	诉求1：控规对其开发的限制越少越好。表现： 1）争取最大的开发强度； 2）争取最多的盈利性开发用地面积； 3）尽可能减少对学校、停车场、绿地等配套设施与环境的投入	——制度化途径： 1）与政府结盟或谈判，提前介入控规，获取有利的土地出让规划条件； 2）依靠规划师协助进行控规修改论证； 3）超量开发，捕捉处罚制度漏洞，追求超额开发利润； 4）"打擦边球"，寻找开发利润最大化的各种可能； ——非制度化途径：俘获政府官员或规划师
	诉求2：维护控规，防止相邻建设项目的"负外部性"	对政府施压、制造舆论、诉诸法律等方法

（三）技术知识主体

规划师同时具有社会普通人、知识分子和规划专业人员三种社会身份。对规划师而言，控规既是实现职业理想的重要平台，维护作为知识分子的尊严和地位，也是其作为普通人获取个人收益的工具之一。

首先，规划师作为社会普通人，具有"经济人"特征。控规运作中，由于地方政府或开发商是雇主，规划师大多会满足雇主需求，以获取自身利益，有时则出谋划策甚至违规操作，以实现所谓"共赢"。如：有的市规划院，很乐意接手控规修改论证项目，因为该类项目取费高，开发商也乐意支付[1]。对于地方政府提出的控规修改，从服从领导的心态或是考虑长期的设计市场等，规划师大多会听从地方政府的意愿。这些均会导致规划师的行为扭曲，致使控规运作"非正常化"、公共利益受损。

其次，作为知识分子，规划师又有别于普通公众，他们具有社会责任感，对弱势群体具有同情心，但又谙熟现实社会的游戏规则，对于腐败问题有明哲保身意识；导致其在控规运作中表现出"政治人"与"经济人"的混合特征：有条件时，则保持职业操守、追求公共利益最大化，表现出"政治人"的特征；但受限

---

[1] 2011～2013年期间，笔者对若干发达地区城市的市规划院访谈。

时，则多明哲保身，仅追求自身利益，显现出"经济人"特点。

第三，作为专业技术人员，规划师具有向地方政府提供专业化的技术咨询和服务，以实现引导城市健康发展、增进公共利益的专业使命。因此，规划师具备准"政治人"的特征，其在控规运作中的利益诉求是公共利益最大化。

由于规划师的三重身份是密不可分的，有时很难分清其是采用何种身份在行事。所以，规划师在控规运作中的利益诉求是自相矛盾的：既有作为"准政治人"，运用专业知识增进公众福利的愿望；又有作为"经济人"，为自身谋取利益的需要，有时甚至向权力或资本折腰（表4）。

规划师在控规运作中的角色属性、利益诉求及实现途径　　　表4

角色属性	控规运作中的利益诉求	利益实现途径
经济人（作为普通民众）	个人收益最大化	承担控规编制或控规修改论证项目
经济人与政治人混合（作为知识分子）	公共利益最大化	科学进行控规编制或修改；"向权力或资本讲授真理"
	自身利益不受损害，个人利益最大化	明哲保身，"向权力或资本折腰"
准政治人（作为专业技术人员）	公共利益最大化，但有时忽视公众真正诉求，导致事与愿违	科学进行控规编制或修改；"向权力或资本讲授真理"

（四）社会公众主体

社会公众主体，主要指普通市民。从整体角度而言，追求公共利益最大化是社会公众在控规运作中的利益诉求。但由于公众是由个体构成，利益需求千差万别，且关注自身利益多，关注他人及社会整体利益少，多是典型的"经济人"，加上社会公众数量庞大，存在集体行动的困境❶，实际上很难实现公共利益的最大化。社会公众的利益诉求实现上，市民分散的个体力量难以达成集体行动，不能形成合力，对规划决策的影响力很低，需要通过委托—代理机制，由政府和规划师代表公众利益，行使规划编制和规划管理权（表5）；但随着权利意识的觉醒，市民对规划表现出越来越强的参与愿望，要求有途径表达自身的利益诉求，并对政府和规划师能否代表其利益表示怀疑。

---

❶ 公共选择理论奠基人之一的 Mancur Olson 研究指出，集团越大，分享收益的人越多，为实现集体利益而进行活动的个人分享份额就越小；与此同时，集团规模大、成员多使得要做到"赏罚分明"需花费高额成本，包括有关集体利益和个人利益的信息成本、度量成本以及奖惩制度的实施成本等；所以，经济人或理性人是不会为集团的共同利益而采取行动，这正是集体行动的困境。详见：[美] 曼瑟尔·奥尔森. 集体行动的逻辑 [M]. 陈郁等译. 上海：上海人民出版社，1995. 译者的话（5—7）。

社会公众在控规运作中的角色属性、利益诉求及实现途径		表5
角色属性	控规运作中的利益诉求	利益实现途径
经济人	个人收益最大化，"趋利避害"	实质性的公众参与、"政治人"关注、专业精英维护
	自身利益不受损害下的公共利益最大化，"搭便车"、"从众"	实质性公众参与、"政治人"关注、专业精英维护

三、控规运作中利益主体之间的利益博弈

（一）政府权力主体与市场资本主体的博弈

市场经济下，如何吸引城市发展的资金和项目，既是决定地方政府作为"政治人"，能否实现其政治理念、增进公共福利的必要条件，也是其作为"经济人"，能否获得个人名声、政绩和晋升等的必备前提。面对激烈竞争，地方政府竞相"放权让利"，甚至不惜牺牲公共利益去争抢市场资本。他们拥有对行政资源、垄断性竞争资源（如城市规划、土地出让等）的特权，遂与城市中诸多经济发展主体（如开发商、投资商）结成种种增长联盟。反映在控规中，主要是开发商左右政府的规划决策，使控规成为其实现利润最大化的工具，如：对于有意向开发商的出让地块❶，政府要求控规编制听从开发商意愿，出具符合其要求的控制指标；或者为了满足开发商需要以及增加土地出让收益，对控规进行修改；致使控规偏离应有的方向，公共利益受损。

（二）政府权力主体与技术知识主体的博弈

对于企业化的规划设计单位，地方政府是其雇主，作为"经济人"，他们大多会听从雇主的意愿，所以，政府实质上决定着控规的编制与修改❷。对于事业性质的规划设计单位，其人事安排和经费拨款都归属地方政府管理，实质上，他们是地方政府的"御用"规划师，期望他们不畏权势无异于苛求。

对于控规运作中需征询意见的专家，不仅不能左右控规的走向，甚至沦为政府审批控规的合法化"道具"。因为：第一，控规专家评审机制本身存在专家对情况不熟悉、审查仓促、领导干预等问题。第二，专家很可能是规划设计单位的一员，或是规划主管部门一分子，他们都受控于地方政府。第三，对于高校或研

---

❶ 后期通过影响政府，在土地出让时设立相应条款，排斥其他开发商参与竞拍，最终获得该土地。

❷ 如：笔者制定的某城市山水公园地区控规，曾获得好评，并经政府审批，后来政府换届，出于增加土地收益和满足开发商的需要，新任领导要求修改控规，提高开发强度，遭笔者拒绝；但遗憾的是，地方政府重新选择另一"听话"的规划设计单位修改成功。

究机构等非政府部门的专家，由于他们并不明确对某特定集团负责，在控规审议中很难与政府成员形成对立的意见冲突，难以对政府决策构成制衡，通常也只是被动的决策工具。第四，由于缺乏制度保障，专家意见是否被吸纳不得而知。第五，专家都是由地方政府邀请，政府往往会选择"听话"的专家。

所以，在现有体制下，控规运作中，规划师代表公众"向权力讲授真理"，既缺少利益激励，更缺乏制度保障。

（三）政府权力主体与社会公众主体的博弈

现行政治体制下，地方政府领导均由上级政府任免，市长无法真正对市民负责，地方政府的成就由上级政府而非其辖区内的市民所评估，这自然导致地方政府对公众利益诉求的漠视。所以，公共政策制定时，由于委托人（社会公众）和代理人（地方政府）两者目标函数之间不满足"激励相容❶"，地方政府选择自身政治效用最大化的行为而脱离委托人的预期。

反映在控规上，主要表现为：（1）地方政府为追求土地出让收益或树立城市形象等，向开发商妥协，着力提高开发强度，而不顾配套设施短缺、城市空间拥挤所造成的公众利益受损。如：笔者调研了解的某贫困县某楼盘开发实施方案，基本都是 50 米以上的大高层，容积率高达 3.5，空间拥挤，配套设施缺乏。（2）地方政府挤占公共设施和公共空间用地，增加出让土地面积，获取收益，如：据 2012 年笔者调研，某县级城市医院临路配套的停车及人流集散用地，被政府变更为出让用地。

（四）市场资本主体与技术知识主体的博弈

开发商与规划师在控规运作中的利益关系主要有三种情形：（1）开发商委托规划师进行控规修改的论证，以通过审批；（2）开发商委托规划师编制修建性详细规划，要求其寻找开发控制的漏洞，或突破控规，之后再寻租官员获得审批，提高开发收益；（3）开发商"俘获"规划师，提前介入控规编制，使控规朝着其预期发展。客观而言，规划师作为技术专家和知识分子，具有为公众谋福利的正义感和专业职责，但规划师也有着普通人的职业和生活追求，为了公共利益，坚持原则淡泊名利、得罪他人，在物质利益至上的大环境下，有时不只是道德底线，

---

❶ 激励相容，是美国经济学家赫维茨（Leonid Hurwicz）、马斯金（Eric S. Maskin）和迈尔森（RogerB．Myerson）提出的机制设计理论中的重要概念。赫维茨对激励相容的解释是：如果每个参与者真实报告其私人信息是占优策略，那么这个机制是激励相容的；如果满足激励相容，行为主体即使从自身利益最大化出发，其行为也指向机制设计者所想要达到的理想目标。详见：姜杰，曲伟强．中国城市发展进程中的利益机制分析 [J]．政治学研究，2008，（5）：44-52。

而更近乎一种苛求。市场环境下，在房地产经济链条中，有些知识分子变成畸形房地产市场和房地产商行为合理性的论证者，成了利益获得者。所以，开发商与规划师的博弈结果大多是"金钱买通技术"，规划师成为开发商的附庸，甚至结为利益链条，公共利益被抛之脑后。

（五）市场资本主体与社会公众主体的博弈

控规运作中，开发商因其强大组织能力和市场资本，加上与地方政府、规划师之间的利益关联，使其与社会公众博弈中屡占上风，影响甚至左右着控规决策，使控规沦为其追逐利润的工具。尽管《城乡规划法》（2008）有市民参与控规、利害关系人参与控规修改论证以及任何人可以检举违反控规的建设行为等规定，但市民在行使这些权力时，往往都需要借助地方政府或其规划主管部门来实现，而在地方政府已与开发商结盟的情况下，市民与开发商进行博弈的这些权力只能成为"摆设"。

（六）技术知识主体与社会公众主体的博弈

规划师是公众利益的代表，理应向权力讲授真理，但这只是规划师的专业理想和职业准则，它多受道德的激励和社会良知的驱动，而缺乏经济上的机制激励和法律上的制度约束。从工作关系来看，作为控规编制与修改论证的规划师，以及意见征询的技术专家，其雇主是地方政府或开发商。由于我国目前经济发展水平的制约，受聘于社区和市民的规划咨询服务形式尚未出现。所以，依据市场经济规则，规划师及技术专家自然为地方政府或开发商服务；对于公众利益，只能是兼顾，甚至是抛弃。从这个意义上看，规划师实质上多受控于地方政府或开发商，成为官员谋求仕途晋升和开发商追逐利润的工具。正因此，周干峙院士（2009）曾感慨道，城市规划工作要解决好两个问题：一是行政干预过多，二是土地开发机制混乱，甚至被开发商暗地操纵。

（七）不同利益主体之间的利益关系结构

控规运作中，地方政府既有推进经济增长的迫切愿望，又有谋求政绩、收益等个人利益的需要，而这既要有开发商的资本支持，又需要规划师专业技术的支撑，为此，地方政府必然"拉拢、联合"开发商，同时"命令"规划师为其服务；对于开发商，为实现开发利润最大化，首要的是政府支持，其次需要规划师的帮衬；对于规划师，虽有为公众谋福利的专业理想，但更有个人收益的需求，他们需要地方政府、开发商等雇主提供的工作就业、实践机会和设计收益；对于公众，一不能决定官员升迁、二无权约束开发商，三不能影响规划师收益，其与政府、规划师、开发商关系最弱，自然被边缘化。如此，控规运作中，政府官员、开发商、规划师各取所需，结为利益联盟，形成了复杂而有力的"城市增长机器**❶**"，公众则被压在最底层。所以，控规运作中的利益博弈，实质上是社会公众与地方政府、开发商、规划师结成的利益联盟之间的博弈，其力量悬殊之大，使得控规在很大程度上沦为掩盖地方政府、开发商以及规划师逐利的合法化工具。控规运作的扭曲，"与其说是规划管理制度的漏洞，不如说是国家政治制度中利益制衡的一个重大缺失"。

四、控规改革思考：构建基于多元主体利益平衡的控规运作制度

（一）控规运作中利益冲突的根源

控规运作中的利益冲突，虽然是地方政府、开发商、规划师的个体利益（包括集团、部门与个人的私利）与社会公众的公共利益之间的矛盾；但由于控规运作中，地方政府起主导作用，开发商和规划师的利益实现都需通过地方政府来达到，所以，控规运作中的利益矛盾，主要是地方政府与社会公众之间的利益冲突。地方政府自身利益膨胀且未能得到有效遏制，是控规运作背离公共利益的关键所在，也是造成控规频繁"失效"的重要原因，这实质上是一种"政府失灵"。

（二）控规制度建设的方向和思路

1. 控权：明确政府干预城市开发权力行使的范围和程序

如何防范控规运作中的"政府失灵"，关键在于"控权"：既要控制政府权力行使的范围，厘清"什么需要规划干预，什么应该留给市场"；还要控制政府权力行使的方式与程序。所以，控规制度建设的重点在于：一是界定政府干预城市开发的边界，即实体控权；二是明确政府干预城市开发的程序性规定，规范权力行使，即程序控权，而这需要机制设计。

2. 机制：构建基于多元主体利益平衡的控规运作制度

控规运作中，需协调不同利益主体的利益矛盾，保障合法利益，遏制利益膨胀，促进多元利益平衡，增进公共福利。但，利益平衡不是要消除利益差异和矛

---

❶ 城市增长机器由哈维·莫勒奇（1976）提出，主要是指市场经济下，城市增长几乎是每一座城市强烈而一致的目标，城市政府为了取得某些政绩、推动城市发展需借助私人集团的财力，而给这些公司提供优惠条件，如此，城市政府就和企业集团结成了各种各样的城市增长机器。详见：张京祥，罗震东，何建颐. 体制转型与中国城市空间重构 [M]. 南京：东南大学出版社，2007. 155.

盾，也不是回避利益冲突，而是在尊重多元利益格局的基础上，赋予各利益主体以平等的法律地位，保障各利益群体拥有充分的利益表达权，通过组织集体行动促进多元利益的协调和平衡。所以，控规制度建设，需构建基于多元主体利益平衡的运作机制，要形成具有制度保障的多元利益主体自由、平等的利益表达和利益综合的规划程序安排，以达到"控权"之目的。具体需建立制度化的利益表达机制、利益协调机制、利益补偿机制和利益保障机制。

（1）利益表达机制：重点在于控规编制与修改论证阶段，应形成程序化的社会公众、土地权属人、利害关系人等的意愿调查制度，并规定控规审批决策时，应尊重并吸纳土地权属人与利害关系人合法的利益表达以及社会公众的合理意见，避免利益表达流于形式。

（2）利益协调机制：利益表达总是产生于利益矛盾的时候，利益矛盾如得不到解决且不断积累，就会酝酿并可能产生严重的危机，因此，需建立控规运作的利益协调机制。它一要能监督和约束地方政府的利益膨胀与寻租腐败，二是土地权属人和利害关系人能申辩、抗辩，并能影响决策，三是要有利益申诉的渠道；其关键在于建立和完善规划听证制度❶ 和规划申诉制度❷。

（3）利益补偿机制：主要是针对控规修改造成利害关系人利益受损所引发的利益矛盾，其重点是：一要建立利益受损评估制度，以评估控规修改后造成利害关系人在日照、通风、景观、交通等方面受到的影响及其程度；二要据此制定合理的补偿标准；这些需要利益协调机制中规划听证制度、申诉制度等的支撑；三是要建立规划管理究责制度，加大官员违法成本。

（4）利益保障机制：是指多元主体的利益受到威胁或侵害时，有相应的制度，保障其进行合理的利益表达、抗争和申诉，以得到相应的利益保护或补偿；其核心在于保障弱势群体的合法利益。控规运作中，处于弱势的社会公众在利益博弈中存在明显的"信息壁垒与技术壁垒"，他们既没有能力获取利于保护自身利益的相关信息，也不具备技术知识参与到专业门槛较高的规划政策之中。所以，控规运作要达到多元主体利益平衡，必须要消除社会公众参与的壁垒，制度建设上，关键在于建立完善的规划信息公开制度和社区规划师制度。北京 2008 年出台了责任规划师制度，在控规编制的每一个街区聘任一名责任规划师，负责控规相关

---

❶ 控规进行必要听证的目的是：为控规所涉及的利益群体，尤其是弱势群体提供利益表达的渠道，以解决控规中"信息不对称、不充分和不准确"的问题，并为"控权"提供法律依据，协调、化解存在的利益矛盾，避免利益纠纷。规划听证制度需对规划听证的适用范围、听证主体（听证组织者、主持人、参与人）的选择与权责、听证程序和听证效力等进行具体规定，才能避免控规听证流于形式。

❷ 规划申诉制度的建设包括：扩大规划申诉主体的范围（除了权利受到实际影响的行政相对人外，还应考虑第三方），扩大规划申诉条件的范围（除了规划具体行政行为申诉外，可考虑扩大到对规划编制的抽象行政行为的申诉），成立"中立"的规划申诉、仲裁和督察机构，制定相应的工作程序等。

工作；上海 2010 年试行地区规划师制度，主要参与某一特定地区控规的组织编制与审批及相关规划工作，这些有益探索值得借鉴。

五、结语

控规运作的利益博弈上，由于现行委托—代理制度的不完善，公众无法对政府官员形成有力监督，及在规划中的实质性参与，且缺乏杜绝地方政府与开发商结为利益链条的法律约束，以及保障规划师专业行为中立的工作机制，导致社会公众与任意一方的博弈始终都处于劣势，利益自然受损。控规运作中的利益冲突，主要是地方政府与社会公众之间的利益矛盾，地方政府自身利益膨胀且未能得到有效的遏制是控规运作背离公共利益的关键。对此，亟需建立基于多元主体利益平衡的控规运作制度，以矫正地方政府的利益追求异化，遏制开发商的利益过度膨胀，约束规划主管部门的权力行使，规范规划师的职业行为，并拓宽社会公众有效参与控规的渠道，最终保障公共利益。具体需建立：开放的利益表达机制，以规划听证制度和规划申诉制度为核心的利益协调机制，公正、合理的利益补偿机制，以及由规划信息公开制度和社区规划师制度构成的利益保障机制。需指出，这些制度建设的方向和思路并不单属于控规方面的制度完善，很多都已经拓展到城市规划整体制度层面，因而更需要城市规划制度体系的改革支持！

（撰稿人：汪坚强，博士，北京工业大学建筑与城市规划学院规划系副主任、副教授、硕士生导师）

注：摘自《城市发展研究》，2014（10）：33-42，参考文献见原文。

精细化的交通规划与设计
技术体系研究与实践

导语：通过分析总结当前交通规划设计工作所面临的挑战，提出以交通设计为核心的精细化交通规划与设计技术方法，具体包括总体交通设计和详细交通设计两个阶段，并通过北川、海口、南昌等城市的实践经验，阐述各个阶段工作总体思路和技术方法。

一、前言

从 20 世纪 70 年代末美籍华人张秋先生将交通工程学理论介绍到中国以来，30 多年的时间内，城市交通规划、设计、管理等工作在中国取得了长足的进展。根据中国城市的实际发展和城乡规划管理的需要，逐步形成了以城市综合交通体系规划为统领，以道路交通、公共交通、轨道交通、静态交通、步行及自行车交通、交通枢纽、货运交通等专项交通规划为支撑的城市交通规划体系框架。总体而言，在快速城镇化和机动化的背景下，该体系框架较好地引导了城市交通基础设施的建设，大规模的道路、轨道、公交系统等设施的建设为城镇化稳步推进提供了必要的支撑条件。

但是，在当前的城市交通系统建设中，存在着规划与建设施工缺乏联系、割裂脱节的现象，对照规划方案与实际建成的交通设施，可以看到大量上位规划的意图和理念未能或者无法在工程建设实践中得以体现。针对这种情况，本文提出"精细化"的交通规划与设计技术体系，旨在完善城市交通规划体系，进一步提高规划的控制和引领作用。

二、精细化交通规划与设计的必要性

目前，城市交通系统规划及建设主要存在以下三类问题。

（一）上位中、宏观规划直接指导设计实施

部分城市，特别是中小城市或者城市的新区、新城，在道路建设中，往往有

将综合交通规划中的道路网直接作为道路设计和施工图设计依据的情况。综合交通规划作为指导城市交通建设的总纲性规划，涉及城市交通发展的多个方面，重点解决战略性、全局性和框架性的问题。根据住建部制定的《城市综合交通体系规划编制导则》，综合交通规划中关于道路网部分的规划内容重点在于"优化配置城市干路网结构，规划城市干路网布局方案，提出支路网规划控制密度和建设标准"，即一般只对次干路及以上的道路做出布局，对于占道路网半壁江山的支路系统并没有明确的布局方案，此外，综合交通规划中一般仅提出"各级道路红线宽度指标和典型道路断面形式"，无法根据每条道路周边用地开发、景观环境等实际情况逐一做出详细的设计。因此，直接将综合交通规划或者城市总体规划中的道路网布局和典型道路断面作为道路施工图的设计条件，往往会造成诸如片区支路系统不足、支路与干路衔接考虑不足、道路线形与线位与实际场地条件不协调、道路断面与实际交通需求不匹配等严重问题，为城市交通的正常运行埋下隐患。

（二）交通规划理念和方案的落实缺乏控制手段

在城市规划体系中，在城市总体规划之下，还有控制性详细规划对总体规划的内容进行细化和落实，部分地块和重点开发项目还需要编制修建性详细规划，从而形成"总规—控规—设计—施工"的多层级规划理念落实机制。控制性详细规划在其中发挥重要的作用，其将总体规划中提出的城市功能分区、土地利用模式等重要战略在具体的可落地的规划方案中予以具体化，并将红线、容积率、建筑退线等关键性控制要素以图则和条款形式表现出来，以此作为指导具体地块开发设计的前提条件。反观城市交通规划系统，目前在城市综合交通规划和各类专项交通规划（公交、轨道线网、停车、枢纽布局等）之下，并无类似控规一类的能够将各类方案关键点以图则方式落实的技术管理手段；加之各类交通规划都不属于法定规划范畴，自身并没有强制执行的要求，因此部分交通规划的理念和重大方案只能停留在"纸上画画"的尴尬阶段，在设施建设和改造中，实际的建设与规划方案相比"大打折扣"的情况普遍存在。

（三）不同技术专业之间缺乏融合协调

作为众多城市专项规划中的一类，交通规划和其他专项规划之间的工作内容有着明确的界限和区别，也正因为如此，交通规划师和工程师往往把工作重点放在道路红线范围之内，对红线之外的城市空间和景观环境缺少考虑。在国内城市中，道路红线以内的步行道和绿化与红线以外的绿色景观和街道小品等等，相互之间往往没有任何关联和协调。反观香港、东京等城市轨道交通与城市功能结合较好的城市，大型住宅及公共设施布设在轨道交通线路之上，形成上盖立体开发的案例比比皆是，对于轨道交通和城市开发来说都是双赢的，而中国内地城市的轨道交通线路往往都严格规划布设在道路红线以内，从而使交通设施和两侧的建筑开发"井水不犯河水"。再如，当下很多城市都在进行有轨电车线网的规划，这种轨道往往就直接铺设在道路地面上，部分规划方案仅从轨道自身运营的便捷性和地面交通组织的需要出发确定轨道在道路横断面的位置，而没有考虑道路地下敷设市政管线的需要，出现了轨道线位与污水、雨水等大直径地下管线位置重合的情况，将给后期的实际建设、运营和维修等制造很多困难。

综上所述，正是由于精细化的交通规划和设计环节的缺失，才导致当下城市交通规划与实际建设运营中出现了上述三类亟需解决的具有一定普遍性的问题。

三、精细化的交通规划与设计的内涵及主要内容

（一）精细化的交通规划与设计的内涵

精细化交通规划与设计的内涵可以概括为：以"以人为本"为核心，以注重细节、面向实施为导向，以全局统筹、多专业融合为技术特征，以嵌入"交通设计"环节为实施手段。

1. 以"以人为本"为核心

相对于中、宏观交通规划重点关注整体交通设施网络和对城市总体空间布局的支撑，精细化的交通规划设计则更多从交通的实际参与者角度出发，平等地考虑交通的各类参与者，包括行人、非机动车骑行者、机动车驾乘者等的实际通行感受。为扭转近些年城市交通建设中"以车为本"的错误倾向，应该特别注意在规划和设计方案中体现对相对"弱势"的步行和自行车等交通系统使用者的友好和关怀。

2. 以注重细节、面向实施为导向

精细化的交通规划与设计应承接上位规划要求、回应现实交通诉求和考虑各类约束因素，形成最优解决方案，并和工程实施紧密衔接，注重包括道路转弯半径、坡度、高程、宽度等设计细节，确保方案的可操作性。

3. 以全局统筹、多专业融合为技术特征

精细化的交通规划与设计应统筹考虑路网功能、交通组织、道路空间、公交、步行及自行车、景观环境、交通标识、交通信号等各类设计要素，统筹考虑交通设施的通行功能与生活服务、城市交往、景观生态等多方面的功能要求。

4. 以嵌入"交通设计"环节为实施手段

实现精细化的交通规划与设计，需要在现有的城市交通规划体系中嵌入"交

通设计"的环节。作为城市交通规划设计工作的重要组成部分，交通设计是既有的各类城市交通规划与设计工作的有益补充和衔接手段，是基于城市与交通规划的理念和成果，系统性地解决现实或规划中面临的中微观层面交通问题的关键环节。在城市交通规划体系中，交通设计向上承接各类城市规划与交通规划，向下指导城市道路交通基础设施建设和管理。

（二）精细化的交通规划与设计的内容

以交通设计为主要内容的精细化交通规划与设计可以分为总体交通设计及详细交通设计两个阶段，总体交通设计旨在在法定规划中预留实现上位交通规划方案所需的交通设施空间，详细交通设计旨在在总体交通设计预留的空间内将交通设施的详细方案进行具体化和落实。

1. 总体交通设计

总体交通设计是对上位规划确定的各类交通基础设施进行必要的优化调整和深化落实。在内容上，总体交通设计重点解决片区交通系统与土地利用的协调，明确交通组织总体原则，对各类交通设施提出详细的设施布局、规模与用地边界等控制要素，从而实现对所需的空间进行预留。设计的对象包括片区内的对外交通设施、各级道路系统、公交系统、轨道系统、步行和自行车系统、停车设施以及交通枢纽等。在编制阶段上，总体交通设计应在城市综合交通体系规划和相关专项交通规划完成后，随控制性详细规划同步或先期开展，其工作成果应作为片区控制性详细规划的组成部分。

2. 详细交通设计

考虑国内主要城市现阶段交通规划和建设的实际情况，根据工作对象的不同，进一步把详细交通设计分为道路详细交通设计和轨道沿线地区详细交通设计两类。

道路详细交通设计是在总体交通设计的指导下，明确道路红线范围内及临近空间内的各类设施安排，设计内容包括横断面布局、沿线出入口、沿线停车设施、行人过街设施、其他附属交通设施、标志标线以及交通信号、市政管线协调、景观及环境等。道路详细设计的范围不应仅仅局限在道路红线范围以内，应扩展至所设计道路的服务影响区域，通常为相邻主次干道围合的区域。道路详细交通设计的成果应作为指导道路初步设计和施工图设计的重要依据。

由于轨道交通的建设将极大改变其沿线地区的道路交通组织模式，因此轨道沿线地区详细交通设计的目的即为建立以轨道为核心的绿色综合交通系统，促进轨道建设与土地开发的融合协调，形成车站周边高效的乘客接驳系统，提高轨道交通的吸引力和服务水平，从而充分发挥轨道交通对片区发展的带动作用。设计内容主要包括接驳设施布局规划、协调相关接驳设施的用地和车站出入口以及相关附属设施用地，组织步行、自行车、公交、出租车、小汽车等各类交通接驳方式的组织流线，并对站点周边道路交通提出相应的改善优化设计方案。轨道沿线地区详细交通设计的成果应作为下一阶段轨道交通工程设计的依据和重要组成部分。

四、总体交通设计方法及实践探索

交通系统的功能分析是总体交通设计工作的基础与出发点，准确确定交通系统的功能定位是整个工作的前提。交通系统的功能分析不是简单确定道路网的主干路、次干路、支路的等级，更不是单纯以机动车交通作为识别条件，而是将全部交通参与者作为核心，结合周边用地、区域发展的整体情况，提出交通系统在城市发展、交通、景观等多个方面应承担的功能。交通系统的功能定位不应该仅仅由交通工程师确定，而是应该由交通工程、用地规划、景观设计、城市设计等多专业人员共同确定。

在确定交通系统功能的基础上，总体交通设计应与总体规划及综合交通规划、专项规划、控制性详细规划分别进行协调，贯彻落实相关的规划设计理念和要求。

（一）承接总体规划及综合交通规划，搭建适合城市自身实际情况的整体交通框架

以北川新县城总体交通设计工作为例，总体交通设计首先与总体规划和综合交通体系布局协调。为避免照搬大城市交通发展模式，结合新县城居民实际需求，提出了"高密度、窄道路"的网络模式。干路红线以 20m 为主，核心区道路间距不超过 200m，在不增加道路用地的情况下，显著提高道路网络密度，提高交通系统可达性。结合不同的土地使用形态和县城的居民出行特征，提出北川新县城的道路网络功能总体布局方案，道路网络主要包括交通干路、综合干路、居住区干路、工业区干路、山区（旅游休闲区）干路、滨河路、步行专用路、对外公路、支路等。在明确道路功能基础上，以道路交通功能为核心确定了道路红线宽度、横断面、设计速度、交叉口控制方式、行人过街通道布局、公交车站布局、路边停车、地块机动车出入口等交通控制要素。

（二）协调交通专项规划，构建一体化的综合交通运输体系

在北川新县城的交通专项规划阶段，对新县城交通特征和出行需求进行了分析，发现步行和自行车交通在当地居民出行中占绝对主体地位。因此，规划首先

明确以步行和自行车交通为主体构建综合交通体系的基本原则，在此原则的指引下，规划步行和自行车交通用地占道路用地面积的 51%，在网络密度上，慢行交通线网密度高达 16.9km/km²，大大高于机动车交通的 10.8km/km² 的密度。在与用地布局规划的结合方面，将北川新县城核心区约 2km²（2010 年前建设约 1.2km²）划定为稳静交通区，通过交通工程措施、交通管理对策等保障内部交通的稳静化。在交通组织方面，综合考虑各种交通方式的统筹协调，合理引导机动车出行以保障步行和自行车交通优先。对于外来游客，鼓励采用公共自行车出行，并设置旅游公交环线，串联主要旅游设施；将旅游公交车统一集中停放在旅游停车场，减少县城内交通量，保障步行和自行车交通环境。

（三）协调控制性详细规划，提出关键要素的控制要求和方案

以海口长流组团交通设计为例，在对原有道路网络功能进行优化的基础上，对原控规的路网方案进行较大尺度的优化调整，结合自然水系、绿化，形成新的布局灵活、用地紧凑、尺度宜人的规划设计方案，并直接促动片区控制性详细规划的优化调整。

具体而言，原控规将海口长流组团（海口市未来副中心、新行政中心）中央公园两侧的道路规划设计为一条宽 100m、双向 10 车道、交通功能十分突出的环路。而中央公园不仅是长流组团景观集中展现的走廊，是未来市民游憩休闲的空间，更是长流片区新风貌、新文化、新特色的代表，对整个组团的品质、形象起着关键的作用。因此，中央公园两侧的道路最重要的功能是展示新区城市风貌，营造优美环境，而不是道路交通功能。有鉴于此，规划将中央公园两侧的环状双向 10 车道的交通干路交通功能弱化，确定该道路的功能在整体上应以景观展现为主，同时兼顾周边地块的集散交通。在此调整的基础上，原有控规进行了全面调整，对用地进行重新布局和规划，并与城市设计相结合，全面打造长流起步区的中央景观主轴。

五、详细交通设计方法及实践探索

详细交通设计的重点是从细节和微观上保障各类交通功能的协调，为使详细设计方案能够落实交通功能定位，体现交通组织总体策略，在设计过程中应重点考虑如下几方面的工作。

（一）根据总体交通设计，确定各类交通要素及其控制要求

在北川、海口、苏州、南昌等地的交通设计项目中，需要对道路交通沿线的

主要控制要素进行设计，控制要素主要包括四个方面：一是交通体系方面的要素，包括步行和自行车交通、轨道交通、公共交通、交通枢纽、机动车交通、静态交通、货运交通等；二是交通管理方面的要素，包括交通管制措施、交通管理设施布局、交通控制方案等；三是工程建设方面的要素，包括道路平面线形、道路横断面、道路竖向、地块出入口等；四是与相关规划有关的控制要素，包括道路沿线建筑立面、沿街建筑底商风格、道路景观、地下空间、路灯照明等方面的协调工作。详细交通设计需要根据总体交通设计中的总体交通组织策略，制定详细的交通控制要素要求，这些控制要素也是在施工图设计阶段需要重点工程协调的方面。比如，南昌市阳明路的交通工程设计就提出了沿线需要控制的要素。

（二）对不同的节点分类处理，制定有针对性的详细方案

节点的详细规划设计方案应更多关注细节，确保节点处各类要素和细节问题与总体交通组织策略相匹配。在进行海口长流组团交通设计工作以前，各家设计单位分别开展了初步的交通设计工作。由于缺乏从组团整体层面的统筹，加上各家单位对交通功能和交通特征的认识存在较大差异，导致道路、轨道、公交、交叉口设计千差万别。仅以交叉口为例，对于同样一个交叉口，存在至少 3 种以上的详细设计方案，造成了组团规划设计工作中的混乱无序。最终，立足于总体交通设计方案，根据各交通系统功能的差别，在长流组团详细交通设计工作中对每个交叉口都进行了分类，制定了不同的设计指导方案，并且详细落实各类交通要素的控制要求，以指导下一阶段的施工图设计。

（三）专项研究关键节点和关键问题

在北川新县城的交通设计工作中，为了限制交叉口处的机动车行驶速度，保障步行和自行车交通的安全，设计中有意降低了交叉口的路缘石半径：很多缘石半径在规范允许范围内取低值，有的经过研究论证，甚至突破规范取更低值。在公交车站的设置上，设计中也更多从乘客需求角度出发，改变传统作法，将公交车站尽量靠近交叉口，以方便乘客换乘。

（四）以"轨道＋步行和自行车"为核心构建轨道沿线的多方式接驳系统

我国大多数城市都在规划或建设轨道交通，轨道交通的核心是轨道交通站点，影响轨道交通服务水平的最大因素是站点的接驳是否方便，为避免建成后存在各种遗憾，非常有必要对轨道交通的接驳体系进行详细交通设计，尽可能地将各种细节在规划设计阶段进行优化。接驳系统优化的核心应按照人车分离与车流清晰的原则，减少人流与车流之间的冲突，结合场站的布置，形成顺畅的交通流线。

重点协调落实接驳设施用地和车站出入口及附属设施用地，详细布置步行、自行车、公交、小汽车（的士）等各种接驳交通设施空间。香港在轨道交通和步行交通、公共交通的接驳方面为内地提供了很好的经验。

六、结语

我国大多数城市交通的发展越来越多地从关注机动车向关注行人方向转变，因此交通设施的规划设计工作中对精细化的要求越来越高，传统的从综合交通规划或者专项规划直接进入施工图阶段的技术体系越来越难以适应当前的发展需要。因此，本文提出将交通设计工作嵌入交通规划设计工作的技术体系中，承担承上启下的作用，重点落实上位规划中提出的各种精细化的理念和要求，指导施工图设计。

交通设计工作包括总体设计和详细设计两个层面：总体设计重点协调总体规划、综合交通规划、各类专项规划及控制性详细规划等工作，从精细化的角度确保规划总体框架科学合理；详细设计重点协调和落实总体设计阶段提出的精细化要求，并对实施阶段提出相应的指导和要求。

（撰稿人：戴继锋，中国城市规划设计研究院城市交通专业研究院副院长，高级工程师；周乐，中国城市规划设计研究院城市交通专业研究院，交通工程所所长，高级工程师）

注：摘自《城市规划》，2014（S2）：136-142，参考文献见原文。

大力发展城市设计，提高城镇建设水平

导语：中央城镇化工作会议的召开以及《国家新型城镇化规划》的出台为城市规划建设领域提出了新的探索方向和发展要求，而全面提升城镇建设水平更是成为了城镇化的核心任务之一。面对这样的形式，作为交叉学科的城市设计将会发挥更大作用，成为推动城镇建设水平提升的重要技术支撑。城市设计自身的技术特征决定了其在我国规划建设实践中的特殊价值和重大意义，而从我国的城市设计发展历程和近年趋势来看，城市设计的作用也愈发凸显，尤其是在重大事件推动、灾后重建援助以及城市建设日常管理等方面发挥了极为重要的作用。总的来看，我国城镇建设水平方面的不足很大程度源于观念、制度的滞后以及相应技术手段的缺失。因此，我们希望从城市设计的视角对如何提高城镇建设水平提出建议，进一步推动我国新型城镇化的健康发展。

一、前言

对于城镇化的空前关注是 2013 年中国社会经济发展中最显著的特征之一，而中央城镇化工作会议也在 2013 年 12 月召开，会议明确了推进城镇化的指导思想、主要目标、基本原则、重点任务，为我国新型城镇化指明了方向。

2014 年初，《国家新型城镇化规划（2014—2020 年）》（以下简称《规划》）的正式出台，标志着城镇化工作会议制定的基本方针已经全面落地，进入了实施推进阶段。在《规划》中，城市规划建设水平的全面提高成了新型城镇化工作的六大核心任务之一，因此如何切实提高城市规划建设水平将成为我国城市规划领域现阶段研究与探索的重要目标。

城市设计在城市规划领域中有着独特的价值，多学科的交叉、灵活的机制与形式、面向实践的指导思想与注重管控的技术手段都使城市设计在保障规划落实、提升城镇建设水平方面有着极为重要的意义与作用。

二、全面认识城市设计的价值

（一）城市设计与城市设计项目

相较城市规划来说，城市设计更为关注对于三维形态的塑造与控制，但绝不仅仅局限于单纯从视觉审美层面来看待城市，城市生活中的方方面面都是城市设计中需要综合考量的要素。城市设计是在型体方面所做的构思，用以达到人类某些目标——社会的、经济的、审美的或技术的，是"对城市形体所进行的设计，……其任务是为人们各种活动创造出具有一定空间形式的物质环境。……必须综合体现社会、经济、城市功能、审美等各方面的要求"。

也正是因为从多维角度来刻画城市形态的特殊价值，城市设计才能做到"在专业上介于城市规划与建筑设计之间，它涉及城市尺度的组织和设计，着眼于建筑物的体量及建筑物之间空间的组织，……"。其目的是"将建筑物、建筑物与街道、街道与公园等城市构成要素作为相互关联的整体来看待、处理，以创造美观、舒适的城市空间"。

可以看出城市设计的研究内容涵盖了构成城市形态的"虚（空间）""实（建筑）"要素，因此，城市设计可以被定义为"对城市建筑和空间环境所做的整体构思和安排，贯穿于城市规划的全过程"。在我国的城市规划建设实践中，城市设计作为辅助城市规划与建筑景观设计的重要手段，在提高城市的环境质量、景观、整体形象以及活力等方面起到了重要的作用。

由于城市设计的特殊属性与重要价值，其在规划建设领域中越来越多地受到重视；随着城市化进程的不断推进，城市设计项目在实践工作中大量出现。城市设计项目一般指以城市规划为基础，以满足人们在城市生活中的各种需求为目标，通过城市三维形态和空间形体的组织等城市设计方法所进行的塑造城市建造环境（built environment）、提高城市空间质量、完善城市建设管理的项目。根据项目的空间领域范围及内容，城市设计项目一般分为总体城市设计、区段城市设计和专项城市设计三类。这三类城市设计项目，基本涵盖了城市建造环境的所有尺度与要素，同时三类项目的划分也为城市设计与我国城市规划体系的衔接创造了接口与平台。

（二）城市设计与城市规划

出于对城市规划偏重平面布局的属性的考虑，上一版《城市规划法》明确提出在统筹考虑城市功能、布局、交通的基础上，还应该加强对于建造环境质量的关注——"编制城市规划应当注意保护和改善城市生态环境，……加强城市绿化建设和市容环境卫生建设，保护历史、文化遗产、城市传统风貌、地方特色和自然景观"。

相应地，在与之配套的《城市规划编制办法》（1991年颁布）第八条中，提出了对城市设计方法的运用，"在编制城市规划的各个阶段，都应当运用城市设计的方法，综合考虑自然环境、人文因素和居民生产、生活的需要，对城市空

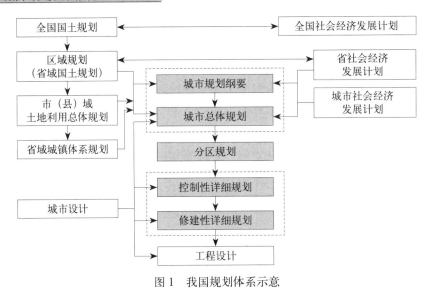

图 1　我国规划体系示意

间环境做出统一规划，提高城市的环境质量、生活质量和城市景观的艺术水平"（图 1）。

　　长期以来，城市设计在我国规划体制中已经占据了相当重要的地位，主要体现在以下方面：城市设计已经成为一个相对独立的专业学科，并拥有了一整套较为完善的理论体系与实践方法；城市设计因其灵活性与复合性，成了法定规划的有益补充；作为一种研究方法，城市设计完善了城市规划编制的方法；在建设实践中，城市设计已经成为优化城市建造环境的重要手段；而在城市经营与发展中，城市设计很大程度上也成了促进城市更新和开发的经济手段。

三、我国城市设计的发展与实践

（一）发展历程

　　30 年来，我国城镇化快速发展，城市经济迅猛增长，但也引起了一系列不可避免的副作用，大量人口的集聚导致土地资源压力的剧增，城市开发对风貌资源的破坏、对历史文化的忽视、对资源的浪费，以及城市建设缺乏以人为本的精神都导致城市特色与竞争力的逐步丧失。在这样的背景下，我国城市设计从 1980 年代的探索，到 1990 年代的推广提高，再到新世纪的完善与反思，在实践中应对问题，逐渐走向成熟并取得了一定的成就。全国近 600 座城市及许多乡镇都开展了不同层面的城市设计工作。城市环境面貌、环境质量明显改善，城市形象得到有力提升，城市知名度和城市竞争力得到加强。通过城市设计这一途径，国内城市规划与建筑学界增进了与国外同行的交流与合作，国外高水平的城市设计机构与知名设计师纷纷"登陆"中国，促进了国内城市设计水平的提高。更重要的是，多年来城市设计作为一种意识、一种观念逐步为广大政府官员、设计人员、开发商和市民所接受，市民的城市环境意识明显加强，这一点必将对中国城市建设水平的提高产生深远影响。

而近年来，我国城市设计的实践也出现了新的发展特征，主要集中在推动城市大事件运行、全程服务灾后重建以及全面融入城市规划建设日常管理等三大方面。

（二）大事件推进城市发展——上海世博会

大事件是指因其规模和重要性而吸引大规模的人流、高强度的媒体关注以及对举办城市具有强烈经济或形象影响的活动或事件。大事件既是一个国家和城市发展到一定阶段的产物，同时，也为一个国家和城市跨上更高发展层次提供了战略可能性。通过调动各方面（公共和私人的、内部和外部的）资源和能动性，带动关键性项目建设，集中克服城市长期发展过程中积累的问题，往往能够影响、改变甚至重塑区域和城市发展方向。

在2010年上海世博会的申办筹备过程中，上海市举办了概念性城市设计的国际竞赛，试图从城市设计的角度来探讨像世博会这种短期、大型的城市事件对于城市未来发展的重大影响。竞赛中六个方案均改变、甚至彻底放弃了原有基地，并最终促使上海市政府改变了世博会的选址：由原来的浦东黄楼地区改为黄浦江上游，卢浦大桥与南浦大桥之间的滨水区。概念性城市设计，借助城市设计的手段，为2010年上海世博会的组织和策划工作提供了很多颇具吸引力的视角，这对于上海市政府的决策和前期筹备工作意义重大。

在完成上海世博会规划区总体规划和控制性详细规划后，上海市在2006年组织编制了《中国2010年上海世博会规划区城市设计》。规划区总规划用地6.68km^2，建设用地5.28km^2，位于上海中心区边缘，其园区场地面积、会展区面积及展馆建筑面积都是历届世博会中最大的。这样一个复杂的巨系统给城市设计带来了巨大的挑战。城市设计以展馆、公共空间和交通组织三个核心要素来处理人流和空间布局关系，为会后的城市空间形成奠定了基础架构。

城市大事件带了机会，但如何把握机会，获得怎样的结果，需要在实践中选择合适的方法进行引导与控制。上海世博会的空间组织和顺利运营离不开城市设计的前期研究，而城市设计也愈发成为城市规划工作者和城市管理者应对大事件、提升城市空间结构的重要方法和手段。

（三）全程服务灾后重建——北川

2008 年以来，多次出现的重大自然灾害给中华民族带来了巨大的苦难，受灾群众需要新的家园，受灾城镇重建工作成为重中之重。其中唯一异地重建的北川新县城的建设除了要为北川人民重建一个美好家园，还肩负着重整民族精神与鼓舞不屈意志的重大责任。在这样一个包含从选址到实施、覆盖整个重建过程的历史性任务中，城市设计扮演了极为重要的角色。

北川新县城城市设计宏观层面的工作在工作伊始便受到高度关注。基于对新县城建设意义、城镇规模以及文化特质的考虑，北川新县城宏观层面的城市设计工作首先致力于设计工作架构。北川新县城的总体设计规划工作架构采取了以城市设计小组为核心的专业整合策略：城市设计小组先期通过调研分析，形成对羌族文化传统与聚落空间风貌的基础认知；随后，区域、交通、景观、市政、旅游等多专业规划小组相继介入，以现场封闭工作营的形式，在短期内城市设计小组与各相关专业充分交流，将城市设计思想理念、目标诉求在城市总体规划阶段就得以与专业设计充分融合，并通过各专项规划对接项目建设。

而在新县城的重建中，城市设计更多地从指令式的"上位管理"转变为基于利益协调的积极互动的"平台服务"。北川新县城城市设计工作以新县城建设项目梳理为契机和龙头，实现对建设项目从可行性研究、规划选址，到方案征集任务书编制、中期交流、设计评审、设计深化交流等全过程的服务与跟踪。依托地方政府、建设援建方、协调方三者共同商定的规划技术协调管理制度，实现设计审查制度化。

（四）全面融入城市建设日常管理——天津

越来越多的城市管理者认识到，城市设计不仅仅是一个专业学科或者一种工程项目，城市设计也是帮助城市管理的重要手段。

天津市将城市设计融入城市规划管理的做法为强化规划管控提供了宝贵的经验。天津规划管理部门不仅极为重视城市设计方法，而且将城市设计方案以管理文件等形式，有效地融入了规划管理体系，极大地推动了城市设计的普及与应用。

天津市首先实现了中心城区总体城市设计、各分区总体城市设计、重点地区城市设计三个层次全覆盖，同时编制完成了各区县新城总体城市设计；此外，天津市还积极将城市设计成果转化为导则，从整体风格、空间意象、街道类型、开敞空间、建筑形态等 5 个方面、共 15 个要素，提出控制要求，并已完成了中心城区与控规单元相对应的城市设计导则全覆盖。为进一步加强建设项目规划管理，天津规划主管部门细化管理规程，将城市设计要求纳入规划条件，在规划方案、建筑方案等审批阶段，明确审查审批要求。从总体到局部、从宏观到微观，深化细化各个规划审批环节的管理要求，力求城市规划的连贯性、空间布局的整体性、用地功能的合理性和环境设计的科学性。与此同时，在规划方案和建筑方案审查过程中，规划主管部门将待审批的设计策划方案放入三维数字模型，从区域城市设计的角度推敲项目的空间尺度、建筑形体、风格及色彩，从不同角度分析项目的规划布局和建筑方案是否符合规划要求、体现城市特色。

通过运用城市设计控制手段，天津市对中心城区及外围区县各类建筑单体及建筑设施进行了有效控制和引导，塑造了天津以风貌建筑为精华、以现代建筑为主导、整体多元融合、分区特色凸显的城市风格和品位特色，展现了城市的时代精神和生机活力。

四、建议与展望

（一）大力发展城市设计的建议

虽然如上所述，城市设计在我国有如此丰富的理论和实践成果，但在城镇建设中仍然没起到应有的作用。这在很大程度上是因为城市的发展主要依靠政府和市场的推动，因而受到业主价值观念和利益需求的束缚，而现行制度又无法为从城市设计角度对城市发展提出建议提供足够的支撑。因此，要充分发挥城市设计的作用，提升城市建设水平，必须在观念与制度上做出相应的改革与创新。

与此同时，中国的城市发展已经到了一个新阶段，从规模、要素驱动的增长阶段转向了内涵和品质提升的阶段。城镇化最本质的目标是实现城乡居民生活质量的提高，包括收入的提高、城乡差距的缩小、各种公共服务的均等化等，而空间是实现这些目标的重要手段，以空间为核心对象的城市设计学科也应该发挥更大的作用。因此，为了使城市设计对于城市空间管控和建设水平提升发挥更大的作用，应通过政策决策者、专家以及全社会的力量来大力推动以下几个方面的进步：

（1）促使城市设计纳入新的空间规划体系

中央城镇化工作会议上提出了"建立空间规划体系，推进规划体制改革，加快推进规划立法工作，形成统一衔接、功能互补、相互协调的规划体系"，在新的空间规划体系中，城市设计应当占据一席之地，充分发挥在提高城镇建设水平中的积极作用。

（2）推进城市设计的相关立法工作

1991 年颁布实施的《城市规划编制办法》第 8 条规定："在编制城市规划的各个阶段，都应当运用城市设计的方法，综合考虑自然环境、人文因素和居民生产、生活的需要，对城市空间环境做出统一规划，提高城市的环境质量、生活质量和城市景观的艺术水平。"但 2006 年修订后的《城市规划编制办法》突出了强制性内容，将"城市设计"等内容删除了，从而造成城市设计在规划法规体系中缺乏支撑，难以发挥应有的作用。

结合新空间规划体系的建立，还应推进城市设计的相关立法工作。在规划体制的改革中，将城市设计纳入现行管理体制，明确中央政府和地方政府的责任，加强对市场行为的有效引导和控制。在规划立法工作中，确立其在城乡规划法律法规中应有的地位，并探索城市设计在其他相关法律（如景观保护、历史遗产保护相关法律法规）中的地位。

（3）提升城市设计学科的内涵

虽然城市设计是提高城镇建设水平的有效手段之一，但是面对新型城镇化的发展形势，如何回答可持续发展领域内的众多问题，如何破解困扰已久的观念和制度障碍，城市设计自身还需要进一步发展，逐步厘清学科的核心问题，基于建筑、城市规划、景观三个学科建立一个更加广泛的研究架构，形成一套可以推广的实践方式，不断充实学科内涵。

（4）强化科技社团的社会组织和公益职能

科技社团在促进城市设计发展中具有天然的优势和广阔的空间：可以依靠专业资源，选择优秀的城市设计案例，推选城市设计的领军人物，向业界和社会推广正确的价值观念；可以通过媒体，宣传城市设计的知识、理论和实践；可以组织学术交流，提高从业人员和高校学生的职业素养；可以开展社会讨论，对城市建设中的各类现象进行实事求是的褒奖和批评；还可以举办科普活动，让普通百姓知道城市设计是什么？到底与规划、建筑是什么关系？

（二）城市设计发展的趋势展望

城市设计在中国已经走过了 30 多个春秋，随着新型城镇化进程的不断推进，城市设计的发展必将出现新的趋势与特征。在理论研究层面，城市研究、城市设计思想研究和城市设计运行机制的研究将进一步加强，城市设计制度化、公众参与将向深层次发展，有望初步形成具有中国特色的城市设计理论体系以及城市设计制度和方法；从城市设计的关注领域来看，除城市景观风貌、形象问题外，还将更多地关注城市社会问题、经济问题和文化发展问题，进一步贴近城市社会生活；根据城市不同发展阶段以及城市建设管理的不同需要，城市设计的产品与类型将更加丰富和实用；随着对中国城市设计价值认识的深入，在提升本专业人员从业素质的同时，城市设计工作本身也将吸纳更多的包括规划、建筑、风景、园林、艺术等相关专业人员的积极参与。

五、结语

城市设计是一种理念，也是一个行动；它是设计方案，也是管理政策；它是包括业主在内的大众的品位，也是包括规划管理部门技术人员在内的专业人员的职业素养；它是一项微观技巧，也是一项宏观策略。我们相信在科学发展观的指导下，随着国家综合实力的增强，大力发展城市设计，必将推动城市环境质量、城市面貌和城市社会生活发展到一个全新的高度。

（撰稿人：陈振羽，中国城市规划设计研究院高级城市规划师；顾宗培，中国城市规划设计研究院城市规划师；朱子瑜，中国城市规划设计研究院副总规划师，城市设计研究室主任，教授级高级城市规划师）

注：摘自《城市规划》，2014（S2）：156-160，参考文献见原文。

我国城市社区规划的编制模式和实施方式

导语: 当前我国城市社区规划实践已初步形成了建立社区规划公众参与平台、编制综合性社区规划和编制以改造项目为主导的社区规划三种方式。研究在分析现有实践方式和借鉴国外社区规划经验的基础上,提出我国社区规划编制模式可分为发展策略型、综合规划型和行动计划型三种类型,论述了三种编制模式的规划目的、工作过程和成果内容,讨论了当前阶段社区规划与城市规划体系和政府行政管理体系的关系,并对我国社区规划的编制和开展方式提出了实施建议。

城市社区是经济社会转型背景下城市发展的基本载体,是社会最基层的单元,也是城市社会管理的微观基础。城市社区集中反映了当前城市建设和社会发展所面临的各种矛盾与挑战。社区规划作为一种体现地方意愿、推动社区参与和互动的发展蓝图与行动战略,能够成为推进和谐社会建设、强化基层管理的重要工具,也是促进社会健康、和谐发展的积极举措,对于城市规划学界而言,它更是完善现有规划制度和方法的重要尝试。

在城市规划学科中,城市社区被定义为:"居住于某一特定区域、具有共同利益关系、社会互动并拥有相应的服务体系的一个社会群体,是城市中的一个人文和空间复合单元"。而国内对社区规划的概念尚没有统一的界定,对社区规划概念的辨析多通过区分其与社区发展和住区规划的差异加以说明。住区规划与社区规划的差异体现在地域界定、工作方式、人群参与度、核心内容、规划目标、关注层面和规划师角色等方面,简单而言,相较于住区规划,社区规划更具综合性,更强调居民参与。社区发展和社区规划的概念更为接近,相对而言,社区发展具有更为综合的内容,而社区规划可根据社区某一时期的需求强调社区发展中的某一个方面。社区规划和社区发展都是一个工作过程,但社区规划的工作更具有阶段性和周期性,具有调查、讨论、达成共识、形成成果和制定行动计划等一般过程,并强调书面成果和计划的达成。简单讲,可以将社区发展看作是一个延续的、渐进的工作过程,而社区规划则是其中某一阶段的行动过程和成果。鉴于以上概念的辨析,我们试将社区规划定义为着眼于城乡人文和空间单元,以社区发展为目标,以社区参与为基础,采用"自下而上"和"自上而下"方法相结合的社区行动过程和成果。

一、国外社区规划的主要特征

国外许多国家和城市已经具有了丰富的社区规划实践经验，并因各自的行动目标和发展途径的不同，具有不同的特征。例如，美国的社区规划从 20 世纪 60 年代至今，大致经历了社区行动计划、社区经济发展和市政府支持的社区规划等几个阶段。纽约的社区规划表现为一种官方规划的形式，但具体可划分为"自上而下"的、立意于解决社会问题的"政府规划"（197-a Plan）和致力于提高社区生活质量、捍卫自身权益的基层社区运动，这是两个相互独立又密切联系的过程。在加拿大，"邻里之城"温哥华非常重视社区规划的编制和邻里中心的建设，其社区规划的发展从 20 世纪 70 年代至今，也经历了 Local Area Planning、City Plan、Community Vision、Community Plan 几种不同的编制模式。此外，英国和日本等国的社区规划也都具有不同的特征与发展历程。

笔者认为，尽管各国和城市的社区规划不尽相同，但总的来说国外的社区规划具有如下特征：①社区规划的综合性。国外社区规划的内容涉及范围较广，不仅包含社区物质空间环境设计、特色保护、环境维护和改善等内容，还包括就业、经济活力、社会服务及邻里氛围等内容，社区规划成为一项关乎地方发展的综合性行动战略。②政府资金的支持和调控。各国政府都充分认识到参与和协作在解决地方问题时的巨大潜力，并通过政府资金对社区规划的编制和实施提供支持。同时，政府可以通过制定提供公共资金的相关规定来引导社区规划的编制，使社区规划与上层规划和城市整体发展相协调。③成为地方管治的新模式。社区规划通过促进地方政府机构、自愿组织、商业利益机构和地方居民的协同工作，成为提高社区和居民参与决策潜力的主要方式，也成为地方管治的一种新模式，有助于使地方需求得到确认和解决。④强调规划过程中的社区参与。社区规划的过程比成果更重要，社区居民的参与不但是保证"自下而上"的社区需求的真实性的必要条件，而且社区居民参与讨论和形成共识的过程本身也是促进社区活力、挖掘社区潜力的重要过程和成果的组成部分。

二、我国的社区规划实践

我国学者对社区规划的理论探讨和实践探索兴起于 20 世纪 90 年代。总体而言，国内社区规划的实践尚处于起步和探索阶段。目前国内的社区规划实践可大致归纳为三种：①建立社区规划公众参与平台（如北京和深圳）。目的是建立起公众参与的常态化渠道，作为政府和社区层面的联络平台，同时委任社区责任规划师,辅助社区意愿传达和实施行动。②编制综合性的社区规划(如上海和深圳)。其特征是规划编制以社区为单元,以空间规划为主导,尝试加入社会规划和管理内容;编制过程仍以政府和专业人员为主导。③编制以改造项目为主导的社区规划(如扬州和北京)。其特征是规划编制依托明确的政府项目或资金,具有较强的实施导向性和问题导向性,不注重内容的综合性;编制单元不拘泥于社区范围,而是根据实际情况来确定;编制过程中的社区参与程度高于综合性社区规划的编制过程。

目前国内的社区规划实践是基于我国社会经济发展的实际情况,具有客观现实性和开拓性,也取得了一定的经验和成果。但客观而言,仍存在以下局限:①社区规划相关技术的不足。与传统城市规划相比,现阶段社区规划更加重视公众参与,并尝试建立常规化的公众参与渠道,但如何开展有效的公众参与和社区讨论、引导社区形成共识,仍有待进一步研究。②综合性社区规划的实际效果不明显。综合性社区规划在传统城市规划中加入了部分社会规划内容,丰富了社区规划的内涵,但成果中社会规划和管理部分的实际效果不明显。③参与方不多元。社区规划的参与主体是政府和部分居民,尚未能吸引社区企业、商业利益机构和非政府组织等的加入。④相关制度尚不健全。社区规划仍为一次性行动,尚不具有动态特征,也缺乏监督和反馈机制,尚未形成规范化的社区规划制度。

三、我国城市社区规划的编制模式

(一)社区规划的价值取向

社区规划作为一个行动过程,必然基于某种价值观,而这个价值取向将决定其工作目标、原则、方式和结果。

钱征寒等人认为,"社区规划工作的价值取向应偏向于社区基层一方,成为社区的代言人"。这一论断是基于社区规划"自下而上"的工作特性。笔者认为,在我国目前的政治制度和社会背景下,社区工作无法避免"自上而下"的行政色彩,社区发展客观上也需要政府的大力支持。因此,社区规划应采取"自上而下"和"自下而上"相结合的工作方法,其价值取向应是追求社区利益,并协调社区利益和城市整体利益的关系。具体而言,社区规划致力于表达社区需求和意愿,应允许并鼓励其谋求社区发展;同时,政府可通过审议程序或资金扶持政策,调控社区规划的编制和实施,使其与城市整体利益相符合。

（二）当前阶段社区规划的定位

1. 与城市规划体系的关系

当前社区规划较难纳入到城市规划体系中去，在此背景下，社区规划应尽量与地方组织结合，自成体系，"扁平化"开展（如以街道办事处、社区居民委员会或小区业主委员会为编制主体）。社区规划和法定城市规划的关系可表现为：①社区规划可以辅助于城市规划的深化和实施。②社区规划可以作为编制和调整城市规划的参考。③社区规划可以作为解读和展示相关城市规划的渠道。

尽管当前社区规划不纳入城市规划体系，但两者客观上具有紧密的关系。社区规划中强调的"公众参与"和"社会规划"，能够从编制方式和规划内容两个方面对传统城市规划体系进行补充。随着社会的发展、社区组织的成长、公众参与技术的成熟和社区规划作用的增强，社区规划也可融入城市规划体系中，成为独立的规划类型，或是纳入地方层面的详细规划中。①社区规划可成为独立的规划类型，作为地方层面提出发展愿景和计划的渠道，纳入到城市规划体系中去，这要求理顺社区规划与其他规划类型的关系，如社区规划在何种程序下能够修改控规的内容等，美国纽约、芝加哥等城市的社区规划属于此类。②社区规划或可纳入到地方层面的详细规划编制中去，即在控规、更新规划等编制过程中，加入社区规划的公开研讨、共同设计等公众参与方式，使社区规划转化为整个规划编制过程中的前期环节和成果。这会加长规划的编制周期，但能更好地体现和协调规划中的不同诉求，提高规划的实施可能性。

2. 与政府行政管理体系的关系

如前所述，社区规划将采取"自上而下"和"自下而上"相结合的工作方法，必然将与政府的行政管理体系发生联系，当前两者的关系具有以下特征。

（1）在当前社区组织发育尚不成熟的客观现实下，社区规划的开展大多依托于街道办事处或社区居委会，虽然具有较强的行政管理色彩，但也有利于争取政府资源，推动社区行动计划（尤其是涉及物质环境和设施的行动）的实施。

（2）社区行动计划的实施不仅需要政府项目的扶持，还需要获得相关行政管理部门的许可，社区规划的行动计划有必要与相关行政管理部门进行对接。

（3）目前我国正积极推动基层管理体制的改革，政府对基层的行政管理将逐步向"管治"发展，政府和社区居民与组织的关系将从"指导与被指导"逐步发展为"伙伴关系"。在此趋势中，社区规划可以作为社区层面需求与利益的表达和协调结果，也可以作为争取和利用政府各种资源的平台。

因此，笔者认为当前社区规划不必急于完全摆脱行政色彩，而是致力于政府资源和社区利益的结合，成为协调利益、优化政府资源配置的一个平台，并理顺与相关行政管理部门的关系，保证社区行动计划的实施。

（三）社区规划的编制模式

1. 模式一：发展策略型

发展策略型社区规划侧重于社区发展的目标、原则和策略的制定，内容可能涉及社区发展的物质环境、社会发展、社区组织和社区管理等方面。社区规划在传统城市规划的基础上将增加社会规划的内容，着眼点不局限于规划地块的效率和面貌的整体提升，更关注社区中现有居民生活质量的提升。发展策略型社区规划需要集中社区居民的愿望，广泛征求居民意见，并与城市总体规划对社区的定位相协调。其规划成果主要体现为文字内容，用于为社区发展指引方向，也可作为制定社区环境改造计划的前期铺垫和准备。加拿大温哥华的社区愿景（Community Vision）就属于这种类型。

（1）主要目的

收集社区居民对社区发展的愿景，明确社区发展方向。

（2）工作过程

发展策略型社区规划的工作过程包括发起、公开研讨、确立和评估四个阶段（图1）。发起阶段的主要内容是联系社区、寻找社区组织及展开媒体和广告宣传。公开研讨阶段的主要内容是开展社区参与活动，通过各种方式公开征集社区居民对社区发展的愿景，并召开相关利益群体的研讨会，保证不同利益群体意愿的充分表达。在确立阶段，根据收集到的意见形成社区发展目标、原则和策略的草案，并就草案内容公开征求居民、社会组织和相关管理机构的意见，经修改后确立社区规划成果。最后，在评估阶段中，通过研讨会等方式，对社区规划过程和成果进行评估。

（3）规划内容和成果

规划内容主要是社区发展目标、原则和策略，以及对下一步工作的建议，社区规划过程记录和成果评估。规划成果形式以文字为主，规划成果内容如表1所示。

2. 模式二：综合规划型

综合规划型社区规划着眼于对社区建设和社会发展的总体部署，内容仍可能涉及社区发展的物质环境、社会发展、社区组织和社区管理等方面。与发展策略型社区规划相比，综合规划型社区规划加强了物质环境建设和社区行动计划的内容。上海编制的街道社区发展规划和加拿大温哥华的社区规划（Community Plan）就属于这种类型。

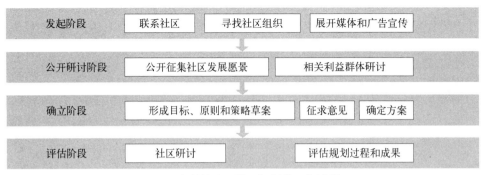

图1　发展策略型社区规划的工作过程

发展策略型社区规划成果　　　　　　　　　　　　　　　表1

成果形式	成果内容	备注
社区规划文本	总论	规划背景、规划范围、社区发展状况
	社区发展目标	—
	社区发展原则	—
	社区发展策略	具体策略（注明每个策略的同意率和其他相关意见）
	下一步工作建议	重点项目或重点地块
	社区规划过程和成果评估	社区规划过程、过程和成果评估
社区规划手册	社区发展目标、原则和策略，社区规划过程简介	—

（1）主要目的

对社区建设和社会发展进行总体部署。

（2）工作过程

综合规划型社区规划的工作过程也包括发起、公开研讨、确立和评估四个阶段，但具体内容与发展策略型社区规划不同（图2）。①发起阶段的主要内容是联系社区、寻找社区组织和展开媒体和广告宣传。②公开研讨阶段的内容包括组织倡导社区进行自我研究、形成社区需求和资源的全面评估，并组织由居民和其他相关利益者共同参与的社区研讨会，讨论社区存在的主要问题和可能的解决方案。简单而言，这是一个发动居民、组织社区自我研究、形成共识的过程。这一阶段的主要参与者是街道、社区居委会、业委会、居民、地方企业代表和其他社区组织等，社区规划工作者则通过融入社区、信息收集和调查、发动居民和宣传、发起居民集会和讨论等方式，在其中发挥倡导、组织和协调的作用。公开研讨阶段通过一系列的社区公共活动和研讨会，使社区居民的发展意愿逐渐明确和集中。③确立阶段的内容包括：在前期研讨成果的基础上，在社区规划师的帮助下，形成社区

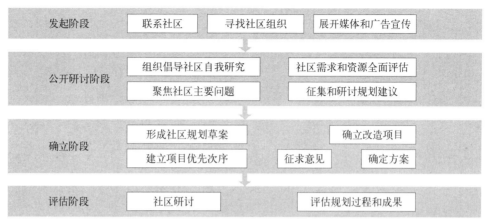

图 2　综合规划型社区规划的工作过程

规划草案；进一步确立改造项目，并根据需求和解决的可能性确定项目的优先次序，将改造项目分为立即解决、稍缓解决和长期解决三类，区分哪些改造项目是社区自己可以解决的，哪些改造项目是社区自己解决但需要资金支持的，哪些改造项目是需要外来机构和资金来帮助解决的等，为今后的社区行动提供依据和参考。这些内容需要经过公开征求意见和进一步修改后，才能确立为正式的社区规划方案。④在评估阶段中，通过研讨会等方式，对社区规划过程和成果进行评估。

（3）规划内容和成果

规划内容涉及物质环境、社会发展、社区组织和社区管理等方面。规划成果的具体内容包括现状和发展条件解析、社会发展规划、社区环境整治规划、社区改造项目、近期行动计划、社区规划过程和成果评估等（表 2），表达形式为图文结合。

综合规划型社区规划成果　　　　　　　　　表 2

成果形式	成果内容	备注
社区规划文本	总论	规划背景、规划依据、规划范围、发展目标
	现状和发展条件解析	社区人口、社区环境、社区服务与社会保障、社区教育与文化、社区公共安全、社区组织管理、相关规划条件和要求、主要问题剖析、对上轮社区规划的实施评估
	社会发展规划	社区性质、社区居民、文化与教育、服务与保障、社区经济与就业、社区管理、社区组织、社区活动
	社区环境整治规划	土地使用、道路交通和停车、绿地和活动场所、服务设施、环境设施等
	社区改造项目	社区改造项目序列（急需解决、稍缓解决、长期解决、是否需要帮助等）

成果形式	成果内容	备注
社区规划文本	近期行动计划	近期实施改造项目的计划
	规划图	区位分析图、现状物质环境问题分析图、物质环境整治规划图、社区改造项目分布图、具体项目的改造方案等
	社区规划过程和成果评估	—
附件	资料汇编	社区调查过程和结果、社区规划过程资料
社区规划手册	社区发展目标	—
	社区服务项目、社区组织与活动	—
	社区改造项目	—
	近期行动计划	—
	社区规划过程简介	—

3. 模式三：行动计划型

行动计划型社区规划着眼于解决具体问题，推动具体改造行动，内容主要涉及社区物质环境、社区服务和社区活动等方面。与前两种模式相比，行动计划型社区规划具有明确的"问题导向性"和"实施导向性"，而不要求综合性。

（1）主要目的

依托社区力量和各种资源，推动社区改造项目的实施。

（2）工作过程

行动计划型社区规划的工作过程包括发起、公开研讨、确立和评估四个阶段，但具体内容与前述两种模式不同（图 3）。

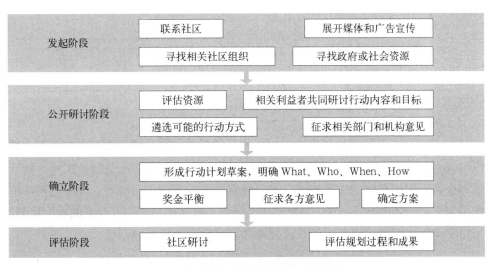

图 3　行动计划型社区规划的工作过程

发起阶段的工作包括联系社区、开展宣传，寻找与改造行动相关的社区组织，以及与改造行动相关的政府或社区资源。当前，社区行动计划应与相关政府项目和社会资源紧密结合，以显著提高社区行动计划的效率和效应。公开研讨阶段的工作包括评估能够取得的资源，明确社区行动的条件和限制，并组织相关利益者共同研讨行动的具体内容和目标，进而列举可选的行动方式，并对这些行动方式进行比较和选择。社区行动计划还应征求相关政府部门或社会机构（资源提供方）的意见。确立阶段的工作包括：根据研讨结果形成社区行动计划的草案，明确行动的内容、目标和具体途径，即行动内容和目标是什么（What）；该行动属于政府资助项目、社区自助项目、非政府组织协助项目或商业开发项目等（Who）；由谁在何时（When）做何事，以及如何促进这项行动（How）。以实施为导向的行动计划型社区规划应具有资金平衡的技术内容，以确保计划的可实施性。最后，公开征求各方意见，经修改后，确定方案。评估阶段的工作包括通过研讨会等方式，对社区规划过程和成果进行评估。

（3）规划内容和成果

规划内容是针对社区改造项目的具体行动目标、内容和实施计划。不同社区行动可能涉及不同政府部门和社会组织，不同社区行动的内容也可能涉及物质环境改善、社区服务或社区活动等方面。但社区行动计划应具有明确的目标和内容，以解决某个实际问题和推动实施为导向，这一点与综合规划型社区规划有很大差异。行动计划型社区规划成果的内容如表3所示，表达形式为图文结合。

行动计划型社区规划成果　　　　　　　　　　　　　　　　　　　　表3

成果形式	成果内容
社区规划文本	背景、行动目标、行动内容、行动实施计划、社区规划过程和成果评估
社区规划手册	具体行动计划、相关设计图、社区规划过程简介

4. 不同模式的比较

上述三种社区规划编制模式的主要差异体现在编制目的、规划内容、总体特征和与社区居民利益的相关度等方面（表4）。除了上述三种编制模式外，社区规划还可以根据社区的实际情况，按照侧重内容的不同进行分类，如以物质环境整治为主要任务的社区规划、以提升社区管理和社区活力为主要任务的社区规划、历史文化街区渐进式更新中的社区规划和再开发中的社区规划等。

三种模式的比较   表4

编制模式	规划目的	规划内容	特征	与社区居民利益的相关度（相对）
发展策略型	明确社区发展方向	社区发展目标、原则和策略	战略性	弱
综合规划型	社区物质环境建设和社区发展的综合部署，确立改造项目序列	物质环境、社会发展、社区组织和社区管理	综合性	中
行动计划型	解决实际问题，推动改造项目实施	行动目标、内容和实施计划	问题和实施导向、项目化运作	强

四、对我国社区规划的建议

社区规划的深入开展需要多因素的配合，如民主进程的推动、市民社会的逐步成熟，以及相关法律制度的逐步完善等，不可能一蹴而就。现阶段，社区规划的开展需要选择适合的契机，从点到面、从浅到深地逐步推动。

1. 开展序列

根据我国当前社区发展状况，笔者建议开展社区规划的序列是从行动计划型社区规划到综合规划型社区规划，再到发展策略型社区规划。原因在于：①行动计划型社区规划与社区居民的利益相关度最高，有利于社区参与的深入和有效开展。②行动计划型社区规划具有项目化运作的特征，容易与政府扶持项目相结合，可实现性更强。社区行动的实现能为居民带来看得见的改变，进而提升居民对社区规划的信心，有助于后续社区规划的开展。在行动计划型社区规划取得一定成效后，可开展综合规划型社区规划，进行社区建设和社会发展的总体部署。发展策略型社区规划需要居民对社区有较为深入和清晰的了解，难度相对较高，建议可在相关条件成熟后再开展。

2. 结合政府项目，推动社区规划的开展和实现

在现阶段，社区规划的开展和实施需要政府的大力支持。行动计划型社区规划与政府扶持项目相结合，既有利于社区规划的实现，又有利于提高政府项目的效率和效应。随着社区规划的逐步推进，在综合规划型社区规划中，可以将不同部门提供的机会和资源整合到一起，拧成一股绳，合力应对社区最急需解决的问题，发挥社区规划的整合作用，实现整体优化。随着我国非政府组织和社会慈善项目的发展，以及社区自身能力的增强，社区规划的资源依托也将逐步多元化。

3. 建立社区规划的组织构架和平台

当前的社区规划仍不为普通居民所知，而其作为一个贴近居民利益的、草根化的行动方式，只有为居民所知，才能为居民所用。因此，有必要建立社区规划

的公共平台，宣传社区规划的目标、作用、工作方式和成果等，并为社区规划的编制和实施提供咨询服务功能。笔者认为，社区规划平台应包括社区规划网站和社区论坛等网络平台。不仅如此，社区规划的开展还需要有相应的组织保障。笔者设想的社区规划的组织构架应由市、区级的"社区规划委员会"，街道级的"社区规划工作室"，社区、住区级的"社区规划小组"组成。根据北京和深圳的经验，建议可首先成立街道级的"社区规划工作室"。

除上述建议外，还有必要逐步确立社区组织在社区建设中的主体地位，并培育从事社区规划工作的专业咨询机构和非政府组织。

五、结语

我国城市正在经历着经济、社会和制度的转型。社区作为城市物质空间和社会的基层单元，被看作是国家和城市基层社会、政府和市民之间的粘结层，也因此被赋予了多重使命和期望。处于转型期的城市社区面临着社会管理方式从"政府管理"转向"社会治理"，社区改造模式从推平式整体更新转向渐进式内涵式提升，以及市民维权意识高涨和城市规划决策民主化等诸多转变，面对这些挑战，城市社区规划和发展必须在理论与实践中探索，寻找符合我国社会经济发展状况的创新型运作模式。

（撰稿人：刘艳丽，同济大学建筑与城市规划学院博士研究生，宁波大学建筑工程与环境学院讲师；张金荃，宁波大学建筑工程与环境学院讲师；张美亮，宁波大学建筑工程与环境学院副教授）

注：摘自《规划师》，2014（1）：88-93，参考文献见原文。

对当前"重建古城"风潮的解读与建言

导语：通过对当前我国重建古城、古街、古建的现象分析，解读这种重建与复古风潮背后的动因，并进一步展开讨论，如"历史"古城与"假"古城、"新"古城的区别，"古城"能否重建、再造，"保护性迁移"、名胜古迹历代重修等焦点问题。文章指出，文化之根只有好好珍爱，才能再度发芽、枯木逢春，形成文化大国的气候，滋养和孕育新的文化和城市品质。

一、当前重建古城、重修古建现象愈演愈烈

当前在我国的城市遗产保护工作中，存在着许多非理性行为。在许多历史城市中优秀历史建筑，特别是传统民居得不到修缮，咨询这些城市的领导都推诿道缺乏必要的资金。而另一面却又在大肆兴建仿古的新建筑，或更有甚者要全面修复历史古城。据有学者初步统计有 30 多个城市正在谋划和已经在大肆兴建仿古、复古的建筑、街区以及要恢复整个已消逝的古城（表 1）。在另一方面对历史上遗存的历史建筑在大拆，如已引起人们关注的北京梁林故居、沈从文故居、鲁迅故居等；山东聊城古城内的老民居、大同的明清历史街区全部拆光，为的是在这些老民居的基地上建造起新的仿古建筑，把这些赝品、伪劣作品标榜为开发旅游的重要措施。中国已在风起一股历史城市重建的风潮（彭立国，周琼媛，2012）。

投资过亿的古城项目不完全统计 　　　　　表 1

序号	古城项目名称	投资额（亿元）
1	武汉首义古城	125 亿
2	大同	100 多亿
3	湘西凤凰	55 亿
4	唐山滦州古城	50 亿
5	枣庄台儿庄古城	50 亿
6	聊城	40 亿
7	敦煌沙洲古城	30 亿
8	淮安金湖尧帝古城	30 亿

序号	古城项目名称	投资额（亿元）
9	秦皇岛山海关古城	16.36亿
10	银川西夏古城	6亿
11	金昌骊靬古城	6亿
12	张家口鸡鸣驿	5.31亿
13	邯郸大名府古城	3.4亿
14	石家庄正定古城	3亿

（来源：彭立国，周琼媛，2012）

二、"重建古城"的动因解读

当下这种"重建古城"、"美化"历史的现象泛滥，无外乎出于以下几方面的原因：

（一）还赎与补救：过去几十年，从无奈沦落到大肆拆改

过去木结构的房屋能够保存下来，是需要有人居住、经营，三、五年一小修、二、三十年就要一大修。但是从抗战以来，大多数房屋疏于维护，加上人口膨胀、居住拥挤，房屋破败，社会邻里秩序缺失，居民无力维修自家房屋，更无心维护公共空间，导致历史城区、老旧街坊加速衰落（阮仪三，袁菲，2008）。在这样的背景下，1990年代掀起的"旧城改造"，被视为改善居民生活、改变城市面貌的"民生工程"。从低矮、狭窄的老房子搬进宽敞明亮的新家园，城市旧貌换新颜，实在是大快人心的"发展"……那一段时间，拆掉的老城、老街、老房子实在太多、太快了。

随着社会经济水平的逐步提高，人们逐渐认识到老房子里蕴含的历史文化——礼仪的空间、家族的团聚、邻里的亲情以及中国传统建筑的艺术特色与工艺技巧，人们开始重新评估老街、古城的历史文化价值，认识到社会集体记忆的珍贵，和对未来、对生活的重新定位，这才涌现出一种还赎的心理，过去拆的太多了，只好重建一些古建筑、古街、甚至古城，表达出一种自责的补救。

（二）对千篇一律的讨伐，对崇洋媚外的力斥

当下的中国，由于传统家族和居民群落的解体、农村地区大批人口的流失，既有的社会组织和社会联系被打破，无论是城市还是乡村的社区都正在遭遇着碎片式的分解和衰败。从"多块好省、集体大院、筒子楼"的时代，到今天"安居

惠民、廉租公租、小产权房"，我们的生活中充斥着大面积的、行列式的、整齐划一的排排房；而许多依托所谓现代科技理念设计出的新社区、新农村，因为缺少与当地居住文化的衔接，失去了原先的亲切和多样，居民的生活也变得更加不方便和彼此隔离，反而造成巨大的资源浪费。城市中心涌起高楼群，城市的CBD得到增长，虽然一个个巨厦看似特立独行，可它们比肩接踵的站在一起时，却意外地呈现出一片片单调的新建筑所堆砌出的千城一貌。

三十年来快速发展下的历史文化断裂造成了城镇风貌的单调和失序。面对这种集体文化的失语，随之而来的却是对西方建筑符号的复制与拼贴，罗马柱、拱券廊、山花卷草的窗楣……炮制出遍及中华大地的"欧陆风情"。更有甚者，索性把欧洲的建筑形式和城市格局全盘地移植到中国各地，以为这样就是先进的文化符号和时尚的国际水平，其结果却造出更加精神贫瘠的新城。

今天，当高度分工与批量生产的大工业制造时代来临，当能源巨耗、生态恶化、文化泯灭、人情淡漠的现代化危机在全球凸显时，当金融危机深入影响到全球每个角落时，当人们终于能够放慢匆匆的步伐，从疾驰的小汽车里走出来，从摩天大楼和蜂巢般的集合式公寓里走出来，驻足观察我们生活着的空间时，却才发现历史城镇比之于现代城市，更有家园的味道！于是，在经历众里寻她千百度的苦楚后，蓦然回首，又走向对古街古城极度吹捧的另一个极端！

（三）响应国家文化发展战略：一窝蜂、卯足劲儿的文化献礼工程

2011 年 10 月《中共中央关于深化文化体制改革推动社会主义文化大发展大繁荣若干重大问题的决定》中明确指出"没有文化的积极引领，没有人民精神世界的极大丰富，没有全民族精神力量的充分发挥，一个国家、一个民族不可能屹立于世界民族之林。物质贫乏不是社会主义，精神空虚也不是社会主义。"2012年 3 月《中共中央"十二五"文化改革发展规划纲要》，指出文化价值与经济价值同等重要，并将其定为基础的地位，明确要求各地要大力开展文化遗产继承保护和合理利用，加强国家重大文化和自然遗产地、重点文物保护单位、历史文化名城名镇名村保护建设，抓好非物质文化遗产保护传承。

随着中央紧锣密鼓的文化发展战略相继出台，文化振兴项目成为政绩考核的新指向，促使地方各级政府官员积极力推，大上文化项目；另一方面，在一定的经济实力下，地方上也迫切需要通过一些看似辉煌的物质载体，来掩盖文化上从骨子里透露出的不自信。于是，在文化自信的丧失和经济功利的驱逐下，造假古城、假景点，追求历史"初建时态"或者"辉煌盛世"，去臆造一段已经断裂的历史，就堂而皇之地被当作是振兴文化的行为而高调执行。而有的地方领导干部文化素养贫瘠，往往分不清什么是正确的历史文化遗产保护和伪造历史的区别，把那些

新建的仿古、复古的建筑也看作文化的复兴、政绩的成效，混淆了是非，还误导了人民的认识。

（四）权力与金钱合谋：夸大的政绩、暗藏的利益，新的经济增长点

那些打着保护文化的旗号"再造古城"的，实质是在经济利益驱动下再造历史景点，发展旅游商业，创造新的经济收入。许多地方一边肆意破坏真正有文化价值的历史地段与街区，一边花费巨资建造招揽游客的假古董，那些粗制滥造的仿古一条街比比皆是，其实是地方领导意志与开发商合谋的工程，为了所谓的城市形象，形成虚假的政绩表现，进而谋官、获利（建造工程费用）。就这样，这些承载着悠久文明的古民居、古建筑、古街市、古城镇，在经历了战火、岁月的侵蚀后，仍然在持续地遭受着现代人不懂价值的"无知"的破坏、利益驱使下"野蛮"的破坏、过度利用的"使用"破坏、非理性修缮的"保护"破坏。这些形形色色的"破坏"，其根源都在"人"，因此"如何保护"的关键也在于"人"。

文化遗产保护面临的最大敌人不是风霜雨雪等不可抗拒的自然力量，也不是完全缺乏相应的保护技术，而是各种片面和错误的认识观念，这是当今中国文化遗产保护发展要解决的首要问题。人的观念不扭转，这些破坏将永无止境！

三、"重建古城"的是非之辨

（一）"历史"古城与"假"古城、"新"古城的区别

假古城、假古董：是模仿的赝品，不具有文化沉淀，只是一个类似舞台的布景，往往为了视觉的完整性而牺牲历史的真实性。真文物、历史古城：凝聚了历史沧桑、文化的沉淀，依附历史事件而形成历史故事，一砖一瓦都拥有历史的价值。文物古建年代久远要进行修缮，修缮时要遵照《文物法》的原则，概括地讲就是五原——原材料、原工艺、原结构、原式样、原环境。你用现代的材料、现代的工艺去模仿古代的式样，为了旅游观赏或其他经济的目的就是造假、伪作，就是假古董。

（二）"古城"能否重建？再造？

有的人说，既然破坏殆尽了，还想要留住历史记忆，那就重建历史景象，创建新的历史召唤呗。于是，拆老房子，建新仿古街，或者在已更新的老城区，建新的古城，就成为理所当然的事情了。如果说，古迹重建的焦点在于能否审慎地修复和反映历史的讯息，那么，再造古城的焦点，绝不是如何审慎地建造古城，

而是要解决——"城"，能不能"造"的前置问题。新建的古城，是现代人脑子中臆想的东西，不存在历史信息，做得再好也是外型模仿的。

我国古代城市常常遵循传统规划理念，至今，一些古城依然保持了传统城市格局。历史城市的保护，就是要延续空间的连续性，让城市在传统空间结构的基础上有机生长，呈现从过去到现在的历时状态，同时保持其文化特色，一个地方的特性只有通过真实的、深层的和自然的形式才能得以展现。而不是靠简单的"打造"，就能生发出一座具有历史韵味的古城（阮仪三，袁菲，2010）。历史古城的风貌，是需要有历史背景和文化底蕴作为支柱。今天，对历史、空间的维度是无法再造的！

（三）保护性迁移之悖论

现在还盛行一种古建搬家、异地重建的做法，有许多优秀的古建筑大家都认识到是有价值的好东西，特别是在农村里的老房子，就有人将其拆下来迁移到别处建造起来，美其名曰"异地保护"，就在这"异地保护"的幌子下，许多历史村落、历史街区的风貌被人挖了个大疮疤。有许多人说这些都是正当的保护，是不得已的办法，你看，成龙不是也收集老房子捐给某地吗？其实这里存在有认识的错误，《文物法》里对迁移保护有严格的限制，是要在不可能原址保护留存的情况下，还要得到上级领导的批准才可以，因为每一幢历史建筑是与其所在的环境一同存在的，如安徽的徽派建筑搬到了福建，就和当地地理、气候还有当地人的习俗不同，就失去了建筑的乡土特征，所以要提倡在原地保护。有的人说原地要整片拆迁也无法保护，这是为拆迁找借口，还有不少财主借异地保护为名而大肆购买老房子，以作为古董收藏，这是一种破坏行为，应该劝说他们，老房子原地留存才拥有真正的价值。

（四）如何看待历史上的城市更迭与名胜古迹的历代重修

中国的传统城市有其自身的特色，以木结构为主的建筑体系显示出与西方砖石建筑的显著差异，不仅公家的宫殿楼台有完善的维修保养程序和财政经费，就是寻常百姓人家，也时常需要修补更换，在使用和维护中，房屋才能保持良好的状态。加上战火无情，历朝历代那些具有重要影响力的建筑都是建了毁、毁了建，比如黄鹤楼，就历经了十余次的重修。

关于古迹重建，国际上有著名的《奈良文件》，国内有《文物古迹保护准则》。针对木构建筑体系和相应的维修特点进一步讨论了遗产保护的真实性（或原真性）的命题。对于城市遗产而言，其历史价值和岁月价值始终居于主导地位，历史建筑所携带历史信息的真实性是遗产价值的根本所在。从历史性的角度来看，检验一幢建筑是否具有原真性，主要看它是否保留了反映时间信息的物质存在。对于动态的历史街区，要求保持其历史环境的可识别性，反映一定比例的历史原物，揭示时间历程在该地区所表现出的历史文化层，同时延续文化传统，通过各种措施满足当代人的生活需求，增强人们对地方文化价值的认同感。

简言之，对于名胜古迹，并不完全反对重建，但要好好建，通过审慎的重修，不仅能够学习古代的技艺，还能再生一定的历史风貌。从这方面来讲，做得好的有梁思成先生主持修建的鉴真和尚纪念堂，后来成为了文保单位；园林大师陈从周将苏州网师园殿春簃按1：1原样再造，成为美国大都会博物馆的中国传统建筑作品"明轩"，将华夏传统建筑文化发扬光大。最近的例子有苏州相门城楼的重修，算是对历史环境的一定尊重和当代活用。

四、针对当前形势的建言

历史城市、街区和建筑都是饱含历史信息的资源，是历史的"活化石"，对待历史文化遗存，要使其"延年益寿"，而不是"返老还童"（阮仪三，袁菲，2011）。就像呵护老人要付出真正的孝心一样，保护历史文化遗产不能为了一时之快，斤斤计较早期投入和迅速回报。对古城不仅要有怜爱之心，还要有继承发扬。文化之根只有好好珍爱，才能再度发芽、枯木逢春，通过精心培育，日久天长才能长成参天大树，形成文化大国的气候。

通过对历史遗存的阐释和挖掘，人们可以理解自己国家和民族的过去，从而更加深入地理解现在，联系未来，有利于新建筑风格的创造，历史建筑保护要留下滋养新文化的土壤，让它们滋生出新的城市品质。

现在很多从事这方面事业的管理人员、设计人员，还存在着认识上的不足与误区，成了这样那样不懂文化、愚昧事件的起因或帮凶，我们应该从思想上深刻检讨。中国在现代化过程中走向文明社会，走向成熟的历史文化遗产保护，还有很长的路要走。

（撰稿人：阮仪三，同济大学国家历史文化名城研究中心主任，同济大学建筑城规学院教授、博士生导师；中国历史文化名城保护专家委员会委员；袁菲，上海同济城市规划设计研究院，国家历史文化名城研究中心城市规划师，博士；肖建莉，博士，同济大学建筑与城市规划学院讲师）

注：摘自《城市规划学刊》，2014（1）：14-17，参考文献见原文。

城市水系统及其综合规划

导语：城市水系统是城市复杂大系统的重要组成部分，是水的自然循环和社会循环在城市空间的耦合系统，涉及城市水资源开发、利用、保护和管理的全过程。城市水系统规划是实施水安全战略、落实城市规划目标和任务、促进水系统健康循环的重要手段。本文以系统科学理论为指导，系统分析现行涉水规划的主要特征及存在的问题，构建旨在改进现行涉水规划的城市水系统规划体系框架，重点阐述了城市水系统综合规划的定位、目标、原则和主要任务，并建议将其纳入城市规划编制体系，与城市总体规划同步编制、同步实施。

城市水问题是复杂的系统性问题，认识并解决系统性的水问题，不仅需要系统的思维和科学方法，还需要系统的战略与规划。10 年前中规院建院 50 周年之际，笔者发表了《城市水系统控制与规划原理》，倡导城市水系统控制理念与规划实践。10 年来，特别是在国家重大水专项的支持下，城市水系统研究在理论、方法和实践等诸多方面进行了一些探索，但水系统的科学体系尚未建立，离现实需求还有不少距离，正如仇保兴博士所指出的那样，"长期以来，我国城市水系统的发展一直缺乏科学系统的理论指导，城市水系统健康循环体系尚未建立"。最近，笔者应邀编写了《城市水系统科学导论》，从城市水系统的科学基础、系统分析、系统控制、系统规划、系统重构和系统管理等方面进行了梳理和总结。本文试图在此基础上，针对现行城市涉水规划存在的突出问题，重构城市水系统规划体系框架，并重点就城市水系统综合规划的定位、目标、原则、任务等进行探讨，权当抛砖引玉，为我院建院 60 周年献上一份薄礼，欢迎同事同行批评指正。

一、现行城市涉水规划的主要特征

我国现行的城市涉水规划体系呈现出专业分工、部门分管和系统分割的显著特征，如与水利、环境、市政等专业学科相对应，水利部门有水资源综合规划，环保部门有水环境保护规划，住建部门有供水、排水、防涝工程规划等，这些规划的实施对于促进我国城市供排水设施建设具有重要意义。

（一）专业分工清楚，理论基础扎实

现行的涉水规划种类繁多，内容非常丰富，专业分工明确，几乎所有涉水规划都能与专业学科的设置相对应，规划的理论基础比较扎实。如，水资源综合规划、防洪规划的学科基础是水文与水资源学、防洪学等，供水和排水规划的学科基础是给排水科学与工程、市政工程等，水环境保护规划的学科基础是环境管理与规划、环境科学与工程等。这些学科为涉水规划的目标制定、规模预测、平衡分析、任务部署、系统布局等各个方面提供了基础理论和方法学的支撑，是涉水规划科学性的重要体现。

（二）部门分管明确，可执行性较强

现行的涉水规划体系与我国城市水务管理体制基本对应，所有规划的编制和实施都有特定的责任主体，规划的可执行性较强。如供水工程规划一般由公用事业或水务部门主管，排水、防涝、污水处理工程规划通常由市政、城建或水务部门主管，水环境保护规划由环境保护部门主管，防洪工程规划由水务或水利部门主管，更多与城市规划密切相关的涉水规划则由规划部门主管。比较明确的规划内容，相对确定的管理主体，基本延续的管理体制，有利于规划的编制与实施。

二、现行城市涉水规划的主要问题

在我国现行体制下，专业分工可能带来业务分隔，部门分管容易导致行业壁垒，因此现行的城市涉水规划存在明显的局限性，规划的系统性、协调性不足的问题日益突出，相关规划之间既相互分割又相互冲突，交叉、重复、缺位等问题同时存在，影响了规划的编制质量和实施效果，难以适应城市发展的新要求。这些问题主要体现在以下几个方面：

（一）缺乏系统性

现行分割的涉水规划难以适应城市水系统的整体性要求。在城市水系统规模较小时，各子系统的功能相对单一，如水源子系统的主要功能是提供足够量并符合质量标准的"原料水"，排水子系统的功能是收集、净化和排放污水，虽然各子系统之间存在联系，但并不紧密。然而，随着水源污染的加剧和用水需求的增加，城市水系统各子系统之间的关系逐渐发生变化，如一些城市因水源污染而需要在净水厂前端设置"处理污水的设施"对原水进行预处理，一些城市因为缺水而需要对污水处理厂的出水进行深度处理后作再生水利用。在这种情况下，供水、

排水两个子系统便相互交织成为一体。城市水源、供水、用水、排水等子系统之间的关系变得越来越密切，相互间的制约或支撑作用也越来越明显，客观上需要从系统规划的层面上加强"水"的综合协调、整合与优化。

（二）缺乏协调性

不同涉水规划之间不协调，缺少协同一致的发展目标和整体的控制要求。表现在以下两个方面：一是规划内容有交叉、重复，如在水资源综合规划中进行水源配置时，需要进行需水量预测并作供需平衡分析，而在给水规划中也有同样的规划内容。由于两个规划分属两个不同主管部门，时常导致相同规划内容在不同的规划中的结果大相径庭，进而造成规划的实施困难。此外，目前各涉水专项规划基本上都是按照各自的原则和工程要求独立编制，容易造成各子系统之间的不匹配、不协调。二是涉水规划中一些重要内容的缺失。目前，我国城市涉水规划的重点是规划水源、供水和排水的相关工程，但对非工程措施和后续管理问题考虑较少。比如，在供水规划中，缺少关于二次供水工程和饮用水安全保障的相关内容；在排水规划中，缺少关于分散式污水处理和雨水蓄积利用的相关内容；在再生水规划中，缺少对再生水水质保障和再生水系统管理方面的考虑。

（三）缺乏全局性

不同涉水规划之间的相互分割，一定程度上导致城市管理者对城市水系统认识的局限性。各专项规划往往会因为要吸引城市管理者的注意力，而突出强调该专业的某些具体问题，进而夸大某个专项规划的重要性，使得城市规划管理者在制定决策时带有一定的倾向性，但这种倾向性有可能是以牺牲城市水系统的整体效益和效率为代价的。如一些城市在水资源的开发利用和保护上，有的倾向于开发新水源，建设水源工程，甚至是宁愿斥巨资实施跨流域远距离调水，也不愿将有限资金投在污水处理及再生水利用上，这不仅会造成新水源工程的闲置浪费，还会在一定程度上助长多用水、多排水行为，进而加剧水资源短缺和水环境恶化；一些城市在进行供排水规划时也经常出现重供水轻排水、重水量轻水质、重水厂轻管网、重地上轻地下等急功近利的倾向。一些地方，由于在供水或排水规划中没有充分考虑节水、再生水利用等因素，进而导致工程规模过大和设施闲置浪费等问题，这在很大程度上也与缺乏系统规划的指导和约束有关。

三、城市水系统规划体系框架

随着城市规模的扩大和功能的提升，城市水系统的结构和功能日趋复杂，原有的涉水规划体系已显现许多不足之处，需要从城市水循环系统的宏观层面，构建城市水系统的规划体系，编制城市水系统综合规划，以增强城市水系统的整体性、适配性和应急能力，并对现有的涉水规划体系进行梳理、调整和完善。

（一）城市水循环及其系统构成

城市水循环是发生在城市区域内，以自然水循环为基础、社会水循环为主导的循环过程，两者的耦合便构成了城市水（循环）系统（图1、图2）。其中，蒸发、降水、径流、下渗是自然水循环过程的 4 个主要环节，是城市区域内的气象水文过程；水源、供水、用水、排水是社会水循环过程的 4 个主要环节，其循环路径是"从源头到龙头"，最终又回到了"源头"，涉及城市水资源开发利用保护的全过程。以上两个过程 8 个环节耦合构成的水循环途径，在很大程度上决定着城市区域的水量平衡和水质状况，同时也受流域水资源的补给、径流、排泄和流域水环境条件的共同影响。

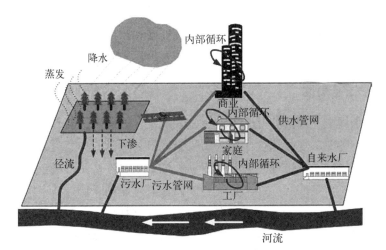

图 1　城市水循环系统示意

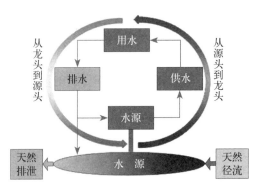

图 2　城市水循环系统概化

城市水系统的结构具有明显的分层特征，城市水系统与其子系统及其要素之间形成了一个由较高层级逐步向较低层级分解的三级谱系结构或三级递阶结构（图3），不同层级具有不同内涵及功能。需要特别说明的是，这是基于四大要素构建的城市水系统框架结构，是弹性开放和动态变化的，也是可以改造的。因此，不同城市的水系统，通常具有不同的结构和功能特征；同一城市处在不同的发展阶段，也会有不同的特点，这正是城市水系统规划可以着力并发挥重要作用的原理所在。

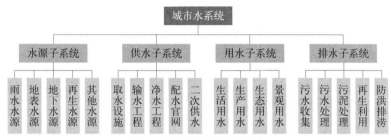

图3　城市水系统结构框架

（二）城市水系统规划体系

城市水系统规划体系由城市水系统综合规划和城市水系统专项（或专业）规划构成。专项规划是指现行的所有涉水规划，包括所有涉水专项（工程）规划和城市总体规划中所有涉水的专业规划。城市水系统综合规划包涵了水源、供水、用水、排水四个子系统的核心规划内容，并由这四个子系统与城市水系统的各专项规划相联系（图4）。

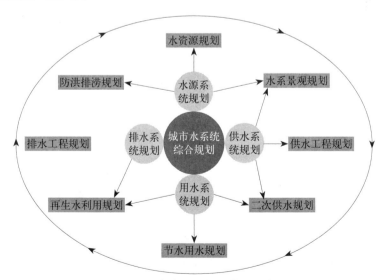

图4　城市水系统规划体系示意

从理论上讲，城市水系统规划体系中的各专项规划是以城市水循环为纽带而联结在一起的有机整体，既相对独立又相互联系；但在现实中，各专项规划都有其自身的功能，并不能被取消或完全取代，亟需改进或整合，尤其需要综合规划的协调。另外，从更大的范畴看，城市水系统还是城市大系统的重要组成部分，必须服务于各层级的城市规划，落实城市规划提出的相关目标和任务要求，为保护水资源、改善水环境、修复水生态、营造水景观、传承水文化、保障水安全提供规划支撑。

四、城市水系统综合规划

（一）综合规划的基本定位

城市水系统综合规划是 10 年前提出的一种非法定规划，虽然在理论上还不够系统和完善，但已有的研究结果和规划实践表明，把城市水系统综合规划作为城市规划体系中的一个综合性的专项规划，具有理论的合理性、现实的必要性和实施的可行性。在规划层级的定位上，城市水系统综合规划主要受三个上位规划的约束并与其协调，而对下位的其他水系统专项规划起指导、统筹和约束作用（图 5）。

一是规划的目标任务受城市总体规划的约束，同时也为城市总体规划的落实提供重要支撑；二是规划的前提条件受流域水资源（综合）规划的约束，城市水源、供水、节水规划在很大程度上受制于流域的水资源配置方案；三是规划的实施方案受流域水环境（生态）规划的约束，城市的排水、污水处理等规划受制于流域水环境容量的分配方案。

可考虑参照"城市综合交通体系规划"的模式，将"城市水系统综合规划"作为与城市总体规划同步编制、同步实施的一个涉水的综合性规划。在具体的规

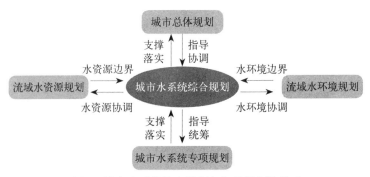

图 5　城市水系统综合规划与相关规划的关系

划编制中，可通过系统地整合优化现行城市总体规划中相关的涉水类规划内容，形成专业性的城市水系统综合规划篇章；对规模较大和水系统功能结构比较复杂的城市，还应在此基础上编制城市水系统综合规划专项。

（二）综合规划的目标和原则

规划是实施国家战略的必要手段。城市水系统综合规划的首要目标是落实"节水优先，治污为本，科学开源，保障安全"的总体战略。在此基础上，根据城市总体规划的目标任务要求，遵循城市水循环的规律，优化水系统结构，完善水系统功能，促进水系统循环，保障水系统安全，并为城市安全和健康发展提供基础支撑。城市水系统综合规划更加强调从宏观层面对水系统及其基础设施进行总体部署，并统筹协调各子系统之间的关系。为此需要把握以下几个原则：

（1）整体性原则。传统的城市涉水规划以城市水系统的某一子系统作为规划对象，而城市水系统综合规划的对象是城市水系统的各子系统及其相互关系，要求从城市水循环的角度整体考虑水量的输配、水质的变化、设施的布局与协调，因此相比于其他涉水规划，城市水系统综合规划更具整体性和综合性。

（2）前瞻性原则，即基于远期目标的近期与远期相协调的原则。传统的城市涉水规划，强调以"近期建设"为主，虽然也有远期目标，但往往被"近期建设"的行为所湮没、改变。城市水系统综合规划应立足长远，在坚定长远目标的前提下，有选择、有序安排近期建设的项目，坚决防止为追求个别项目的短期效益而损害城市水系统长远目标的行为。

（3）差异性原则。不同城市的水系统面临的问题不尽相同，在城市水系统综合规划的框架下，应根据城市个体的差异，有针对性地开展规划，通过系统的手段解决城市面临的主要水问题，塑造城市水系统的个性特征，避免出现城市水系统"千城一面"或"生搬硬套"其他城市模式等现象。

（4）动态性原则。城市水系统综合规划需特别关注长期性、综合性、协调性和社会性问题，在服务范围、用水指标、涉水设施用地面积、雨洪利用、水系结构等方面应留有一定弹性空间，从而使城市水系统可以适应城市长期发展所面对的不确定性影响，平衡城市水系统的多目标需求。

（5）科学性原则。城市水系统有其历史发展规律，与城市的经济、社会发展水平密切相关，城市水系统综合规划应顺应自然、重视生态，避免不顾当地的客观条件和实际需求，盲目提出过高的目标和不切实际的要求。

（三）综合规划的主要任务

城市水系统综合规划的主要任务是，按照城市水循环系统基本框架，开展城

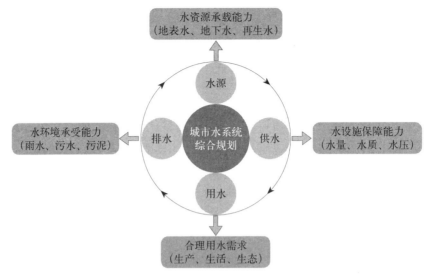

图 6　城市水系统综合规划主要任务示意

市水系统现状调查与评价，确定规划原则与目标和城市水系统的功能分区，协调确定水源、供水、用水、排水等专项规划的关键参数（图 6），统筹部署相应的基础设施，支撑和落实城市总体规划的目标任务，并为水系统其他专项规划提供指导，设定必要的约束条件，并提出相关的对策措施。其主要任务包括但不局限于如下四个方面：

（1）科学评估水资源承载能力。城市水资源承载能力是衡量水资源对城市社会经济发展支撑能力的重要指标，也是城市水系统综合规划中必须把握的具有全局性的战略指标。要为落实"以水定城、以水定地、以水定人、以水定产"提供科学的规划依据。因此，在计算和评估水资源承载力时要特别注意三点：一是在城市区域或更小的尺度上，既不能"一块天对一块地"计算水资源量，也不能"漫无边际"地期望不惜代价的跨流域、远距离调水；二是水源的配置不能仅仅考虑地表水、地下水等传统水资源，还要考虑再生水、雨水、海水等非传统水资源；三是水源的选择不仅要考虑水量的保障率，更要考虑水质的合格率，两者兼顾，不可偏废。

（2）合理确定水设施保障能力。城市水设施的保障能力是通过城市水源、净水厂及其管网系统等组成的"生命线工程"体现出来的，当然也包括排水及污水处理设施，这是城市持续健康发展的重要基础。在供水子系统的设施规划中，要重点解决水量、水压、水质的设施保障能力问题，通过科学确定供水模式与规模、优化供水设施布局，提高城市供水服务质量，促进城市供水服务的均等化；在排水子系统的设施规划中，不仅要考虑污水、污泥的无害化处理问题，也要着力考虑其资源化、能源化利用问题，还要审慎确定排水防涝设施的布局和合理规模等。必须特别强调的是，水设施的保障能力主要依赖但不局限于工程设施的规模和质量，也与设施的运营、维护、管理直接相关。从某种程度上讲，水工程设施的系统配套、土地的开发利用模式以及非工程措施更为重要。

（3）平衡兼顾"三生"用水需求。城市生活用水、生产用水、生态用水（简称"三生"用水），对水质标准和水量保证率有不同要求，要平衡好三者之间的关系，兼顾到各方的用水需求。由于在过去的用水分类中，生活和生产用水属于社会和国民经济用水，必然会列入相关规划中予以保障，而生态用水不属于国民经济用水，所以通常不列入规划，有的规划中会提出在水资源配置时，要留足河流、湖库的生态水量，但在具体实施中难以真正落实，每当出现水资源紧张时，首先被挤占的往往就是生态用水。近十多年来，人们对生态用水的认识有了明显提高，但在当前开展水生态文明建设的热潮中，也要避免一些地方出现的另外一种倾向——在水生态文明建设旗帜下，却做着违背自然规律、反生态、不文明的事。

（4）系统考虑水环境承载能力。城市水环境承载能力通常是指城市区域内的水体，在特定时期内能够被继续使用并保持良好生态系统时，所能容纳污水及污染物的最大能力，它所涉及的不仅是水环境、水生态问题，也与水资源、水景观、水文化和水安全有关。因此，涉及排水子系统规划时，必须贯彻实施"治污为本"战略，规划协调好排水体制、初期雨水处理与利用、污水处理与再生利用、污泥处理与处置等方面的问题。要在系统规划中落实低影响开发模式，为建设"弹性城市"、"海绵型城市"作出总体部署和政策安排。

此外，考虑到规划编制的弹性和局限性，以及自然气候、社会环境的不确定性等因素，任何规划在实施过程中都是存在风险的。因此，在编制城市水系统综合规划时，需要同步考虑应急救援能力建设，包括应急设施、避灾场所和应急救援的体制机制等。

（四）综合规划的统筹协调

统筹协调是城市水系统综合规划的重要方法之一，主要包括水系统的通量协调和布局协调两个方面。

（1）水系统通量协调。水系统通量是表征水系统特征的重要参数，包括水量、水质、能量等，通量的大小通常表现为水系统设施规模或能力。城市水系统通量协调的首要任务是落实"节水优先"战略，加强"需求控制"，城市需水量下降了，供水规模、排水规模、污水处理规模，以及设施的投资建设规模必然随之下降。其次是再生水利用，再生水利用得越多，对新鲜水源的需求量就越少，传统的供水规模随之缩小。城市供水的对象包括生活、生产（工业）和景观绿化、道路浇洒等市政杂用及水系生态补水等。城市再生水可作为城市低端用水的水源，比如市政杂用、水系生态补水及部分工业用水等都可使用再生水。在保障安全的前提下，城市供水量为城市总需水量中扣除再生水替代量。关于这方面的工作，以色列、新加坡和我国北京、天津生态城的经验值得借鉴。

（2）水系统布局协调。水系统布局协调是指对水系统要素在空间上进行统筹和优化，包括水源合理配置、水源地选址、设施布局优化，以及水生境保护和水景观营造等。布局的合理与否直接关系到水系统的安全和健康循环。当前最为突出的问题是取水口与排水口的布局协调，尤其是河流型水源地，上下游相邻城市之间的取水口与排水口犬牙交错，各种水体功能相互冲突，存在许多安全隐患，需要以"保障安全"为前提，优化调整相关布局或采取应急防范措施。其次是排水设施、污水处理设施与再生水利用设施布局的协调问题，直接关系到排水防涝的效果和再生水利用的效率，需要按照"治污为本"的战略要求，以雨水、污水的无害化、资源化为目标，采取集中与分散处理、利用相结合的方式，因地制宜，合理布局相关设施。第三是城市地下管线之间的协调问题，城市供水管网、污水收集管网、雨水收集管网以及其他市政地下管线在道路路面有限范围内，如果各自考虑施工和维修的成本和方便程度，不进行统筹协调，必然会出现互相干扰和破坏，城市水系统综合规划的重要任务之一就是对各类地下涉水管线之间以及与其他市政管线之间在排列顺序、管线位置等方面进行技术协调。

五、结论与建议

（1）我国现行的城市涉水规划种类繁多，内容非常丰富，专业基础较为扎实，呈现出专业分工、部门分管和系统分割的显著特征，规划编制和实施的主体较多。

（2）现行的城市涉水规划缺乏基于水循环规律的统筹考虑，存在明显的局限性，规划的系统性、层次性和协调性不足，规划的编制和实施效果不甚理想。

（3）城市水系统是自然水循环和社会水循环的耦合系统，主要由水源、供水、用水、排水等子系统组成，涉及城市水资源开发利用和保护管理的全过程。

（4）城市水系统规划体系是基于城市水循环原理构建的框架体系，由城市水系统综合规划和城市水系统专项规划构成，是对现行涉水规划的优化整合。

（5）城市水系统综合规划的主要目标是优化水系统结构，完善水系统功能，促进水系统循环，保障水系统安全，并为城市安全和健康发展提供基础支撑。

（6）城市水系统综合规划应在"节水优先，治污为本，科学开源，保障安全"的总体战略指导下，坚持整体性、前瞻性、差异性、动态性、科学性等原则。

（7）城市水系统综合规划的主要任务是确定水资源承载能力、水环境承载能力、水系统设施保障能力、水安全应急救援能力，平衡兼顾好"三生"用水需求。

（8）建议将城市水系统综合规划作为一种新型规划，纳入城市规划编制体系，与城市总体规划同步编制，同步实施，并以此来指导和约束其他的涉水专项规划。

（撰稿人：邵益生，中国城市规划设计研究院副院长；张志果，中国城市规划设计研究院副研究员，博士）

注：摘自《城市规划》，2014（S2）：36-41，参考文献见原文。

弹性城市及其规划框架初探

导语： 通过对国外相关研究和规划实践的梳理，总结了弹性城市的概念内涵与要素特征。基于弹性思维对城市规划的影响，提出了弹性城市规划的逻辑思路，包括风险要素的识别、脆弱性与弹性测度、面向不确定性的规划响应以及弹性规划策略的制定。同时，遵循这一逻辑思路，从脆弱性分析与评价、面向不确定性的规划、城市管治和弹性行动策略 4 个维度构建了弹性城市规划的概念框架。最后，对未来弹性城市规划的关注重点和我国弹性城市规划的开展进行了总结和展望。

一、引言

根据联合国发布的研究报告显示，截止到 2011 年，世界城市化水平已达 52.1%，预测 2030 年将达到 60%，2050 年将超过 70%。随着人类社会经济活动在城市中的高度集聚，城市所面临的风险也在不断增加。哥伦比亚大学国际地球科学信息网络中心（CIESIN）研究表明，在全球 633 个大城市中，有 450 个城市约 9 亿人口暴露于至少一种灾害风险中。其中，洪水是最主要的威胁因素，至少有 233 个城市处于或接近于洪水发生的高风险区域，其次是干旱，另外还包括飓风、地震、火山、泥石流等。除了自然灾害之外，气候变化、石油峰值、食品安全、金融危机、流行疾病、恐怖袭击等也是导致城市可能遭受风险和灾难的不确定性因素，受这些因素影响，城市往往表现出极大的脆弱性。例如，2005 年卡特里娜飓风使美国新奥尔良市遭受严重损失，死亡 1000 余人，城市 80% 的地区被洪水吞没，大量建筑被破坏，城市供电、供水和通信系统全部陷入瘫痪。更为深远的影响是灾难使新奥尔良市人口锐减，近六成人口迁移至其他地区，整个城市的社会 - 经济系统进入了漫长的灾后恢复期。

实践表明，城市难以有效规避各种不确定性因素（表 1），而一旦风险发生时，城市所遭受的社会经济损失往往也随着城市规模等级的扩大而相应增大。对此，如何提高城市系统面对不确定性因素的响应与适应能力，如何提升城市系统对脆弱性因子的抵抗能力，以及灾难发生后如何提高城市社会—经济系统的恢复力是当前国际城市规划领域研究的热点和重要现实课题，近年来兴起的弹性城市理念为降低城市脆弱性、提高城市适应力与恢复力提供了新的研究视角和规划思路。

城市面临的不确定因素与脆弱因子　　　　　　　　表1

不确定因素	脆弱因子	特点	对城市系统影响
自然灾害	地震、火山、泥石流、台风（飓风）等	突发性，持续时间短，破坏力强	城市建筑、基础设施、社会经济发展均受影响
气候变化	极端高温、暴雨、干旱、冰冻等	时空尺度相对较大，波及范围较广	城市基础设施面临重大挑战
资源利用	石油峰值、资源枯竭	长期性与可预见性	对城市交通运输和资源型城市可持续发展影响较大
金融危机	债券危机、股市崩溃	蔓延性强，累积性效应明显	城市社会－经济系统将受到严重影响，如经济衰退、失业、社会贫困等
社会安全	食品危机、流行性疫情、恐怖袭击	多表现为突发事件，社会影响大	对人身安全、公共健康等影响较大

二、弹性与弹性城市

（一）弹性

"弹性" resilience 源自拉丁文 resilio（re=back 回去，silio=to leap 跳），即跳回的动作。韦氏字典对此解释为，物体在受到压力变形后恢复其尺寸和形状的能力。20 世纪 70 年代后，弹性概念逐渐引申为承受压力的系统恢复和回到初始状态的能力，也可称之为恢复力。

霍林（Holling）最早将弹性概念引入到了生态系统研究中，将其定义为"生态系统受到扰动后恢复到稳定状态的能力"。卡彭特（Carpenter）指出一个具有弹性的系统应至少包括三方面的属性特征，即系统能够吸收外界干扰并仍保持相同状态的能力，系统的自组织能力以及系统学习和提高适应能力的程度。

弹性概念提出后，逐渐从生态学领域扩展至社会－生态系统研究中，并提出了适应性循环理论来解释社会—生态系统的运行机制。该理论认为社会—生态系统将依次经过开发（r）、保护（K）、释放（Ω）和更新（α）4 个阶段，构成一个适应性循环（图1），并包含了潜力（potential）、连通性（connectedness）和弹性（resilience）3 种属性。在开发阶段，系统要素之间的关系较为松散；保护阶段系统要素的连通性得以改善，各种资源开始集聚；当外部条件发生变化，特别是一些重大事件和危机对系统产生强烈干扰时，系统的连通性被打破，控制力逐渐下降，成为释放阶段的主要特征；更新阶段是创造新的连通性，重建新系统的过程。在这个适应性循环中，弹性随着系统的运行而不断地发生变化，该理论可以被应用到城市系统或特定的社会系统中，而识别适应性循环的阶段至关重要。

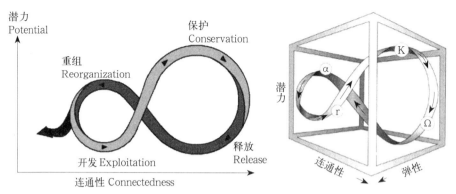

图 1　适应性循环和增加了弹性的三维示意图

2000 年以来，弹性概念从社会—生态系统研究扩展至社会—经济系统中，并得到广泛应用（Leichenko，2011），如生态城市弹性研究（Andersson，2006；Barnett，2001；Maru，2010）、经济弹性研究（Rose，2004；Martin & Sunley，2007；Pike，2010）、灾害弹性研究（Cutter，2003；Vale & Campanella，2005；Colten，2008）、城市安全弹性研究（Coaffee，2009）等。社会—经济系统中的弹性一般被认为是暴露于风险中的系统、社区或社会，通过及时有效的方式对风险的抵抗、吸收、适应和恢复的能力，并且能够保持其基本的结构和功能。

（二）弹性城市

近年来，"弹性"逐渐被应用到城市研究与规划中，出现了弹性城市（resilient city）的概念。艾伯蒂（Alberti）对弹性城市的定义是，城市一系列结构和过程变化重组之前，所能够吸收与化解变化的能力与程度；弹性联盟（Resilience Alliance）则认为弹性城市是城市或城市系统能够消化并吸收外界干扰，并保持原有主要特征、结构和关键功能的能力。

布鲁诺（Bruneau）提出了"TOSE"框架进一步丰富了弹性城市的内涵，该框架由四个相互关联的要素组成，分别是技术弹性（Technical）、组织弹性（Organizational）、社会弹性（Social）和经济弹性（Economic）。其中，技术弹性（工程弹性）指城市基础设施对灾难的应对和恢复能力，如建筑物的庇护能力，交通、供水、供电和医疗卫生等基础设施和生命线的保障能力；组织弹性主要指当地政府机构的管治能力，特别是灾难发生时和发生后政府行使组织、管理、规划和行动的能力；社会弹性反映了不同社会群体对风险因素的响应能力和恢复力的差异，这种差异主要缘于人口的属性特征差别，不同性别、年龄、种族、健康状况和社会经济地位的社会群体在面对风险和灾难时，会呈现出不同的状态和应对能力，如极端高温气候对老年人群体的健康影响往往更大，而年轻人的弹性相对更强；经济弹性主要体现在就业水平、经济多样性以及灾害发生时的经济系统运行能力，另外还包括城市的自给能力，如灾难发生时，食品、水和生活用品的自我供给能力。

上述 4 个要素可以用来具体描述城市系统的弹性特征。部分学者还提出了相关指标来测度弹性程度，如鲁棒性（Robustness）、冗余性（Redundancy）、谋略性（Resourcefulness）和快速性（Rapidity）等。其中，鲁棒性用来测度系统的总体强度，即抵抗外部压力的能力；冗余性反映了系统可替换要素是否存在，即使系统部分要素无法正常工作，依然能够保障必要服务的提供；谋略性体现了灾难恢复过程中根据已确定的优先顺序和规划目标实施弹性机制和灾后恢复的能力；快速性主要是测度灾难发生时和发生后开展上述活动的快速响应能力。这 4 个测度弹性的维度也可以分别对城市技术、组织、社会和经济 4 个子系统的弹性进行测度。

弹性城市概念提出后，已经快速扩展并应用到多个研究领域，如气候变化与弹性城市（Wardekker et al., 2009；Newman et al., 2009）；城市灾害规划、管理和恢复（Campanella, 2006；Goldstein 2009）；城市水资源管理与适应（Blackmore & Plant, 2008；Pahl-Wostl, 2007）；城市规划与设计中的弹性思维（Pickett et al., 2004；Colding, 2007）等。在规划实践领域，相关学者也应用弹性城市理念开展了系列探索。纽曼（Newman）在其《弹性城市：应对石油紧缺与气候变化》一书中界定了弹性城市的未来情景，确定了一系列弹性城市建成环境的要素，并面向弹性城市目标提出了 10 项规划策略。沃德科（Wardekker）在鹿特丹的气候变化研究中提出了一套和城市体系相关的弹性规划原则。鲁培文（Peiwen Lu）提出了关于应对气候扰动和洪水威胁的弹性规划的 6 个特征（表 2），并对每个特征关注重点进行了界定，同时将其作为弹性城市规划评估的重点内容。

应对气候扰动和威胁的城市弹性特征　　　　　　　　　　表 2

特点	定义
关注当前	表明理解和保持当前环境条件的能力。主要针对物质设施和政策的监督与评价
关注未来趋势与威胁	表明基于当前信息的预测能力。例如，科学的情景分析，未来影响模型，风险决策概率等
从经验中学习的能力	表明从过去经历中吸取经验的能力，利用必要的知识处理未来可能遇到的相似情况
设定目标的能力	表明对于外界变化响应的意愿，往往涉及多部门合作共同制定相关目标
发起行动的能力	表明决策的权威性。包括正式和非正式的能力
组织公众的能力	表明对于政策决定的公众参与程度

国际上相关组织与研究机构也集中关注弹性城市内容，如经济合作与发展组织（OECD）发布的"城市与气候变化"研究报告；欧洲环境协会（EEA）发布的"欧洲城市对气候变化的适应"研究报告；世界银行针对东亚和太平洋地区发布的"建构弹性城市：原则、方法和实践"研究报告；联合国减灾署（UNISDR）发布的"使我们的城市更具弹性"的报告等。另外，相关机构还组织学术研讨会对弹性城市开展讨论，如国际地方政府环境行动理事会（ICLEI）自 2010 年起每年均举办"城市弹性和适应力"全球论坛，极大促进了弹性城市的理论和实践研究，其他还包括世界银行专题研讨会"城市和气候变化"（2009 年 6 月），"城市化和全球环境变化"（UGEC）国际会议（2010 年 10 月），"处于压力下的地球"（2012 年 3 月）等，弹性城市正成为一系列城市研究与规划会议关注和讨论的主题。

总体来看，当前对弹性城市及其规划理论与实践的探讨仍处于起步阶段，与规划相关的弹性研究主要是通过调整社会和制度框架来适应环境威胁，而弹性城市规划的实践操作环节则主要集中在物质环境和基础设施的改善以避免外部扰动。

三、弹性城市规划的概念框架

弹性城市规划强调将弹性思维应用到城市规划过程中。首先，弹性城市认为城市社会－经济系统与生态系统是协同进化的关系，都可以用适应性循环来解释其变化过程，包括自然系统中突发的破坏和重组过程，以及社会—经济系统中渐进式的缓慢变化过程。其次，弹性城市突出强调系统的适应能力，认为影响城市的外部干扰因素不可避免，重要的是干扰发生后所采取的行动，与传统规划所关注的减少干扰不同，弹性思维强调接受挑战，做好吸收变化的准备，并发展新的策略去适应系统变化。在此过程中，城市应不断提高学习能力（汲取经验）、自组织能力（自我修复）和转化能力（创造新系统）。再次，弹性城市还强调外部因素和干扰在塑造个体城市系统中的重要性，正是考虑到了外部复杂的和各种不确定性因素的影响，才有助于了解城市系统的脆弱程度及其是否有能力去适应。

基于弹性城市概念与内涵特征，从弹性城市规划思维出发，提出了弹性城市规划的逻辑思路：（1）风险识别，判断城市面临哪些干扰因素；（2）状态评估，测度城市系统的脆弱性程度和弹性程度；（3）规划响应，开展面向不确定性的规划过程；（4）策略制定，提出提高城市适应力与弹性的规划策略（图2）。根据这一逻辑思路，通过对国外弹性城市规划理论与实践的总结思考，初步从脆弱性分析与评价、面向不确定性的规划、城市管治和弹性行动策略 4 个维度构建了弹性城市规划的概念框架。

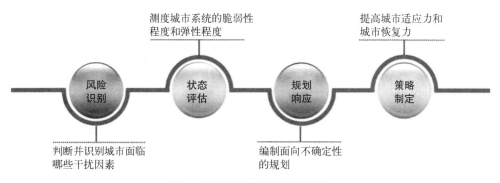

测度城市系统的脆弱性
程度和弹性程度

提高城市适应力和
城市恢复力

判断并识别城市面临
哪些干扰因素

编制面向不确定性
的规划

图 2　弹性城市规划的逻辑思路

（一）脆弱性分析与评价

脆弱性是系统暴露于不利影响或遭受损害的程度，一般由暴露度、敏感性和适应能力三方面构成。其中，暴露度是指对扰动等不利影响的可能性；敏感性为系统遭受内外扰动的容易程度；适应能力是指系统处理和抵抗不利影响，并从不利影响中恢复的能力。关于脆弱性的研究目前已得到广泛开展，主要集中在确定脆弱性客体及其主要干扰因素、脆弱性分析与（半）定量评价、脆弱性影响因素和发生机理、降低脆弱性与提高系统应对能力的措施等。

脆弱性分析与评价对于弹性城市规划至关重要。它的作用在于识别和测度城市面临的环境风险和各种不确定性因素的类型、强度、范围和空间分布，是弹性城市规划的重要依据，根据城市各系统的脆弱性特征和弹性阈值，可以有针对性地进行社会经济、基础设施、生态环境和土地利用等方面的规划，以达到降低脆弱性，提高城市系统对外界干扰的适应能力和恢复能力的目标。根据弹性城市规划需求，可以从尺度、环境、社会、空间 4 个维度建立脆弱性分析矩阵。

（1）尺度。用来解释脆弱性分析的空间范围。脆弱性分析可以在不同的空间尺度上开展，一般主要集中在城市和社区尺度上。布莱希特（Brecht）曾通过风险（发生频率和敏感性）、暴露度（人口和经济规模）和灾害损失等指标对全球1943 个城市的脆弱性进行了比较分析，并划分了脆弱性的等级程度，也有学者利用类似的指标进行了社区尺度上的规划研究。对于弹性城市规划而言，针对城市内不同类型功能区或社区尺度上的脆弱性分析与评价显然更具有规划意义。

（2）环境。它是脆弱性分析的对象之一。主要是识别和判断来自于自然环境不同圈层的脆弱性因子，如气候变化、自然灾害、环境演变等引发的对城市社会—经济系统、基础设施系统、社会服务与管理系统的干扰。除了来自自然环境系统的一般性脆弱因子外，还包括城市特定区位环境可能导致的城市生态系统的敏感性和脆弱性，如低海拔和沿海地区面临的海平面上升及洪水威胁、干旱地区的水资源短缺威胁、生态敏感区和脆弱区的环境风险等，环境维度重点关注影响城市脆弱性的胁迫性因素。

（3）社会。主要强调城市系统受到外界干扰后的脆弱性表征，旨在评估影响城市脆弱性的人口特征和社会经济因素，重点关注影响城市脆弱性的结构性因素。人口统计特征和社会经济变量会影响个人、社会群体和城市社区处理风险和不确定性的能力，如人口的性别、年龄、受教育程度、健康状况、收入状况、资源的可获得性、社会资本等方面的差异将会直接影响不同社会群体的脆弱性特征。社会脆弱性的分析评价有利于对特定脆弱性群体及其社区进行有针对性的制定提高弹性的规划策略。

（4）空间。用来解释脆弱性因素和脆弱性社区的空间分布。环境风险和危害并不总是均匀地分布，例如，更临近海岸线的社区将比其他社区受到台风的影响更大。因此，描绘出脆弱性的空间分布对弹性城市或弹性社区的规划至关重要。此外，对于那些混乱无序、未经规划的异质空间，往往是低收入人口和贫困人口集中、基础设施和公共服务短缺的区域，在受到外界干扰时，这些非正式空间显然比其他地区更容易变得脆弱，存在更大的潜在的风险，因此，异质空间的脆弱性将成为关注重点。

（二）面向不确定性的规划

脆弱性分析与评价提供了弹性城市规划的基础，为了进一步评估不确定性因素带来的风险，同时提高城市系统的响应与应对能力，还需要描绘出影响城市系统的不确定性情景，并在弹性规划过程中，通过情景分析实现对不确定性的规划响应。

当前我国城市规划对不确定性因素的考虑较少，使得城市规划的预见性和响应能力不够突出。针对不确定性因素的情景描绘正使得传统规划的概念、方法、程序面临全新挑战，而面向不确定性的规划（Uncertainty-oriented planning）为传统规划转型提供了基本的概念框架。实际上，城市规划的本质就是实现对不确定性的控制。正如阿伯特（Abbott）所言，"规划在涉及不确定性时将扮演重要的作用，它可以通过采取行动来确保未来，或准备采取什么样的行动以避免事件的发生"。

面向不确定性的规划主要是针对未来多种不确定性因素的发生几率进行评估，描绘未来可能出现的情景，并有针对性的制定相关规划方案实现对风险的分析决策。例如，基于风险的土地利用规划（Risk-based land use planning）通过风险影响的区位、类型、程度等，预测可能出现的不确定性情景，来避免人口和经济密集区暴露于风险中，进而降低城市脆弱性，这在促使城市向更弹性的状态发展过程中发挥着重要作用。

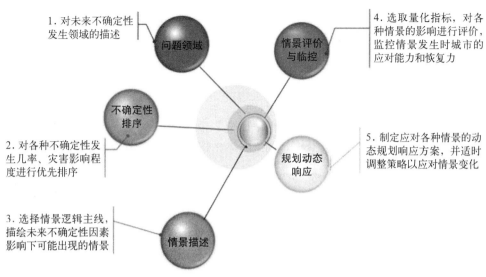

1. 对未来不确定性发生领域的描述

问题领域

情景评价与监控

4. 选取量化指标，对各种情景的影响进行评价，监控情景发生时城市的应对能力和恢复力

不确定性排序

2. 对各种不确定性发生几率、灾害影响程度进行优先排序

规划动态响应

5. 制定应对各种情景的动态规划响应方案，并适时调整策略以应对情景变化

3. 选择情景逻辑主线，描绘未来不确定性因素影响下可能出现的情景

情景描述

图 3　面向不确定性的规划过程

面向不确定性的规划过程（图 3）一般包括以下几方面内容：（1）问题领域的确定。主要是对未来不确定性发生领域的描述，如自然灾害、气候变化、社会危机等导致城市可能面临风险威胁的问题领域的判断；（2）不确定性排序。对各种不确定性发生几率、灾害影响程度进行优先排序，排名越高的影响越大，也是导致城市脆弱性的主要因素；（3）情景描述。选择情景逻辑主线，描绘未来各种不确定性因素影响下可能出现的情景，通过与专家学者的交流研讨和科学判断，做出方案预测；（4）情景评价与监控。选取量化指标，对每一种情景的影响进行评价与动态监控，特别是城市的弹性响应能力，重点评价每一种情景发生时城市的应对能力和恢复力，确定情景改变的指标阈值；（5）不确定性规划的编制与动态响应。基于上述分析与评价，制定应对多种情景的动态规划响应方案，同时，当情景发生改变时，不确定性也能适时调整策略以应对情景变化，进而提高城市弹性。

（三）城市管治

城市政府作为地方社会组织与管理的主体，在弹性城市规划中至关重要。当今大城市的复杂性和面临的挑战使其对合理的管治需求迫切，特别是面对各种不确定性和风险的突袭，需要城市管治不断进行调整与变化，以实现城市学习能力、适应能力和自组织能力的提高。事实上，城市管治已成为城市处理突发事件，应对灾害，引导城市社会、经济、生态向可持续与更富弹性方向发展的重要手段。一个更加弹性的城市通过管治可以在灾难事件发生后快速恢复基本服务和重新开始社会、制度和经济活动。弹性城市规划中的城市管治着重突出不同利益主体的整合、适应性管理和弹性资源的公平分配。

（1）整合。为了提高城市对风险和不确定性因素的应对能力，迫切需要提高本地管治能力，包括提高灾害发生时的资源供给与保障能力、有序的社会组织与管理能力、全社会的应对与响应能力等。对此，政府必须发挥其组织与协调能力，将不同利益相关者整合到规划过程中，包括各政府部门、企业、私人部门、社会团体、社区以及公民等，通过在弹性城市规划中构建开放的对话机制、合作与责任机制、过程决策机制，确定规划预案，当不确定性出现时，以利益相关者的期望优先，以实现更加灵活和迅速地适应环境的变化。

（2）适应性管理。适应性（Adaptation）是调整城市系统以适应外界变化的影响，通过适应性调整和适应能力建设使系统能持续保持稳定状态，从而减少脆弱性并增强城市弹性。一般而言，影响城市适应能力的因素主要包括地方知识、政府能力和信息环境。其中，地方知识是指地方是否存在相关学者、学术机构和项目计划，以实现脆弱性分析和评估的能力；政府能力指地方政府在行政、管理和金融等方面的权威性，以及行政领导者的决心和意愿；信息环境指地方参与全球性、区域性的弹性城市组织，并通过信息交换和共享，提高城市管治水平。

适应性管理（Adaptive management）是用来评估弹性城市规划及其实施的适应性策略和政策的主要手段。在弹性城市的规划及其评估过程中，必须围绕弹性目标来进行，回答诸如下列问题，如规划的目的是否是为了减少脆弱性并使得城市变得更加弹性；规划体系是否对气候变化等外部干扰具有一定的响应能力；规划是否能够提高城市的适应能力等。适应能力建设不仅包括对风险的预防，还包括处理潜在的或现实的负面效应。因此，规划部门可以采取两种适应性管理方案：一是事前管理，采取行动来减缓或防止风险事件的发生；二是事后管理，采取行动从风险灾害中尽快恢复。

（3）弹性资源的公平分配。由于社会贫困、不平等、环境不公正等问题的存在，弹性资源并不总是均匀地分布。许多学者已经指出气候变化和其他风险的影响会由于社会分化而产生不均匀的分布，这在美国卡特里娜飓风的例子中清晰可见，那些因贫困没有汽车的家庭在飓风来临后无法快速逃离而导致伤亡惨重。对于弹性城市而言，不仅要保障风险发生时弹性资源的公平分配，而且还要努力实现减少导致社会不平等的因素，如减少贫困，增加就业机会，改善生态环境，完善健康、教育等公共服务体系等，这也是实现弹性资源在不同社会阶层中公平分配的根本保障。

（四）弹性行动策略

弹性行动策略是根据弹性系统的属性特征，将弹性思维充分运用到城市规划中，通过制定一系列弹性原则与行动计划，为弹性城市规划的实施以及实现弹性城市规划的可操作性提供具体策略。

由于弹性概念最早应用于社会－生态系统研究领域，因此，弹性系统的属性特征和弹性原则大多来源于社会学和生态学的概念。根据埃拉伊迪（Eraydin）等人的总结，弹性系统的属性包括恢复性（recovery）、连通性（connectivity）、适应性（adaptability）、鲁棒性（robustness）、灵活性（flexibility）、冗余性（Redundancy）、转化力（transformability）等。一个具有弹性的城市应该具备上述某些功能属性，如城市的产业结构、能源构成、食物来源以及制度等需要实现冗余性和多样化，当系统的一方面受到外界干扰出现风险时，还可以有其他方面的选择以保障其基本功能的运行和服务的供给。再如，资源型城市产业结构过于单一，且面临资源枯竭的威胁，在提高经济弹性的规划行动中，迫切需要发展多种产业类型，实现产业结构多样化，以降低城市脆弱性风险，从而提高城市经济系统弹性。

依据弹性系统的每一个属性特征，都可以在弹性城市规划中制定具体的行动策略。沃德科对荷兰弹性城市规划的研究中提出了一系列弹性原则以及相应的规划行动（表3），包括稳态（Homeostasis）、杂食性（Omnivory）、高通量（High flux）、平行（Flatness）、缓冲（Buffering）、冗余（Redundancy）等，他将这些概念应用到城市社会－经济系统中，并做出了新的定义和解释。同时，根据这些弹性原则，提出了具体的弹性行动策略，以更好地指导弹性城市规划的实施。在城市规划中，也要改变一些传统思维，比如，出于经济和节约用地的考虑，项目或设施的建设往往会遵循最小化的需求原则，而弹性的冗余特征则与此恰恰相反。弹性思维要求城市规划必须更有远见，不仅是缓解当前面临的风险和降低脆弱性，更重要的是提高城市对已知和未知的扰动的灵活应对和适应能力。

弹性原则和规划行动　　　　　　　　　　　　　　表3

弹性原则	定义	弹性行动
稳态	多种反馈路径抵消扰动并使系统稳定	居民应该了解城市或区域存在的风险，并能够自行采取预防措施
杂食性	通过多样化资源和手段降低脆弱性	利用多种不同类型能源，其中部分可以在本地获得
高通量	资源通过系统高效运转以确保快速调动这些资源来应对扰动	更换住宅的规划由50年转变为30年
平行	层级管理不应太复杂。过多的层级系统不够灵活，而且对于处理紧急问题以及实施快速非标准化的行动过于迟钝	允许邻里管理用水安全
缓冲	保障基本能力在临界阈值以上	植被物种的多样性能够提供抵抗疾病和未知事件的缓冲
冗余	重叠功能，如果其中一个失效了，其他依然能够运行	建立进出城市或区域的多种路线，如道路、轮渡等

四、结语

本文系统梳理了弹性城市的概念与内涵特征，并根据国外理论与实践，初步提出了弹性城市规划的概念性框架。总体来看，弹性城市规划的理论和实践尚处于探索阶段，还需要长期的研究与总结。我们应该清楚认识到：（1）弹性城市规划是一个长期过程，特别是面对气候变化等长时间尺度因素的影响，应在科学的脆弱性分析基础上不断地评估、调整和创新规划策略；（2）弹性城市规划应集中关注城市系统最脆弱的部分，不仅包括硬件方面的基础设施体系，还应关注软环境的变化，特别是增强不同社会群体的适应能力和弹性；（3）弹性城市规划过程中涉及多方面的利益相关者，需要整合土地利用、能源管理、生态系统服务、住房、交通、公共卫生、垃圾处理等多个部门，彼此之间需要通力合作；（4）地方政府在弹性城市规划与实施过程中具有重要作用，有效的城市管治以及必要的法律和政策框架是保障弹性城市规划顺利实施的重要环节。

从我国城市发展实践来看，快速推进的城市化过程已实现我国由农村社会向城市社会转型，但与国外城市相比，我国城市所承载的超大的人口规模和持续的工业化与城镇化给城市带来的资源环境问题使中国城市面临更复杂和更严峻的挑战。近年来频发的地质灾害、特大暴雨、夏季持续高温、雾霾天气、沿海城市的台风威胁、资源型城市与区域的资源枯竭等各种不确定性因素和现实问题正考验着中国城市的适应力和恢复力。除了受自然灾害、气候变化等外部干扰的胁迫，城市系统本身的结构特征也表现出一定的脆弱性，如城市空间骨架的过度拉大、城市经济对土地财政的过度依赖、城市交通等基础设施的保障不足、工业化城市面临的环境污染、城市绿地与公共空间资源的缺失、大量流动人口的社会福利与身份认同等，城市面临的外部胁迫性因素和内部结构性因素的双重扰动进一步加大了城市的脆弱性。如何有效消化并吸收内外部干扰，提高城市面对不确定性因素的响应能力、适应能力与恢复能力是实现国家新型城镇化道路必然面对的现实问题。希望本文所提出的弹性城市规划概念框架能为我国弹性城市规划的开展和城市化健康与可持续发展提供有益的借鉴。

（撰稿人：黄晓军，西北大学城市与环境学院，博士，讲师；黄馨，长安大学地球科学与资源学院，博士，讲师）

注：摘自《城市规划》，2015（2），参考文献见原文。

大数据在城市规划中的应用及发展对策

导语：近年来，信息通信技术的快速发展加速了大数据时代的到来。但对于大数据到底对城市规划带来了哪些冲击、城市规划编制与实施应采用的发展对策，仍需进一步探索。基于对大数据时代城市空间研究成果的简要述评，研究从城市规划的编制与实施评价两方面展开讨论。对于规划编制，大数据提供了从"小样本分析"到"海量呈现"，从"滞后化"到"实时化"，从"专家领衔"到"公众参与"，从"人工化"到"智能化"，从"分散化"到"协同化"等多维转变的可能；对于规划实施评价，大数据指明了从"以空间为本"到"以人为本"，从"静态、蓝图式"到"动态、过程式"，从"粗放化"到"精细化"的转变方向。研究对当前正处于探索阶段的城市规划的未来发展具有一定的参考。

一、引言

随着我国城镇化的加速与深化，以消耗资源环境为代价、以空间机械扩张为核心的城市发展模式已难以为继，传统的城镇发展与城市规划模式亟待转型与革新，而近年来引起各领域高度关注的大数据与智慧城市则为这种革新提供了机遇与挑战。

"大数据"（Big Data）是指各种规模巨大到无法通过手工处理来分析解读信息的海量数据。大数据是传统小样本数据分析研究方法在样本数量上的扩展，即仅基于样本数据就能实现对于分析空间的充分覆盖，从而直观地展现结果。大数据由于自身具有数据海量、类型丰富、价值密度低及处理速度快等优点，已发展为重要的研究领域，在商业决策、经济发展、社会安全、公共卫生等领域的应用中发挥了突出作用，影响着人们的生活方式及学者的研究范式。

目前已有的相关研究多是基于地理学视角，主要偏重对城市空间的认知和解释，是以社交网络、手机数据、浮动车数据和城市传感器数据等为代表的海量、多源和时空数据在城市地理学方向上的一些研究。随着网络数据挖掘、居民行为数据的采集和分析，以及数据可视化技术的日渐成熟，人们能够以前所未有的精细度来认知和了解城市，最终规划和管理城市。如何运用这些大数据来更有效、更有针对性地进行城市规划编制和实施评价，仍需进一步研究。

大数据时代的城市规划不是简单的规划信息化，也不是规划中多了一个数据源而已；相反，大数据时代的大数据更多反映的是人的大数据，是中国经济社会与城市发展进入新的转型时期后各种新理念，如以人为本、新型城镇化等的终极体现，是城市研究与城市规划实践的又一个重大发展创新的机遇期。

二、基于大数据的城市空间规划研究简述

传统上，关于信息技术对城市空间的影响等方面的研究主要是基于调查问卷、访谈及理论的梳理总结等。随着信息技术的迅猛发展，特别是以网络日志、社交兴趣点（Place of Interests）、手机数据、浮动车数据和公交刷卡数据为代表的大规模、多类型信息数据的出现，城市空间研究迎来了重大的变革。主要表现在：研究方法由以传统的统计年鉴、社会问卷调查和深入访谈等为主向以网络数据（特别是社交网络数据）的抓取与空间定位技术（全球定位系统、智能手机系统及定位服务系统等）的应用为主转变；数据内容呈现出大样本量、实时动态和微观详细等特征，且更加注重对研究对象地理位置信息的提取。当前学术界的相关研究主要集中在城市实体空间和城市社会空间研究两方面，本文就相关研究进行简要述评。

（一）研究项目全面启动

住房城乡建设部与湖北省科技厅牵头的"十二五"国家科技支撑项目——智慧城市管理公共信息平台关键技术研究与应用示范是我国第一个智慧城市有关的国家级大项目，整合了涵盖了政府、学校、科研机构、事业单位和企业在内的各种研究机构，以构建智慧城市促进城市健康可持续发展为目标，在城市、街道、社区、停车场、住房等各个层面探索智慧城市的规划管理支撑体系，并建立中国特色的智慧城市管理公用平台和标准规范。关于中国智慧城市与智慧社区等方面的研究仍将成为"十三五"国家科技支撑项目的重要方向之一。另外，国家发改委、工信部、工程院、住房城乡建设部、教育部以及国家自然科学基金委员会等资助的科研项目也在不断启动中。

（二）规划编制应用研究

中国城市规划设计研究院致力于推动系统的规划支持系统，支持规划师更快更好地开展规划的编制和评估工作，并对大数据和开放数据持非常开放的态度。北京市城市规划设计研究院在大数据和开放数据方面进行了国内领先的探索，例如使用公交刷卡数据的深入分析、微博数据的挖掘、多源网络开放数据的获取和挖掘、规划知识的管理等，总结提出了面向规划行业的数据、方法和模型的框架体系。北京清华同衡规划设计研究院在应用程序（APP）开发、规划编制系统开

发、规划热点事件关注、大数据和开放数据挖掘等方面已经开展了一些尝试，并且成立了北京西城—清华同衡城市数据实验室，谋求把大数据基础上的规划管理落到实处。无锡市规划局在国内率先开始了基于手机信令数据的城市规划编制与管理的前沿性探索。另外，国内还有其他一些规划编制单位的探索性工作也已经不仅仅限于传统的规划信息化方面，而是开创性地将大数据应用于中国城市规划编制与城市管理等方面。

（三）城市实体空间研究

当前，城市实体空间研究主要针对城市的各类地理现象，从微观尺度分析人类活动对城市空间结构的影响。在大数据挖掘技术日益成熟的背景下，应用全球定位系统、网络日志、社交兴趣点、手机数据、浮动车数据和公交刷卡数据等方面的技术进行时空数据挖掘，一方面能够更为直观、精细地研究城市空间结构的动态变化；另一方面可以通过对群体活动数据与城市空间结构匹配度的分析，深入理解群体活动对城市空间结构的适应程度，为城市空间结构的优化提供技术支撑。

具体而言，在城镇等级体系研究方面，当前的大数据研究主要是基于Twitter、新浪微博等社交媒体上具有地理坐标和文本内容的兴趣点，或者通过对手机数据的通讯强度、来往方式等进行数据分析和挖掘，衡量不同城市在信息资源数量、种类等方面的差异与等级体系划分，分析不同城市的居民之间的相互联系数据，进而判断城市的等级体系结构。在城市交通研究方面，大数据的应用主要是基于全球定位系统、手机数据等大样本量对居民的出行活动进行分析，并在 GIS 平台上将其与城市土地利用及人口现状结合分析，展现不同于传统宏观城市层面的交通分析新途径。在城市功能区研究方面，大数据实现了从个体居民感知这一微观层面而非传统的人口、用地和产业规模等宏观层面来进行分析。此外，以 Twitter、Flicker 和新浪微博等为代表的社交兴趣点以及手机数据在划定城市功能单元、确定大都市区等研究中亦有贡献。

（四）城市社会空间研究

基于社交媒体（Social Media）和网页数据抓取的地理学研究是当前大数据研究的另一个主要方向。从海量的非结构化数据中分析、揭示社交网络要素的地理空间分布特征及形成机理，成为大数据时代城市社会空间研究的重要课题，城市居民活动分析、城市社交关系和城市事件的传播等研究方向已初步涌现。

在城市居民活动研究方面，研究者不再依靠小样本、主观性的社会调查数据和统计分析，而是通过 Twitter、新浪微博等社交媒体直接抓取海量的个人网络活动数据，实现对于定性地理特征分析的定量化表达。在城市社交关系研究方面，大范围、大样本的社交网络研究，特别是对于照片和文本内容中的关键词的提取，为其提供了一条异于传统的深入访谈和小样本数据的新研究路径。在城市事件的传播与响应方面，大数据分析技术通过对地理信息关键词的抓取，直观展示了城市事件的空间传播过程，对于城市灾害应急响应、规划过程和公众参与等方面具有重大意义。

上述针对城市实体空间和社会空间的研究，多以城市地理学研究范式出现，着力于"解释现象"，回答"是什么、怎么样"的问题，与城市规划"发现问题、解决问题"的范式和应对"为什么、怎么办"的需求存在不小的距离。城市规划工作者如何在现有的规划编制、规划实施中实现对大数据的有效利用，尚需进一步探讨。随着数据采集、分析和可视化技术的突破及运用，一个以海量数据为基础的城市空间环境与居民活动的直观展现将成为现实。城市规划研究将跳出传统的以统计年鉴、"走马观花"的实地调研，以及以地形图等为表征的模糊化、滞后化的少量样本数据的"窠臼"，转向运用大数据更为直观、全面地描述城市的运转过程，这将对传统的城市规划编制与管理带来巨大冲击，对此，城市规划需要及时作出响应。

三、基于大数据的城市规划编制

对于城市规划而言，大数据不仅意味着更丰富、全面的数据来源，还意味着基于海量、高精度数据所产生的规划编制的变革。随着大数据时代的到来，城市规划编制的技术方法面临革新，其相应的方法论也将随之转变。具体而言，在大数据时代，城市规划编制的相关响应主要集中在以数据搜集、响应速度为代表的技术方法革新，以及以编制方式、决策辅助和编制策略为代表的方法论转变等方面（图1）。

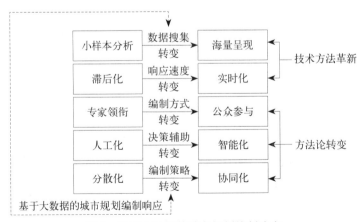

图 1　基于大数据的城市规划编制响应

（一）从"小样本分析"到海量、多源、时空的数据搜集的转变

传统城市规划的定量分析依赖于统计年鉴、调查问卷和研究文献等小样本数据，而在大数据时代，随着数据挖掘、分析和处理成本的下降，规划工作者能够依托新的海量数据对规划信息进行挖掘和分析，从而得到对于城市全貌的全景展现。基于对海量、多源时空数据，特别是对社交媒体数据、手机数据和传感器数据的分析，可以在时间与空间两个维度上对规划范围内的社会、经济和交通等活动展开研究。较之以往依靠小样本数据来做出预估的各种模型和分析方法，这些海量、实时的数据的直观呈现，能够为各层面的规划预测提供更坚实的基础（图2）。

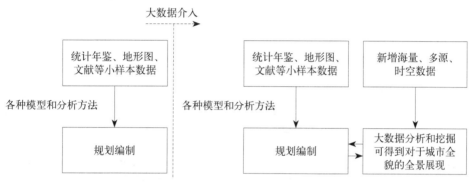

图2　从"小样本分析"到海量、多源、时空数据搜集的转变

以交通规划中的公交网络布局为例，在市域层面，传统布局规划需要投入大量人力进行调查和数据搜集，然后利用多种模型对所搜集的数据进行演算和预测。而基于海量公交刷卡数据的大数据分析方法，可以让所有流量数据精确、直接地展现在规划工作者面前。同时，通过对交通拥堵时的相关数据进行分析，可以更准确、有效地进行公交线路的安排与换乘站的调整。在区域层面，传统的布局研究方法是通过长途电话数据来研究城镇间的联系强度，而通过对海量的航空与铁路班次的数据挖掘、海量的手机用户移动轨迹的数据分析，可为城镇体系规划中的城镇群的形态和发育程度、城市间的关联强弱等提供更直观的展现效果。

相比传统的小样本数据，对城市规划行业数据的搜集将实现从初期的单纯依靠个人经验、理论和模型进行规划分析传统时代，跨越到依托海量数据挖掘和分析来发掘知识的时代。另外，在规划前期的数据搜集和分析阶段，挖掘海量大数据的规划利用价值，并基于大数据分析技术对传统数据进行重组和再利用，将成为未来发展的态势。

（二）从"滞后化"到"实时化"的响应速度的转变

所谓"滞后化"，是指传统城市规划编制过程中所使用的信息、数据往往受到多种技术手段匮乏的限制，从基础数据获取到数据分析，再到规划方案阶段的数据利用，多数是以"年"，甚至"十年"为单位，规划数据的搜集时间与规划编制的开展时间往往存在较长的时间间隔。以城市总体规划为例，诸多人口、经济、产业及用地等数据，在数据时效性上往往存在以"年"为单位的滞后期限。数据的"滞后化"，直接导致了城市规划在实施过程中难以与城市发展现实相吻合，规划的权威性和可操作性难以保证，在我国高速城市化的背景下尤为明显。

在大数据时代，由于信息搜集、处理和分析技术的进步，可以更为快捷地获取或分析城市规划所需要的各项传统基础数据，同时新增的海量数据信息也为城市规划提供了更实时化、直观化的数据展现方式。基于此，城市规划所需要的各项基础数据有望以"月"、"天"甚至是"小时"为单位而被获取、分析和呈现。在此基础上，城市规划编制在数据使用方面可以做到近乎实时化的分析处理和响应，快速应对当前高速城市化进程中涌现的各种问题（图3）。

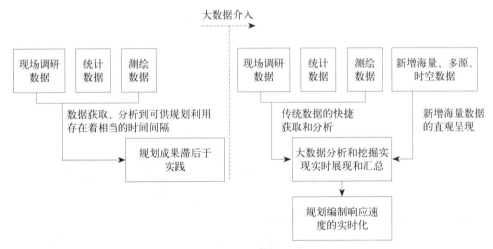

图 3 从"滞后化"到"实时化"的响应速度转变

（三）从"专家领衔"到"公众参与"的编制方式的转变

虽然"公众参与"已经成为当前城市规划的主要发展方向之一，如何构建公众参与的规划实践也已被广泛讨论，但在实践中，"专家领衔"仍是规划编制与评价的主导，具有重要公共服务功能、旨在为全体市民服务的城市规划，却存在公共参与在编制的过程决策及整体评价中多流于形式的问题。这一现状的存在固然有体制、法规等多方面原因，但公众、政府和规划工作者之间互动渠道的缺乏也绝对是一大诱因。传统的公众参与方式需要进行大量耗时的宣传、讲座和问卷调查，存在回馈慢、效果不显著等问题。

在大数据时代，随着数据传播、分析和处理速度的提高，通过对多种社交媒体的数据分析和目标传播，使规划草案与成果更易于公布和讨论，海量的公众意愿也能够通过关键字挖掘、文本提取等方式被迅速整理和分析。正是这方面技术的进步，使专家与公众之间的交流渠道更顺畅，协作性规划更容易实现，促使传统以专家决策为主导的城市规划能够向快捷、高效的公众参与型规划转变（图4）。具体而言，信息传播与搜集的迅速化，使得城市规划在公众参与程度上能够实现从现有的规划成果公示向规划编制与评价的全过程参与转变；海量个体数据搜集与挖掘的简易化，使得城市规划在公众参与方式上能够有针对性、有重点地根据不同的对象做出参与邀请和信息回馈。具备了这些特征的公众参与，才能真正成为城市规划的重要组成部分。

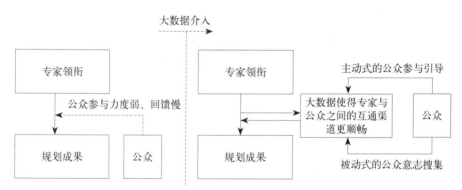

图4　从"专家领衔"到"公众参与"的编制方式转变

在具体操作方式上，对于有固定主题的公众参与，可以整合 WebGIS 技术与 Location-based Social Network（定点服务网络）等社交网络（如微博、微信等），在网络上实现规划公众参与的高效展现、分享、推广和反馈，引导公众主动参与到规划过程中。同时，以点评类 Social Network Service 数据（如大众点评网）为基础数据源，采用潜在语义索引技术，基于点评文档语义进行自动分类及评价，实现对于规划效果的被动式公众参与。

（四）从"人工化"到"智能化"的决策辅助的转变

相对于传统依赖人工判断和分析的规划编制模式而言，基于大数据的规划编制可以轻松构建一个海量的案例数据集，通过机器学习程序来辅助城市规划编制过程中的各项决策。通过建立以海量案例为核心的数据库，规划编制人员可以高效查询之前是否有过同样或类似的案例及相关案例的实施评价，并以此为基础进行相应分析，进一步辅助规划决策。在整个分析和改进的过程当中，使用不同内容和不同频次的指标，然后基于以往的规划实施效果评价来实现科学决策。

以控制性详细规划的编制为例，当前多是依照城市密度分区划定基准容积率，再按照相关道路、地铁、地块大小和用地性质等相关影响因素求算出最终值。这一方式在市场经济条件下过于死板，容易导致规划修编常态化，规划权威性易被损害。而基于海量的数字化基础案例及其实施评价，可以依照以往多个地块控制性详细规划的编制及最终实施情况，为规划工作者提供更好的决策辅助（图5）。

虽然有学者在20世纪就提出用机器学习来辅助城市规划管理的设想，但海量数字化案例的缺乏导致其实施效果一般。在大数据时代，这一设想可以进一步深化，并具有更广阔的前景。

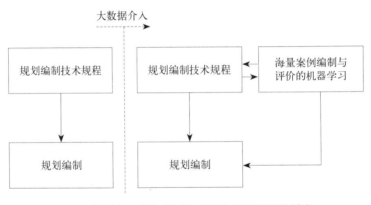

图5　从"人工化"到"智能化"的决策辅助转变

（五）从"分散化"到"协同化"的编制策略的转变

当前，国内各城市的规划类型较为分散、多样，在引导和控制方面往往有城市规划、土地利用规划和经济社会发展规划等诸多规划，更广义上的规划还包括交通、环境和生态等类型的规划，而这些规划分别隶属于不同的政府部门。这些政府部门在行政级别上"互不隶属"，致使在规划编制时常出现内容重叠、协调不周和管理分割等情况，由此衍生出的城市空间利用效率低下及规划浪费的现象并不少见。除了既有政府管理体制不健全的问题外，包括基础数据在内的技术方面的衔接失当也是产生上述现象的重要原因。具体而言，由于当前城市规划编制存在的基础数据来源、统计口径及数据可信度等的差异，各种规划的基础数据不具可比性，结论自然也无法对照比较。

具有多源化、长时段和高精度等属性的大数据的出现，为弥合当前分属不同管理部门"分散"的规划、促进其走向"协同"，提供了技术层面的可能。通过技术手段，获取居民活动、交通流量和生态环境等数据，并与传统的规划、土地及经济社会等基础数据相结合，为城市规划、土地规划和经济社会规划等提供更为统一、全面、精准的基础数据来源及对接平台，进一步协调数据统计口径，实现信息共享、不同主体协作规划和空间融合建设等，最终实现规划统一的信息联动平台——"一张图"管理，建立各个部门在建设项目审批上的业务协同机制，以有效统筹城乡空间资源配置，优化城市空间功能布局（图6）。

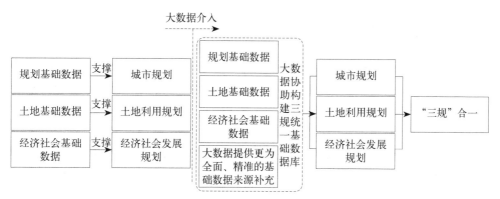

图6　从"分散化"到"协同化"的编制策略转变

四、基于大数据的城市规划实施评价

大数据不仅给城市规划的编制带来了冲击，城市规划的实施评价也需要响应这一新形势，做出转变：大数据所带来的方法论转变可以有效辅助城市规划实施评价，实现关注要点和实施过程的转变；而大数据所带来的技术方法革新可以辅助实现评价力度的转变（图7）。

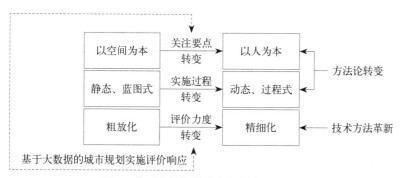

图7　基于大数据的城市规划实施评价响应

（一）从"以空间为本"到"以人为本"的关注要点的转变

城市规划，回溯其历史缘起及发展历程，不论是早期的英国田园城市运动还是美国城市美化运动，甚至是之后的分区规划，其本质目标都是为了创造良好的城市空间，最终满足城市居民的要求，为居民创造美好生活。传统的城市规划编制与实施，都是通过对城市空间的干预，最终作用于城市居民及其生活。但长期以来，城市规划受制于技术进展，无法直接服务于规划的最终用户—城市居民的要求，只能退而求其次，通过对城市空间的管理来间接地促进和实现这一终极目标。

随着大数据时代的到来，基于居民个体的大量、多源数据的出现，提供了一条展示居民与城市互动的"捷径"。在城市研究上，通过大数据分析，对居民规划进一步深化，具有更广阔的前景（图8）。

具体而言，在城市总体规划层面，可以通过手机数据、公交刷卡数据和浮动车数据等，结合土地利用与人口现状，量化和可视化地进行规划实施效果评价，判断主要发展目标，如城市发展轴线、主要规划中心区的设定是否合理，整体城市功能布局是否妥当等。在控制性详细规划层面，可以通过手机数据反映城市居民活动的密度，直观测量和校核控制性详细规划指标体系。例如，通过实时的人口密度，对容积率指标、功能混合度做出进一步调整和校核等。在GPS追踪、兴趣点分析等得到较高精度的数据，切实考虑人的活动，进而分析其对空间使用的时空特征，评价设计效果。

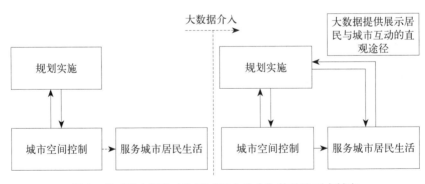

图8 从"以空间为本"到"以人为本"的关注要点转变

（二）从"静态、蓝图式"到"动态、过程式"的实施过程的转变

一般而言，城市规划是关于城市发展的计划和安排，在政府主导下，将规划的方案审批公布后，随即开始实施。但在快速城镇化的市场经济中，社会经济发

展的多样性和快速变化性必然要求为之服务的城市规划也具有相应的动态性，要求规划实现由传统的"蓝图式"规划向"过程式"规划转变，即规划本身不应该是优美的"蓝图"，而应该是一个动态、弹性的过程，这样才能根据城市发展不断做出优化调整。但"过程式"规划的反馈和调整受制于传统规划信息收集、分析与反馈的滞后化，往往仅停留在理论阶段，实际可操作性不强。

大数据时代的到来，为城市规划由"静态"向"动态"转变提供了切实的技术支持。海量、多源、时空的大数据的出现不仅可以促进规划编制精细化，还可以及时发掘规划实施过程中存在的问题及其他信息，为及时调整现有的规划提供重要的支撑。在大数据的支撑下，规划的编制实施过程将真正转变为"规划编制—规划实施—数据、信息反馈—规划修正（或修编）—规划实施"的良性循环，实现在整个规划期内，城市各子系统内及各子系统之间的快速、弹性互动（图9）。

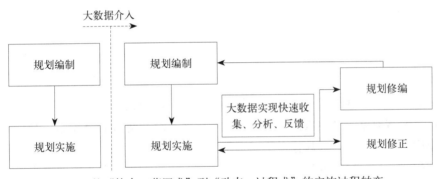

图9　从"静态、蓝图式"到"动态、过程式"的实施过程转变

（三）从"粗放化"到"精细化"的评价力度的转变

所谓"粗放化"，是指随着城市规模的迅速扩大、人口的大幅度转移，城市规划的实施评价在信息获取、状态检测和实施控制等方面难以做到全面及细致的把握。一方面，规划实施评价往往只能"抓大放小"，针对主要的评价指标做出相应判断，弱化对其他指标的控制和管理；另一方面，规划实施效果难以得到量化评价，只能进行粗略的定性表述。

不同于以往的传统数据，海量、多源、时空的数据正在于其基于个体数据的海量特征，通过对极大数量样本的呈现，城市规划工作者不再需要依托传统模糊而不准确的主观判断、局部而片面的抽样分析，而是直接面对个体精细而整体完整的城市发展和运行态势。在此情况下，传统粗放的规划实施评价将向精细化方向大幅迈进，推动评价准确性的有效升级（图10）。如此，一方面能够

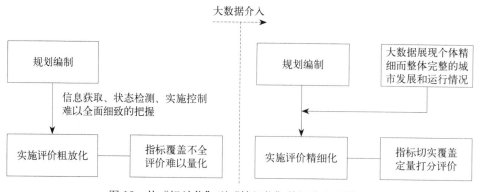

图 10　从"粗放化"到"精细化"的评价力度转变

实现对诸多评价指标的切实覆盖；另一方面能做到定量的评价。当前，关于规划空间控制的动态评价研究已有一些进展，大数据时代的到来必将进一步加速其研究的步伐。

五、结语

随着大数据时代的到来，在统计学领域，从频繁模式和相关性分析得到的一般统计量通常会克服个体数据的波动，发现更多可靠、隐藏的模式和知识。与传统的小样本数据相比，大数据对于城市研究和城市规划的价值更大。随着数据采集、分析和可视化技术的突破，一幅前所未有的、以海量数据为基础的城市图景正直观地展现在世人面前，这既对基于小样本数据的传统城市规划提出了新的挑战，对城市规划的科学化与城镇治理的高效化等提供了极大的启示与可能，使得各部门在数据及时获取与有效整合的基础上，能够及时发现问题，实时进行科学决策与响应，也为公众参与提供了基础与平台。

需要强调的是，在大数据时代，城市规划需要逐渐从以"经济活动和建设用地"为核心的物质空间规划转向以"个体日常行为活动"为核心的社会空间规划。显然，以海量化、多源化和高精度数据为表征的大数据时代的到来，为精确认知和掌握城市居民时空行为特点及进行科学的模拟预测提供了丰富的土壤。虽然大数据时代对城市规划的技术方法、内容及实施评价等带来了诸多方面的影响，但城镇化归根到底是人的城镇化，即城市规划需要"以人为本"，关注个体的生活品质。因此，大数据的发展需要满足人本主义的诉求，并与技术主义相结合，协同推进规划设计、规划思路与方法创新，而非技术主义至上，过分夸大其对城市规划的影响。只有这样，才能将大数据转变为对于城市功能品质和市民生活需求的切实提升，为新型城镇化背景下的城市建设提供重要支撑。

（撰稿人：叶宇，香港大学城市规划及设计系博士研究生，注册城市规划师（荷兰）；魏宗财，香港大学城市规划与设计系博士研究生，工程师，注册城市规划师；王海军，武汉大学资源与环境科学学院副教授，香港大学城市规划与设计系访问学者，博士；柴彦威，北京大学城市与环境学院教授；龙瀛，北京市城市规划设计研究院高级工程师；申悦，华东师范大学中国现代城市研究中心讲师）

摘自：1. 叶宇，魏宗财，王海军. 大数据时代的城市规划响应［J］. 规划师，2014（08）：5-11.

2. 柴彦威，龙瀛，申悦. 大数据在中国智慧城市规划中的应用探索［J］. 国际城市规划，2014（06）：9-11. 参考文献见原文。

2014 年城乡规划管理工作综述

2014 年是深入贯彻落实党的十八届三中全会精神、全面深化改革的重要一年。2013 年 12 月中央城镇化工作会议召开之后，中共中央国务院印发了《国家新型城镇化规划（2014—2020 年）》，明确未来城镇化的发展路径、主要目标和战略任务，要求提高城市规划建设水平，创新规划理念、完善规划程序、强化规划管控。根据新形势和新要求，2014 年城乡规划管理工作坚持城乡统筹发展，充分发挥城乡规划的引领作用，以提高规划执行力为中心，加强和改进城乡规划实施管理，促进城乡建设协调有序健康发展。

一、2014 年城乡规划管理工作进展

（一）改进城乡规划，治理建筑文化乱象

为落实习近平总书记等中央领导对城市规划的重要批示，2014 年住房和城乡建设部组织各省、自治区住房城乡建设厅及直辖市、计划单列市、省会城市规划局（委）分别在长春、杭州、重庆、西安、郑州、石家庄召开了六个片区的城乡规划工作座谈会，全面了解当前城市建设中存在的问题。在此基础上，组织起草了《加强和改进城乡规划工作的举措（草稿）》，提出强化城市总体规划综合统筹作用、严格落实规划强制性内容、改善用地结构和提高土地利用效率、保护和传承城市历史文化等措施。

2014 年，住房和城乡建设部先后在上海、北京等地召开了由相关专家和部分城市规划局参加的建筑文化座谈会；由中组部、中宣部、文化部等 7 个部委参加的建筑乱象治理部门工作会；由全国高等院校和建筑设计院的专家学者参加的建筑文化座谈会。结合座谈会意见建议，住房和城乡建设部起草了《治理建筑文化乱象行动方案》，开展有关城市风貌和建筑文化乱象治理。

（二）落实新型城镇化规划相关试点工作

住房和城乡建设部积极参与国家新型城镇化规划编制工作，推动国家新型城镇化规划出台和实施，并参与调整城市规模划分标准的工作。按照中央统一部署，与国家发改委等 11 部委联合下发关于开展国家新型城镇化试点工作的通知。

为推动市县经济社会发展规划、城乡规划、土地利用规划、生态环境保护规划"多规合一"试点工作，住房和城乡建设部与国家发展改革委等 4 部委于 2014 年 8 月联合印发《关于开展市县"多规合一"试点工作的通知》，确定了 28 个试点市县名单。其中，浙江省嘉兴市和德清县、安徽省寿县、福建省厦门市、广东省四会市、云南省大理市、陕西省富平县以及甘肃省敦煌市等 8 市县为国家试点市县。2014 年 10 月，住房和城乡建设部为规范和明确试点市县"多规合一"工作思路和方向，召开了市县"多规合一"试点工作座谈会，听取试点市县工作方案和进展情况汇报，讨论推动市县"多规合一"试点工作的指导意见，明确试点工作要求。在指导、总结试点市县工作的基础上，完成住房和城乡建设部推动市县"多规合一"试点方案。

为落实中央城镇化工作会议要求，住房和城乡建设部和国土资源部联合开展划定城市开发边界试点工作，制定了《划定城市开发边界试点工作方案》，选定厦门、武汉等 14 个城市作为第一批试点城市，于 2014 年 7 月召开工作启动会，并在武汉、厦门、贵阳等城市开展专题调研，协调指导难点问题。

（三）规划编制和审查工作

一是省域城镇体系规划工作进展顺利。2014 年住房和城乡建设部开展了省域城镇体系规划编制技术导则研究，进一步规范省域城镇体系规划编制内容，并组织了省域城镇体系规划实施评估检查工作。2014 年，福建、新疆、安徽城镇体系规划经国务院同意批复。住房和城乡建设部召开城市规划部际联席会审议江苏、云南省城镇体系规划；并将江苏、云南省城镇体系规划上报国务院待批。

二是推进城市总体规划编制审批改革。在城市总体规划编制审批中，突出上报成果中需国务院关注的重点内容和管控要求，提高统一性和规范性，进一步增强城市总体规划对城市建设发展的引导、控制，并通过加强不同层次规划的衔接，使城市总体规划可落实、可考核、可监管。2014 年，住房和城乡建设部组织召开 5 次城市总体规划部际联席会议，审议了 8 个城市的总体规划；完成 11 个城市总体规划的报批工作。完成了 7 个城市总体规划修改的审查认定，报请国务院同意 3 个城市正式启动总体规划修改；完成了 5 个城市总体规划修改方案的审查。

（四）区域规划协调发展工作

一是推动京津冀协同发展相关工作。由住房和城乡建设部牵头会同国家发改委等相关部门，完成京津冀协同发展空间布局专题研究，提出对京津冀空间布局的构想。组织开展京津冀城镇体系规划工作。

二是推动长江经济带发展相关工作。完成长江经济带城镇发展布局研究的专题报告。

（五）城乡规划实施监督

为维护城乡规划科学性和严肃性，住房和城乡建设部开展了《城乡规划违法违纪行为处分办法》贯彻落实情况的专项检查，要求地方开展全面清查和自纠并进行总结，并于11月底至12月组织4个检查组赴8个省开展实地检查工作，督促地方加快制度建设、健全城乡规划领域廉政风险防控机制，严肃查处城乡规划违法违纪行为。

2014年，住房和城乡建设部结合重点案件开展调查，严格依法提出处理意见，保证城乡规划法律法规的有效执行，其中包括配合发改委开展的高尔夫球场整治检查工作。此外，还通过卫星遥感技术和派驻规划督察员及时了解各地在规划实施和执法过程中出现的新情况、新问题，并制订了《利用遥感技术辅助城乡规划监督工作规程》、《城乡规划督察工作重大违法案件处理暂行办法》等管理规章，加强城乡规划实施监督。

（六）历史文化名城名镇名村保护工作

2014年10月，住房和城乡建设部颁布了《历史文化名城名镇名村街区保护规划编制审批办法》（以下简称《办法》），并印发了关于贯彻落实《办法》的通知，要求各地充分认识《办法》颁布实施的重要意义，对本地历史文化名城、名镇、名村、街区保护规划编制审批情况开展检查。2014年12月，针对各地拆除保护性建筑行为时有发生这一情况，住房和城乡建设部印发了《关于坚决制止破坏行为加强保护性建筑保护工作的通知》，要求各地充分认识加强保护性建筑保护意义，按照国家有关法律法规的要求，加强对保护性建筑的保护，坚决制止拆毁、破坏保护性建筑的行为，切实做好保护性建筑的保护工作。对反映洛阳、哈尔滨、开封等地的有关问题进行调查核实。另外，还参与起草了《关于加强历史文化名城名镇名村及文物建筑消防安全工作的指导意见》。

2014年历史文化名城保护上取得积极进展。齐齐哈尔市、湖州市由国务院公布为国家历史文化名城。第六批中国历史文化名镇名村审查公布工作完成，公布了71个中国历史文化名镇、107个中国历史文化名村，中国历史文化名镇名村总数增至528个。住房和城乡建设部会同国家文物局组织完成了对聊城市、邯郸市、随州市、寿县、浚县、岳阳市、柳州市、大理市国家历史文化名城保护整改工作的复查并提出相关意见。

2014年，中国历史文化街区认定工作全面启动。住房和城乡建设部联合国家文物局下发了《住房和城乡建设部　国家文物局关于开展中国历史文化街区认定工作的通知》，组织起草了《中国历史文化街区评价指标体系》、《中国历史文化街区基础数据表》，完成了各地申报材料汇总整理，并于 2014 年年底召开评审会。

（七）城市地下空间开发利用相关工作

2013 年 11 月，住房和城乡建设部会同国家人防办着手开展城市地下空间规划、建设和管理研究与试点工作，选定上海、浙江等 8 个试点省（区、市），提出城市地下空间规划建设管理要求。为摸清各试点省（区、市）城市地下空间开发利用的政策法规、体制机制、标准规范和建管用等相关情况，2014 年 3 月底至 4 月初，住房和城乡建设部开展了城市地下空间试点工作调研，结合调研情况，于 2014 年 9 月下发了《关于试点城市开展地下空间规划、建设和管理工作的指导意见》，指导试点城市建立地下空间规划体系，完善地下空间规划实施管理机制，建立地下空间规划建设管理部门协调制度，开展城市地下空间资源调查与评估，推进地下空间规划建设管理示范工程。

（八）规划行业管理工作

2014 年，城乡规划编制资质重新核定及换证工作全部完成。住房和城乡建设部负责组织实施甲级规划编制单位的核定及换证工作；省、自治区住房和城乡建设厅，直辖市规划局（规委）负责组织实施乙、丙级规划资质的核定及换证工作，并将核定合格的乙、丙级规划编制单位报住房和城乡建设部备案。经核定合格的单位可相应获得新的甲、乙、丙级《资质证书》。对不再符合规定条件的编制单位，依法依规进行处理。

经国家统计局批准，住房和城乡建设部于 2014 年 10 月制定并印发了《全国城乡规划行业统计报表制度》，从 2014 年年报工作开始执行，既可为政府、行业组织和各类企事业单位提供信息服务，也有助于管理部门了解全国城乡规划行业的基本情况。此外，为加强规划行业管理，住房和城乡建设部还开展了《城市总规划师制度研究》。

（九）其他城市规划管理政策制定

2014 年国家印发了《关于加强城市通信基础设施规划的通知》、《关于支持铁路建设实施土地综合开发的意见》。住房和城乡建设部完成城市居住区规划设计规范、城市道路交通规划设计规范等一批标准规范修订的复审工作；研究起草了低碳生态城市、城市轨道沿线地区规划建设的相关技术导则，进一步规范了城乡规划编制工作。

二、面临的问题和挑战

（一）城乡规划统筹协调能力有限

城乡规划作为统筹调配城乡空间资源的综合性规划的地位尚未确立。尽管《城乡规划法》确立了城乡规划体系及其城乡空间资源的统筹调配的法律地位，但在实际中，城乡规划受到各方面冲击和影响。省域城镇体系规划、城市总体规划在协调区域、市域发展、城乡统筹等方面的能力十分有限。

（二）规划修改调整频繁

随意修改城市总体规划，甚至违法违规修改规划的现象还普遍存在。一些地方存在着"一届政府、一个规划"，"领导一换，规划重来"的问题，为了体现自己的发展思路，随意修改规划，频繁修改规划使城市发展方向不断改变，不但破坏历史文化和自然资源，也造成了社会资源的巨大浪费。包括违反城市总体规划和法定程序修改城市控制性详细规划；以权代法、违规操作，违反规划规定审批建设项目等现象也不同程度存在。

（三）违法建设屡禁不止

一些单位和个人为了牟取更多的经济利益，无视城市规划，未批先建或不按城市规划要求进行建设的情况屡见不鲜。违法建设破坏了城市环境，威胁了城市公共安全，扰乱了社会管理秩序，也损害了城市规划的严肃性。

三、2015 年城乡规划管理工作展望

（一）重视城市设计编制及管理

2015 年城乡规划管理工作将重点研究制定《城市设计管理办法》和《城市设计导则》，要求各地开展城市设计工作，将城市设计的要求纳入法定规划和依法行政的轨道。研究建立大型公共建筑设计的专家辅助决策机制，推进公众参与。

（二）落实新型城镇化相关工作

为贯彻落实中央城镇化工作会议精神和国家新型城镇规划分工要求，2015年城乡规划管理工作将加强研究落实措施和意见，推动新型城镇化健康有序发展。

一是将进一步推进市县"多规合一"试点工作，加强对试点市县的指导，总结和推广经验，建立一张图、全覆盖的"多规合一"工作方法和机制。

二是住房和城乡建设部将会同人防办完成城市地下空间规划、建设和管理试点工作。对试点地方的相关课题进行验收总结，摸清城市地下空间开发利用的政策法规、体制机制、标准规范和建管用等相关情况；逐步规范地下开发空间规划编制，完善相关技术标准；完善相关法规体系，进一步明确各相关部门职责，构建协同配合机制，形成联合监管控体系，为《地下空间规划条例》制定出台打下实践基础。住房和城乡建设部还将组织开展城市地下空间开发利用发展"十三五"规划的组织编制和地下空间立法的前期研究工作。

（三）开展全国城镇体系规划编制，推动区域协调发展

2015 年将会同有关部门依法开展全国城镇体系规划编制，优化城镇化布局和城镇体系结构，引导农业人口有序转移，促进大中小城市和东中西地区协调发展，推动各地走因地制宜的新型城镇化道路。同时，继续做好京津冀协同发展相关工作，完成京津冀城镇体系规划编制。统筹区域空间布局，落实国家新型城镇化规划要求。住房和城乡建设部将与国家发改委，共同牵头开展跨省级行政区域城市群规划编制工作，促进城市群协调发展。

（四）完善城市总体规划审批和实施评估管理措施

按照立法计划，2015 年将完成《城市总体规划编制审批办法》的起草，加强对不同规模、不同类型城市总体规划制定的分类指导，明确强制性内容。将在前期城市总体规划编制审批制度改革研究的基础上，对部际联席会议制度、审查工作规则等进行完善，通过适当简化审查程序，缩短周期，提高审查审批效率。修订完善《城市总体规划实施评估办法》，研究建立城市总体规划实施情况的评估报告制度，加强对城市总体规划执行情况的监督检查，推进城市总体规划的实施。

（五）完善法规标准体系，加强规划行业管理

2015 年住房和城乡建设部将继续完善城乡规划法规体系，制定出台《城乡规划违法建设查处办法》，规范违法建设查处工作，加强违法建设查处力度。开展《历史文化街区保护实施办法》相关工作。同时，城乡规划管理部门将加强规划行业信用体系和统计工作。通过完善规划编制单位管理信息系统，建立不良信用记录，完善城乡规划编制单位信用档案体系，规范对规划编制单位的审批和管理工作。计划 2015 年开展全国城乡规划行业统计报表首次填报工作。

2015 年将继续按照有关城市规划标准制修订工作计划，开展标准规范的制

定和修订工作，提高工作的计划性、系统性，增强标准适用性、指导性，加强在编相关标准内容的衔接与协调。

（六）国家历史文化名城保护工作

一是开展国家历史文化名城保护规划编制和批准情况专项检查。指导督促国家历史文化名城按照有关要求，在 2015 年年底前完成保护规划的编制、修改和报批工作。

二是对国家历史文化名城和中国历史文化名镇名村开展不定期的随机抽查，对保护工作不力的名城名镇名村提出整改要求；督促省级城乡规划部门对国家历史文化名城、历史文化名镇名村的监督指导。

三是组织对条件成熟的申报国家历史文化名城的城市进行评估考察；对拟申报国家级历史文化名城的城市进行专家的前期指导。

四是完成国家历史文化名城退出机制、"一五"时期苏联援建 156 项重点工业项目现状调查及保护利用、历史文化名城名镇名村保护设施建设"十三五"规划相关研究工作。

（撰稿人：孙安军，住房和城乡建设部城乡规划司司长；邢海峰，住房和城乡建设部城乡规划管理中心副主任、研究员，博士；门晓莹，住房和城乡建设部城乡规划司规划管理处处长；张舰，住房和城乡建设部城乡规划管理中心规划处处长、副研究员，博士；唐兰，住房和城乡建设部城乡规划管理中心规划师，博士）

2014 年城乡规划督查工作进展

2014 年，城乡规划督察工作紧紧围绕住房和城乡建设部中心任务，认真贯彻落实《国家新型城镇化规划（2014—2020 年）》中关于"健全国家城乡规划督察员制度，以规划强制性内容为重点，加强规划实施督察，对违反规划行为进行事前事中监管"的要求，以及陈政高部长在全国住房城乡建设工作座谈会上关于"督察员队伍作用要强化，素质要提升，组织要严密，制度要完善，任务要明确，还要有严格的问责"的指示精神，以狠抓督察建议落实为重点，不断完善工作制度，加强队伍建设，提升督察效能，组织全体督察员较好地完成了各项任务。

一、2014 年度督察工作进展

（一）督查制度建设工作进展

2014 年住房和城乡建设部组织修订并印发了《住房和城乡建设部城乡规划督察员工作规程》和《住房和城乡建设部城乡规划督察员管理办法》，进一步完善了督察员工作职责和工作方式，规范了督察员管理的相关要求。还以部文印发了《住房和城乡建设部利用遥感监测辅助城乡规划督察工作管理办法》和《住房和城乡建设部利用遥感监测辅助城乡规划督察工作重大违法案件处理办法》，建立了遥感督察属地管理、分级分类的工作体系，完善了挂牌督办、通报、约谈、案件移送等工作机制，进一步推动督察员开展遥感督察工作，有效促进了督察员与省级住房城乡主管部门的联动配合，加大了违法案件的惩戒力度，督促违法案件处理到位。

（二）制止违法违规行为取得成效

2014 年，住房和城乡建设部派驻 103 个城市的 116 名督察员积极开展规划督察工作，在事前事中遏制违法违规行为苗头 548 起，平均每个城市 5 起，为严格城市总体规划、历史文化名城保护规划、风景名胜区总体规划等三个总规的实施，保护公共资源和公共安全，促进地方依法行政做出了新的贡献。

一是保护城市公共利益。及时制止侵占绿地开发建设的行为 256 起，保护1200 万平方米的公共绿地和生态防护绿地免于侵占。如驻河南某市督察员经过半年多的跟踪督促，制止了大运河边占地 12 万平方米的城市公园绿地免遭侵害。

二是保障城市公共安全。制止和纠正侵占黄线和蓝线违法建设行为 20 起，180 万平方米的城市水源地和水系得以保护。如驻河北某市督察员制止了饮用水地下水源一级保护区内建设的动议，保护了几百万名群众的城市饮水安全。

三是保护不可再生资源。制止破坏历史街区和风景区的行为 36 起，保护了 200 万平方米的不可再生资源，为城市延续文脉，留住了乡愁。如督察员叫停了浙江某市拟穿越国家级风景名胜区核心景区建设南屏山隧道的行为，保护了重要景观资源。

四是督促地方依法行政。督察员从发现的倾向性问题入手，督促地方健全规划实施的长效机制。向派驻城市提出完善规划管理的建议 109 条。督促 29 个城市理顺了规划管理体制，强化了规划统一管理；督促 17 个总规到期的城市加快了总规编制报批进度；推动 27 个城市加强了控规和各类专项规划编制工作。此外，督察员还制止突破建设用地范围违规审批 18 起，督促派驻城市完善了规划执法体制，督促查处未批先建违法建筑 69 起，维护了规划的严肃性。

（三）疑难问题和重大案件督办

一是加强疑难问题督办。通过现场督办、专家研判、司局协同和部省联动等方式，依法制止和纠正了河北省某基地侵占水源地建设、云南某市度假区建设项目侵占公园绿地和广东省某项目违规侵占道路建设等 20 余起重大违法违规问题，树立了规划督察工作的权威性，强化了地方自觉遵守规划的意识。

二是严肃重大案件惩戒。首次组织筛选了 5 起情节恶劣、社会影响较大的违法建设案件，责成相关省厅督促整改，对整改不到位的予以公开曝光。此举引起了各级地方政府的高度重视，积极组织整改。广东省某市未按规划许可违法建设问题，经部省督办，对 16 栋 1 万多平方米的违法建筑进行了拆除，并对规划局相关负责人进行了责任追究。湖南某市针对建设项目侵占绿地进行开发建设问题，经部省督办，对经济开发区管委会和规划局相关负责人进行了责任追究。对其他尚未整改到位的将挂牌督办，落实查处责任。

（四）督察员队伍建设

一是优化督察员队伍。2014 年新增 27 名新任督察员，其中有 7 名同志是城市规划管理部门的在职干部。队伍调整涉及 45 个城市，79 名督察员。通过这次调整，督察队伍构成由过去单纯依靠退休人员转变为在职人员和退休人员相结合，队伍平均年龄也由 64 岁降到 61 岁，队伍结构更加科学合理，队伍活力也得到进一步提升。

二是开展督察员年度考核。依据督察员考核办法，首次组织开展了督察员年度考核，引导督察员积极履行职责，激励督察员及时发现违法违规问题，促进督察员勤政廉政。

二、2015 年城乡规划督查工作安排

2015 年，城乡规划督察工作将以贯彻落实《国家新型城镇化规划（2014—2020 年）》关于健全国家城乡规划督察员制度的要求为核心，进一步深化规划督察工作，重点工作包括以下几方面：

（一）严格监督规划强制性内容实施

紧紧围绕城市总体规划、历史文化名城保护规划和国家级风景名胜区总体规划的实施开展督察，守住城市发展的边界和底线。

一是严格做好城市总体规划实施监督。继续以总规强制性内容实施监督为重点，严密监控禁建区、限建区建设活动，依法制止侵占绿地、基础设施用地和河湖水系，以及突破建设用地范围搞建设的行为。关注建设依据的合法性问题，积极推动相关城市依法进行总规的编制报批和修改工作，规范控制性详细规划编制审批管理，确保控规贯彻总规意图。

二是严格做好国家级风景名胜区总体规划实施监督。关注风景区保护的法定规划，推动国家级风景名胜区总体规划的编制、修改和报批工作。关注风景区山水文脉等核心资源的保护，对于侵占风景区搞开发的违规行为苗头，做到快速反应，及时制止，及时上报。此外，要督促地方对国家级风景名胜区执法检查中发现的违法违规行为进行整改。

三是严格做好历史文化名城保护规划实施监督。要按照《历史文化名城名镇名村街区保护规划编制审批方法》的要求，重点关注所督察范围内是否制定历史文化名城保护规划。已经制定保护规划的，要着重关注各项建设活动是否符合保护规划的要求，促进历史文化名城保护规划和有关法律法规的有效实施。

（二）健全国家城乡规划督察员制度

一是完善城乡规划督察制度顶层设计。根据《国家新型城镇化规划（2014—2020)》的要求，借鉴发达国家成功经验，研究健全国家城乡规划督察员制度工作方案，加强制度的研究，进一步完善制度设计。

二是开展城乡规划督察立法研究。在总结现有实践经验的基础上，开展《城乡规划督察立法课题》的研究，进一步明确督察工作各方职责，建立规范化、常

态化的规划督察工作机制，为制订出台《城乡规划督察办法》奠定基础。

三是加强部省联动。继续推动各地建立省派城乡规划督察员制度，逐步完善规划督察工作体系。组织召开规划督察部省联动工作座谈会，出台关于进一步加强部省联动完善规划督察工作的意见。对重大督察事项，由部省集体研判、联合督办。

四是加强督察员队伍建设。通过开展考核促进廉政、勤政，激励督察员的工作积极性，提高规划督察效能。

（撰稿人：王凌云，住房和城乡建设部稽查办规划督察员管理处处长）

2014 年度 103 个城市城乡规划
动态监测情况分析报告

　　城乡规划实施情况的监督检查是城乡规划制定、实施和管理工作的重要组成部分，也是保障城乡规划工作科学性、严肃性的重要手段。发挥卫星遥感数据高效、客观和全面的特性，对遥感数据进行周期性的对比分析，及时发现城乡规划实施过程中出现的问题，纠正、查处违反城乡规划强制性内容的建设行为，可以有效强化城乡规划监督检查工作效果，促进城乡规划编制、实施和管理水平的提升。

　　2014 年为规范利用遥感监测辅助城乡规划督察工作，住房和城乡建设部印发《住房和城乡建设部利用遥感监测辅助城乡规划督察工作管理办法（试行）》（以下简称《办法》）。该《办法》是第一个关于遥感督察工作的规范性文件，明确了遥感督察工作的任务、工作原则、工作程序、工作保障措施以及各级规划主管部门和部派城乡规划督察员的职责分工，对深入推进遥感督察工作有着非常重要的现实意义。

　　为促进《办法》的深入贯彻落实，2014 年 12 月，住房和城乡建设部出台了《住房和城乡建设部利用遥感监测辅助城乡规划督察工作重大违法案件处理办法》，规定了重大违法案件发函督办、约谈、挂牌督办和案件移送等处理方式和工作程序，为推进重大案件查处、增强遥感督察工作实效提供了有力支撑和保障。

　　按照《办法》的工作流程，2014 年住房和城乡建设部对 103 个城市开展了利用遥感监测辅助城乡规划督察工作，主要监测情况如下：

一、城市数量与面积

（一）监测城市数量

　　2014 年度 103 个城市城乡规划动态监测（未包含北京、天津、上海、重庆和三沙等五个城市）中 60 个城市监测时间为 2013 年 11 月至 2014 年 6 月，43 个城市监测时间为 2013 年 6 月至 2014 年 6 月（表 1）。

2014 年度城乡规划动态监测 103 个城市名单列表　　　表 1

省（自治区）	城市数量	城市名称	省（自治区）	城市数量	城市名称
河北	6	石家庄	山东	11	济南
		唐山			青岛
		秦皇岛			淄博
		邯郸			枣庄
		保定			东营
		张家口			烟台
山西	2	太原			潍坊
		大同			泰安
内蒙古	2	呼和浩特			威海
		包头			临沂
辽宁	10	沈阳			德州
		大连	河南	8	郑州
		鞍山			开封
		抚顺			洛阳
		本溪			平顶山
		丹东			安阳
		锦州			新乡
		阜新			焦作
		辽阳			南阳
		盘锦	湖北	4	武汉
吉林	2	长春			黄石
		吉林			襄阳
黑龙江	8	哈尔滨			荆州
		齐齐哈尔	湖南	4	长沙
		鸡西			
		鹤岗			株洲
		大庆			
		伊春			湘潭
		佳木斯			
		牡丹江			衡阳
江苏	9	南京	浙江	6	杭州
		无锡			宁波
		徐州			温州
		常州			嘉兴
		苏州			绍兴
		南通			台州
		扬州	广西	3	南宁
		镇江			柳州
		泰州			桂林

省（自治区）	城市数量	城市名称	省（自治区）	城市数量	城市名称
安徽	4	合肥	广东	10	广州
		淮南			深圳
		马鞍山			珠海
		淮北			汕头
福建	2	福州			佛山
		厦门			江门
江西	1	南昌			湛江
宁夏	1	银川			惠州
海南	2	海口			东莞
		三亚			中山
四川	1	成都	陕西	1	西安
贵州	1	贵阳	甘肃	1	兰州
云南	1	昆明	青海	1	西宁
西藏	1	拉萨	新疆	1	乌鲁木齐

（二）监测城市面积

动态监测的监测区域为城市总体规划确定的城市规划建设用地范围。根据各城市总体规划图量测各城市规划建设用地的面积，2014 年度 103 个城市监测面积共 39657.6 平方公里（表2）。

2014 年度城乡规划动态监测 103 个城市监测面积统计表　　表 2

省份	序号	城市	城市规划建设用地面积（平方公里）	省份	序号	城市	城市规划建设用地面积（平方公里）
河北	6	石家庄	224.91	辽宁	10	沈阳	990.91
		唐山	267.75			大连	441.38
		邯郸	355.81			鞍山	314.87
		张家口	230.94			抚顺	219.11
		保定	318.90			本溪	183.40
		秦皇岛	122.39			阜新	100.54
山西	2	太原	448.39			锦州	111.58
		大同	279.34			丹东	135.31
内蒙古	2	呼和浩特	968.19			辽阳	151.23
		包头	534.55			盘锦	182.16
吉林	2	长春	537.17	福建	2	福州	473.17
		吉林	281.29			厦门	871.70

省份	序号	城市	城市规划建设用地面积（平方公里）	省份	序号	城市	城市规划建设用地面积（平方公里）
黑龙江	8	哈尔滨	483.38	山东	11	济南	693.12
		齐齐哈尔	428.53			青岛	994.10
		大庆	120.94			淄博	421.31
		伊春	111.31			烟台	388.65
		鸡西	100.00			枣庄	413.42
		牡丹江	82.23			潍坊	755.56
		鹤岗	153.64			泰安	201.11
		佳木斯	100.00			临沂	295.83
江苏	9	南京	848.28			东营	331.99
		徐州	420.30			威海	200.75
		无锡	714.61			德州	172.12
		苏州	269.67	河南	8	郑州	428.32
		常州	283.26			洛阳	289.60
		南通	439.95			平顶山	107.32
		扬州	486.21			新乡	177.81
		镇江	326.05			开封	149.99
		泰州	360.06			焦作	154.03
浙江	6	杭州	515.81			安阳	222.75
		宁波	496.68			南阳	168.55
		温州	489.08	湖北	4	武汉	711.15
		台州	268.85			襄阳	176.75
		嘉兴	144.99			荆州	106.39
		绍兴	427.51			黄石	121.59
安徽	4	合肥	430.41	陕西	1	西安	597.50
		淮南	268.60	甘肃	1	兰州	195.92
		淮北	284.61	广西	3	南宁	415.62
		马鞍山	169.41			柳州	243.69
江西	1	南昌	340.62			桂林	134.82
广东	10	广州	2332.83	湖南	4	长沙	547.06
		深圳	389.39			衡阳	215.85
		汕头	362.69			株洲	303.47
		湛江	1983.07			湘潭	212.18
		珠海	715.63	海南	2	海口	258.08
		东莞	501.12			三亚	65.97
		佛山	727.77	四川	1	成都	631.21
		江门	300.30	贵州	1	贵阳	483.13
		惠州	111.31	云南	1	昆明	707.24
		中山	257.94	西藏	1	拉萨	115.30

省份	序号	城市	城市规划建设用地面积（平方公里）	省份	序号	城市	城市规划建设用地面积（平方公里）
宁夏	1	银川	168.01	新疆	1	乌鲁木齐	502.65
青海	1	西宁	185.65				

（三）卫星遥感数据类型及覆盖面积

卫星遥感影像主要使用国产高分一号、资源三号、资源一号 02C、遥感六号等，分辨率为 2.36 ～ 2 米。103 个城市卫星遥感影像覆盖面积约 741600 平方公里。

二、监测重点内容

2014 年度 103 个城市城乡规划动态监测主要依据《城乡规划法》确定的城市总体规划强制性内容为监测重点目标，包括：

（1）城市各类绿地的具体布局与保护–绿线；

（2）城市水源保护区和水系等生态敏感区的布局与保护–蓝线；

（3）城市基础设施和公共服务设施用地布局与保护–黄线；

（4）自然与历史文化遗产保护–紫线。

三、图斑总体情况

2014 年度共提取变化图斑 15639 个，面积 551.5 平方公里。较 2013 年度第一期（数量 15168 个，面积 561.1 平方公里）数量增加了 471 个，增加 3.1%；面积减少 9.6 平方公里，减少 1.7%。涉及城市总体规划强制性内容图斑 2245 个，面积 116.8 平方公里，占全部变化图斑总数量的 14.4%；占全部变化图斑总面积的 21.2%。较 2013 年度第一期（数量 2758 个，面积 140.5 平方公里）数量减少 513 个，减少 3.8%；面积减少 23.7 平方公里，减少 3.9%。不涉及城市总体规划强制性内容图斑 13394 个，面积 434.7 平方公里，占全部变化图斑总数量的 85.6%；占全部变化图斑总面积的 78.8%。较 2013 年度第一期（数量 12410 个，面积 420.5 平方公里）数量增加 984 个，增加 3.8%；面积增加 14.2 平方公里，增加 3.9%（图 1）。103 个城市 2014 年度提取变化图斑数量较多的城市有沈阳、临沂、乌鲁木齐等，面积较大的城市有邯郸、沈阳、临沂等。

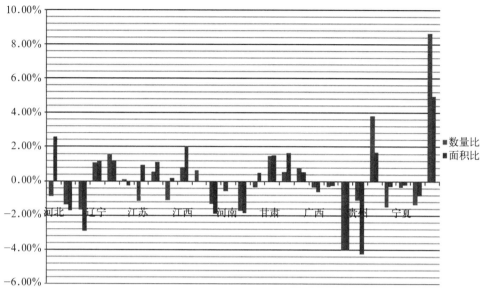

图1　涉及城市总体规划强制性内容图斑数量、面积所占比例示意图

四、涉及强制性内容图斑情况

2014 年度发现涉及城市总体规划强制性内容图斑共 2245 个，面积 116.8 平方公里。

其中涉及"绿线"内容图斑 1728 个，面积 75.3 平方公里。较 2013 年度第一期（数量 2229 个，面积 89.1 平方公里）数量减少 501 个，减少 3.8%，面积减少 13.8 平方公里，增加 1.1%。

涉及"蓝线"内容图斑 127 个，面积 11.6 平方公里。较 2013 年度（数量 95 个，面积 21.0 平方公里）数量增加 32 个，增加 2.2%，面积减少 9.4 平方公里，减少 5.0%。

涉及"黄线"内容图斑 236 个，面积 8.5 平方公里。较 2013 年度（数量 273 个，面积 8.2 平方公里）数量减少 37 个，增加 0.6%，面积增加 0.3 平方公里，增加 1.4%。

涉及"紫线"内容图斑 10 个，面积 0.3 平方公里。较 2013 年度（数量 9 个，面积 0.2 平方公里）数量增加 1 个，增加 0.1%，面积增加 0.1 平方公里，增加 0.1%。

涉及"多线"（指图斑涉及两项及以上强制性内容）图斑 144 个，面积 21.1 平方公里。较 2013 年度（数量 152 个，面积 22.0 平方公里）数量减少 8 个，增加 0.9%，面积减少 0.9 平方公里，增加 2.4%（表 3）。

涉及总规强制性内容图斑占全部图斑数量、面积统计表　　　　表 3

内容	数量（个）	所占比例	面积（平方公里）	所占比例
绿线	1728	11.0%	75.3	13.6%
蓝线	127	0.8%	11.6	2.1%
黄线	236	1.5%	8.5	1.5%
紫线	10	0.1%	0.3	0.1%
多线	144	0.9%	21.1	3.8%
合计	2245	14.4%	116.8	21.2%

五、非强制性内容图斑情况

2014 年度非强制性内容图斑 13394 个，面积 434.7 平方公里，占全部变化图斑总数量的 85.6%，占全部变化图斑总面积的 78.8%。主要涉及居住用地(R)、公共设施用地（C）、工业用地（M）、仓储用地（W）、对外交通用地（T）、道路交通用地（S）、特殊用地（D）和突破城市规模无规划用地性质的图斑（表 4、图 2）。

各类用地占全部图斑数量、面积比例统计表　　　　表 4

城市总体规划用地性质	数量（个）	所占比例	面积（平方公里）	所占比例
居住用地（R）	5669	42.3%	186.4	42.9%
公共设施用地（C）	2640	19.7%	68.5	15.8%
工业用地（M）	2486	18.6%	66.1	15.2%
仓储用地（W）	303	2.3%	9.5	2.2%
对外交通用地（T）	226	1.7%	11	2.5%
道路交通用地（S）	730	5.5%	48.1	11.1%
特殊用地（D）	106	0.8%	2.6	0.6%
无规划用地性质	1234	9.2%	42.5	9.8%
合计	13394	100.0%	434.7	100.0%

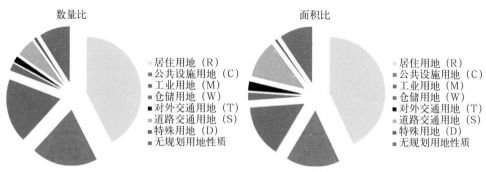

图 2　非涉及城市总体规划强制性内容图斑数量、面积比例图

六、总结

（1）2014 年度监测变化图斑较 2013 年度数量增加 3.1%，面积减少 1.7%。

（2）涉及强制性内容图斑较 2013 年度图斑数量减少 3.8%，面积减少 3.9%。

（3）涉及强制性内容的变化图斑仍以涉及"绿线"的图斑数量和面积所占比例较大。

（4）非强制性内容变化图斑中，城市规划用地性质为"居住用地"的图斑数量和面积所占比例较大，其次是用地性质为"公共设施用地"和"工业用地"的图斑。

（撰稿人：许建元，住房和城乡建设部稽查办公室稽查一处处长；南楠，住房和城乡建设部稽查办公室稽查一处主任科员；汪波，住房和城乡建设部城乡规划管理中心信息处助理研究员，硕士）

2014 年风景名胜区及世界
遗产管理工作综述

2014 年风景名胜区及世界遗产各项工作紧跟国家形势和中央精神，始终坚持科学发展观，坚持"科学规划、统一管理、严格保护、永续利用"的基本方针，坚持生态效益、经济效益和社会效益的有机统一，坚持风景资源保护和促进地区发展的相互结合，突出风景名胜区公益性，全面发挥风景名胜区的功能，为广大人民群众提供更好的精神家园，使风景名胜区继续成为我国文化和自然遗产管理体系的发展方向。

一、工作进展

（一）国家级风景名胜区执法检查

2014 年初，住房和城乡建设部制定了国家级风景名胜区保护管理执法检查标准和工作方案，对国家级风景名胜区保护管理等工作进行全面检查。2014 年 7 至 8 月，在各地自查的基础上，住房和城乡建设部组织了 8 个检查组对 69 处国家级风景名胜区进行抽查。根据检查结果，对各风景名胜区进行综合评分及分档定级，并形成检查报告，下发检查结果通报，对抽查发现突出问题的 31 处（含 9 处不达标）风景名胜区提出限期整改意见。

（二）风景名胜区规划建设管理

根据国家机构改革和职能转变取消或下放一批行政审批事项的要求，经研究，将国家级风景名胜区内重大工程建设项目选址方案核准事项下放至省级住房城乡建设行政主管部门。为保证对风景区内重大工程项目建设的监管，在《关于规范国家级风景名胜区总体规划上报成果规定》（建城 [2013] 142 号）中规定："应在风景名胜区总体规划分期发展规划中提出风景名胜区保护与建设项目汇总表，并明确项目的位置、规划和建设控制要求"，加强事前监管；另外，住房和城乡建设部办公厅下发了《关于做好国家级风景名胜区重大建设工程项目选址方案核准工作的通知》（建办城函 [2014] 53 号），明确了核准依据，严格审查论证，有效加强了事后监督。

按照国务院办公厅要求，住房和城乡建设部为加强和改进国家级风景名胜区总体规划编制审批工作，有效提高风景名胜区规划审查效率、缩短规划报送审批周期，积极推动总体规划编制改进工作，对当前风景名胜区总体规划的审批内容、程序进行了深入研究，简化规划内容，突出管控重点，提高了审查效率。按照工作安排，2014年全年共11处风景名胜区总体规划通过了住房和城乡建设部组织的部际审查会议，7处总体规划完成了征求国务院相关部门意见；21处国家级风景名胜区的详细规划经审查后批准实施；44项风景名胜区内重大建设工程项目选址方案完成了核准工作。

（三）国家公园体制建设

党的十八届三中全会提出明确建立国家公园体制，是保护、展示、传承美丽中国形象的战略决策，是建立美丽中国的切实路径，也是满足人民群众日益增长的精神文化需求的重要载体。根据中央部署安排，住房和城乡建设部积极参与推进国家公园体制建设，完成了《基于风景名胜区建立国家公园体制研究的报告》，组织编制了《国家公园设立标准》、《环首都国家公园体系规划》及相关技术规范，并参与国家公园体制研究设计。经过长时间的努力，由发改委牵头，会同住房和城乡建设部等11个部委联合下发了《关于印发建立国家公园体制试点方案的通知》（发改社会〔2015〕171号），提出了试点方案，确定了试点省份，明确了试点内容，为全面开展国家公园建设打下了良好的基础。

（四）世界遗产申报和国际交流

2014年中国南方喀斯特（二期）各地申报世界自然遗产成功，启动《中国南方喀斯特世界自然遗产保护管理规划》的前期准备工作；同联合国教科文组织驻华代表处联合召开了云南石林"遗产保护社区繁荣"世界遗产国际论坛；成立了住房和城乡建设部世界遗产专家委员会；组织地方世界遗产管理人员赴新西兰开展国家公园指标体系监测评估、游客管理及政策制定培训。

（五）严格查处风景名胜区违法建设

为遏制和严格查处风景名胜区违法违规建设行为，强化风景名胜区规划实施监督，住房和城乡建设部积极贯彻落实《风景名胜区条例》要求，在往年风景名胜区遥感监测核查基础上，进一步扩大遥感监测范围，加强核查力度，对照监测结果，开展实地核查，增强了检查工作的主动性，加强了规划实施监督，更好地发挥了遥感监测成效，为执法检查工作提供了有力的技术支持。2014年完成

60 处风景名胜区的遥感监测任务。据统计，60 处风景名胜区遥感监测面积达到 17879 平方公里，共发现新增建设图斑 586 处，图斑面积共 55.9 平方公里。经内业初判，针对变化图斑面积较大、位于核心景区或保护级别较高区域的 137 处变化图斑，将在执法检查工作中进行实地重点核查。根据执法检查实际需要，针对每处国家级风景名胜区分别编制了《2014 年国家级风景名胜区执法检查遥感监测图斑实地检查报告》，便于现场执法核查。

（六）相关课题研究

2014 年住房和城乡建设部与联合国教科文组织（UNESCO）合作完成了《中国世界遗产地保护和管理项目》的课题研究；完成了《世界自然遗产分类探索及中国未来申报方向研究》初步成果；开展了云贵川等省份国家级风景名胜区建立生态补偿机制研究工作。

二、工作展望

（一）加强规章制度建设

一是从责任、把关和协调三方面，完善风景名胜区总体规划审查机制；二是出台《风景名胜区规划编制审批办法》，为规范风景名胜区规划编制审批内容、程序和要求等提供制度依据；三是出台《国家级风景名胜区管理评估和监督检查办法》，有效规范风景名胜日常管理评估和执法检查工作；四是抓紧修订或编制《风景名胜区规划规范》、《风景名胜区详细规划规范》，为规划编制提供技术支撑；五是继续《风景名胜区管理标准》、《风景名胜区术语标准》的制定工作，不断充实完善行业标准体系。

（二）强化规划实施监管与公示

一是按照《风景名胜区条例》要求，及时将国务院批准实施的风景名胜区总体规划向社会公开，优先考虑适时公布风景名胜区游人容量，为游人游览出行提供先期引导；二是明确和公开风景名胜区检查和评估的内容、程序、方法和结果处理等要求；三是发挥遥感监测作用，扩大监测面积，加大核查力度，有效支持行业检查和评估工作；四是根据风景名胜区资源价值和管理水平，研究建立分级制度，对风景名胜区进行定级和考核；五是结合建立问责机制，将监督检查和评估结果作为后期启动问责机制的主要依据，并对监督检查和评估结果较差的，要向社会公开，并逐级约谈和问责。

（三）推进世界遗产工作

一是更新世界自然遗产预备清单项目，做好遗产申报战略储备工作；二是在第 39 届世界遗产大会前组织做好三江并流保护状况报告、开展审核并提交武陵源保护状况报告；三是开展中国世界自然遗产申报战略研究（2016—2025），加强和推进我国的世界自然遗产申报与布局，为中国今后的世界自然遗产或世界自然和文化双遗产申报工作提供经验和启示；四是积极开展神农架申报世界自然遗产项目，督促制定 IUCN 专家实地考察方案，设计线路，组织做好 IUCN 专家实地考察有关准备工作。

（撰稿人：安超，住房和城乡建设部城乡规划管理中心风景处工程师；李振鹏，住房和城乡建设部城乡规划管理中心风景处副处长，高级工程师）

2014 年中国海绵城市建设工作综述

近年来，我国许多城市都面临着水安全、水资源、水生态、水环境等问题的困扰。

一是"水资源"危机。我国人均水资源量不足 2000 立方米／人·年，只有世界平均水平 1/4，而且时空分布不均，夏多冬少，南多北少。

二是"水环境"危机。根据《中国环境质量公报》，2013 年，我国十大流域的国控断面中 9.0% 属于劣 V 类水质，27.8% 湖泊水库处于富营养化状态。受城市聚集带来的污染排放影响，各流域下游，特别是京津冀、长三角及珠三角城镇群的水质普遍较差，海河流域污染问题尤为突出。近年来各流域上游支流中小城镇聚集区的水质也不断下降，污染出现了向上游地区及生态敏感地区蔓延的趋势。城市作为经济和生活重心，污水排放量大，加之我国城市污水处理水平普遍较低，城市水环境面临的形势更加严峻，近 90% 流经城市的河段受到严重污染，城市内湖水质较差。在 2014 年两会期间，李克强总理在政府工作报告中也特意提到《水污染防治行动计划》，即"水十条"，明确提出对城市水环境整治的目标。

三是"水生态"危机。大规模不合理的城市开发建设对水生态造成影响，挤占了必要的生态涵养空间，破坏自然界水循环、水平衡，减少调蓄空间，阻碍雨水出路。填湖造地、建坝拦水、裁弯取直、硬质铺装、河道"三面光"等问题突出，粗暴地对待自然山形地貌、河湖水系等生态空间。同时，城市地下水超采严重，也导致地面沉降、水质逐步恶化、海水倒灌等问题。

四是"水安全"危机。暴雨内涝方面，2010 年，住房和城乡建设部对全国 351 个城市的抽样调查结果显示，仅 2008 ～ 2010 年间就有 62% 的城市发生过不同程度的暴雨内涝。近年来，几乎所有城市都出现过"逢雨必涝、雨后即旱"的现象，"雨水留不住，用水靠外调"的矛盾十分突出。

一、海绵城市的提出

针对当前我国城市面临的水资源短缺、水环境污染、水生态恶化等状况，习近平总书记在中央城镇化工作会议、考察京津冀协调发展、中国财经领导小组会议第 5 次会议上提出，"优先考虑把有限的雨水留下，优先考虑更多利用自然力量排水，建设自然积存、自然渗透、自然净化的海绵城市"的要求。总书记这一要求，明确了将水这一宝贵的自然资源和环境要素，尽可能留在原地。同时，通过海绵城市建设引导各地转变城市发展和建设管理方式，缓解城市水资源压力、削减城市污染负荷、保护和改善城市生态环境、减轻暴雨内涝灾害，避免走"先污染后治理、先破坏后修复"的老路，保障城市安全，提升城市档次，推进新型城镇化健康发展。

目前我国正处在全面建设小康社会关键时期，城乡建设速度空前、规模空前，但伴随而来的是严峻的生态环境问题和能源资源问题。《国家新型城镇化规划（2014—2020 年)》明确提出，我国的城镇化必须进入以提升质量为主的转型发展新阶段。为此，必须坚持新型城镇化的发展道路，协调城镇化与环境资源保护之间的矛盾，才能实现可持续发展。2014 年 1 月 1 日起实施的《城镇排水与污水处理条例》也首次以法规的形式明确提出"尊重自然"的基本原则和理念，并规定"新建、改建、扩建市政基础设施工程应当配套建设雨水收集利用设施，增加绿地、砂石地面、可渗透路面和自然地面对雨水的滞渗能力，利用建筑物、停车场、广场、道路等建设雨水收集利用设施，削减雨水径流，提高城镇内涝防治能力"。此外，《国务院关于加强城市基础设施建设的意见》(国发〔2013〕36 号)、《国务院办公厅关于做好城市排水防涝设施建设工作的通知》（国办发〔2013〕23 号）也都明确了这一理念。

海绵城市是从城市雨洪综合管理角度来描述的一种城市形态和建设模式，其内涵就是比喻城市像海绵一样，遇到有降雨时，能够就地或者就近"吸收、存蓄、渗透、净化"径流雨水，补充地下水、调节水循环，在干旱缺水时有条件将蓄存的水"释放"出来并加以利用，从而让水在城市中的迁移活动更加"自然"。

海绵城市的建设，顺应自然水循环规律，着力保护原有的河流、湖泊、湿地、坑塘、沟渠等水生态敏感区。海绵城市建成后，可有效减少雨水外排、净化雨水水质、促进雨水入渗，并充分利用雨水资源，从而有效缓解目前城市突出的内涝灾害、雨水径流污染、水资源短缺等问题，促进城市水循环系统的良性发展，为城市可持续发展奠定基础。

海绵城市的建设，不仅为修复城市水生态环境提供益处，它还会给城市和居民带来更加综合的生态环境效益。例如，通过城市植被、湿地、坑塘、溪流的保存与修复，可以明显增加城市蓝绿空间，减少城市热岛效应，调节城市小气候，改善城市人居环境;同时，也为更多的生物特别是水生动植物提供栖息地，提高城市生物多样性水平。低影响开发雨水系统还通过和城市园林绿化的结合，营造生态、优美的园林景观，很多设施可以跟公众休闲、健身场地结合在一起进行建设，创造优美的亲水环境。因此，海绵城市的建设和建设美丽宜居城市的目标是完全一致的，也是落实习总书记提出的"望得见山""看得见水"要求的重要体现。

二、国内外研究现状

（一）国外研究现状

在城市雨水管理领域中，国外尤其是美国、德国、英国、日本等发达国家一直处于领先地位，几十年前便开始关注并研究雨水问题。在澳大利亚被称为"水敏感城市设计"，实施城市水循环的一体化设计，结合供水、污水、雨水开展地下水管理、城市设计及环境保护工作；在美国被称为"绿色基础设施"或"低影响开发"；在欧洲被称为"可持续雨水系统"等。

美国的城市雨水管理总体上经历了排放、水量控制、水质控制、生态保护等阶段，雨水管理理念和技术重点逐渐向低影响开发（LID）源头控制转变，逐步构建污染防治与总量削减相结合的多目标控制和管理体系。目前，美国 29 个州建立了雨水排放收费制度，如果业主采取措施降低不透水面积和减少排入雨水管道系统的雨水径流体积，市政当局则可降低或减免雨水排放费。

德国是最早对城市雨水采用政府管制制度的国家，目前已经形成针对低影响开发的雨水管理较为系统的法律法规、技术指引和经济激励政策。在政府的引导下，目前德国的雨洪利用技术已经进入标准化。

日本是个水资源较缺乏的国家，政府十分重视对雨水的收集和利用，早在1980 年日本建设省就开始推行雨水贮留渗透计划，近年来随着雨水渗透设施的推广和应用，带动了相关领域内的雨水资源化利用的法律、技术和管理体系逐渐完善。

总体上看，多数国家雨水管理体系发展主要有两点共性：一是雨水管理体系一般经历传统排水管理体系和生态排水管理体系两个过程，传统排水是以管道为主的排水方式，生态排水则主要以生态措施为主。二是雨水体系改革最终以相同的理念达到一个统一目标：加大源头管理和生态处置技术的应用，最大程度模仿自然、恢复自然为目的，最终实现可持续发展。

（二）国内研究现状

虽然低影响开发理念在我国业内相对较新，但相关的前沿研究与实践很早已经开始，国内北京、大连、深圳、常德、上海、嘉兴、杭州、广州等地区都有规划、设计相关的成熟实践案例，有的项目甚至实施运行至今已有 10 余年。

北京东方太阳城项目通过低影响开发系统实现了易涝地区的雨水排蓄、径流污染控制、雨水资源利用等综合目标。项目运行至今超过十年，历经多次暴雨，未造成大范围水涝，充分验证了低影响开发系统的功效，并节省了管线投资。

深圳光明新区从 2008 年开始构建低影响开发雨水系统，编制了《光明新区雨洪利用规划》和《启动区低冲击开发详细规划》、《建设项目低冲击开发雨水综合利用规划设计导则》等规划，在建设海绵城市建设方面进行了不少探索实践。先后启动了 18 个政府投资的示范项目，其中公共建筑示范项目采用建设绿色屋顶、雨水花园、透水铺装、生态停车场等工程措施；市政道路示范项目主要采用下凹绿地、透水道路等工程措施；公园绿地示范项目主要采用建设植草沟、滞留塘、地下模块蓄水池等工程措施。城市水系示范项目主要采用建设调蓄池、人工湿地、稳定塘和植被缓冲带等工程措施，发挥自然调蓄和净化功能。该区域最终实现了年径流控制率约 70%、初期雨水污染总量削减不低于 40% 的目标。

常德与德国汉诺威城市合作，共同编制《水城常德——常德市水生态规划》，对常德市城区及穿紫河进行生态治理。典型工程是对穿紫河传统排水机埠实施改造，并配套建设生态湿地。生态湿地建设是"海绵体"建设的重点，在穿紫河上建了总面积为 12000m^2 的垂直潜流式生态滤池，共分为 6 个分区，每个区长 50 米、宽 40 米。经过调蓄池沉淀、杂物隔离的不明污水和初期雨水，通过管道输送到生态湿地的配水渠，配水渠采用溢流的方式把来水均匀地分配到每个分区。工程对河床断面结构有效改造，完善修复河道生态系统。内坡进行刚性护坡，河洲建设草地式洼地，河边栽种浮水植物，水上安装若干人工浮游岛。通过加强人工生态湿地和驳岸风光带建设，成效十分显著。内河两岸各种植物生长茂盛，完全恢复了历史自然生态，成为人们休闲的最佳地点。

三、海绵城市建设的创新点

海绵城市建设与传统城市建设理念相比，主要在以下几方面实现了创新和突破：

（一）径流管理模式：追"本"溯"源"

即积极引入"源头分散式"控制，用分散与集中相结合的新模式代替传统单一的"末端集中式"控制。传统城市建设中，对雨水径流的控制和管理普遍采用"末端集中式"的控制模式，一般利用粗糙度较低的管渠系统实现雨水径流的收集和就近集中排放。结果在暴雨期间较短的时间内大量雨水径流及其携带的污染物被输送至管渠末端，不仅导致下游区域内涝风险加大，而且使得受纳水体生态系统受到"瞬间"冲击甚至造成水质明显恶化。由于缺乏足够的源头减量措施，传统内涝和径流污染控制设施往往需要较大的规模，因此投资和运行管理费用均较大。而海绵城市建设强调优先采用"源头分散式"控制措施，在城市建筑与小区、道路、绿地等场地源头，通过大规模推行雨水花园、下沉式绿地、植草沟、透水铺装等生态设施首先对雨水进行下渗、调蓄，有效控制雨水径流污染负荷输出、削减外排径流总量。追本溯源式的海绵城市建设，不仅可以显著改善径流污染控制效果，缓解内涝灾害风险，而且还大大提高了系统的成本有效性。

（二）径流控制过程：用"时间"换"空间"

即通过延长雨水径流的集流时间，降低径流峰值，来减小新建雨水控制利用设施的规模或提高已建设施的运行效能。由于传统观念以防止雨水径流带来内涝灾害为重，并没有充分认识到维持径流过程的"自然性"在城市水循环中所具有的重要意义，因此在设计中希望雨水径流排除的速度越快越好，设施为了应对高峰值流量而往往规模较大。海绵城市建设则强调合理控制开发强度，并且在城市建设过程中保护、恢复和创建城市"海绵体"，在场地源头通过断接、采用粗糙度较高的植草沟、调蓄等非工程和工程措施来延长汇流路径、延长集流时间，维持场地开发前雨水径流的蓄滞空间和下渗能力。海绵城市的建设，让城市中的水循环过程更为自然，能保证有效减少区域外排径流总量的同时显著降低峰值流量，从而降低新建末端控制设施的规模或者提高已有设施的应对能力。

（三）径流管理目标：此"排"非彼"排"

即传统城市建设中单一的"快排"模式转变为"渗、滞、蓄、净、用、排"的多目标全过程综合管理模式。传统城市雨水排放系统以内涝防治作为主要目标，以快速排除为单一实现手段；而海绵城市建设强调统筹考虑内涝防治、径流污染控制、雨水资源化利用和水生态修复等目标，对雨水径流的管理采用多功能多目标并重、从源头到末端的全过程控制原则。首先在场地源头进行下渗、滞蓄，其次对部分雨水进行净化、回用，最后剩余部分径流外排。海绵城市的建设，有望让城市逐步摆脱"逢雨必涝、雨后即旱"的困境，而多重管理目标的实现将积极促进城市水资源的可持续利用管理、水环境的持续改善和水生态的日益健康。

（四）径流控制手段："刚""柔"并济

即传统城市建设采用以管渠、泵站等"灰色"设施为主转变为全面结合雨水花园、下沉式绿地、植草沟等"绿色"设施。在设施的规划设计及其空间布局过程中，强调城市土地的多功能开发利用，并且与景观设计密切融合，充分利用城市的绿地、广场、公园等开放空间与水体作为雨水径流的调蓄空间，扩大城市的生态空间，大幅提高城市排水防涝设施系统的缓冲能力。海绵城市的建设，将传统"刚性"设施和生态化的"柔性"设施有机结合在一起，有助于增加城市基础设施系统的"弹性"，从而提高城市应对极端天气和自然灾害的能力。此外，海绵城市建设还强调规划管理、宣传教育、制度设计等非技术的"柔性"措施在城市雨水管理中的作用。

四、我国海绵城市建设相关工作进展

针对当前我国城市面临的水资源短缺、水环境污染、水生态恶化的状况，为落实习近平总书记要求，住房城乡建设部深入开展了海绵城市建设工作。

（一）开展专项研究工作

在国家水体污染控制与治理科技重大专项中安排专门课题，如《城市道路与开放空间低影响开发雨水系统研究与示范》、《低影响开发雨水系统综合示范与评估》、《绿色建筑与小区低影响开发雨水系统研究与示范》、《中新生态城水系统构建及水质水量保障技术研究》等进行专门系统的研究。

（二）印发《海绵城市建设技术指南》

2014 年 10 月，住房和城乡建设部印发了《海绵城市建设技术指南——低影响开发雨水系统构建》（试行）（以下简称《指南》），从规划、设计、建设、施工和运行等方面，指导各地将传统城市建设中单一的"快排"模式转变为"渗、滞、蓄、净、用、排"的多目标全过程综合建设和管理模式。

（三）财政部、住房城乡建设部、水利部联合开展海绵城市建设试点工作

1. 印发了《关于开展中央财政支持海绵城市建设试点工作的通知》

2014 年 12 月，财政部、住房和城乡建设部、水利部联合印发了《关于开展中央财政支持海绵城市建设试点工作的通知》明确中央财政对海绵城市建设试点给予专项资金补助及相关考核要求。

（1）明确中央补助金额。中央专项资金补助一定三年，具体补助数额按城市规模分档确定。对采用 PPP 模式达到一定比例的，将按上述补助基数奖励 10%。

（2）明确试点要求。试点城市应将城市建设成具有吸水、蓄水、净水和释水功能的海绵体，提高城市防洪排涝减灾能力。年径流总量目标控制率应达到住房城乡建设部《海绵城市建设技术指南》的要求。试点城市按三年滚动预算要求编

制实施方案。

（3）采取竞争性评审方式选择试点城市。通过资格审核的城市，财政部、住房城乡建设部、水利部将组织城市公开答辩，由专家进行现场评审，现场公布评审结果。

（4）对试点工作开展绩效评价。财政部、住房城乡建设部、水利部定期组织绩效评价，并根据绩效评价结果进行奖罚。评价结果好的，按中央财政补助资金基数 10%给予奖励；评价结果差的，扣回中央财政补助资金。具体绩效评价办法另行制订。

2. 编制了《2015 年海绵城市建设试点城市申报指南》，明确了 2015 年海绵城市建设试点城市申报工作的具体要求

2014 年 12 月，财政部、住房城乡建设部和水利部联合印发了通知，编制了《2015 年海绵城市建设试点城市申报指南》，明确了试点选择流程、评审内容和实施方案编制要求。

一是试点城市选择流程。2015 年，在省级推荐基础上，三部门组织进行资格审核，对通过资格审核的城市于 3 月初组织公开答辩，并现场公布评审结果。

其中，竞争性评审重点对海绵城市建设总体思路是否清晰、地方政府重视程度、目标合理性、项目可行性和投融资模式创新性、配套措施完整性等六个方面进行评审。

二是实施方案编制要求。印发《海绵城市建设试点城市实施方案编制提纲》，明确实施期为 2015—2017 年（至少含 1 年的项目运营期）。对于"海绵城市"建设的目标和指标，要求明确总体目标（包括年径流总量控制率、排水防涝标准、城市防洪标准），并作为申请中央补助资金及考核的基本依据；建成区主要指标包括渗、滞、蓄、净、用、排等相关技术指标。此外，实施方案还要求明确海绵城市建设技术路线、建设任务（主要工程、建设项目和投资安排、时间进度安排等）、预期效益分析可行性论证报告以及主要示范内容等。

3. 通过竞争性评审，确定了 2015 年试点城市名单

截至 2015 年 3 月，全国共有 130 多个城市参与竞争。通过资格审核和初审，最后确定 22 个城市参与了 4 月份由财政部、住房城乡建设部、水利部组织的国家海绵城市建设试点城市竞争性评审答辩，最后有 16 个获得海绵城市的资格，分别是：迁安、白城、镇江、嘉兴、池州、厦门、萍乡、济南、鹤壁、武汉、常德、南宁、重庆、遂宁、贵安新区和西咸新区。

（四）开展海绵城市培训工作

《指南》印发后，各地建设、规划、水务、园林、道路等部门以及有关规划、

设计从业人员普遍反映海绵城市建设概念新、理念新、技术新，从认识、理解到贯彻落实，都需要加强技术服务和指导，因此，住房和城乡建设部组织开展了相关培训。

五、海绵城市建设需要注意的几个问题

当前，海绵城市建设在我国刚刚起步，稳步推进海绵城市建设需要注意以下几个问题：

一是要科学规划和统筹建设。城市各层次规划、各相关专业规划以及后续的建设程序中，应落实海绵城市建设、低影响开发雨水系统构建的内容，先规划后建设，体现规划的科学性和权威性，发挥规划的控制和引领作用。地方政府应结合城市总体规划和建设，在各类建设项目中严格落实各层次相关规划中确定的低影响开发控制目标、指标和技术要求，统筹建设。低影响开发设施应与建设项目的主体工程同时规划设计、同时施工、同时投入使用。

二是要保证低影响开发工程的质量和效果。建设用地规划或土地出让、建设工程规划、施工图设计审查、建设项目施工、监理、竣工验收备案等管理环节，加强对低影响开发雨水系统构建及相关目标落实情况的审查，以确保低影响开发雨水系统能与城市雨水管渠系统及超标雨水径流排放系统合理衔接，共同减缓城市内涝和径流污染等问题。

三是要重视低影响开发设施建成后的运行维护。应建立健全低影响开发设施的维护管理制度和操作规程，要有相应的监测手段，配备专职管理人员，并对管理人员和操作人员加强专业技术培训。加强宣传教育和引导，提高公众对海绵城市建设、低影响开发、绿色建筑、城市节水、水生态修复、内涝防治等工作中雨水控制与利用重要性的认识，鼓励公众积极参与低影响开发设施的建设、运行和维护，共同建设海绵城市。

（撰稿人：牛璋彬，住房和城乡建设部城乡规划管理中心给排水处副处长，副研究员，博士；程彩霞，住房和城乡建设部城乡规划管理中心给排水处副研究员，博士后；徐慧纬，住房和城乡建设部城乡规划管理中心给排水处副研究员，博士；陈玮，住房和城乡建设部城乡规划管理中心给排水处副研究员，博士；高伟，住房和城乡建设部城乡规划管理中心给排水处工程师，博士）

2014 年中国城市地下管线工作进展与展望

2014 年，城市地下管线建设管理工作得到了国家和地方有关部门的重视。2014 年 6 月 14 日，国务院办公厅印发了《关于加强城市地下管线建设管理的指导意见》（国办发〔2014〕27 号），明确了今后一定时期我国城市地下管线建设管理的目标任务和重点工作。国家相关部门和各地方按照文件要求，全面启动了加强城市地下管线建设管理的工作。

一、2014 年度城市地下管线建设管理工作取得新进展

（一）召开全国城市基础设施建设经验交流会

2014 年 10 月 18 日，"全国城市基础设施建设经验交流会"在安徽合肥召开，会议主要交流推广有关省市及企业推进城市基础设施建设的经验做法，研究推进城市基础设施建设工作。住房和城乡建设部部长陈政高出席会议并讲话，对如何贯彻落实《国务院办公厅关于加强城市地下管线建设管理的指导意见》，进一步加强城市地下管线建设管理等工作提出了具体要求，提出了把城市综合管廊建设作为加强城市基础设施建设的主要着力点之一。

（二）推进全国城市地下管线普查工作

2014 年 12 月 1 日，住房和城乡建设部会同工业和信息化部、新闻出版广电总局、安全监管总局和能源局，共同印发了《住房和城乡建设部等部门关于开展城市地下管线普查工作的通知》（建城〔2014〕179 号），在全国组织开展城市地下管线普查工作。要求各城市 2015 年年底前，完成地下管线基础信息普查和安全隐患排查，建立完善地下管线综合管理信息系统和专业管线信息系统。

（三）启动全国城市地下综合管廊试点工作

2014 年 12 月 26 日，财政部、住房和城乡建设部印发了《财政部、住房和城乡建设部关于开展中央财政支持地下综合管廊试点工作的通知》（财建〔2014〕839 号），启动了 2015 年城市地下综合管廊试点工作，中央财政对地下综合管廊试点城市给予专项资金补助。各地积极踊跃申报试点，组建了地下综合管廊领

导小组，编制了地下综合管廊规划，对采用政府和社会资本合作（PPP）等市场化模式建设地下综合管廊进行了探索。地下综合管廊建设工作引起了各地的充分重视。

（四）推进了城市地下管线综合规划编制工作

2014 年，住房和城乡建设部按照《关于试点城市开展地下空间规划、建设和管理工作的指导意见》（建规〔2013〕137 号）要求，督促指导试点城市编制城市地下空间规划体系，推进地下空间规划建设管理示范工程。按照《国务院办公厅关于加强城市地下管线建设管理的指导意见》（国办发 [2014] 27 号）文件要求，研究修订《城市工程管线综合规划规范》等，指导各地编制完善城市地下管线综合规划，并会同工业和信息化部起草了《关于加强城市通信基础设施规划的通知》，指导各地开展通信基础设施专项规划编制和审批管理等工作。

（五）开展了各类管线标准规范的梳理工作

2014 年，住房和城乡建设部加强了地下管线相关标准规范的梳理和制（修）订工作。批准发布了《室外排水设计规范》、《城镇供热管网工程施工及验收规范》、《输油管道工程设计规范》、《油气长输管道工程施工及验收规范》、《埋地钢质管道直流干扰防护技术标准》、《城镇供热系统运行维护技术规程》、《城镇供水管网抢修技术规程》、《城镇排水管道非开挖修复更新工程技术规程》等 12 项相关标准。

（六）设立了地下管线综合管理试点

2014 年 12 月 15 日，住房和城乡建设部批复德州市为地下管线综合管理试点。德州市政府高度重视试点工作，与中国航天科工集团进行对接，开展试点实施方案制定工作。积极探索城市地下管线综合管理的新技术、新机制、新模式，提高城市地下管线综合管理能力和运行的安全性。同时，住房和城乡建设部还设立了智慧城市地下管线专项试点，推广精确测控、示踪标识、无损探测、非开挖物联网监测、隐患事故预警等技术。

二、城市地下管线建设管理工作取得明显成效

（一）城市地下管线建设管理工作得到有关部门和地区的重视

2014 年 6 月，《国务院办公厅关于加强城市地下管线建设管理的指导意见》（国办发 [2014] 27 号）印发后，住房和城乡建设部会同有关部门发文，组织开展

了普查、综合管廊试点等工作，工业和信息化部下发了《关于加强城市地下通信管线建设管理工作的通知》（工信部通 [2014] 476 号），对城市地下通信管线建设管理工作提出目标和要求；各地也提高了对地下管线建设管理工作的重视，其中，北京、四川、云南、广东、江苏、江西、青海、河北、黑龙江等 9 个地区下发了地下管线建设管理的实施意见，安徽、甘肃、河南、内蒙古等 4 个地区下发了加强城镇基础设施建设管理的实施意见，按照国办发 [2014] 27 号文件确定的目标任务，加强城市地下管线建设管理工作。

（二）多数城市开展并完成了地下管线普查工作

2014 年，多数地区按照国家和相关部门要求，开展了地下管线的普查和修补测工作。其中，江西省人民政府办公厅印发了《关于开展全省城镇地下管线情况普查的通知》（赣府厅明 [2013] 112 号），吉林省住房和城乡建设厅下发了《关于开展城市地下管线普查工作的通知》。据统计，吉林、江苏、江西、山东等 4 个地区有 50% 以上的城市已经完成了城市地下管线普查工作；天津、重庆、安徽、福建、广东、广西、海南、河北、黑龙江、湖北、湖南、辽宁、宁夏、青海、陕西、四川、新疆、云南、浙江等 19 个地区也已经开展了城市地下管线普查工作。截至目前，全国约 50% 的城市开展了地下管线普查工作，30% 的城市建设了地下管线综合管理信息系统。

（三）部分城市组织编制城市地下管线综合规划

截至 2014 年，全国多地组织开展城市地下管线综合规划编制工作。其中，厦门、昆明、长沙、六盘水、拉萨、十堰、海东等城市已完成编制工作；六盘水、景德镇、十堰、苏州、白银、哈尔滨、包头、沈阳、海东、厦门、长沙、西安、天津、大连、成都、桂林、广州、宁波等城市组织编制了地下综合管廊专项规划。

（四）部分城市积极探索建设地下综合管廊

2014 年，各地积极探索建设地下综合管廊，据统计，全国共有 130 多个城市计划建设地下综合管廊，总长度约 4400 公里，总投资约 6300 多亿元。其中，珠海大横琴岛、厦门集美新城、石家庄正定新区、辽宁沈阳和大连、陕西西安、江苏苏州、青海海东、云南保山、内蒙古包头等城市继北京中关村、上海世博园、广州大学城等之后，在前期工作基础上，建设了一定规模的地下综合管廊。

（五）地下管线管理体制机制改革

截至 2014 年，长沙、杭州等城市人民政府成立了地下管线综合管理领导小组，建立了地下管线综合协调机制。上海、天津、昆明、武汉、杭州、绍兴、淄博、苏州、东莞、哈尔滨、景德镇等城市均成立了专门的地下管线管理机构，这些机构均隶属于城市的建设或规划行政主管部门。归口于建设管理部门的，侧重于地下管线工程的统筹建设、运行安全管理和应急管理；归口于规划管理部门的，侧重于管线普查与信息系统建设、规划编制及管理等。这些机构成立后，大大促进了当地的地下管线规划建设管理工作。

（六）城市地下管线相关制度建设

截至 2014 年底，全国共有近百个城市出台了城市地下管线相关的地方法规和行政规章。其中，长沙、杭州、珠海、大连等近 10 个城市出台了地下管线相关管理条例；北京、无锡、苏州、合肥等近 20 个城市制定了地下管线管理办法；上海、重庆、长春等城市出台了城市管线工程规划管理办法；西安、沈阳、银川、乌鲁木齐、贵阳等 20 多个城市制定了城市地下管线工程档案管理办法；上海、广州等城市出台了地下管线施工、道路挖掘管理办法；天津、长春、宁波等城市出台了地下管线信息管理办法；厦门、上海、珠海等 30 多个城市出台了地下综合管廊管理办法等。2014 年，陕西省出台了《城市地下管线管理条例》，辽宁省出台了《城市地下管线管理办法》，《河北省城市地下管线管理条例》已提交人大讨论。

三、城市地下管线建设管理面临的主要问题及原因分析

（一）主要问题

1. 基本情况不清

截至目前，仍有部分城市没有开展过一次地下管线普查工作，地下管线历史资料不全，现状资料不准。已开展过普查的城市，没有建立地下管线信息动态更新机制，管线在建设和改造工程完成后，建设单位没有及时将变化的信息进行补测和移交，管线信息不能实现同步更新，信息资料在实际中不能应用。此外，各地普遍没有建立统一的城市地下管线信息平台，没有整合各权属单位管线信息；各权属单位独立管理各自所有的管线信息，没有共享，无法满足政府进行社会管理和公共服务的需要。

2. 事故频发

主要是施工挖断事故频发。地面工程施工单位和管线建设单位在施工时，在没有查清管线信息的情况下就开始施工，施工过程中未采取任何保护措施，

造成管线损坏事故频发，轻者造成停水、停气、断电以及通讯中断，重者引起危险气体泄露、燃气爆炸等灾难性事故，严重影响了城市正常运转和人民群众生命财产安全。例如：2014年8月1日，台湾高雄发生燃气管线爆炸事故，共造成22人死亡，270人受伤。2014年6月30日，大连市中石油输油管道被水平定向钻施工钻通，导致原油泄漏流入市政污水管网，在排污管网出口出现明火，引发爆炸。

3. 漏损严重

管线老化、腐蚀、失修，泄漏爆炸事故时有发生，"跑冒滴漏"严重。据统计，我国城市供水管网漏损率达16%，约为北京全年城市供水量的4.3倍，太湖水量的1.5倍；30%的燃气管道存在腐蚀现象；供热系统失水率3%，超标5倍，每公里温降2.4度，超标23倍。

4. 安全隐患突出

主要表现在：

一是违规占压管线严重。据统计，80%的城市燃气管道被不同建筑占压，由此引起的事故占燃气事故的50%，各城市发生的管道爆裂、大面积停水的事故中，80%与占压管线有直接关系。

二是管线超负荷运行。随着城市化发展，城市人口迅速增加，对基础设施的需求量大大超过管线设计标准，供应负荷增大，造成管道非正常运行，加速管道老化，缩短管线寿命周期。全国城市燃气管道约1/5需要更新改造；采暖地区城市热力管道约1/3需要更新改造。

三是管位重叠交叉相互挤压干扰。各类地下管线交叉打架现象普遍存在，施工时往往"见缝插针"，新管让旧管，小管让大管，造成地下管线错综复杂，给维护和抢修造成困难，一旦发生事故，相互影响，连锁反应。

四是无单位管理和维修的管线，仍在运行使用。部分企业自建自营管线因企业改制、灭失、迁移后，原权属管线与城市公共运营的管线没有并网和进行移交管理，致使在役管线缺乏维护和监管。开发商在进行土地开发时，代建的公共地下管线设施没有办理移交手续，出现无人管理的现象。

五是一些工业废弃管道没有进行必要的安全处置。企业迁移改造后，埋设在原生产区域地下的工业管道，没有进行有效的安全处置，成为潜伏在城市地下的"定时炸弹"和恐怖袭击的可能目标，随时可能爆炸。

5. 施工挖掘道路频繁

城市地下管线缺乏统一的规划、建设和管理，路面反复开挖现象屡见不鲜。据媒体报道，我国南方某城市近五年平均每年被挖1500次。路面反复开挖不仅浪费资源和有限的建设资金，还使居民生活和出行受到了多方面影响。

6. 地下管线空间资源紧张、浪费较大

随着城市化速度加快，城市人口规模增加，地下管线设施数量和容量急剧扩大，城市道路下的浅层地下空间资源十分有限。随着近年来城市地下开发活动增强，浅层地下空间资源已明显不足。加之架空线入地以及一些管理技术上的问题，导致大城市中心城区的道路，特别是主要交通干道的交叉口地下管线凌乱、繁多、无序。部分企业利益驱动，抢占管线空间资源，造成浅层地下空间资源浪费。

7. 地下管线应急防灾能力薄弱

我国城市地下管线的规划建设对抵抗地震等自然灾害和极端气候条件的考虑不足，地下管线的规划设计和布局没有充分考虑抗震防灾因素，加上地下管线质量和性能本身抵抗灾害能力不强，在地震、强降雨等自然灾害面前，地下管线往往不堪一击。

（二）原因分析

由于城市政府对地下管线的重要性认识不足，对地下管线管理中发生的各种问题重视不够，城市建设长期存在"重地上、轻地下"，"重建设、轻维护"的现象。

1. 管理脱节，协调困难

由于历史和管理体制等方面的原因，城市地下管线基本上是由各管线建设单位自行建设，各自进行封闭式管理。各管线建设单位各自为政，条块分割，多头敷设，多头管理，造成管线埋设标准不一，布局混乱。城市地下管线在投资、规划、建设、运行等管理过程中，涉及发展改革、城市规划、建设管理、市政（城管、交通）管理、经营管理、公安等多个部门，各职能部门各管一段，缺乏有机衔接。各专业管线单位各自为政，缺乏相互协调，往往造成重复建设、反复开挖，对共用设施的维护管理存在推诿、扯皮现象。

2. 监管不到位，执法不严格

城市地下管线以行业管线管理部门的行业监管为主，缺乏统一的行政监管；各职能部门监管不到位。表现在：

一是规划管理不完善，批后监管缺位。一些城市地下管线规划未纳入规划管理审批，不办理《建设工程规划许可证》；一些城市规划管理部门存在"重审批、轻验收"现象，不进行城市地下管线竣工规划核实，或竣工测绘制度执行不力；部分地区规划监管薄弱，不按规划要求建设和擅自建设现象时有发生。

二是管线工程施工建设监管欠缺。部分管线建设工程未纳入施工许可、竣工验收备案统一管理。各行业管理部门监管不到位。

三是缺乏有效的监管手段。法律法规明确规定的管线工程建设管理要求，政府部门监管能力和手段不足,实际执行情况较差。

四是管线运行维护监管不力。城市地下管线运行维护以行业自行监管为主,缺乏统一的行政综合监管。通讯(移动、联通、电信)、广电等部门和单位的运行管理,由于业主分散,且相关设施存在共用现象,监管薄弱,存在信息管线租让后监管"缺位"的现象。城市地下管线应急救灾综合协调机制建设不完善,应对自然灾害和突发事件能力不强。

3. 规划滞后,建设不同步

一是现有相关法律法规和规章制度中没有明确提出城市地下管线综合规划编制和审批管理的具体要求,受经费等因素影响,多数城市没有编制专门的城市地下管线综合规划。虽然各种地下管线专业规划编制相对完善,但缺少城市地下管线综合规划对各类管线进行综合安排、统筹规划,往往造成各种工程管线在规划设计中存在矛盾,导致管线重叠交错和相互打架现象严重。

二是地下管线建设计划不同步,资金不统筹。受建设计划、工程资金、社会需求等因素的制约,造成地下管线建设滞后于道路建设,建设进度难以统一。各管线建设单位组织设计、施工和管理存在着时间差,不能对同一路段上的各种管线进行统一设计,同时施工。此外,各管线单位的管线建设是根据用户发展情况来实施的,用户少的部门在城市进行道路建设时不愿意同步建设地下管线。

4. 法规标准不健全,综合管理缺乏依据

一是综合性管理法规与标准规范缺乏。目前,我国尚没有一部专门的城市地下管线管理与保护的法律。《城市地下管线管理条例》没有出台,各地城市地下管线综合管理工作薄弱。现有的部门规章较少,而且部分规章已颁布实施十多年,急需修订。由于没有上位法依据,地方城市制定专门管理规章的数量极少。

二是各行业标准在综合实施过程中出现矛盾,难以协调。各行业管线管理部门制定的行业标准,在管线建设过程中,受到地下空间管位不足等限制,无法满足所有管线按照各自行业标准实施,造成不同管线管理部门之间难以协调,致使部分管线只能降低标准敷设,造成潜在的安全隐患。

四、2015 年城市地下管线建设管理工作总体安排

2015 年,政府工作报告提出要启动城市地下管网建设等一批民生工程。《国务院办公厅关于加强城市地下管线建设管理的指导意见》(国办发〔2014〕27 号)明确提出:各地要在 2015 年年底前,完成城市地下管线普查,建立综合管理信息系统,编制完成地下管线综合规划。按照文件要求,2015 年城市地下管线建设管理工作将围绕以下几个方面开展:

（一）城市地下管线普查工作

对各地开展的地下管线普查工作进行监督检查，督促指导各地在 2015 年年底前，完成城市地下管线普查，建立完善地下管线综合管理信息系统和专业管线信息系统，摸清"家底"。

（二）城市地下管线规划编制工作

住房和城乡建设部组织研究制定城市地下管线综合规划编制办法和城市地下综合管廊建设规划编制导则等，指导、督促各地尽快编制完善城市地下管线综合规划和地下综合管廊建设规划。

（三）城市地下综合管廊建设工作

为做好 2015 年城市地下综合管廊试点工作，督促、指导试点城市按计划和试点方案推进试点项目建设；同时，完善城市地下综合管廊建设管理配套政策，在全国推进地下综合管廊建设管理工作。

（四）城市地下管线立法工作

将进一步推进城市地下管线立法工作，通过调研，组织研究完成《城市地下管线管理条例》（调研稿）。

（五）完善城市地下管线标准体系

为进一步完善城市地下管线标准体系，2015 年住房和城乡建设部计划组织编制完成《城市综合管廊工程技术规范》（修订稿）、《城市工程管线综合规划规范》（修订稿）、《城市工程管线综合信息技术标准》、《城市综合管廊工程造价指标》（试行）等标准规范。研究编制《城市地下空间规划规范》、《城市地下管线信息系统技术规范》等标准，力争早日发布；组织开展《地下综合管廊运行维护技术规范》、《地下综合管廊监控预警工程技术规范》、《城市地下管线信息基础数据标准》等技术标准的前期研究与编制。

（撰稿人：张晓军，住房和城乡建设部城乡规划管理中心地下管线处和园林绿化技术管理处处长，高级城市规划师，博士；刘晓丽，住房和城乡建设部城乡规划管理中心地下管线处，副研究员，博士；李程，住房和城乡建设部城乡规划管理中心地下管线处，硕士；张月，住房和城乡建设部城乡规划管理中心地下管线处，硕士）

附　录

2014—2015 年度中国城市规划大事记

2013 年 12 月 12 日至 13 日，中央城镇化工作会议在北京召开。会议提出了推进城镇化的主要任务，包括以下六个方面：一是推进农业转移人口市民化，二是提高城镇建设用地利用效率，三是建立多元可持续的资金保障机制，四是优化城镇化布局和形态，五是提高城镇建设水平，六是加强对城镇化的管理。其中，强调城市建设水平是城市生命力所在。城镇建设，要实事求是确定城市定位，科学规划和务实行动，避免走弯路；要依托现有山水脉络等独特风光，让城市融入大自然，让居民望得见山、看得见水、记得住乡愁；要融入现代元素，更要保护和弘扬传统优秀文化，延续城市历史文脉；要融入让群众生活更舒适的理念，体现在每一个细节中。要加强建筑质量管理制度建设。在促进城乡一体化发展中，要注意保留村庄原始风貌，慎砍树、不填湖、少拆房，尽可能在原有村庄形态上改善居民生活条件。

2014 年 1 月 6 日，国务院办公厅公布《国务院关于同意设立陕西西咸新区的批复》、《关于同意设立贵州贵安新区的批复》。《批复》指出，要把建设西咸新区作为深入实施西部大开发战略的重要举措，探索和实践以人为核心的中国特色新型城镇化道路，推进西安、咸阳一体化进程，为把西安建设成为富有历史文化特色的现代化城市、拓展我国向西开放的深度和广度发挥积极作用；《批复》指出，贵安新区是黔中经济区核心地带，要把贵安新区建设成为经济繁荣、社会文明、环境优美的西部地区重要的经济增长极、内陆开放型经济新高地和生态文明示范区。

2014 年 1 月 14 日，国家林业局在刚刚制订出台的《推进生态文明建设规划纲要》中划定了湿地保护红线，即到 2020 年，中国湿地面积不少于 8 亿亩。

2014 年 1 月 21 日，住房和城乡建设部印发《乡村建设规划许可实施意见》的通知，明确了乡村建设规划许可的原则，实施的范围和内容，申请的主体和程序等内容。

2014 年 1 月 24 日，为全面推动城乡发展一体化，住房和城乡建设部下发《住房城乡建设部关于开展县（市）城乡总体规划暨"三规合一"试点工作的通知》，决定在全国开展县（市）城乡总体规划暨"三规合一"试点工作。

2014 年 2 月 19 日，住房和城乡建设部和国家文物局联合下发《住房和城乡建设部 国家文物局关于公布第六批中国历史文化名镇（村）的通知》，公布了第六批中国历史文化名镇（村）名单，178个镇（村）榜上有名。

2014年2月19日，住房和城乡建设部和国家文物局联合下发《住房和城乡建设部 国家文物局关于开展中国历史文化街区认定工作的通知》，决定开展中国历史文化街区的申报认定工作。

2014年2月20日，国土资源部下发《关于强化管控落实最严格耕地保护制度的通知》。要求，除生活用地及公共基础设施用地外，原则上不再安排城市人口500万以上特大城市中心城区新增建设用地，全国人均城市建设用地目标将严格控制在100平方米以内。

2014年2月26日，国家发改委、中国气象局等12家部委联合印发了《全国生态保护与建设规划（2013—2030)》，作为当前和今后一个时期全国生态保护和建设的行动纲领。

2014年3月16日，中共中央、国务院印发了《国家新型城镇化规划（2014—2020年)》，并发出通知，要求各地区各部门结合实际认真贯彻执行。通知指出，《规划》是今后一个时期指导全国城镇化健康发展的宏观性、战略性、基础性规划。制定实施《规划》，努力走出一条以人为本、四化同步、优化布局、生态文明、文化传承的中国特色新型城镇化道路，对全面建成小康社会、加快推进社会主义现代化具有重大现实意义和深远历史意义。通知要求，各级党委和政府要进一步提高对新型城镇化的认识，全面把握推进新型城镇化的重大意义、指导思想和目标原则，切实加强对城镇化工作的指导，着重解决好农业转移人口落户城镇、城镇棚户区和城中村改造、中西部地区城镇化等问题，推进城镇化沿着正确方向发展。各地区各部门要科学规划实施，坚持因地制宜，推进试点示范，既要积极、又要稳妥、更要扎实，确保《规划》提出的各项任务落到实处。为贯彻落实《国家新型城镇化规划（2014—2020年)》等文件要求，加强对新型城镇化工作的统筹协调，经国务院同意，建立推进新型城镇化工作部际联席会议制度。联席会议由发展改革委、中央编办、教育部、公安部、民政部、财政部、人力资源社会保障部、国土资源部、环境保护部、住房和城乡建设部、交通运输部、农业部、卫生计生委、人民银行、统计局等15个部门组成。

2014年3月18日，《国务院办公厅关于推进城区老工业区搬迁改造的指导意见》发布。意见提出科学实施城区老工业区搬迁改造，对于老工业城市推进产业结构调整、再造产业竞争新优势，完善城市综合服务功能、提高城镇化发展质量，保障和改善民生、维护社会和谐稳定具有重要意义，并明确了推动老城区搬迁改造的总体要求、主要任务及保障措施。

2014年3月18日，国务院印发《关于赣闽粤原中央苏区振兴发展规划的批复》，正式批准实施《赣闽粤原中央苏区振兴发展规划》。《规划》提出"着力承接沿海地区产业转移"等"五个着力"，勾勒了原中央苏区振兴发展的美好蓝图。

2014年3月28日，住房和城乡建设部下发《住房和城乡建设部关于做好2014年村庄规划、镇规划和县域村镇体系规划试点工作的通知》，提出开展2014年村庄规划、镇规划和县域村镇体系规划试点工作，旨在探索符合新型城镇化和新农村建设要求、符合村镇实际、具有较强指导性和实施性的村庄规划、镇规划理念和编制方法以及"多规合一"的县域村镇体系规划编制方法，形成一批有示范意义的规划范例并加以总结推广。 通知明确，试点单位由县级住房城乡建设主管部门申请、各省（区、市）住房城乡建设主管部门推荐、住房城乡建设部确定。每省最多推荐1个村庄、1个镇、1个县作为候选，住房城乡建设部组织专家选择符合条件的10个村庄、17个镇、5个县作为试点。

2014年4月4日，国务院印发了《国务院关于长沙市城市总体规划的批复》（国函〔2014〕45号），原则同意《长沙市城市总体规划（2003—2020年）（2014年修订）》（以下简称《总体规划》）。明确长沙是湖南省省会，长江中游地区重要的中心城市，国家历史文化名城。要求重视城乡统筹发展，在4960平方公里的城市规划区范围内，实行城乡统一规划管理。城镇基础设施、公共服务设施建设，应当统筹考虑为周边农村服务。优化镇村体系和农村居民点布局；合理控制城市规模，到2020年，中心城区城市人口控制在629万人以内，城市建设用地控制在629平方公里以内。

2014年4月21日，由中央组织部和住房城乡建设部共同主办、全国市长研修学院承办的"新型城镇化专题研究班"在京举办。全国市长培训工作领导小组副组长、住房城乡建设部副部长、全国市长研修学院院长仇保兴为学员授课，主讲了《新型城镇化从概念到行动——如何应对我国面临的危机与挑战》。35位来自各省、自治区、直辖市和新疆生产建设兵团的地、县级主管领导参加了专题研究班，并就新型城镇化与城市总体规划、城市建设与文化传承发展、推进农民工市民化的思路与经验、县域特色经济发展及定位、老城区可持续再生等内容进行了学习研讨。来自住房城乡建设部、国家发展改革委、国务院发展研究中心、故宫博物院、北京大学等单位的专家进行授课。

2014年4月22日，住房和城乡建设部下发《住房和城乡建设部关于做好2014年住房保障工作的通知》，要求各地住房城乡建设主管部门做好以下工作：一确保完成年度建设任务；二加强配套设施建设；三抓好住房保障规划编制工作；四探索发展共有产权住房；五推进公共租赁住房和廉租住房并轨运行；六继续推进保障性住房信息公开；七强化住房保障公平分配；八抓好住房救助工作；九认真整改审计发现的问题；十做好信息报送工作。

2014年4月24日，十二届全国人大常委会第八次会议经表决，通过了修订后的《环境保护法》。修订后的环保法自 2015 年 1 月 1 日施行。修订后的环保法在明确政府责任，加大对违法排污的惩罚力度，加大信息公开等方面有重要突破，被视为中国用重典向污染开战的力举。

2014 年 4 月 25 日，住房和城乡建设部、文化部、国家文物局、财政部印发《关于切实加强中国传统村落保护的指导意见》（建村〔2014〕61 号），提出传统村落保护的目标、任务和基本要求，制定了完善名录、制定保护发展规划、加强建设管理、加大资金投入、做好技术指导等保护措施，以及组织领导和监督管理要求，明确了中央补助资金申请、核定与拨付的程序及要求。进一步贯彻落实党中央、国务院关于保护和弘扬优秀传统文化的精神，加大传统村落保护力度。

2014 年 5 月 15 日，国务院办公厅印发《2014—2015 年节能减排低碳发展行动方案》，方案指出加强节能减排，实现低碳发展是生态文明建设的重要内容，是促进经济提质增效升级的必由之路。

2014 年 5 月 15 日，住房和城乡建设部下发《住房和城乡建设部关于建立全国农村人居环境信息系统的通知》，决定开展农村人居环境调查，建立全国农村人居环境信息系统。农村人居环境信息按年度进行调查，每年度数据采集时间截止到当年 9 月 30 日，每年的 12 月 31 日前完成当年数据的采集和录入任务。

2014 年 5 月 16 日，国务院办公厅印发《关于改善农村人居环境的指导意见》，意见提出进一步改善农村人居环境需要遵循因地制宜、分类指导，量力而行、循序渐进，城乡统筹、突出特色，坚持农民主体地位等四项原则。意见要求规划先行，分类指导农村人居环境治理。

2014 年 5 月 22 日，国土资源部发布了《节约集约利用土地规定》，这是我国首部专门就土地节约集约利用进行规范和引导的部门规章，自 2014 年 9 月 1 日起实施。《规定》的主要内容包括：一是进一步加强规模引导，强调国家通过土地利用总体规划，确定建设用地的规模、布局、结构和时序安排，对建设用地实行总量控制。二是进一步强调布局优化。强调城乡土地利用应当体现布局优化的原则，引导工业向开发区集中，人口向城镇集中，住宅向社区集中，推动农村人口向中心村、中心镇集聚，产业向功能区集中，耕地向适度规模经营集中，禁止在土地利用总体规划和城乡规划确定的城镇建设用地范围之外设立各类城市新区、开发区和工业园区。三是强化标准控制作用。国家实行建设项目用地标准控制制度，国土资源部会同有关部门制定工程建设项目用地控制指标，工业项目建设用地控制指标，房地产开发用地宗地规模和容积率等建设项目用地控制标准，建设项目应当严格按照建设项目用地控制标准进行测算、设计和施工。四是充分发挥市场配置作用。

2014 年 5 月 30 日，民政部、国土资源部、财政部、住房和城乡建设部四部门联合下发《关于推进城镇养老服务设施建设工作的通知》，要求将养老服务、相关设施建设纳入社会发展规划、土地利用总体规划和相关城乡规划。

2014年6月3日，国务院办公厅印发《关于加强城市地下管线建设管理的指导意见》，部署加强城市地下管线建设管理，保障城市安全运行，提高城市综合承载力和城镇化发展质量。《意见》要求加强规划统筹，严格规划管理。开展地下空间资源的调查与评估，制订城市地下空间开发利用规划，组织编制地下管线综合规划，对城市地下管线实施统一规划管理。

2014年6月4日，环境保护部发布《2013中国环境状况公告》。公告显示全国环境质量状况有所改善，但生态环境保护形势依然严峻，还面临不少困难和挑战：一是全国水环境质量不容乐观；二是全国近岸海域水质总体一般；三是全国城市环境空气质量形势严峻；四是全国城市声环境质量总体较好；五是全国辐射环境质量总体良好；六是土地环境形势依然严峻。

2014年6月5日，国家发展改革委、财政部、国土资源部、水利部、农业部、国家林业局6个部门联合印发《关于开展生态文明先行示范区建设（第一批）的通知》，确定北京市密云县等57个地区纳入第一批生态文明先行示范区建设，同时明确了57个地区的制度创新重点。

2014年6月10日，住房和城乡建设部下发《住房和城乡建设部办公厅关于做好第三批城市步行和自行车交通系统示范项目工作的通知》，确定北京市西城区步行和自行车交通系统示范项目等94个项目为第三批城市步行和自行车交通系统示范项目，其中安徽省为城市步行和自行车交通系统建设示范省。

2014年6月11日，习近平总书记主持召开中央全面深化改革领导小组第三次会议并发表重要讲话。习近平强调，推进人的城镇化重要的环节在户籍制度，加快户籍制度改革，是涉及亿万农业转移人口的一项重大举措，总的政策要求是全面放开建制镇和小城市落户限制，有序放开中等城市落户限制，合理确定大城市落户条件，严格控制特大城市人口规模，促进有能力在城镇稳定就业和生活的常住人口有序实现市民化，稳步推进城镇基本公共服务常住人口全覆盖。

2014年6月11日，国务院总理李克强主持召开国务院常务会议，部署建设综合立体交通走廊，打造长江经济带。会议认为，发挥黄金水道独特优势，建设长江经济带，是新时期我国区域协调发展和对内对外开放相结合、推动发展向中高端水平迈进的重大战略举措。会议要求，要特别注重发展与环境相结合，在推进综合立体交通走廊建设中，切实加强和改善长江生态环境保护治理。

2014年6月18日，住房和城乡建设部高校土建类专业评估网发布了《关于公布2014年度土建类专业评估（认证）结论的通告》，公布了高等学校城乡规划专业评估结论。截止到2014年5月，共有36所高等学校的城乡规划专业通过了专业评估，名单如下（按首次通过评估时间排序）：清华大学，东南大学，同济大学，重庆大学，哈尔滨工业大学，天津大学，西安建筑科技大学，华中科技大学，南京大学，华南理工大学，山东建筑大学，西安交通大学，浙江大学，武汉大学，湖南大学，苏州科技学院，沈阳建筑大学，安徽建筑工业学院，昆明理工大学，中山大学，南京工业大学，中南大学，深圳大学，西北大学，大连理工大学，浙江工业大学，北京建筑大学，广州大学，北京大学，福建工程学院，福州大学，湖南城市学院，北京工业大学，华侨大学，云南大学，吉林建筑大学。

2014 年 6 月 24 日，住房和城乡建设部出台《住房和城乡建设部关于并轨后公共租赁住房有关运行管理工作的意见》，要求各地进一步做好公共租赁住房并轨运行有关管理工作。住房城乡建设部提出了明确保障对象、科学制订年度建设计划、健全申请审核机制、完善轮候制度、强化配租管理、加强使用退出管理、推进信息公开工作 7 条意见。

2014 年 6 月 26 日，国家发展改革委下发《国家发展改革委关于做好城区老工业区搬迁改造试点工作的通知》，将首钢老工业区、宜化老工业区、和平老工业区、巴彦塔克老工业区、瓦房店老工业区、铁西老工业区、哈达湾老工业区、香坊老工业区、鼓楼老工业区、瑶海老工业区、洪都老工业区、东部老工业区、涧西老工业区、古田老工业区、清水塘老工业区、河西老工业区、鸿鹤坝老工业区、大渡口滨江老工业区、小河老工业区、西安棉纺织老工业区、七里河老工业区纳入全国城区老工业区搬迁改造试点。通知要求试点工作要以改革创新为动力，以城区老工业区产业重构、城市功能完善、生态环境修复和民生改善为着力点，充分发挥市场机制的决定性作用，更好发挥政府的引导作用，强化社会稳定风险、环境风险评估和防控，积极稳妥地推进各项工作。

2014 年 6 月 30 日，《成渝经济区成都城市群发展规划（2014—2020 年）》、《成渝经济区南部城市群发展规划（2014—2020 年）》正式发布。两大城市群面积超过 12 万平方公里，2013 年常住人口超过 5000 万，地区生产总值超过 2 万亿元，在四川全省多点多极支撑发展战略中占据重要位置。同时，两大城市群处于丝绸之路经济带和长江经济带涵盖范围，未来将对"两带"建设产生重要作用。

2014 年 7 月 8 日，住房和城乡建设部、民政部、财政部、残疾人联合会、全国老龄工作委员会办公室下发《关于加强老年人家庭及居住区公共设施无障碍改造工作的通知》。《通知》要求制定年度老年人家庭和居住区公共设施无障碍改造计划，明确目标任务、工作进度、质量标准和检查验收要求，并对改造完成情况进行汇总。

2014 年 7 月 18 日，国家发展改革委和国家测绘地理信息局联合印发了《国家地理信息产业发展规划（2014—2020 年）》。这是在国家层面上首个地理信息产业规划，对于推进我国地理信息事业蓬勃发展具有重要指导意义。

2014年7月18日，珠江三角洲正式启动了全域规划的编制工作。珠三角全域规划将以《国家新型城镇化规划（2014—2020年）》和珠三角已有规划为工作基础，与全省新型城镇化规划相衔接，立足携手港澳共建世界级城市群的目标，通过阐述珠三角地区面临的挑战和机遇，谋划珠三角实现"三个定位、两个率先"总目标的发展方向和愿景，明确珠三角在21世纪海上丝绸之路建设中的地位、作用，以及与港澳、泛珠三角区域深化合作的战略举措。

2014年7月21日，国务院办公厅下发《国务院办公厅关于进一步加强棚户区改造工作的通知》，要求进一步完善棚户区改造规划。各地区要在摸清底数的基础上，抓紧编制完善2015—2017年棚户区改造规划，将包括中央企业在内的国有企业棚户区纳入改造规划，重点安排资源枯竭型城市、独立工矿区和三线企业集中地区棚户区改造，优先改造连片规模较大、住房条件困难、安全隐患严重、群众要求迫切的棚户区。

2014年7月21日，住房和城乡建设部发布《住房和城乡建设部等部门关于公布全国重点镇名单的通知》，公布了包括北京市门头沟区潭柘寺镇在内的3675个全国重点镇。原2004年公布的全国重点镇名单同时废止。通知指出全国重点镇是小城镇建设发展的重点和龙头。

2014年7月24日，国务院印发《关于进一步推进户籍制度改革的意见》，部署深入贯彻落实党的十八大、十八届三中全会和中央城镇化工作会议关于进一步推进户籍制度改革的要求，促进有能力在城镇稳定就业和生活的常住人口有序实现市民化，稳步推进城镇基本公共服务常住人口全覆盖。

2014年7月28日，国务院批复同意了《珠江—西江经济带发展规划》，批复指出：以推进协同发展为主线，以保护生态环境为前提，以全面深化改革开放为动力，坚持基础设施先行，着力打造综合交通大通道；坚持绿色发展，着力建设珠江—西江生态廊道；坚持优化升级，着力构建现代产业体系；坚持统筹协调，着力推进新型城镇化发展；坚持民生优先，着力提高公共服务水平；坚持开放引领，着力构筑开放合作新高地，努力把珠江—西江经济带打造成为我国西南、中南地区开放发展新的增长极，为区域协调发展和流域生态文明建设提供示范。

2014年7月30日，国务院印发《全国对口支援三峡库区合作规划（2014—2020年）》，部署进一步创新对口支援工作机制，加强对口支援合作，做好新时期全国对口支援三峡库区工作。《规划》提出了5方面19条政策措施，一是支持引导产业发展；二是推进移民小区帮扶和农村扶贫开发；三是提高基本公共服务能力；四是强化就业培训服务；五是加强生态环境保护和治理。

2014年8月1日，国土资源部、财政部、住房和城乡建设部、农业部、国家林业局联合下发了《关于进一步加快推进宅基地和集体建设用地使用权确权登记发证工作的通知》，《通知》要求全面加快农村地籍调查，因地制宜确定调查方法和精度，避免"一刀切"，要针对本省实际问题，进一步细化完善有关政策和技术标准。

2014年8月5日，住房和城乡建设部发布2013年城乡建设统计公报，统计范围为城市建设、县城建设、村镇建设，统计内容包括市政设施固定资产投资、道路桥梁、污水与排水处理等。截至2013年末，全国设市城市共计658个，其中直辖市4个，地级市286个，县级市368个；城市建成区面积4.79万平方公里。

2014年8月8日，国务院印发《关于近期支持东北振兴若干重大政策举措的意见》。《意见》以全面深化改革为引领，提出11方面35条政策措施。《意见》强调要做强传统优势产业；加快培育新兴产业，设立国家级承接产业转移示范区；推进工业化与信息化融合发展；大力发展现代服务业，推进东北地区电子商务试点城市和服务外包示范城市建设。

2014年8月19日，《安徽省城镇体系规划（2011—2030)》正式批复。《规划》提出要加快合肥都市圈、芜（湖）马（鞍山）都市圈、沿江（皖江）城市带、淮（北）蚌（埠）合（肥）芜（湖）宣（城）发展带（轴）和皖北城市群建设，构建"集聚型城镇空间、开敞型生态空间"的空间利用格局，逐步形成布局合理、结构优化、生态良好、设施完善、城乡协调的城镇体系。

2014年8月27日，国家发改委、工信部、科技部、公安部、财政部、国土部、住房城乡建设部、交通部等八部委联合印发《关于促进智慧城市健康发展的指导意见》。《意见》提出，到2020年，建成一批特色鲜明的智慧城市，聚集和辐射带动作用大幅增强，综合竞争优势明显提高，在保障和改善民生服务、创新社会管理、维护网络安全等方面取得显著成效。要达到：公共服务便捷化、城市管理精细化、生活环境宜居化、基础设施智能化、网络安全长效化。

2014年8月28日至9月4日由中国台湾都市计划学会和中国城市科学研究会联合主办，中国台湾营建署城乡发展分署和宜兰县政府协办的"第二十一届海峡两岸城市发展研讨会"暨学术考察活动在台湾中华大学召开。研讨会首次在台湾东部地区举办，主题为"绿色乐活 & 智慧城乡"，围绕主题，针对"区域计划"、"气候变迁"和"智慧城乡规划"等3项重点议题，组织了开幕式、4个环节的研讨议程以及综合座谈等6大板块的研讨内容，共14份报告（其中1份为书面报告）参与了重点研讨和交流。

2014年9月，中国城市科学研究会举办中欧低碳生态指标体系研讨会。在中美发布应对气候变化联合声明的国际背景下，为推动深圳国际低碳城项目的顺利实施，生态城市研究专业委员会与EC2（中欧清洁能源中心）的来自荷兰、意大利、英国等国专家举办研讨会，基于深圳国际低碳城项目平台，共同探讨低碳生态城市建设的经验与路径，为碳减排承诺的落地提供重要引领和支持。会议交流了相关研究成果，提出电力清洁度水平、固体废弃物资源化率、土壤环境质量达标率、碳评估企业占比、碳排放监测系统覆盖率 5 项创新性指标，形成低碳城市发展指标体系，并以碳减排速率国际横向对比的方法科学定量化验证了指标落地的可行性，确保其可直接用于指导深圳国际低碳城未来发展。

2014 年 9 月 5 日，由国家发展改革委、住房和城乡建设部、亚洲开发银行共同组织的"城市适应气候变化国际研讨会"在北京召开。研讨会以"城市适应气候变化"为主题，向国内外代表提供国际化的交流平台，介绍城市适应气候变化领域的最新成果。

2014 年 9 月 6 日，为贯彻落实《国务院关于加强城市基础设施建设的意见》，住房城乡建设部下发通知，要求各地加快城市道路桥梁建设改造，保障城市道路桥梁运行安全。通知要求，各级城市道路桥梁管理部门要充分认识加快城市道路桥梁建设改造工作的重要性，要严格依据城市总体规划和城市道路交通专项规划，制订城市道路年度建设计划。

2014 年 9 月 12 日，国家发展改革委、民政部等 10 部门联合下发了《关于加快推进健康与养老服务工程建设的通知》。《通知》提出到 2015 年，基本形成规模适度、运营良好、可持续发展的养老服务体系，每千名老年人拥有养老床位数达到 30 张，社区服务网络基本健全；到 2020 年，全面建成以居家为基础、社区为依托、机构为支撑的，功能完善、规模适度、覆盖城乡的养老服务体系，每千名老年人拥有养老床位数达到 35 ~ 40 张。

2014 年 9 月 12 日，国土资源部制定下发《关于推进土地节约集约利用的指导意见》，明确了节约集约用地的主要目标：一是建设用地总量得到严格控制；二是土地利用结构和布局不断优化；三是土地存量挖潜和综合整治取得明显进展；四是土地节约集约利用制度更加完善，机制更加健全。

2014 年 9 月 12 日，国务院印发《关于依托黄金水道推动长江经济带发展的指导意见》。《意见》提出：要依托长江黄金水道，统筹铁路、公路、航空、管道建设，加强各种运输方式的衔接和综合交通枢纽建设，加快多式联运发展，建成安全便捷、绿色低碳的综合立体交通走廊，增强对长江经济带发展的战略支撑力；要顺应全球新一轮科技革命和产业变革趋势，推动沿江产业由要素驱动向创新驱动转变，大力发展战略性新兴产业，加快改造提升传统产业，大幅提高服务业比重，引导产业合理布局和有序转移，培育形成具有国际水平的产业集群，增强长江经济带产业竞争力；要按照沿江集聚、组团发展、互动协作、因地制宜的思路，推进以人为核心的新型城镇化，优化城镇化布局和形态，增强城市可持续发展能力，创新城镇化发展体制机制，全面提高长江经济带城镇化质量；要顺应自然，保育生态，强化长江水资源保护和合理利用，加大重点生态功能区保护力度，加强流域生态系统修复和环境综合治理，稳步提高长江流域水质，显著改善长江生态环境；要打破行政区划界限和壁垒，加强规划统筹和衔接，形成市场体系统一开放、基础设施共建共享、生态环境联防联治、流域管理统筹协调的区域协调发展新机制。

2014 年 9 月 16 日，国务院总理李克强主持召开推进新型城镇化建设试点工作座谈会时指出，我国各地情况差别较大、发展不平衡，推进新型城镇化要因地制宜、分类实施、试点先行。国家在新型城镇化综合试点方案中，确定省、市、县、镇不同层级、东中西不同区域共 62 个地方开展试点，并以中小城市和小城镇为重点。所有试点都要紧紧围绕建立农业转移人口市民化成本分担机制、多元化可持续的投融资机制、推进城乡发展一体化、促进绿色低碳发展等重点，在实践中形成有效推进新型城镇化的体制机制和政策措施。

2014 年 9 月 23 ~ 24 日，由天津市滨海新区人民政府和中国城市科学研究会共同举办的城市发展与规划大会在天津召开，本次大会首次与"第五届中国（天津滨海）国际生态城市论坛暨博览会"同期举办。大会以"生态城市引领有机疏散"为主题，围绕国内外城市规划与可持续发展、城镇化与城市发展模式转型、智慧城市、数字化城市管理、生态城市、绿色交通、生态环境建设、绿色建筑社区、低碳生态城市的规划与设计、碳减排技术、清洁能源与生态城市建设实践、城市总体规划先进案例与控制性详规编制办法、历史文化名城保护与更新、生态城市的水系统规划与水生态修复、城市地下管线规划建设管理等相关议题进行专题学术研讨。来自国内外的政府官员、专家学者、国际组织和企业代表围绕主题进行深入讨论，在经济社会快速发展的大背景下，就充分发挥和整合各方力量，有效应对生态环境不断恶化，促进以人为本、持续和谐、生态宜居的美好家园进行广泛探讨，为"中国经济新常态"下实践经济社会与自然环境的和谐发展，提供相关经验。

2014 年 10 月 15 日，住房和城乡建设部发布了《历史文化名城名镇名村街区保护规划编制审批办法》。《办法》强调，编制保护规划，应当保持和延续历史文化名城、名镇、名村、街区的传统格局和历史风貌，维护历史文化遗产的真实性和完整性，继承和弘扬中华民族优秀传统文化，正确处理经济社会发展和历史文化遗产保护的关系。

2014 年 10 月 21 日，住房和城乡建设部、文化部、国家文物局出台《关于做好中国传统村落保护项目实施工作的意见》。《意见》要求，要做好规划实施准备。各地要按照《城乡规划法》的规定，抓紧做好已通过四部局技术审查的中国传统村落保护发展规划审批工作。

2014 年 10 月 28 日，由住房和城乡建设部中国城市科学研究会生态城市专业委员会和法国驻华大使馆共同主办的中法低碳生态城市发展论坛，在北京法国文化中心成功举办。

2014 年 10 月 29 日，国务院印发《关于调整城市规模划分标准的通知》，对原有城市规模划分标准进行调整，明确了新的城市规模划分标准。

2014 年 10 月 31 日，由联合国人居署、住房和城乡建设部和上海市政府联合举办的首届"世界城市日"活动在上海进行。世界城市日的理念源自 2010 年中国上海世博会的主题"城市，让生活更美好"，今年世界城市日的主题为"城市转型与发展"。

2014 年 11 月 3 日，住房和城乡建设部组织编制的《海绵城市建设技术指南——低影响开发雨水系统构建（试行）》发布实施。《指南》提出，海绵城市建设应遵循生态优先等原则，将自然途径与人工措施相结合，在确保城市排水防涝安全的前提下，最大限度地实现雨水在城市区域的积存、渗透和净化，促进雨水资源的利用和生态环境保护。

2014 年 11 月 10—13 日，联合国人居署在日本福冈召开了《国际城市与区域规划准则（IG-UTP）》专家组第三次会议。《准则》的制定工作，旨在为世界各国提供一份全球性的框架，通过改善政策、规划、设计及其实施过程，推动城市朝着空间更加集约、社会更加包容、总体更加协调、城市与区域之间更加互联互通的方向发展。

2014 年 11 月 18 日，国家卫生计生委发布《中国流动人口发展报告 2014》。报告指出，到 2013 年末，全国流动人口的总量为 2.45 亿，超过总人口的六分之一。流动人口的总的流向趋势并没有改变，特别是特大城市人口聚集态势还在加强。

2014 年 11 月 18 日，国务院印发了《国务院关于乌鲁木齐市城市总体规划的批复》（国函〔2014〕149 号），原则同意修订后的《乌鲁木齐市城市总体规划(2014—2020 年)》（以下简称《总体规划》）。明确乌鲁木齐市是新疆维吾尔自治区首府，我国西北地区重要的中心城市和面向中亚西亚的国际商贸中心。要按照中央新疆工作座谈会要求，不断增强城市综合实力和辐射带动能力，逐步把乌鲁木齐市建设成为我国向西开放的门户城市。要求重视城乡统筹和区域协调发展。在 13783 平方公里的城市规划区范围内，各项规划和建设活动应当符合《总体规划》。加强对各类产业园区、工业集中区的统一规划和统筹管理，推进乌昌一体化进程。加强与新疆生产建设兵团第十二师的沟通，促进兵地融合，优化村庄（连队）布局；合理控制城市规模。到 2020 年，中心城区城市人口规模控制在 400 万人以内，城市建设用地规模控制在 519 平方公里以内。

2014 年 11 月 20 日，住房和城乡建设部印发《关于加强城市轨道交通线网规划编制的通知》，要求各地加强城市轨道交通线网规划编制。《通知》提出了"以人为本、适度超前、统筹协调、因地制宜"的城市轨道交通线网规划编制基本原则，明确要根据城市实际情况，充分论证城市轨道交通建设必要性，合理确定建设时序，以遏制当前个别城市不从实际出发、盲目建设的现象。

2014 年 11 月 20 日，国家主席习近平主持召开的中央全面深化改革领导小组第五次会议审议了《关于引导农村土地承包经营权有序流转发展农业适度规模经营的意见》。习近平指出，要在坚持农村土地集体所有的前提下，促使承包权和经营权分离，形成所有权、承包权、经营权三权分置、经营权流转的格局。

2014 年 11 月 20 日，中共中央办公厅、国务院办公厅印发了《关于引导农村土地经营权有序流转发展农业适度规模经营的意见》。《意见》要求，全面理解、准确把握中央关于全面深化农村改革的精神，按照加快构建以农户家庭经营为基础、合作与联合为纽带、社会化服务为支撑的立体式复合型现代农业经营体系和走生产技术先进、经营规模适度、市场竞争力强、生态环境可持续的中国特色新型农业现代化道路的要求，以保障国家粮食安全、促进农业增效和农民增收为目标，坚持农村土地集体所有，实现所有权、承包权、经营权三权分置，引导土地经营权有序流转，坚持家庭经营的基础性地位，积极培育新型经营主体，发展多种形式的适度规模经营，巩固和完善农村基本经营制度。

2014 年 11 月 27 日，由中国城市科学研究会、中国城镇供水排水协会、广西壮族自治区住房和城乡建设厅及南宁市人民政府联合举办的中国城镇水务大会在南宁召开。大会以"提高用水效率，治理水体污染，确保用水安全"为主题，围绕城镇水务改革和发展战略、城市供水规范管理、净水工艺与水质达标、供水设施改造与建设及运营管理、污水处理和污泥处理、排水防涝和排水管网改造、综合节水与漏损控制、智慧水务建设与运行管理以及当前城镇水务的重点工作等方面展开研讨和交流，城科会理事长仇保兴出席大会开幕式并作题为《海绵城市（LID）内涵、途径与展望》的主题报告。国际水协（IWA）高级副主席 Tom Mollenkopf 及中国工程院院士张杰受邀出席开幕式并发表演讲。大会同期举办城镇水务发展新技术设备博览会。

2014 年 12 月 12 日下午，全国政协在京召开双周协商座谈会，就"城镇化进程中传统村落保护"问题提出意见和建议。全国政协主席俞正声主持会议并讲话。住房和城乡建设部部长陈政高介绍了城镇化进程中传统村落保护的有关情况。全国政协委员冯骥才、仇保兴以及专家学者在座谈会上发言。

2014 年 12 月 14 日，住房和城乡建设部、工信部、新闻出版广电总局、安监总局和能源局联合印发了《关于开展城市地下管线普查工作的通知》，推进全国城市地下管线普查工作。

2014 年 12 月 15 日至 16 日，中共中央政治局常委、国务院副总理张高丽在杭州主持召开全国城市规划建设工作座谈会。会议强调要统筹兼顾、突出重点，采取有针对性的措施，大力提升城市规划建设水平；要提高城市规划的科学性、权威性、严肃性，更好地发挥对城市建设的调控、引领和约束作用；要加强城市设计、完善决策评估机制、规范建筑市场和鼓励创新，提高城市建筑整体水平；要加大投入，加快完善城市基础设施，增强城市综合承载能力；要强化监督管理和落实质量责任，抓住关键环节，着力提高建筑工程质量；要注重保护历史文化建筑，牢牢把握地域、民族和时代三个核心要素，为城市打造靓丽名片，留住城市的人文特色和历史记忆。同时，要加强农村建筑风貌管控，做好传统村落和传统民居的保护工作。

2014 年 12 月 19 日，全国住房城乡建设工作会议在北京召开。住房和城乡建设部部长、党组书记陈政高在大会上作了讲话，全面总结 2014 年住房城乡建设工作，对 2015 年的工作任务作出部署：一是要保持房地产市场平稳健康发展。二是要深入推进工程质量治理、城市基础设施建设和农村生活垃圾治理三项工作。三是要在六个方面努力实现新突破，包括：大力提高建筑业竞争力，实现转型发展；加强城市设计工作；下力气治理违法建设；狠抓建筑节能；推进城市洁净工程；全面启动村庄规划。

2014—2015 年度城市规划
相关政策法规索引

一、国务院颁布政策法规（共计 37 部）

序号	政策法规名称	发文字号	发布日期
1	中华人民共和国环境保护法	主席令第九号	2014 年 4 月 24 日
2	不动产登记暂行条例	中华人民共和国国务院令第 656 号	2014 年 12 月 22 日
3	国家新型城镇化规划（2014—2020 年）	中发〔2014〕4 号	2014 年 3 月 12 日
4	国务院关于同意设立陕西西咸新区的批复	国函〔2014〕2 号	2014 年 1 月 10 日
5	国务院关于同意设立贵州贵安新区的批复	国函〔2014〕3 号	2014 年 1 月 10 日
6	国务院办公厅关于湖南望城经济开发区升级为国家级经济技术开发区的复函	国办函〔2014〕24 号	2014 年 2 月 26 日
7	国务院办公厅关于云南大理经济开发区升级为国家级经济技术开发区的复函	国办函〔2014〕25 号	2014 年 2 月 26 日
8	国务院办公厅关于浙江慈溪经济开发区升级为国家级经济技术开发区的复函	国办函〔2014〕26 号	2014 年 2 月 26 日
9	国务院办公厅关于天津东丽经济开发区升级为国家级经济技术开发区的复函	国办函〔2014〕27 号	2014 年 2 月 26 日
10	国务院办公厅关于黑龙江双鸭山经济开发区升级为国家级经济技术开发区的复函	国办函〔2014〕28 号	2014 年 2 月 26 日
11	国务院办公厅关于推进城区老工业区搬迁改造的指导意见	国办发〔2014〕9 号	2014 年 3 月 11 日
12	国务院关于同意设立中国（杭州）跨境电子商务综合试验区的批复	国函〔2015〕44 号	2015 年 3 月 12 日
13	国务院关于赣闽粤原中央苏区振兴发展规划的批复	国函〔2014〕32 号	2014 年 3 月 18 日
14	国务院法制办公室关于《城镇住房保障条例（征求意见稿）》公开征求意见的通知		2014 年 3 月 28 日
15	国务院关于支持福建省深入实施生态省战略加快生态文明先行示范区建设的若干意见	国发〔2014〕12 号	2014 年 4 月 9 日

序号	政策法规名称	发文字号	发布日期
16	国务院关于长沙市城市总体规划的批复	国函〔2014〕45 号	2014 年 4 月 18 日
17	国务院办公厅关于印发 2014—2015 年节能减排低碳发展行动方案的通知	国办发〔2014〕23 号	2014 年 5 月 26 日
18	国务院办公厅关于印发大气污染防治行动计划实施情况考核办法（试行）的通知	国办发〔2014〕21 号	2014 年 5 月 27 日
19	国务院办公厅关于改善农村人居环境的指导意见	国办发〔2014〕25 号	2014 年 5 月 29 日
20	国务院关于同意设立青岛西海岸新区的批复	国函〔2014〕71 号	2014 年 6 月 9 日
21	国务院关于同意设立内蒙古二连浩特重点开发开放试验区的批复	国函〔2014〕74 号	2014 年 6 月 12 日
22	国务院办公厅关于加强城市地下管线建设管理的指导意见	国办发〔2014〕27 号	2014 年 6 月 14 日
23	国务院办公厅关于调整河北衡水湖等 4 处国家级自然保护区的通知	国办函〔2014〕55 号	2014 年 6 月 20 日
24	国务院关于同意设立大连金普新区的批复	国函〔2014〕76 号	2014 年 7 月 2 日
25	国务院关于珠江—西江经济带发展规划的批复	国函〔2014〕87 号	2014 年 7 月 16 日
26	国务院关于同意建立推进新型城镇化工作部际联席会议制度的批复	国函〔2014〕86 号	2014 年 7 月 31 日
27	国务院办公厅关于进一步加强棚户区改造工作的通知	国办发〔2014〕36 号	2014 年 8 月 4 日
28	国务院办公厅关于进一步推进排污权有偿使用和交易试点工作的指导意见	国办发〔2014〕38 号	2014 年 8 月 25 日
29	国务院关于国家应对气候变化规划（2014—2020 年）的批复	国函〔2014〕126 号	2014 年 9 月 19 日
30	国务院关于调整城市规模划分标准的通知	国发〔2014〕51 号	2014 年 11 月 20 日
31	国务院关于乌鲁木齐市城市总体规划的批复	国函〔2014〕149 号	2014 年 11 月 25 日
32	国务院办公厅关于加强环境监管执法的通知	国办发〔2014〕56 号	2014 年 11 月 27 日
33	国务院关于公布第四批国家级非物质文化遗产代表性项目名录的通知	国发〔2014〕59 号	2014 年 12 月 3 日
34	国务院办公厅关于公布内蒙古毕拉河等 21 处新建国家级自然保护区名单的通知	国办发〔2014〕61 号	2014 年 12 月 23 日
35	国务院办公厅关于推行环境污染第三方治理的意见	国办发〔2014〕69 号	2015 年 1 月 14 日
36	国务院关于珠海市城市总体规划的批复	国函〔2015〕11 号	2015 年 2 月 6 日
37	国务院关于宁波市城市总体规划的批复	国函〔2015〕50 号	2015 年 3 月 25 日

二、住房和城乡建设部颁布政策文件（共计46部）

序号	政策法规名称	发文字号	发布日期
1	住房和城乡建设部关于印发县（市）域城乡污水统筹治理导则（试行）的通知	建村〔2014〕6号	2014年1月9日
2	住房和城乡建设部关于命名2013年国家园林城市、县城和城镇的通报	建城〔2014〕4号	2014年1月14日
3	住房和城乡建设部关于印发《乡村建设规划许可实施意见》的通知	建村〔2014〕21号	2014年1月21日
4	住房和城乡建设部关于开展县（市）城乡总体规划暨"三规合一"试点工作的通知	建规〔2014〕18号	2014年1月24日
5	住房和城乡建设部关于开展2014年度城乡规划编制单位资质核定及换证工作的通知	建规函〔2014〕34号	2014年1月24日
6	住房和城乡建设部关于2013年中国人居环境奖获奖名单的通报	建城〔2014〕17号	2014年1月24日
7	住房和城乡建设部国家文物局关于公布第六批中国历史文化名镇（村）的通知	建规〔2014〕27号	2014年2月19日
8	住房和城乡建设部国家文物局关于开展中国历史文化街区认定工作的通知	建规〔2014〕28号	2014年2月19日
9	住房和城乡建设部办公厅关于开展国家园林城市复查工作的通知	建办城函〔2014〕147号	2014年3月13日
10	住房和城乡建设部等部门关于开展生活垃圾分类示范城市（区）工作的通知	建城〔2014〕39号	2014年3月14日
11	住房和城乡建设部办公厅　国家发展改革委办公厅关于开展《全国城镇供水设施改造与建设"十二五"规划及2020年远景目标》中期评估的通知	建办城函〔2014〕158号	2014年3月17日
12	住房和城乡建设部关于做好2014年村庄规划、镇规划和县域村镇体系规划试点工作的通知	建村〔2014〕44号	2014年3月28日
13	住房和城乡建设部关于做好2014年住房保障工作的通知	建保〔2014〕57号	2014年4月22日
14	住房和城乡建设部　文化部　国家文物局　财政部关于切实加强中国传统村落保护的指导意见	建村〔2014〕61号	2014年4月25日
15	住房和城乡建设部关于2014年建设宜居小镇、宜居村庄示范工作的通知	建村函〔2014〕105号	2014年4月28日
16	住房和城乡建设部关于建立全国农村人居环境信息系统的通知	建村函〔2014〕121号	2014年5月15日

序号	政策法规名称	发文字号	发布日期
17	住房和城乡建设部办公厅关于开展 2014 年国家级风景名胜区执法检查的通知	建办城函 [2014] 290 号	2014 年 5 月 20 日
18	住房和城乡建设部办公厅　环境保护部办公厅关于加强城镇集中式饮用水水源地及供水系统防控污染保障饮水安全工作的通知	建办城函 [2014] 217 号	2014 年 5 月 21 日
19	住房和城乡建设部关于公布 2014 年村庄规划、镇规划和县域村镇体系规划试点名单的通知	建村 [2014] 82 号	2014 年 6 月 5 日
20	住房和城乡建设部　国家发展改革委　财政部关于做好 2014 年农村危房改造工作的通知	建村 [2014] 76 号	2014 年 6 月 7 日
21	住房和城乡建设部关于 2014 年度甲级城乡规划编制资质核定结果的公告	中华人民共和国住房和城乡建设部公告第 435 号	2014 年 6 月 10 日
22	住房和城乡建设部办公厅关于做好第三批城市步行和自行车交通系统示范项目工作的通知	建办城函 [2014] 343 号	2014 年 6 月 10 日
23	住房和城乡建设部关于加快城市道路桥梁建设改造的通知	建城 [2014] 90 号	2014 年 6 月 23 日
24	住房和城乡建设部关于 2014 年第一批城乡规划编制单位资质认定的公告	中华人民共和国住房和城乡建设部公告第 452 号	2014 年 6 月 24 日
25	住房和城乡建设部关于并轨后公共租赁住房有关运行管理工作的意见	建保 [2014] 91 号	2014 年 6 月 24 日
26	住房和城乡建设部关于印发《村庄规划用地分类指南》的通知	建村 [2014] 98 号	2014 年 7 月 11 日
27	住房和城乡建设部　中央农办　环境保护部　农业部关于落实《国务院办公厅关于改善农村人居环境的指导意见》有关工作的通知	建村 [2014] 102 号	2014 年 7 月 14 日
28	住房和城乡建设部　文化部　国家文物局　财政部关于公布 2014 年第一批列入中央财政支持范围的中国传统村落名单的通知	建村 [2014] 106 号	2014 年 7 月 16 日
29	住房和城乡建设部等部门关于公布全国重点镇名单的通知	建村 [2014] 107 号	2014 年 7 月 21 日
30	住房和城乡建设部国家发展改革委关于进一步加强城市节水工作的通知	建城 [2014] 114 号	2014 年 8 月 8 日
31	住房和城乡建设部关于命名国家园林城市的通报	建城 [2014] 131 号	2014 年 9 月 1 日
32	住房和城乡建设部　文化部　国家文物局关于做好中国传统村落保护项目实施工作的意见	建村 [2014] 135 号	2014 年 9 月 5 日
33	住房和城乡建设部关于印发城市综合交通体系规划交通调查导则的通知	建城 [2014] 141 号	2014 年 9 月 25 日

序号	政策法规名称	发文字号	发布日期
34	历史文化名城名镇名村街区保护规划编制审批办法	中华人民共和国住房和城乡建设部令第20号	2014年10月15日
35	住房和城乡建设部关于印发海绵城市建设技术指南——低影响开发雨水系统构建（试行）的通知	建城函〔2014〕275号	2014年10月22日
36	住房和城乡建设部关于印发《全国城乡规划行业统计报表制度》的通知	建规函〔2014〕274号	2014年10月22日
37	住房和城乡建设部等部门关于公布第三批列入中国传统村落名录的村落名单的通知	建村〔2014〕168号	2014年11月17日
38	住房和城乡建设部关于加强城市轨道交通线网规划编制的通知	建城〔2014〕169号	2014年11月20日
39	住房和城乡建设部关于贯彻落实《关于严禁在历史建筑、公园等公共资源中设立私人会所的暂行规定》的通知	建城函〔2014〕298号	2014年11月24日
40	住房和城乡建设部关于2014年国家级风景名胜区执法检查结果的通报	建城函〔2014〕308号	2014年12月10日
41	住房和城乡建设部等部门关于公布2014年第二批列入中央财政支持范围的中国传统村落名单的通知	建村〔2014〕180号	2014年12月17日
42	住房和城乡建设部办公厅关于做好国家级风景名胜区内重大建设工程项目选址方案核准工作的通知	建办城〔2014〕53号	2014年12月17日
43	住房和城乡建设部关于坚决制止破坏行为加强保护性建筑保护工作的通知	建规〔2014〕183号	2014年12月18日
44	住房和城乡建设部办公厅关于贯彻落实《历史文化名城名镇名村街区保护规划编制审批办法》的通知	建办规〔2014〕56号	2014年12月26日
45	住房和城乡建设部等部门关于开展城市地下管线普查工作的通知	建城〔2014〕179号	2015年1月4日
46	住房和城乡建设部关于公布第二批建设宜居小镇、宜居村庄示范名单的通知	建村函〔2015〕12号	2015年1月20日